Windows
Server 2012
活动目录
管理实践

王淑江 编著

U0233597

人民邮电出版社

北 京

图书在版编目（CIP）数据

Windows Server 2012活动目录管理实践 / 王淑江编
著. -- 北京 : 人民邮电出版社，2014.2（2023.7重印）
ISBN 978-7-115-34301-7

Ⅰ. ①W… Ⅱ. ①王… Ⅲ. ①Windows操作系统—网络
服务器—系统管理 Ⅳ. ①TP316.86

中国版本图书馆CIP数据核字（2013）第314978号

内 容 提 要

Windows 域的核心价值是身份验证系统。域从出现（Windows NT）到现在（Windows Server 2012 AD DS 域服务）已经经过了 15 年的时间，从初期单纯的身份验证功能到现在的企业管理中枢，域已经成为企业 Windows Server 网络系统的基础架构平台，为 IT 人士提供了日益丰富的功能。

本书以 Windows Server 2012 AD DS 域服务为例，详细讲解了 AD DS 域服务的各个功能以及在管理中遇到的问题，为读者抛砖引玉，方便读者根据各自企业的实际情况更好地运营企业网络。

本书语言流畅、通俗易懂、深入浅出、可操作性强，注重读者实战能力的培养和技术水平的提高。本书适用于网络管理人员，以及对微软基础架构平台感兴趣的计算机爱好者，并可作为大专院校计算机专业的教材或课后辅导资料。

◆ 编　　著　王淑江
　　责任编辑　王峰松
　　责任印制　程彦红　杨林杰

◆ 人民邮电出版社出版发行　　北京市丰台区成寿寺路 11 号
　　邮编　100164　电子邮件　315@ptpress.com.cn
　　网址　https://www.ptpress.com.cn
　　涿州市般润文化传播有限公司印刷

◆ 开本：787×1092　1/16
　　印张：45.25　　　　　　　　2014 年 2 月第 1 版
　　字数：1081 千字　　　　　　2023 年 7 月河北第 17 次印刷

定价：109.80 元

读者服务热线：(010)81055410　印装质量热线：(010)81055316
反盗版热线：(010)81055315
广告经营许可证：京东市监广登字 20170147 号

前　　言

Windows Server 2012 AD DS 域服务介绍

Windows Server 2012 AD DS 域服务是微软最新的域基础架构平台，其实质仍然是身份验证系统，企业管理使用的组策略是基于身份验证系统（域用户和计算机账户）的上层应用。在学习域过程中，部署域环境相对比较简单，难的是管理依赖于域的应用。微软网络级产品基本都和域绑定得比较紧密，例如 Exchange Server、Forefront Threat Management Gateway 等。

域的规划本身存在多样性。如何规划没有绝对的错与对，使企业更方便、更灵活、更有弹性的管理即可。因此公司管理架构的不同、管理理念的不同，都可能造成规划时的思路不同。微软建议使用单域多站点模式，可以适应大部分企业需求。需要注意，域的规划只是一个平台，一个基础，更重要的是前期规划要方便后期应用，能够支撑更多的服务。根据笔者实践经验，如果没有特殊需求，域规划越简单越好，能用单域多站点解决的应用尽量不使用父子域；能用父子域解决的应用尽量不使用单林多域环境。本书中的域环境重点关注单林、单域、多站点应用模式。

部署域之前，需要域管理员仔细规划网络基础服务应用架构，建议域控制器中仅安装 AD DS 域服务和集成区域 DNS 服务，其他网络服务（例如 DHCP、证书服务等）都不要部署在域控制器中，否则以后网络服务迁移过程中将会遇到很多问题。部署的额外域控制器，建议同时安装集成区域 DNS 服务。域环境中 DNS 数据不是保存在文件中，而是保存在 Active Directory 数据库中，随着 Active Directory 数据库的复制而复制。这样，可以避免 DNS 服务可能出现的单点故障。

域管理过程中，尤其是多域控制器环境中，需要域管理员注意 Active Directory 数据库在不同域控制器之间的复制，不要随意添加/删除域控制器，不要将域控制器作为一台普通计算机使用，不要在域控制器中随意安装应用程序，备份域控制器时更需要注意。

Windows Server 网络中计算机的管理主要通过组策略完成，因此本书详细阐述了几个最常见的应用，分别对应不同的管理方法和实现技术，读者可以根据实现过程举一反三，实现其他应用。

本书包含的内容

本书共 28 章，以下为内容概要介绍。

第 1 章，域概述。以一个案例为例，引入 AD DS 域服务在网络管理中的应用，介绍域、计算机的概念以及管理域控制器需要注意的问题。

第 2 章，部署第一台域控制器。介绍如何部署、验证网络中的第一台域控制器，以及域控制器管理中常见的域控制器重命名和更改 IP 地址应用问题。

第 3 章，部署额外域控制器及子域。介绍通过 2 种方式，部署第 2 台域控制器实现域高可用性的方法，以及如何部署、验证子域。

第 4 章，管理林和域功能级别。介绍域和林的功能级别，介绍提升和降级域控制器的方法。

第 5 章，管理全局编录服务器。介绍全局编录服务器在网络中的作用，设置和取消全局编录服务器的方法，以及验证域对象在父子域中关系。

第 6 章，管理操作主机角色。介绍操作主机角色在域中的功能，转移、占用操作主机的方法，以及介绍父子域中操作主机角色的分布。

第 7 章，管理组织单位。介绍规划、管理组织单位，以及如何委派域用户管理组织单位。

第 8 章，管理组。介绍组的功能以及管理。介绍组的应用原则和应用方法。

第 9 章，管理域计算机。介绍域中计算机账户的作用，以及如何管理计算机账户。结合网络管理实践，以 12 个应用为例介绍计算机管理。

第 10 章，管理域用户。介绍域中用户账户的作用，以及如何管理用户账户。结合网络管理实践，以 21 个应用为例介绍域用户管理。

第 11 章，管理站点。介绍如何规划、管理站点。结合网络管理实践，从 4 个方面介绍站点管理。

第 12 章，管理站点复制。介绍站点内、站点间 Active Directory 数据库复制方式，如何设计、规划、管理站点。结合网络管理实践，以 5 个应用为例介绍站点相关管理。

第 13 章，管理 SYSVOL 文件夹。介绍 SYSVOL 文件夹在域中的作用，结合网络管理实践，从删除后还原、文件夹迁移以及域控制器升级后更改复制方式角度，介绍 SYSVOL 文件夹的管理。

第 14 章，Active Directory 管理中心。介绍 Windows Server 2012 环境中 Active Directory 管理中心的使用方法。

第 15 章，管理只读域控制器。介绍如何规划、部署只读域控制器，结合网络管理实践，从"预设用户"角度介绍只读域控制器应用。

第 16 章，升级域控制器。介绍从 Windows Server 2003 升级到 Windows Server 2012 域的方法。

第 17 章，管理活动目录数据库。以管理 Active Directory 数据库、备份/还原 Active Directory 数据库以及备份/还原域控制器为例，说明如何保证域控制器的正常运行。

第 18 章，ADCS 证书服务。介绍"Active Directory 证书服务"在网络中部署、应用以及使用证书常见问题，重点介绍如何部署 SSL 站点。

第 19 章，认识组策略。介绍组策略的概念以及处理原则，介绍组策略的基本管理方法。

第 20 章，组策略应用——首选项设置。以"首选项"策略为例，以 3 个应用为例，介绍"首选项"的使用方法。

第 21 章，组策略应用——保护 IE 浏览器。以"保护 Internet Explorer 浏览器"应用为例，分析并实现如何在上网过程中保护浏览器安全。

第 22 章，组策略应用——安装软件。以安装应用程序"Adobe Reader"应用为例，分析并实现网络管理中如何批量部署、升级应用程序，并介绍网络中部署 Office 2013 的方法。

第 23 章，组策略应用——高效沟通。以搭建普通域用户和管理员之间的沟通渠道为例，分析并实现网络管理中用户和管理员之间的沟通方法。

第 24 章，组策略应用——文件夹重定向。介绍通过组策略实现批量重定向用户桌面、收藏夹等资源的方法。

第 25 章，组策略应用——限制计算机接入。结合 DHCP 应用，介绍通过组策略实现禁止用户个人计算机接入电脑的实现方法。

第 26 章，组策略应用——Windows 时间服务。介绍通过组策略实现域内时间统一的方法。

第 27 章，一组常用组策略与排错。结合网络管理实践，以 7 个常见应用为基础，介绍组策略的应用、排错，以及组策略最常用的 5 个管理工具。

第 28 章，活动目录集成区域 DNS 服务。介绍"Active Directory 集成区域 DNS 服务"在域中的作用，常见服务（DC、GC、ldap 等）在 DNS 中的展现方式，以及客户端计算机加域遇到的 DNS 问题。

写作说明

本书由王淑江编著。作者是信息系统项目管理师、网络工程师，长期从事企业级数据库维护和网络管理工作，具有较高的理论水平和丰富的实践经验，编著过多部计算机类图书，均以易读、易学、实用的特点，受到众多读者的一致好评。本书是作者的又一呕心沥血之作，希望能对大家的系统维护和网络管理工作有所帮助。在使用过程中，如果遇到任何困难，读者可以通过以下方式和作者联系，作者将会在第一时间和您沟通，解决遇到的问题。

电子邮件：redws@163.com。

QQ：37390918。

QQ 交流群：**148990557**。

收费视频教程：http://edu.51cto.com/course/course_id-747.html。

读者也可以与本书编辑（wangfengsong@ptpress.com.cn）联系，提出建议和意见。

最后，本书参阅了微软网站（http://www.microsoft.com）的部分技术资料，在此一并致谢！

目　录

第 1 章　域概述

Windows Server 2012 AD DS 域服务的核心价值是提供一套完整的用户身份验证系统，是一个基础身份验证平台，基于 Windows 的应用可以很容易实现用户单点登录。本章将通过一个真实的案例介绍域应用和一些需要了解的基本概念。

1.1　真实的案例

1.1.1　案例需求

这是一个真实的案例。案例是这样的：

某企业网络环境中部署 300 余台电脑（客户端计算机使用 Windows XP 操作系统），并使用多台服务器，所有计算机（服务器和客户端计算机）都处于工作组环境。企业中部署门户站点和邮件服务后，企业发展动态、会议通知、人力资源调整等管理信息全部通过门户站点和邮件通知，领导层要求员工打开计算机后，做到以下两点。

- 自动打开用户的邮件系统（Microsoft Outlook 系列）。
- 自动打开浏览器（Internet Explorer）并登录到企业的门户站点，以便查看信息。

1.1.2　IT 技术部门

IT 部门接到任务后，IT 部门领导根据计算机分布情况给 ITPro（5 人）部署任务，要求在 5 个工作日完成上述任务。

1. 处理方法

采取的工作方式：手动方式单台计算机处理。

使用以下方法完成任务要求。

- 将 Microsoft Outlook 系列应用程序拖曳到"所有程序"→"启动"菜单下。
- 将 Internet Explorer 浏览器的"主页"通过"Internet"选项，设置为企业门户站点。

2. 遇到的问题

从工作过程角度审视，ITPro 的做法是正确的，确实可以达到领导层的要求。但是在实施过程中遇到以下问题。

- 部分员工出差在外，不能完成相关设置工作。
- 部分员工具备计算机知识，ITPro 设置完成后，立即更改上述设置，需要反复更改，多次强调才能完成任务设置。

3. 时间周期

预计完成设置任务需要 5 个工作日，实际执行时间超过 1 个月还没有全部完成上述要求的设置。

1.1.3 达到的效果

根据领导层的要求，发布会议通知后相关人员在指定时间指定地点参加会议，但是数次会议之后，缺席人员总是说没有收到会议通知，从企业站点以及邮件中都没有看到，以 IT 部门技术服务不到位作为托词。

因此领导层决定：强制所有计算机用户打开电脑后完成上述管理任务。

1.1.4 IT 技术部门新措施

1. 新举措

IT 技术部门经过咨询、论证、验证以及测试后，在网络中部署 Active Directory 服务，结合其他服务完成管理任务。

- 网络中的用户统一身份登录。
- Microsoft ISA Server 作为上网行为管理，非域内的用户不能访问 Internet。
- 部署组策略完成领导提出的管理任务：自动打开 Internet Explorer 浏览器并访问指定的主页，自动运行 Microsoft Outlook 应用程序。
- 根据部门提供严格的共享文件夹访问机制。
- 非管理员不能私自安装软件。

2. 实现的效果

部署 Active Directory 服务后，不仅完成领导交代管理任务，而且以前大量需要手动完成的任务通过策略部署自动完成，甚至操作系统安装都通过"Windows 部署服务"实现自主安装，降低 ITPro 的工作强度和管理难度。域内根据需要部署策略，针对不同的部门完成不同的管理任务。

部署 Active Directory 服务后，首先实现了领导要求，发布会议通知后相关人员在指定时间指定地点参加会议，不参加会议的借口已经不能成立。然后，通过"策略管理"管理域内的计算机，让管理更上一层楼，将 ITPro 从繁重的维护工作脱离出来，将大部分精力用于业务流程方面的管理。

1.2 部署域的意义

上述案例很好地解决了领导的要求，对网络管理来说领导提出的要求只是"冰山一角"，Active Directory 服务和其他服务结合能够完成更多的管理任务。

1.2.1 网络管理中遇到的问题

ITPro 在网络运维中经常遇到以下问题。

- ITPro 觉得网络运维重复工作太多、无聊，觉得工作累。
- ITPro 认为用户不好交流、不能根据指定业务流程完成指定的操作，造成和用户之间隔阂越来越深。

- 由于信息不对称，ITPro 认为简单的技术问题用户都应该掌握，不需要培训。当用户提出类似的问题时，觉得用户无理取闹，故意找茬。
- ITPro 觉得在企业中自己地位低下，干的活越多，得罪人越多，自己在夹缝中生存，处于出力不讨好的状态。
- ITPro 非一线业务部门，不能为企业带来应有的价值，老板给的薪水也低。长此以往，IT 技术部门没有形成自己的核心竞争力，越来越受到排挤。

1.2.2　部署域的价值

从工作组环境提升到域环境后，能够为企业带来的价值如下。

- 提升企业形象。将用户信息（姓名、地址、电话、办公室、邮件地址等）详细地录入到用户属性中，统一用户身份标识，统一企业形象。
- 通过域环境单点登录，降低运维成本，不需要在各个应用服务之间进行多次用户身份认证切换，降低开发、管理、操作、运维成本。
- 创建和企业行政管理结构类同的管理架构，管理目标明确，和领导层沟通容易。例如，企业中部署文件服务后，人力资源部门共享资料不允许财务部门看到，可以通过 NTFS、组策略等模式实现需要的管理需求。
- 容易与 Windows 应用服务集成，例如 Exchange Server、Forefront Threat Management Gateway、SharePoint、文件共享、打印机共享、Microsoft Sql Server 系列数据库等，以及第三方软件开发厂商。
- 降低用户操作的复杂度，通过一次登录后，完成在多个应用服务之间切换。
- 域用户的权限可以通过委派明确授权，可以为领导层分配较高权限，授予领导层自由管理普通员工的权限，给领导层成就感。
- 通过管理架构部署组策略，通过策略强制（限制）管理客户端。

1.3　常用的计算机概念

本节中介绍本书中常提到的计算机相关概念。

1.3.1　独立服务器

安装完成 Windows Server 操作系统后，运行该操作系统的计算机成为一台独立服务器。该服务器可以独立部署应用程序。最明显的特征是该服务器没有加入到"域"中。

1.3.2　成员服务器

独立服务器添加到"域"中之后，成为成员服务器。该服务器接受 AD DS 域服务的统一管理，接收并应用 Active Directory 发布的组策略，该计算机被添加到域内"Computers"组织单位中。

1.3.3　域控制器

Windows Server 2012 中域控制器包括 3 种类型：额外域控制器、域控制器以及只读域控制器。

1．域控制器

如果网络中安装的是第一台域控制器，该服务器默认为林根服务器，也是根域服务器，FSMO（操作主机）角色默认安装到第一台域控制器。

如果是额外域控制器，FSMO（操作主机）角色转移到额外域控制器后，额外域控制器将提升为域控制器。域控制器和额外域控制器之间是平行关系，它们之间的区别在于是否存在 FSMO 角色。

域控制器中运行 AD DS 域服务，该服务和普通的服务应用相同，可以通过"服务"控制台管理 AD DS 域服务，完成"启动"、"停止"、"暂停"等操作。域控制器添加到"Domain Controllers"组织单位中。

2．额外域控制器

成员服务器使用"添加角色和功能"向导添加"AD DS 域服务"角色后，将被提升为额外域控制器，成员服务器添加到域内"Domain Controllers"组织单位中。该服务器上运行"AD DS 域服务"，提供管理任务，存储 Active Directory 数据库。

3．只读域控制器

只读域控制器服务与 AD DS 域服务相同，同样以服务的方式存在，但是 Active Directory 数据库只能读取不能写入，Active Directory 数据库是 AD DS 域服务数据库的一部分，非完整 Active Directory 数据库副本。只读域控制器添加到域内"Domain Controllers"组织单位中。

只读域控制器只能将可读写域控制器 Active Directory 数据库设置的缓存账户同步到只读域控制器中，无法对只读域控制器中的 Active Directory 数据库进行更改，如果只读域控制器需要更改 Active Directory 数据库中的数据，更改的数据首先在可读写域控制器上更改完成，然后复制到只读域控制器中。只读域控制器支持从可读写域控制器到 RODC 的单项数据复制。可读写域控制器不会从只读域控制器主动"拉"数据。只读域控制器可以缓存授权的目标组和用户的密码。

1.3.4 客户端计算机

运行 Windows 客户端操作系统的计算机称之为客户端计算机，客户端操作系统包括 Windows 2000 Professional、Windows XP/Vista/7/8。加入域的客户端计算机，被添加到域内"Computers"组织单位中。如果要对客户端计算机部署"计算机配置"策略，首先需要将客户端计算机账户移动到目标域、组织单位中，切记！

1.4 常用域概念

域环境中，DNS 是基石，网络中的计算机通过 DNS 定位域控制器。使用域过程中，需要明确了解和区分域、域树、域林、根域的概念。

1.4.1 DNS

TCP/IP 网络中，利用"Domain Name System（DNS）"解析主机名称和 IP 地址，在 Windows 网络中如果部署 AD DS 域服务，域控制器需要将自己注册到 DNS 服务器中，其他计算机可以通过 DNS 定位域控制器，DNS 服务器建议启用动态更新功能，当域控制器的角色出现变动或者客户端计算机的 IP 地址等网络参数出现更改时，能够自动更新 DNS 信息。

建议将 DNS 和 AD DS 域服务部署在同一台服务器中，Active Directory 采用 DNS 架构，域名也采用 DNS 格式命名（例如 book.com）。在部署第一台域控制器过程中，首先将"首选 DNS 服务器"设置为域控制器使用的 IP 地址，安装向导设置过程中，选择安装 DNS 服务即可。关于 Active Directory 集成区域 DNS 的介绍参考第 28 章内容。

1.4.2　工作组

工作组是一组计算机的集合，工作组中的计算机在网络中的地位平等，每台计算机独自管理，如果工作组内的计算机要互相访问，必须在被访问的计算机上显式设置用户验证方式。工作组架构如图 1-1 所示。

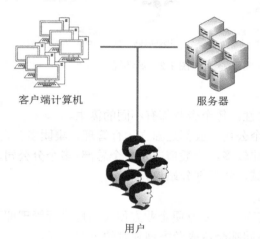

客户端计算机　　　　　服务器

用户

图 1-1　工作组环境

1.4.3　域

1．域的实质

域（针对 Windows 网络，本书中指的是 Windows Server 2012 AD DS 域服务）是一套统一身份验证系统，是企业应用的基础，用身份验证系统完成企业级别的业务系统应用，例如 Exchange Server、Forefront Threat Management Gateway、SharePoint Server、File Server、SQL Server、打印机共享等。域内的用户身份验证可以形象地比喻为日常生活中使用的"身份证"。

2．域应用

域是一个有安全边界的集合，同一个域中的计算机彼此之间建立信任关系，计算机之间允许相互访问。

域应用中，难的不是域环境部署而是依赖域环境的应用。例如组策略（Windows Server 2012 中提供数千个相关策略），首先确认用户身份，然后组策略根据用户身份（计算机账户或者域用户账户）进行限制。虽然谈到域就谈到组策略，但是组策略属于上层应用，组策略通过用户身份验证和域绑定得比较紧密，大部分企业管理都是通过组策略完成。

单域环境中只使用一个 DNS 名字空间，例如 book.com。域中的所有计算机账户和用户账户都是用同一个域后缀（DNS 名称后缀），如图 1-2 所示。

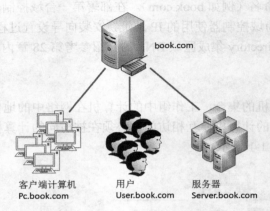

图 1-2　域环境

3. 规划域

域的规划本身存在多样性。每个企业都有不同的需求。

- 考虑到集团下的各个公司一般都是独立运行管理，集团多公司使用单林多域。
- 中型企业交叉业务比较多，一般情况是一个总部+多个分公司。建议使用父子域或者集中地管理一个域，然后划分站点。
- 小型企业使用单域。

域规划没有绝对的错与对，主要方便企业方便灵活地进行管理即可。所以公司管理架构不同，或者管理理念的不同都会造成考虑规划时的思路不同。

微软建议使用单域多站点模式，可以适应大部分企业需求。注意，域的规划只是一个平台、一个基础，更重要的是前期规划要方便后期应用，能够支撑更多的服务，例如 Exchange Server、SharePoint Server、SQLServer、CRM 等。

根据个人实践经验，如果没有特殊需求，域规划越简单越好，能用单域多站点解决的应用尽量不使用父子域，能用父子域解决的应用尽量不使用单林多域环境。本书中的域环境注重单林单域多站点。

1.4.4 根域

网络中创建第一个域就是根域，一个域林中只能有一个根域，根域在整个域林中处于重要地位，对其他域具备最高管理权限。通过"Get-ADForest"命令，验证根域所在的服务器，通常架构主机角色和域命名主机角色所在的域控制器，如图 1-3 所示。

1.4.5 域树

域树由多个域组成，这些域共享同一存储结构和配置，形成一个连续的名字空间（相同的 DNS 后缀）。树中的域通过信任关系连接，林包含一个或多个域树。域树中的域层次越深级别越低，一个 "." 代表一个层次，如域 bj.book.com 比 book.com 这个域级别低，因为它有两个层次关系，而 book.com 只有一个层次，而域 hdq.bj.book.com 又比 bj.book.com 级别低，道理一样，它们都属于同一个域树，bj.book.com 就属于 book.com 的子域。父子域之间的关系是双向信任关系，如图 1-4 所示。

图 1-3　特殊组

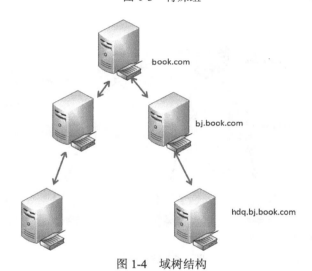

图 1-4　域树结构

1.4.6　域林

创建根域时默认建立一个域林，同时也是整个林的根域，同时其域名也是林的名称。例如 book.com 是网络中第一个域的根域，也是整个林的根域，林的名称就是 book.com。通过 PowerShell 命令 "Get-ADForest" 查看林的相关参数，如图 1-5 所示。

域树必须建立在域林下，一个域林可以有多棵域树。已经存在的域不能加入一棵树中，也不能将一个已经存在的域树加入到一个域林中，如果一定要把一个域加入到一棵域树中，或者要把一个域树加入到一个域林中，唯一可行的方法就是从零开始建立新域。

企业已经拥有不同的域、域树、域林，希望同现有的域、域树、域林一起管理，最好的方法是使用 Active Directory 创建双向信任关系。如果在域、域树、域林之间建立具有可传递的双向信任关系，就可以创建 Active Directory 结构。

```
PS C:\Users\Administrator>
PS C:\Users\Administrator> Get-ADForest


ApplicationPartitions : {DC=DomainDnsZones,DC=book,DC=com, DC=ForestDnsZones,DC=book,
                        DC=com}
CrossForestReferences : {}
DomainNamingMaster    : DC.book.com
Domains               : {book.com}
ForestMode            : Windows2008R2Forest
GlobalCatalogs        : {DC.book.com, BDC.book.com}
Name                  : book.com
PartitionsContainer   : CN=Partitions,CN=Configuration,DC=book,DC=com
RootDomain            : book.com
SchemaMaster          : DC.book.com
Sites                 : {Default-First-Site-Name}
SPNSuffixes           : {}
UPNSuffixes           : {}
```

图 1-5 查看林信息

域林的结构如图 1-6 所示。注意，右侧域树的名字空间（DNS 后缀）和左侧的名字空间不同。

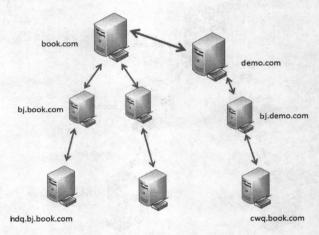

图 1-6 域林结构

1.4.7 如何区别域林和域树

域林和域树区别如下。

- 域林是由一个或多个没有形成连续名字空间（非相同的 DNS 后缀）的域树组成，与域树最明显的区别在于构成域林的域树之间没有形成连续的名字空间，而域树则是由一些具有连续名字空间的域所组成的。域林中的所有域树仍共享同一个存储结构、配置和全局目录，所有域树通过 Kerberos 信任关系建立，所以每个域树都知道 Kerberos 信任关系，不同域树可以交叉引用其他域树中的对象。域林都有根域，即域林中创建的第一个域，域林中所有域树的根域与域林的根域建立可传递的信任关系。
- 域树由多个域组成，这些域共享同一存储结构和配置，形成一个连续的名字空间（相同的 DNS 后缀）。树中的域通过信任关系连接，林中包含一个或多个域树。域树中的域通过双向可传递信任关系连接在一起，因此在域树或域林中新创建的域可以立即与域树或树林中每个其他的域建立信任关系。这些信任关系允许单一的登录过程，在域树或树林中的所有域上对用户进行身份验证，但这不一定意味着经过身份验证的用户在域树的所有域中都拥有相同的权利和权限。因为域是安全界限，所以必须在每个域的基础上为用户指派相应的权利和权限。

1.5　管理域控制器需要注意的问题

域控制器在网络中的位置十分重要，和成员服务器、独立服务器截然不同，因此在使用过程中建议注意以下问题。

1.5.1　禁止在域控制器任意安装软件

域控制器在域构架网络中的作用十分重要，高可用性、性能要求都比较高。因此，建议不要在域控制器中安装应用程序（例如 Microsoft Office 系列应用程序等），娱乐性质的应用一定不要安装。建议在域控制器中仅安装 AD DS 域服务以及 DNS 服务，其他基础服务（WINS、DHCP、CA 等）不要安装在域控制器中。网络中至少部署 2 台或者以上的域控制器，域控制器之间自动完成 Active Directory 数据库同步。

1.5.2　禁止随意添加/删除域控制器

域控制器不同于成员服务器，当部署多台域控制器后，域控制器之间活动目录数据库复制时刻都在进行，当随意删除域控制器且没有进行元数据清理时，会造成 Active Directory 出错，尤其是复制方面的错误。因此，不要在生产环境中随意添加/删除域控制器。

1.5.3　禁止 FSMO 角色的任意分配

当域控制器出现以下状况时：
- 服务器正常维护。
- 原来 FSMO 角色所在的域控制器由于硬件或其他的原因导致无法联机。

结果可能需要对 FSMO 角色进行转移。管理员可能认为，只要原来 FSMO 角色所在的域控制器离线，就一定要把 FSMO 角色转移到其他的域控制器上，能传送就传送，不能传送就夺取。

在实际工作中，根据个人经验建议除了 PDC 角色之外，其他角色所在的域控制器如果离线，最好等待原域控制器重新上线。因为 FSMO 五种角色中，除了 PDC 角色经常用到之外，其他的角色一般不会经常用到。

1.5.4　谨慎备份域控制器

部署域控制器后，管理员可能会对服务器使用 Ghost 之类的备份软件进行备份，以防止出现故障时恢复使用。当使用 Ghost 恢复时，可能把过时信息复制给其他域控制器，可能已经删除的账号又被激活，组策略还原后出现莫明其妙的问题等。因此，使用 Ghost 之类的软件备份/还原域控制器的做法不可取，如果担心域控制器出现问题，可以在网络中多部署几台域控制器，防止域控制器离线造成的影响。

第 2 章 部署第一台域控制器

如果企业部署全新的 Windows 网络,管理员可以直接部署 Windows Server 2012 AD DS 域服务。部署过程中注意 DNS 服务器设置,管理员可以创建独立的 DNS 服务器,也可以创建 Active Directory "集成区域 DNS 服务"。如果部署 Active Directory 集成区域 DNS 服务器,设置服务器参数时,需要将"首选 DNS 服务器"设置为本机的 IP 地址。本章详细介绍网络中第一台域控制器的部署方法。

2.1 案例任务

2.1.1 案例任务

内部网络中部署第一台域控制器,同时部署 Active Directory "集成区域 DNS 服务",即该域控制器兼任 DNS 服务器。

2.2.2 案例环境

本案例中只有一台服务器,部署 AD DS 域服务的先决条件包括以下方面。

- 服务器使用"NTFS 文件系统"且有足够的磁盘空间。
- 本地管理员账号与密码。
- Windows Server 2012 服务器操作系统。
- 已经激活的网卡。
- IP 地址配置。
- DNS 配置。
- 域名结构。

1. 服务器使用"NTFS 文件系统"且有足够的磁盘空间

Active Directory 需要至少 NTFS 文件系统支持,主要用于存储"SYSVOL"文件夹内容。如果磁盘不是 NTFS 分区(Fat32),可以使用"convert c:/fs:ntfs"命令转换。磁盘分区至少需要 250MB 空闲磁盘空间,建议越大越好。注意,Windows Server 2012 中使用最新的文件系统"Resilient File System(ReFS)"。

2. 本地管理员账号和密码

部署 AD DS 域服务时,针对不同域控制器需要使用不用管理员权限,包括:

- 安装第一个域中的第一台域控制器需要本地管理员权限,从而创建新的目录林。

- 如果在现有域中安装额外域控制器，需要具有该域的域管理员权限。
- 如果创建子域，则需要企业级管理员权限。

3. 操作系统版本

要部署 Active Directory 服务，必须部署在服务器操作系统中，包括：

- Windows 2000 Server。
- Windows Server 2003/R2。
- Windows Server 2008 /2008 R2。
- Windows Server 2012。

本书中活动目录部署在 Windows Server 2012 操作系统中。

4. IP 地址配置

安装活动目录的计算机需要专用静态 IP 地址。

- 如果计算机具有多块网卡，建议在内部网络使用的网卡中配置专用静态 IP 地址。
- 如果第一台域控制器兼任 DNS 服务器，"首选 DNS 配置"应该指向自己的 IP 地址。

本例中，第一台域控制器的 IP 地址设置为 192.168.0.1/24。"首选 DNS 配置"的 IP 地址为 192.168.0.1。设置完成的参数如图 2-1 所示。

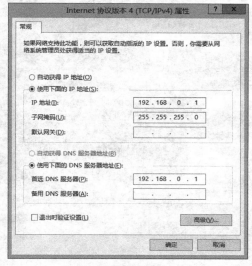

图 2-1　IP 地址设置

5. 激活的网卡

激活的网卡指的是连接到已经加电网络交换机的可用端口。如果网络连接处于断开状态，部署 AD DS 域服务将会出现错误。

6. DNS 配置

Windows 网络中部署 AD DS 域服务，建议在网络中部署"集成区域 DNS 服务"，即域控制器同时兼任 DNS 服务器。优点是 DNS 信息存储在活动目录数据库中。网络中部署多台域控制器后，DNS 数据通过所有域控制器之间的活动目录数据库复制自动完成数据同步。

7. 域名结构

活动目录名字使用 DNS 全限定域名格式（FQDN），例如 book.com。禁止使用"NetBios"名称格式作为域名，例如 book。

2.2   部署网络第一台域控制器

本节创建名称为"book.com"的域。Windows Server 2012 操作系统安装完成后，需要重命名计算机、更改网络参数，然后才可以安装 AD DS 域服务。安装 AD DS 域服务分两个阶段：安装角色和提升域服务。下面详细介绍通过 GUI 模式部署 AD DS 域服务过程。

2.2.1   重命名计算机

第 1 步，以默认管理员"Administrator"登录需要安装 AD DS 域服务的计算机，切换到 Metro 界面。右击"计算机"，窗口底部显示常用功能列表，如图 2-2 所示。

图 2-2   更改计算机名之一

第 2 步，命令执行后，打开"系统"对话框。Windows Server 2012 安装完成后，默认为计算机随机定义了一个名称，例如"WIN-EM3LL8L883L"，在网络应用中，应该为安装 Windows Server 2012 的计算机定义简捷并且有实用价值的计算机名称，提高管理效率以及可用性，如图 2-3 所示。

第 3 步，单击"更改设置"按钮，打开"系统属性"对话框。显示"计算机全名"以及所在的"工作组"，默认计算机位于"WORKGROUP"组中，如图 2-4 所示。

图 2-3　更改计算机名之二

图 2-4　更改计算机名之三

　　第 4 步，单击"更改"按钮，打开"计算机名/域更改"对话框。"计算机名"文本框中设置该计算机有效名称，如图 2-5 所示。

　　第 5 步，单击"确定"按钮，打开"计算机名/域更改"对话框。提示需要重新启动计算机。单击"确定"按钮，重新启动服务器，完成计算机名称的更改，如图 2-6 所示。

2.2.2　更改网络参数

　　Windows Server 2012 安装完成后，默认同时启用"IPv4"和"IPv6"两种协议。安装 AD DS 域服务时，不建议同时启用两种协议，根据实际情况选择需要的协议。本例中选择"IPv4"协议关闭"IPv6"协议。

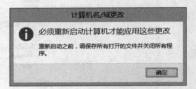

图 2-5　更改计算机名之四　　　　　　　　　图 2-6　更改计算机名之五

安装过程中如果将域控制器同时设置为 "Active Directory 集成区域 DNS 服务器",需要将 "首选 DNS 服务器" IP 地址指向当前服务器 IP 地址。如果网络中存在其他 DNS 服务器,则将 "首选 DNS 服务器" IP 地址指向其他 DNS 服务器。

第一台域控制器安装一块网卡,并激活(连接到已经加电的网络交换机),网络参数设置如下。

- IP 地址:192.168.0.1。
- 子网掩码:255.255.255.0。
- 默认网关:空。
- 首选 DNS 服务器:192.168.0.1。

第 1 步,以本地管理员身份登录计算机。Metro 界面中单击 "控制面板" 选项,命令运行后打开 "所有控制面板项" 窗口,如图 2-7 所示。

图 2-7　设置 IP 地址之一

第 2 步，选择"网络和共享中心"选项，打开"网络和共享中心"窗口，如图 2-8 所示。

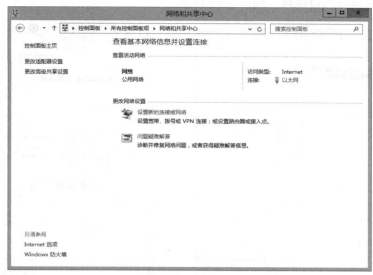

图 2-8　设置 IP 地址之二

第 3 步，单击"以太网"按钮，打开"以太网状态"对话框。显示当前计算机网卡的连接状态以及网卡速度，如图 2-9 所示。

第 4 步，单击"属性"按钮，打开"以太网属性"对话框。默认计算机同时启用"TCP/IPv6"和"TCP/IPv4"协议。本例中使用"TCP/IPv4"协议，取消"Internet 协议版本 6（TCP/IPv6）"左侧的复选框。设置完成的参数如图 2-10 所示。

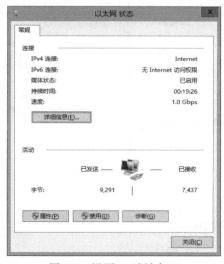

图 2-9　设置 IP 地址之三

图 2-10　设置 IP 地址之四

第 5 步，选择"Internet 协议版本 4（TCP/IPv4）"选项，单击"属性"按钮，打开"Internet 协议版本 4（TCP/IPv4）属性"对话框，设置域控制器的 IP 地址、网关以及 DNS 地址参数。设置完成的参数如图 2-11 所示。

第 6 步，单击"确定"按钮，关闭"Internet 协议版本 4（TCP/IPv4）属性"对话框，返回到"以内网属性"对话框，如图 2-12 所示。

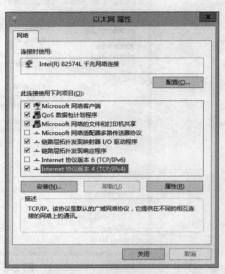

图 2-11　设置 IP 地址之五　　　　　　　　　图 2-12　设置 IP 地址之六

第 7 步，单击"关闭"按钮，关闭"以内网属性"对话框，返回到"以太网状态"对话框，如图 2-13 所示。单击"关闭"按钮，完成计算机 IP 地址设置。

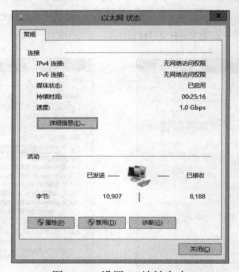

图 2-13　设置 IP 地址之七

2.2.3　部署网络中第一台域控制器

自 Windows Server 2003 之后，网络中所有域控制器都是平行关系，但是第一台域控制器和其他域控制器之间存在区别，因此第一台域控制器部署十分重要。第一台域控制器默认作为林的根域服务器，同时安装五种操作主机角色。

Windows Server 2012 操作系统是运行"AD DS 域服务"的系统平台，"AD DS 域服务"运行在操作系统之上。"AD DS 域服务"与普通的服务一样可以单独启动或者关闭。Windows Server 2012 AD DS 域服务默认通过向导方式部署，已经取消"dcpromo.exe"命令方式部署。管理员也可以通过 PowerShell 命令行方式部署。

第 1 步，以本地管理员身份登录 Windows Server 2012。默认打开"服务器管理器"窗口。如果"服务器管理器"没有正常运行，单击窗口左下角的"⊞"图标启动"服务器管理器"，选择"仪表板"→"快速启动"选项，如图 2-14 所示。

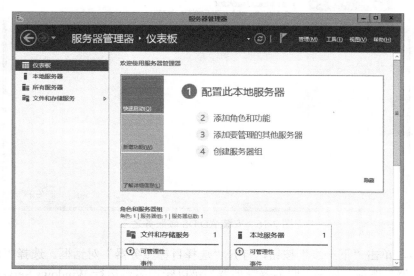

图 2-14　安装 AD DS 域服务之一

第 2 步，单击"添加角色和功能"超链接，启动"添加角色和功能向导"，显示如图 2-15 所示的"开始之前"对话框。

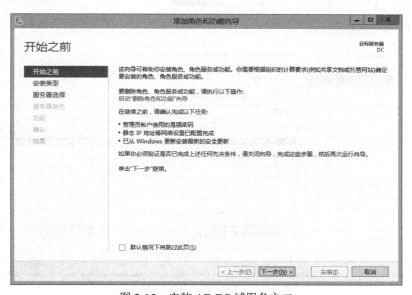

图 2-15　安装 AD DS 域服务之二

第 3 步，单击"下一步"按钮，打开"选择安装类型"对话框。AD DS 域服务以"服务"方式部署，因此选择"基于角色或基于功能的安装"选项。注意对话框右上角显示当前计算机名称为"DC"，如图 2-16 所示。

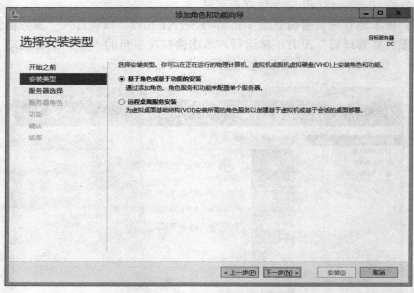

图 2-16 安装 AD DS 域服务之三

第 4 步，单击"下一步"按钮，打开"选择目标服务器"对话框。选择"从服务器池中选择服务器"选项，如果"服务器管理器"可以管理多台运行 Windows Server 2012 的服务器，可用服务器全部显示在服务器池中。本例中池中只有一台服务器，选择该服务器即可，如图 2-17 所示。

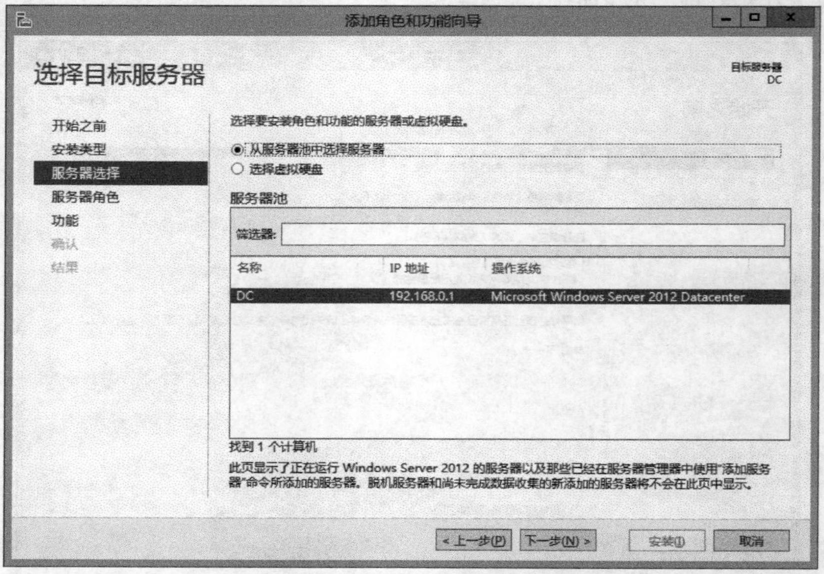

图 2-17 安装 AD DS 域服务之四

　　第 5 步，单击"下一步"按钮，打开"选择服务器角色"对话框。"角色"列表中显示所有可用的服务器角色，如图 2-18 所示。

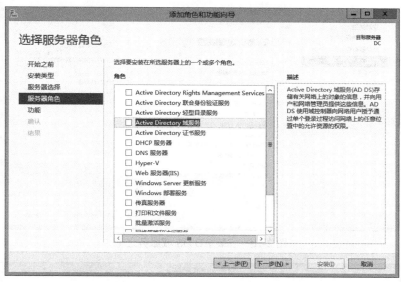

图 2-18　安装 AD DS 域服务之五

　　选择"Active Directory 域服务"选项，打开"添加 Active Directory 域服务所需的功能"对话框。当前服务器将安装"角色管理工具"和"组策略管理"。选择"包括管理工具（如果适用）"选项。单击"添加功能"按钮，返回到"选择服务器角色"对话框，如图 2-19 所示。

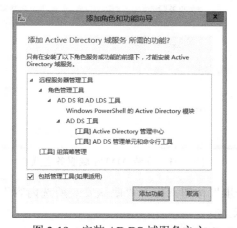

图 2-19　安装 AD DS 域服务之六

　　第 6 步，单击"下一步"按钮，打开"选择功能"对话框。从"功能"列表中选择需要安装的功能，根据需要选择即可，如图 2-20 所示。

　　第 7 步，单击"下一步"按钮，打开"Active Directory 域服务"对话框。提示部署 AD DS 域服务注意事项，如图 2-21 所示。

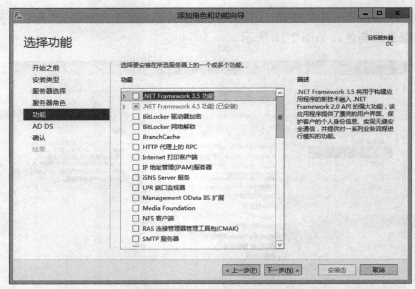

图 2-20　安装 AD DS 域服务之七

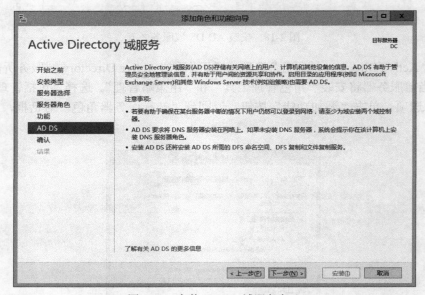

图 2-21　安装 AD DS 域服务之八

第 8 步，单击"下一步"按钮，打开"确认安装所选内容"对话框，显示向导需要安装的内容，如图 2-22 所示。

选择"如果需要，自动重新启动目标服务器"选项，显示如图 2-23 所示的对话框。提示管理员安装过程将自动重新启动服务器，不会再出现计算机重新启动提示而是直接启动服务器。单击"是"按钮，返回到"确认安装所选内容"对话框。

第 9 步，"确认安装所选内容"对话框中，单击"安装"按钮，向导自动将安装"AD DS 域服务"所需要的文件复制到目标位置。文件复制完成后如图 2-24 所示。

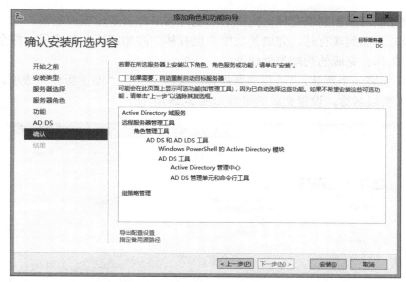

图 2-22　安装 AD DS 域服务之九

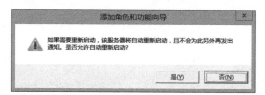

图 2-23　安装 AD DS 域服务之十

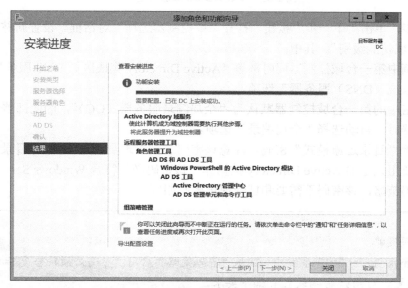

图 2-24　安装 AD DS 域服务之十一

第 10 步，"安装进度"对话框中，单击"将此服务器提升为域控制器"超链接，启动"Active Directory 域服务配置向导"，打开"部署配置"对话框。

安装向导提供三种 Active Directory 安装模式。

- 将域控制器添加到现有域。完成的功能为网络部署多台域控制器。
- 将新域添加到现有林。完成的功能为现有林中添加新域，创建另一棵全新的域树。
- 添加新林。完成的功能为创建新林、新域。

本例中将部署一个新林，"选择部署操作"选项中选择"添加新林"选项，"根域名"文本框中键入新域名称。设置完成的参数如图 2-25 所示。

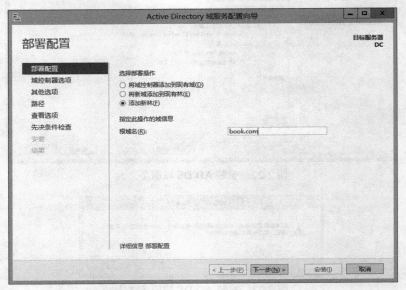

图 2-25　安装 AD DS 域服务之十二

第 11 步，单击"下一步"按钮，打开"域控制器选项"对话框。设置新林的"林功能级别"和"域功能级别"。其中：

- 本例中第一台域控制器同时部署"Active Directory 集成区域 DNS 服务"，选择"域名系统（DNS）服务器"选项。
- 网络中的第一台域控制器默认为"全局编录服务器（GC）"，因此部署第一台域控制器时，自动选择"全局编录"选项。
- 设置"目录还原模式"密码，注意该密码和域管理员密码不同。"目录还原模式"主要用来还原 Active Directory 数据库。该密码必须符合 Windows Server 2012 的强密码策略，该密码不需要和域管理员密码相同。

> **提示**
> 强密码策略
> Windows Server 2012 系统中，默认"密码策略"启用"密码必须符合复杂性要求（强密码）"设置，对用户密码设置有如下要求。
> - 不包含全部或部分的用户账户名。
> - 长度至少为 7 个字符。
> 包含以下 4 种类型字符中的 3 种字符：英文大写字母（从 A 到 Z）、英文小写字母（从 a 到 z）、10 个基本数字（从 0 到 9）以及非字母字符（例如!、$、#、%）。

设置完成的参数如图 2-26 所示。

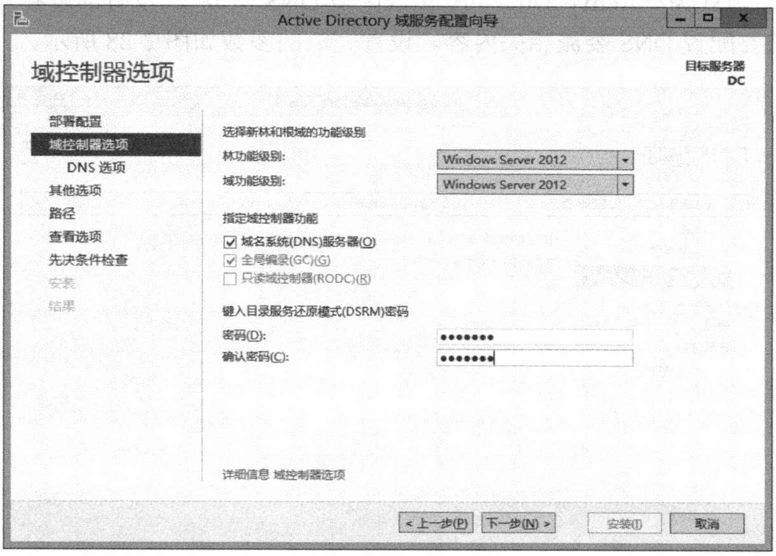

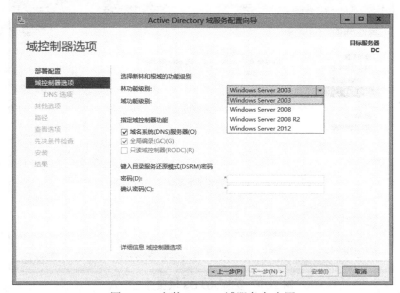

图 2-26　安装 AD DS 域服务之十三

向导提供四种林模式，分别为 Windows Server 2003、Windows Server 2008、Windows Server 2008 R2 以及 Windows Server 2012 模式。不同模式对应不同的域功能级别。功能级别对应不同的操作系统，例如"林功能级别"设置为 Windows Server 2012，则"域功能级别"只能设置为 Windows Server 2012，所有域中的域控制器需要全部运行 Windows Server 2012 操作系统，不能运行其他版本的操作系统。"林功能级别"选项列表如图 2-27 所示。

本例中"林功能级别"和"域功能级别"全部设置为 Windows Server 2012。即域中所有服务器全部运行 Windows Server 2012。

图 2-27　安装 AD DS 域服务之十四

第 12 步，单击"下一步"按钮，打开"DNS 选项"对话框。设置 DNS 委派信息。本例中 DNS 部署方式为"Active Directory 集成区域 DNS 服务"，没有部署独立的 DNS 服务器，因此不需要配置 DNS 委派相关内容。设置完成的参数如图 2-28 所示。

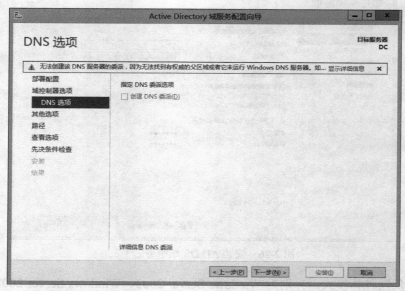

图 2-28　安装 AD DS 域服务之十五

第 13 步，单击"下一步"按钮，打开"其他选项"对话框，该对话框设置 NetBIOS 名称。建议"NetBIOS 域名"与部署的 Active Directory 域名一致，向导自动识别"Active Directory 域名"，将第一个"."前的字符作为默认 NetBIOS 名称。"NetBIOS 域名"与部署的 Active Directory 域名也可以不一致。设置完成的参数如图 2-29 所示。

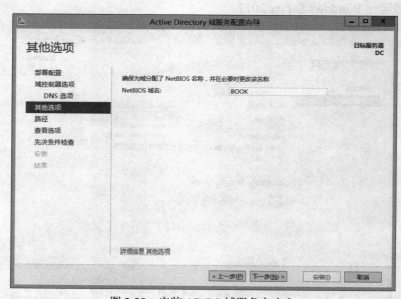

图 2-29　安装 AD DS 域服务之十六

第 14 步，单击"下一步"按钮，打开"路径"对话框。设置 Active Directory 数据库文件夹、Active Directory 日志文件文件夹以及 SYSVOL 文件夹的位置，建议将数据库文件夹、日志文件文件夹和 SYSVOL 文件夹分别存储在：

- 不同的物理磁盘中。
- 运行 Raid 5 的磁盘阵列。
- 其他专业存储设备中。

设置完成的参数如图 2-30 所示。

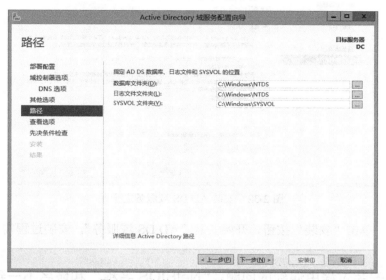

图 2-30　安装 AD DS 域服务之十七

第 15 步，单击"下一步"按钮，打开"查看选项"对话框，显示域控制器设置信息，如图 2-31 所示。

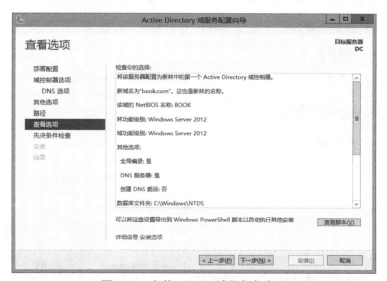

图 2-31　安装 AD DS 域服务之十八

第 16 步，单击"下一步"按钮，打开"先决条件检查"对话框。检查当前计算机是否满足安装"AD DS 域服务"条件，符合安装条件即可安装"AD DS 域服务"。检测结果如图 2-32 所示。

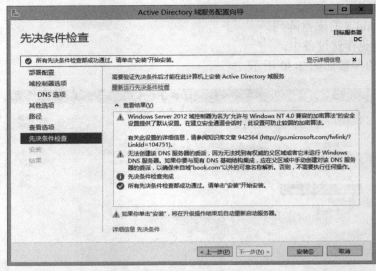

图 2-32　安装 AD DS 域服务之十九

第 17 步，单击"安装"按钮，开始安装"AD DS 域服务"，安装过程需要重新启动计算机。

2.2.4　安装过程中遇到的问题："NetBIOS 名称"和域名不一致

提升服务器为域控制器过程中，默认"NetBIOS 名称"和域名一致，例如，网络中 AD DS 域服务的域名为"book.com"，默认 NetBIOS 名称自动设置为"book"。如果不一致，例如将 NetBIOS 名称设置为"BOOKYT"，设置参数如图 2-33 所示。

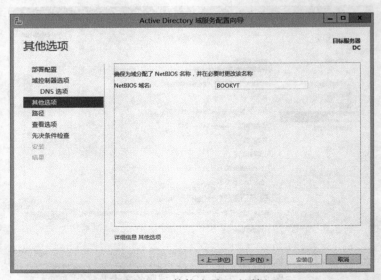

图 2-33　"其他选项"对话框

登录域时，用户选择"域"为提升域控制器过程中设置的 NetBIOS 名称，而非网络域名，如图 2-34 所示。该图显示以管理员身份登录 Windows Server 2012 域控制器时的状态。

图 2-34　登录域

成功登录域控制器后，打开"Active Directory 用户和计算机"控制台，域名是"book.com"，如图 2-35 所示。

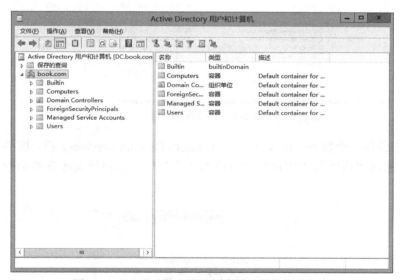

图 2-35　"Active Directory 用户和计算机"控制台

2.3　验证第一台域控制器是否成功部署

第一台 AD DS 域控制器完成后，需要对域控制器进行验证，确认 AD DS 域服务是否安装成功。

2.3.1　验证"AD DS 域服务"

自 Windows Server 2008 版本发布之后，AD DS 域服务成为一个普通的服务，通过"服务"控制台可以查看 AD DS 域服务运行状态，可以同普通服务一样启动、停止、暂停、重新启动服务，不需要和 Windows Server 2008 之前的版本一样，只有在重新启动域控制器并进入到"目录还原模式"后，才能维护活动目录服务。

　　AD DS 域服务部署完成后，默认部署 2 个和 AD DS 域服务直接相关的服务：Active Directory Domain Services（ADDS）服务和 Active Directory Web Services（ADWS）服务，这 2 个服务默认处于"正在运行"状态。打开"服务"控制台，首先验证 AD DS 域服务的状态是否正常运行，如图 2-36 所示。

图 2-36　"服务控制台"

　　打开其中任何一个服务（例如 Active Directory Domain Services）后，服务"启动类型"为"自动"，通过"启动"、"停止"、"暂停"、"恢复"等按钮控制服务的运行，如图 2-37 所示。

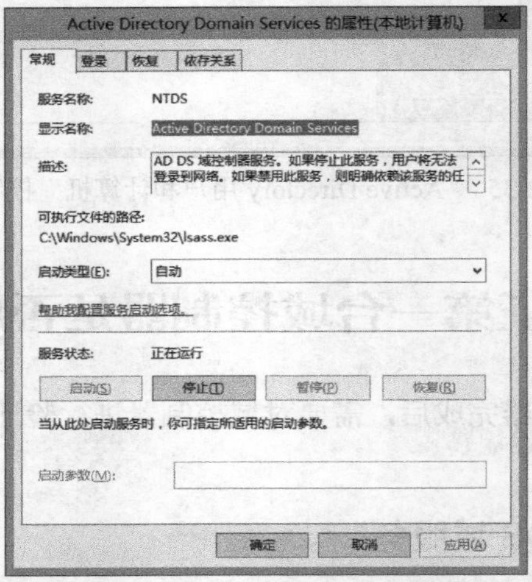

图 2-37　NTDS 服务属性对话框

2.3.2　验证"默认容器"

第一台域控制器部署完成后，安装成功的域控制器将创建部分默认容器，例如
"Domain Controllers"、"Computers"、"Users"和"ForeignSecurityPrincipals"，如图 2-38
所示。

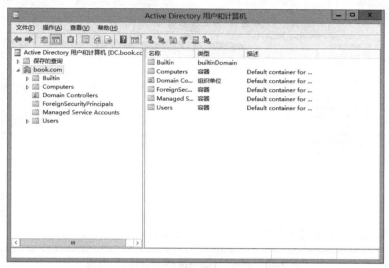

图 2-38　默认容器之一

如果打开"查看"→"高级功能"选项，将显示更多容器，如图 2-39 所示。

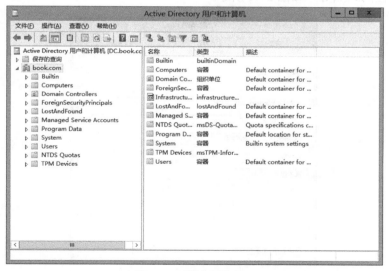

图 2-39　默认容器之二

2.3.3　验证"Domain Controllers"

默认的域控制器管理单元为"Domain Controllers"，包含第一个域控制器（DC），另外

还是新域控制器（额外域控制器、只读域控制器）的默认容器。其他域控制器安装后，将自动归并到该组织单位中。

打开"Active Directory 用户和计算机"，显示第一台域控制器已经加入到该组织单位中，同时该计算机作为全局编录服务器（GC），如图 2-40 所示。

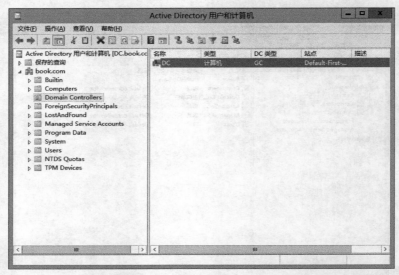

图 2-40　查看"Domain Controllers"容器

打开第一台域控制器属性对话框后，显示当前计算机的详细信息，例如 DNS 信息、DC 类型、所在的站点等，如图 2-41 所示。

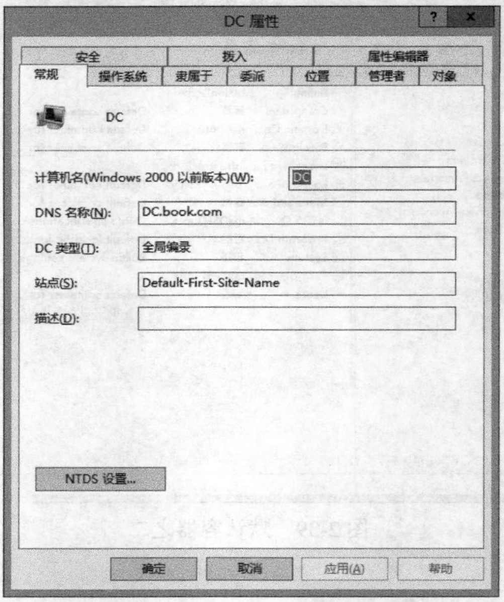

图 2-41　查看域控制器的属性

2.3.4　验证"Default-First-Site-Name"

　　将服务器提升为域控制器过程中，安装向导自动确定该域控制器属于哪个站点的成员。如果新建域控制器是新林中的第一个域控制器，将创建名称为"Default-First-Site-Name"的默认站点，第一台域控制器成为该站点的第一个成员。

　　打开"Active Directory 站点和服务"控制台，选择"Sites"→"Default-First-Site-Name"→"Servers"选项，显示第一台域控制器已经加入到默认站点中，如图 2-42 所示。

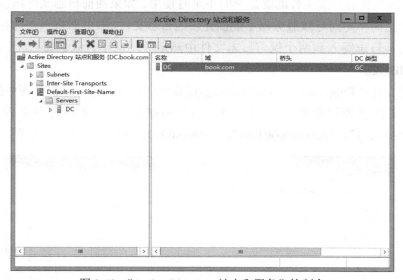

图 2-42　"Active Directory 站点和服务"控制台

2.3.5　验证"Active Directory 数据库"和"日志文件"

　　服务器提升为域控制器过程中，"路径"对话框设置 Active Directory 数据库和日志文件的存储位置，默认位于"%Systemroot%\Ntds"文件夹中，其中：

- Active Directory 数据库文件"Ntds.dit"，存储域控制器中所有活动目录对象。扩展名"dit"，全称为"Directory Information Tree"，中文直译为"目录信息树"。
- 事务日志文件"edb.log"。
  - ➢ 该文件保存 Active Directory 操作信息，默认事务日志名为 edb.log，每个事务日志文件大小为 10MB。
  - ➢ 当 edb.log 写满时被重命名为 edbxxxx.log，重新建立一个新日志文件，同时旧日志文件被自动删除。其中 xxxx 是文件编号，从 0001 开始逐渐递增。
  - ➢ Active Directory 将事务日志写入到内存的同时，将事务日志写到日志文件 edb.log。如果系统不正常关机，导致内存尚未写入 Active Directory 数据库的数据丢失，当开机后系统根据检查点文件 edb.chk 得知要从事务日志文件 edb.log 内的哪个数据开始，利用事务日志文件 edb.log 内的日志记录，将关机前尚未写入 Active Directory 数据库日志继续写入 Active Directory 数据库。

- 检查点文件"edb.chk"，跟踪尚未写入活动目录数据库文件的日志。记录 Active Directory 数据库文件和内存中 Active Directory 数据之间的差异，一般此文件用于 Active Directory 的初始化或还原。

- 暂存日志文件为"edbtmp.log"。该日志是当前日志文件（Edb.log）填满时的暂时日志。

- 保留日志文件"edbres00001.jrs"和"edbres00002.jrs"。这 2 个文件是日志保留文件，仅当含有日志文件的磁盘空间不足时使用。如果当前日志文件填满且由于磁盘剩余空间不足而导致服务器不能创建新的日志文件，服务器将当前内存中的活动目录处理日志写入到两个保留日志文件中然后关闭活动目录。每一个日志文件也是 10MB 大小。

- 临时文件"Temp.edb"。该文件在数据库维护时使用，存储维护过程中处理的数据。

打开"文件资源管理器"，查看"%Systemroot%\Ntds"文件夹中是否存在名称为 "ntds.dit"、"edb.log"、"edbres00001.jrs"、"edbres00002.jrs"等的文件，如图 2-43 所示。

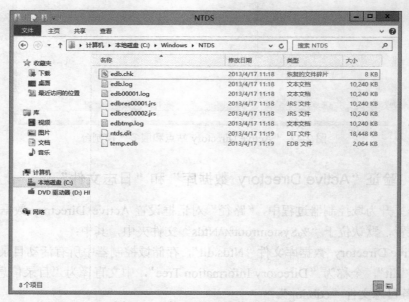

图 2-43　验证活动目录数据库文件

2.3.6　验证"计算机角色"

由于部署网络中第一台有域控制器，也就是根域服务器，所以第一台域控制器的"计算机角色"应该为"PRIMARY"。如果是额外域控制器，"计算机角色"应该为"BACKUP"。

打开"MSDOS 命令行"窗口，键入以下命令查看第一台域控制器的计算机角色。

```
net accounts
```

命令执行后，显示当前域控制器的计算机角色为"PRIMARY"，如图 2-44 所示。

图 2-44　查看域控制器的计算机角色

2.3.7　验证系统共享卷"SYSVOL"和"NetLogon"服务

服务器提升为域控制器过程中，"路径"对话框设置 Active Directory 数据库、日志文件以及系统共享卷的存储位置，系统共享卷默认位于"%Systemroot%\SYSVOL"文件夹中。

1. 验证活动目录的 sysvol 文件夹结构

AD DS 域服务安装完成后，"%Systemroot%\sysvol"目录下将创建名称为"domain"、"staging"、"stagin areas"、"sysvol"的目录。成功创建的文件结构如图 2-45 所示。

图 2-45　系统共享卷文件结构

2. 验证系统共享卷"SYSVOL"和"NetLogon"

打开"MSDOS 命令行"窗口，键入以下命令查看"SYSVOL"和"NetLogon"是否创建成功。

net share

命令执行后，显示该域控制器中发布的共享，如图 2-46 所示。

图 2-46　查看发布的共享

登录域控制器或者网络中任何一台客户端计算机，通过 "\\dc" 和 "\\dc.book.com" 访问发布的系统共享卷 "SYSVOL" 和 "NetLogon"，如图 2-47 和图 2-48 所示。

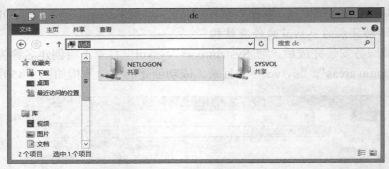

图 2-47　查看共享之一

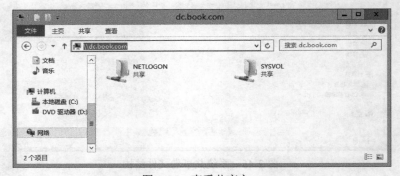

图 2-48　查看共享之二

3. 默认域策略和默认域控制器策略

安装过程中，Active Directory 将创建两个标准域策略："默认域"策略和"默认域控制器"策略（位于%Systemroot%\Sysvol\'Domain'\Policies 文件夹中）。这些策略显示为以下全局唯一标识符（GUID）。

- {31B2F340-016D-11D2-945F-00C04FB984F9}：表示"默认域"策略
- {6AC1786C-016F-11D2-945F-00C04fB984F9}：表示"默认域控制器"策略

通过文件资源管理器打开"%Systemroot%\Sysvol\'Domain'\Policies 文件夹"文件夹，查看默认策略是否创建成功，如图 2-49 所示。注意，本例中域名为"book.com"，因此默认域策略的存储位置为"%Systemroot%\SYSVOL\sysvol\book.com\Policies"。

图 2-49　查看默认域策略位置

4. 验证目录服务器

打开"MSDOS 命令行"窗口，键入以下命令查看 sysvol 共享权限。

dcdiag /test:netlogons

命令执行后，显示测试结果。如果正常安装域控制器，将显示测试成功信息，如图 2-50 所示。

图 2-50　验证域控制器

2.3.8 验证"SRV 记录"

本例中部署的第一台域控制器同时是"集成区域 DNS 服务器",即域控制器同时也是
DNS 服务器,并且安装 DNS 管理控制台。本例中域名为 book.com。

1. 验证 SRV 记录

以管理员身份登录 DNS 控制台。

第 1 步,验证"_msdcs.book.com/dc/_sites/Default-First-Site-Name/_tcp"中是否存在域
控制器(DC)的 SRV 资源记录,如图 2-51 所示。

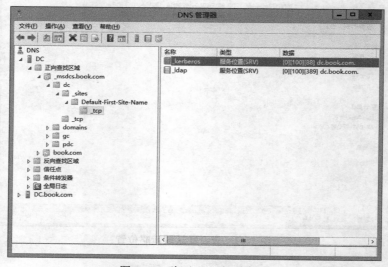

图 2-51 验证 SRV 记录之一

第 2 步,验证"_msdcs.book.com /dc/_tcp"中是否存在域控制器的 SRV 资源记录,如
图 2-52 所示。

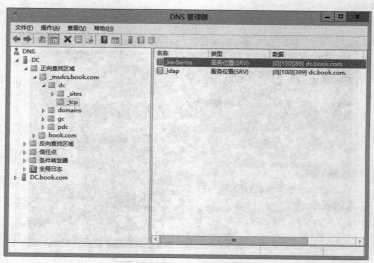

图 2-52 验证 SRV 记录之二

2. 查看域控制器的 FQDN

打开 DNS 控制台，选择"_msdcs.book.com"选项，右侧列表中显示域控制器（DC）的别名记录，如图 2-53 所示。

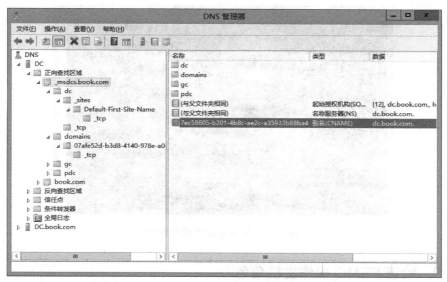

图 2-53　验证域控制器的 FQDN 之一

打开别名记录属性对话框，查看域控制器的 FQDN 名称。本例中，域控制器 DC 的 FQDN 名称为"7ec58605-b201-4b8c-ae2c-a35933b88ba4._msdcs.book.com"，如图 2-54 所示。

图 2-54　验证域控制器的 FQDN 之二

3. 测试域控制器 FQDN 名称的连通性

打开"MSDOS 命令行"窗口，键入以下命令测试使用域控制器的别名记录能否正常连通域控制器。

Ping 7ec58605-b201-4b8c-ae2c-a35933b88ba4._msdcs.book.com

命令执行后，显示与域控制器连接结果。成功安装的域控制器将会正常连通，如图 2-55 所示。

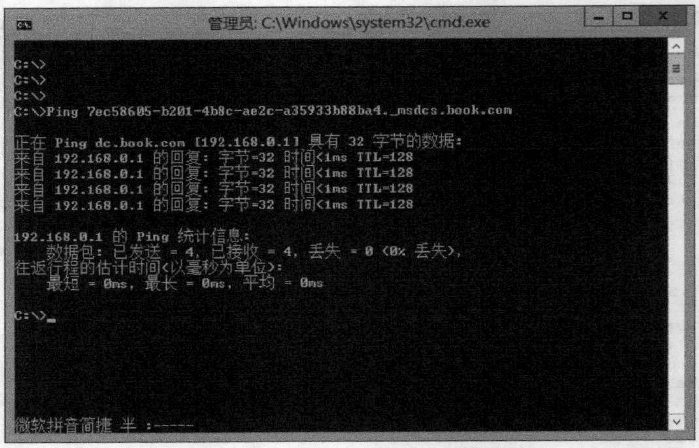

图 2-55　别名记录连通性测试

2.3.9　验证 FSMO 操作主机角色

服务器提升为域控制器过程中，第一台域控制器中将创建五种操作主机角色。

打开"MSDOS 命令行"窗口，键入以下命令查询是否成功创建五种操作主机角色。

Netdom query fsmo

命令执行后，显示五种操作主机角色所在的域控制器，如图 2-56 所示。注意，"Netdom"已经内置，不需要安装其他工具包。

图 2-56　查看 FSMO 主机角色

2.3.10　事件查看器

打开"事件查看器"查看"Active Directory Domain Services（NTDS）"服务和"Active Directory Web Services（ADWS）"服务产生的相关事件，如图 2-57 和图 2-58 所示。通过事件验证 2 个服务是否正常启动。

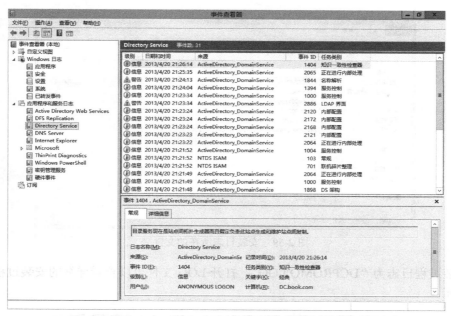

图 2-57 "Active Directory Domain Services（NTDS）"事件

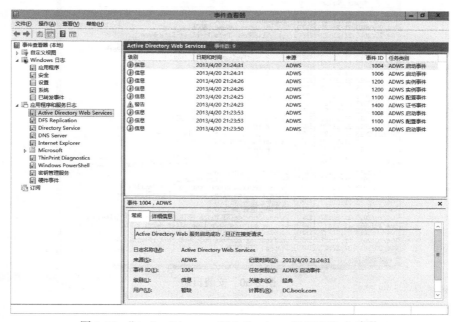

图 2-58 "Active Directory Web Services（ADWS）"事件

2.3.11 安装日志

服务器提升为域控制器过程中的每一个操作，都会记录到日志文件中。日志文件位于
"%systemroot%\debug"文件夹中，如图 2-59 所示。

图 2-59　安装日志所在的文件夹

安装过程日志为"DCPROMO.LOG"，打开 LOG 文件可以查看详细的安装过程，如图 2-60 所示。

图 2-60　安装日志

2.4　计算机安装"AD DS 域服务"前后变化

同一台计算机安装 AD DS 域服务之前，计算机名称为"DC"，安装 AD DS 域服务之后计算机名称为"DC.book.com"。虽然是同一台计算机，安装 AD DS 域服务之后发生部分明显的变化，没有改变的是计算机继续运行 Windows Server 2012 操作系统。下面将从 6 个方面展示前后变化。

2.4.1　服务器管理器面板

下面介绍部署 AD DS 域服务前后，默认"服务器管理器"面板发生的变化。

1. 安装前

部署"AD DS 域服务"前，"服务器管理器"面板打开后，默认安装的功能组件如图 2-61 所示。"文件和存储服务"、"本地服务器"和"所有服务器"是所有运行 Windows Server 2012 的默认安装组件。

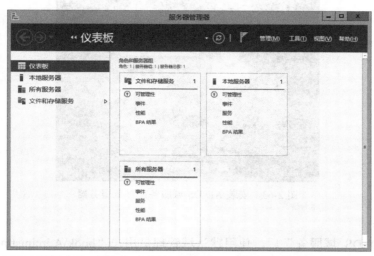

图 2-61　安装 AD DS 域服务前的"服务器管理器"面板

2. 安装后

部署"AD DS 域服务"后，"服务器管理器"面板打开后，默认安装的功能组件如图 2-62 所示。"文件和存储服务"、"本地服务器"和"所有服务器"是所有运行 Windows Server 2012 的默认安装组件。新增加的服务包括 AD DS 和 DNS。

图 2-62　安装 AD DS 域服务后的"服务器管理器"面板

2.4.2 登录服务器

下面介绍部署 AD DS 域服务前后，登录服务器发生的变化。

1. 安装前

安装"AD DS 域服务"前，使用默认管理员用户"Administrator"用户登录 Windows Server 2012 操作系统，如图 2-63 所示。

图 2-63 安装 AD DS 域服务前登录服务器

2. 安装后

安装"AD DS 域服务"后，使用默认域管理员用户"book\Administrator"用户登录 Windows Server 2012 操作系统，如图 2-64 所示。用户登录方式为域 NetBIOS 名称+"\" + 用户名称。

图 2-64 安装 AD DS 域服务后登录服务器

2.4.3 Metro 面板发生的变化

下面介绍部署 AD DS 域服务前后，Metro 面板发生的变化。

1. 安装前

安装"AD DS 域服务"前，Metro 面板中的"磁贴"显示默认安装的管理组件，如图 2-66 所示。管理功能主要用于 Windows Server 2012 操作系统级别的维护。

图 2-65　安装 AD DS 域服务前 Metro 面板

2．安装后

安装"AD DS 域服务"后，Metro 面板中的"磁贴"显示默认安装的管理组件，如图 2-66 所示。除了操作系统管理之外，新增加用于 Active Directory 管理的 8 个组件，分别是：

- 用于 Windows Powershell 的 Active Directory 模块。
- 组策略管理。
- ADSI 编辑器。
- Active Directory 域和信任关系。
- Active Directory 用户和计算机。
- Active Directory 管理中心。
- Active Directory 站点和服务。
- DNS。

图 2-66　安装 AD DS 域服务后 Metro 面板

2.4.4 本地服务器面板变化

下面介绍部署 AD DS 域服务前后，本地服务器面板发生的变化。

1. 安装前

安装"AD DS 域服务"前，"本地服务器"面板显示当前计算机信息，计算机默认属于"Workgroup"组，如图 2-67 所示。

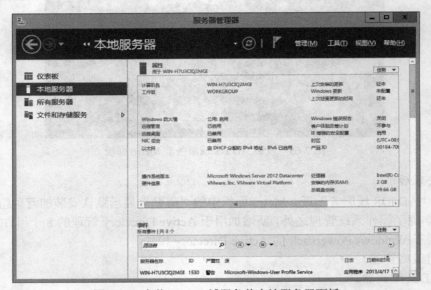

图 2-67　安装 AD DS 域服务前本地服务器面板

2. 安装后

安装"AD DS 域服务"后，"本地服务器"面板显示当前计算机信息，计算机属于"book.com"组，如图 2-68 所示。

图 2-68　安装 AD DS 域服务后本地服务器面板

2.4.5 默认组变化

下面介绍部署 AD DS 域服务前后，操作系统内置默认组发生的变化。

1. 安装前

安装"AD DS 域服务"前，计算机中的组使用"计算机管理"控制台进行管理，打开"计算机控制台"后，选择"系统工具"→"本地用户和组"→"组"，可以查看当前计算机内置组，如图 2-69 所示。

图 2-69 安装 AD DS 域服务前默认组

2. 安装后

安装"AD DS 域服务"后，计算机中的组不能使用"计算机管理"控制台进行管理，必须通过"Active Directory 用户和计算机"控制台进行管理，如图 2-70 所示。默认位置位于"Users"组织单位中。

图 2-70 安装 AD DS 域服务后默认组

2.4.6　用户变化

下面介绍部署 AD DS 域服务前后，计算机中已有用户发生的变化。

1．安装前

安装"AD DS 域服务"前，计算机中的用户使用"计算机管理"控制台进行管理，打开"计算机控制台"后，选择"系统工具"→"本地用户和组"→"用户"，可以查看当前计算机中已经创建的用户，如图 2-71 所示。

图 2-71　安装 AD DS 域服务前所有用户

打开用户属性后，如图 2-72 所示。本地计算机中的用户存储在 SAM 数据库中，用户可用的属性只有几项。

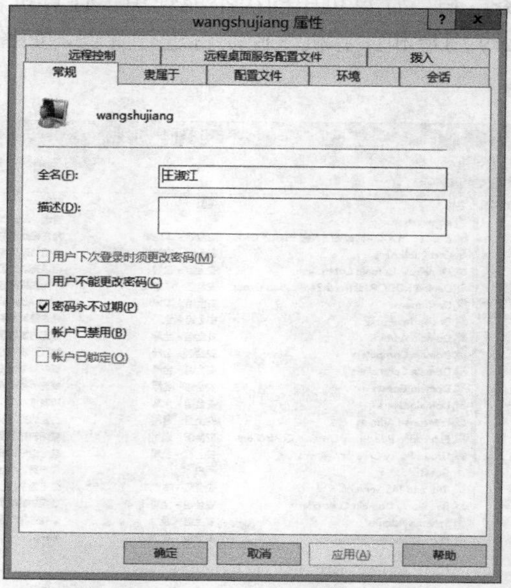

图 2-72　用户属性对话框

2. 安装后

安装"AD DS 域服务"后，计算机中的用户不能使用"计算机管理"控制台进行管理，必须通过"Active Directory 用户和计算机"、"Active Directory 管理中心"或者命令行模式进行管理，如图 2-73 所示。

图 2-73　安装 AD DS 域服务后所有用户

打开用户属性后，如图 2-74 所示。域中的用户信息存储在 Active Directory 数据库中，有更多用户属性可用。

图 2-74　用户属性对话框

2.5   常见问题

当规划设计一个新网络或部署新服务器时，为服务器选择一个正确的名称是首先需要考虑的问题。需要为新服务器分配简单有效且唯一的名称，并在设计新网络或网络扩展时把服务器的命名约定考虑在内。但有时候可能会出现服务器命名错误或者IP地址设置错误，当把服务器升级为域控制器后才发现错误，需要管理员修改出现错误的服务器名称或者IP地址。

2.5.1   修改域控制器 IP 地址

本例中，名称为DC的域控制器是网络中第一台域控制器，同时安装"集成区域DNS服务"，既是域控制器又是 DNS 服务器，通过以下方式确认是否域控制器的 IP 地址以及DNS 服务器地址。

第 1 步：查看域控制器 IP 地址

以域管理员身份登录域控制器，通过"ipconfig"命令或者"网络和共享中心"查看当前计算机的 IP 地址，如图 2-75 所示。域控制器使用的 IP 地址为 192.168.0.1/24。

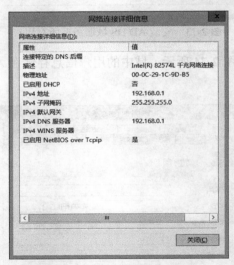

图 2-75   查看域控制器网络参数

第 2 步：查看 DNS 服务器地址

以域管理员身份登录域控制器，通过"ipconfig /all"命令查看 DNS 服务器 IP 地址，如图 2-76 所示。DNS 服务器使用的 IP 地址为 192.168.0.1。

第 3 步：更改域控制器 IP 地址

域控制器新 IP 地址设置为 192.168.0.100/24，DNS 服务器地址设置为 192.168.0.100，设置参数如图 2-77 所示。单击多次"确定"按钮，完成新 IP 地址设置。

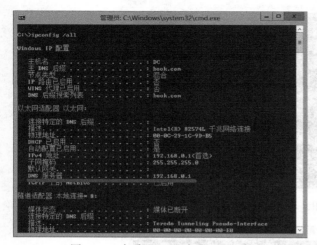

图 2-76　查看 DNS 服务器 IP 地址　　　　　　图 2-77　设置域控制器新 IP 地址

通过 "ipconifg" 命令，查询新 IP 地址是否生效，如图 2-78 所示。

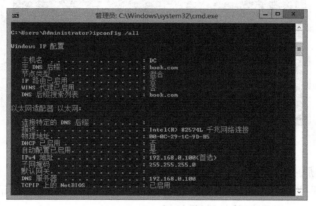

图 2-78　查看新 IP 地址是否生效

第 4 步：停止 NETLOGON 服务

打开 "MSDOS 命令行" 窗口，键入以下命令停止 NETLOGON 服务。

Net stop NETLOGON

命令执行后，停止 NETLOGON 服务。

第 5 步：重新启动 NETLOGON 服务

键入以下命令启动 NETLOGON 服务。

Net start NETLOGON

命令执行后，重新启动 NETLOGON 服务。

命令成功执行后，输出信息如图 2-79 所示。

第 6 步：重新注册 DNS 信息

键入以下命令重新注册 DNS 信息。

Ipconfig /registerdns

命令执行后，在 DNS 服务器以新的 IP 地址重新注册，如图 2-80 所示。

图 2-79 停止、重启 NETLOGON 服务

图 2-80 重新注册 DNS 信息

第 7 步：DNS 服务器验证所有新主机记录（A 记录）

打开 DNS 管理控制台，删除所有和原域控制器 IP 地址相关的 A 记录，并验证新 A 记录是否更新成功，和 A 记录相关的选项包括：

● DNS 服务器名称→"正向查找区域"→"_msdcs.book.com"→"gc"，如图 2-81 所示。

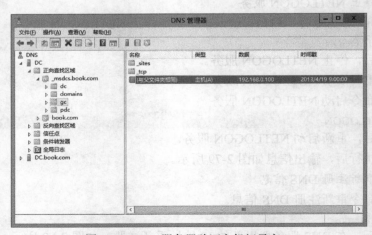

图 2-81 DNS 服务器验证主机记录之一

- DNS 服务器名称→"正向查找区域"→".book.com"选项，如图 2-82 所示。

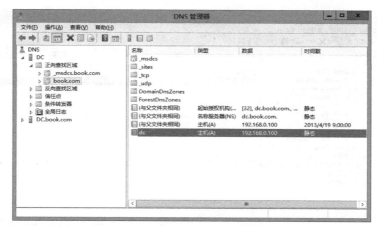

图 2-82　DNS 服务器验证主机记录之二

- DNS 服务器名称→"正向查找区域"→".book.com"→"DomainDnsZones"选项，如图 2-83 所示。

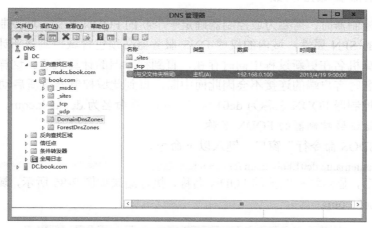

图 2-83　DNS 服务器验证主机记录之三

- DNS 服务器名称→"正向查找区域"→".book.com"→"ForestDnsZones"选项，如图 2-84 所示。

第 8 步：删除并重建"反向查找区域"

如果 DNS 服务器中部署"反向查找区域"，建议按照以下流程操作。

第 1 步，删除"反向查找区域"。

第 2 步，重建"反向查找区域"。

第 3 步，域控制器重建 PTR 记录。

第 9 步：重新启动域控制器

第 10 步：验证域控制器的状态

域控制器重新启动后，打开"MSDOS 命令行"窗口，键入命令"Dcdiag"测试当前域控制器的状态。

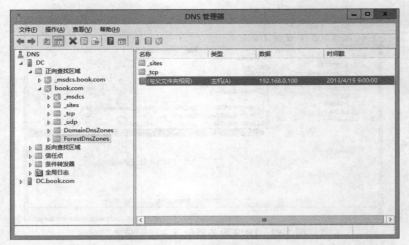

图 2-84　DNS 服务器验证主机记录之四

2.5.2　重命名域控制器

重命名域控制器时，需要为域控制器确定一个新的 FQDN 名称。域控制器计算机账号必须包含更新的 SPN 属性，域内的权威 DNS 服务器必须包含域控制器新计算机名的主机记录。新旧计算机名在更新过程中同时存在，直到移除旧的计算机名。这样才可以确保域控制器在重命名时客户端的连接不会因此而中断，直到此域控制器重新启动。

本例中域控制器 FQDN 名称为 dc01.book.com，重命名为 dc.book.com。

第 1 步：验证域控制器的 FQDN 名称

打开"MSDOS 命令行"窗口，键入以下命令。

netdom computername dc01.book.com /enumerate

命令执行后，显示域控制器的 FQDN 名称，执行结果如图 2-85 所示，域控制器 FQDN 名称为 dc01.book.com。

图 2-85　查看域控制器的 FQDN 名称

第 2 步：域控制器添加新 FQDN 名称

打开"MSDOS 命令行"窗口，键入以下命令。

netdom computername dc01.book.com /add:dc.book.com

命令执行后，为域控制器添加新 FQDN 名称。

该命令更新计算机账户在 Active Directory 数据库中的服务主体名称（SPN）属性，并在 DNS 服务器中注册新计算机名资源记录（SRV）。计算机账户 SPN 值必须复制到该域的所有域控制器，新计算机名 DNS 资源记录必须同步到该域名的所有授权 DNS 服务器。如果在删除旧计算机名之前没有进行更新和注册，某些客户端可能无法使用新名或旧名找到目标计算机。

执行命令：

netdom computername dc01.book.com /enumerate

查看域控制器所有可用的 FQDN 名称，执行结果如图 2-86 所示。可用的 FQDN 名称包括 dc01.book.com 和 dc.book.com。

图 2-86　验证新 FQDN 名称

第 3 步：将新 FQDN 名称设置为在线模式

打开"MSDOS 命令行"窗口，键入以下命令。

netdom computername dc01.book.com /add:dc.book.com

命令执行后，为域控制器添加新 FQDN 名称。

执行命令：

netdom computername dc01.book.com /makeprimary:dc.book.com

命令执行后，将 FQDN 名称 dc.book.com 设置为在线模式。执行结果如图 2-87 所示。注意，只有重启域控制器后，新 FQDN 名称才生效。

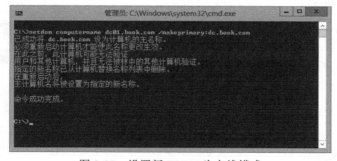

图 2-87　设置新 FQDN 为在线模式

第 4 步：重启域控制器

第 5 步：删除原 FQDN 名称

打开"MSDOS 命令行"窗口，键入以下命令。

netdom computername dc.book.com /remove:dc01.book.com

命令执行后，删除原 FQDN 名称。

执行命令：

```
netdom computername dc.book.com /enumerate
```

命令执行后，显示域控制器的 FQDN 名称已经更新为新 FQDN 名称，如图 2-88 所示。

图 2-88　删除原 FQDN 名称

第 6 步：验证 DNS 服务器中域控制器的主机记录

打开 DNS 控制台，选择"DNS 服务器名称"→"正向查找区域"→"book.com（域名）"选项，右侧列表中显示所有可用的计算机名称。本例中 IP 地址为"192.168.0.100"的计算机显示两条主机记录，名称为"dc01"的主机记录对应原 FQDN 名称。右击"dc01"的主机记录，在弹出的快捷菜单中选择"删除"命令，如图 2-89 所示。命令执行后，删除原主机记录。

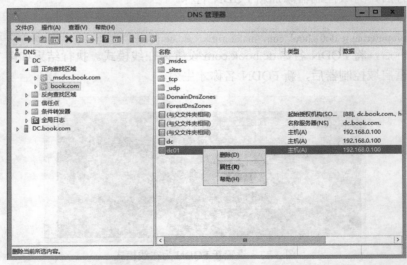

图 2-89　删除原主机记录

选择"DNS 服务器名称"→"正向查找区域"→".book.com"→"_sites"→"Default-First-site-Name"→"_tcp"选项，验证 SRV 记录是否更新为新 FQDN 名称，如图 2-90 所示。

图 2-90　验证新主机记录

第 7 步：验证主机角色所在的域控制器

打开"**MSDOS 命令行**"窗口，键入以下命令查询操作主机角色所在的域控制器。

Netdom query fsmo

命令执行后，显示五种操作主机角色所在的域控制器，如图 2-91 所示。

确认正确后，成功重命名域控制器。

图 2-91　查询 FSMO 角色所在的域控制器

第 3 章　部署额外域控制器及子域

企业网络中，仅有一台域控制器不能保证 AD DS 域服务的安全运行，如果仅有的域控制器出现故障，整个用户身份验证体系将崩溃。为了防止这种情况的发生，建议至少在网络部署两台域控制器，第二台域控制器称之为"额外域控制器"。在第一台域控制器出现故障的情况下，额外域控制器接管 Active Directory 工作，避免因为运行 AD DS 域服务的域控制器故障造成的损失。本章详细介绍部署第二台域控制器。

3.1　案例任务

刚安装成功的 Windows Server 2012 服务器（没有加入到域）称为"独立服务器"。独立服务器加入域后称之为"成员服务器"。"成员服务器"通过"服务器管理器"提供的"添加角色和功能"将成员服务器提升为额外域控制器。

3.1.1　额外域控制器的作用

网络中额外域控制器的作用如下。
- 提供容错功能。如果第一台域控制器出现故障，额外域控制器继续提供服务，使用户可以正常验证、使用域资源。
- 提高用户登录效率。多台域控制器之间并行工作，能够提高用户登录、访问速度。
- 负载平衡功能。网络部署多台域控制器后，域控制器之间自动平衡负载，不需要管理员参与。

3.1.2　案例任务

网络中部署第二台域控制器，作为第一台域控制器的备份域控制器，两台域控制器并行运行，为网络提供服务。

3.1.3　案例环境

本案例中已经成功部署第一台域控制器，部署第二台域控制器的先决条件包括以下方面。
- 使用"NTFS 文件系统"并且有足够的磁盘空间。
- 本地管理员账号与密码。
- 操作系统版本。
- 激活的网卡。

- IP 地址配置。
- DNS 配置。
- 加入到域。

1．本地管理员账号和密码

部署 AD DS 域服务时，针对不同的域控制器需要使用不用的管理员权限，包括：

- 安装第一个域中的第一台域控制器需要本地管理员权限，从而创建新的目录林。
- 在现有域中安装额外域控制器，需要具有该域的域管理员权限。本例中使用该选项。
- 如果创建子域，则需要企业级管理员权限。

2．操作系统版本

建议使用与第一台域控制器完全相同的服务器操作系统。本书中活动目录部署在 Windows Server 2012 操作系统中。

3．IP 地址配置

第二台域控制器同样需要使用专用静态 IP 地址。如果计算机具有多块网卡，建议在内部网络使用的网卡中配置专用静态 IP 地址。如果第二台域控制器兼任 DNS 服务器，部署过程需要选择 DNS 服务器选项。

本例中，IP 地址规划如下。

- 第一台域控制器的 IP 地址设置为 192.168.0.1/24。"首选 DNS 配置"的 IP 地址为 192.168.0.1。
- 第二台域控制器的 IP 地址设置为 192.168.0.2/24。"首选 DNS 配置"的 IP 地址为 192.168.0.1。

4．激活的网卡

第二台域控制器使用的网卡必须激活，并且能够和第一台域控制器连通。使用"Ping"命令可以测试两台域控制器之间的连通性。

5．DNS、GC 配置

第二台域控制器建议部署"集成区域 DNS 服务"，即额外域控制器同时兼任 DNS 服务器。同时第二台域控制器兼任全局编录服务器（GC），多台域控制器之间通过 Active Directory 数据库自动完成 DNS 信息同步。

6．加入到域

第二台域控制器首先需要加入到域后，使用域管理员权限登录，将成员服务器提升为额外域控制器。

3.1.4　部署流程

部署额外域控制器流程如下。

- 设置独立服务器的网络参数，并测试和第一台域控制器之间的连通性。
- 将独立服务器提升为成员服务器（俗称加域）。
- 将成员服务器提升为额外域控制器。
- 登录验证。

3.2　部署网络中第二台域控制器

作为第二台域控制器的服务器，Windows Server 2012 操作系统安装完成后，首先需要"重命名计算机"和"更改网络参数"，操作过程建议参考"部署第一台域控制器"。

3.2.1　"重命名计算机"需要注意的问题

"重命名计算机"需要注意的问题是为第二台域控制器设置简捷、有效的计算机名称。计算机名称不要超过 15 个字符。重命名计算机后需要重新启动后生效。设置完成的参数如图 3-1 所示。

图 3-1　计算机系统属性对话框

3.2.2　"更改网络参数"需要注意的问题

第二台域控制器安装一块网卡，并激活（连接到已经加电的网络交换机）。网络参数设置如下。

- IP 地址：192.168.0.2。
- 子网掩码：255.255.255.0
- 默认网关：192.168.0.1。
- 首选 DNS 服务器：192.168.0.1。

设置完成参数如图 3-2 所示。

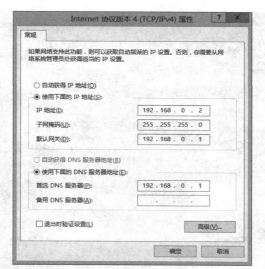

图 3-2　第二台域控制器 IP 地址设置

通过"ping"命令测试两台域控制器之间已经可以连通，测试结果如图 3-3 所示。

图 3-3　测试两台域控制器之间连通性

3.2.3　独立服务器加入到域

Windows 操作系统将计算机添加到域（俗称"加域"）的操作基本相同，因此以将作为第二台域控制器的计算机添加到域为例，详细说明计算机加域过程。

1. 加域

第 1 步，以本地管理员身份登录计算机，切换到"Metro"面板，右击"计算机"，屏幕下方显示支持的功能，选择"属性"选项，如图 3-4 所示。

第 2 步，命令执行后，打开"系统"对话框，如图 3-5 所示。当前计算机名称为"bdc"，隶属于"workgroup"组。

图 3-4　加域过程之一

图 3-5　加域过程之二

第 3 步，单击"更改设置"超链接，打开"系统属性"对话框，如图 3-6 所示。

第 4 步，单击"更改"按钮，打开"计算机名/域更改"对话框。注意目前计算机全名为"bdc"。选择"隶属于"区域的"域"选项，文本框中键入域名"book.com"。设置完成的参数如图 3-7 所示。

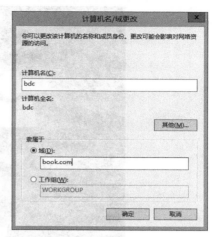

图 3-6　加域过程之三　　　　　　　　图 3-7　加域过程之四

第 5 步，单击"确定"按钮，打开"**Windows 安全**"对话框。键入具备将计算机添加到域的权限的用户名以及密码。设置完成的参数如图 3-8 所示。

图 3-8　加域过程之五

第 6 步，用户名和密码设置完成后，单击"确定"按钮，加域成功后打开对话框，如图 3-9 所示。

第 7 步，单击"确定"按钮，打开对话框。提示需要重新启动计算机。单击"确定"按钮后，根据提示重新启动计算机，如图 3-10 所示。

图 3-9　加域过程之六

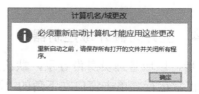

图 3-10　加域过程之七

2. 验证

计算机加域成功后，重新启动计算机，以域管理员（默认域管理员"book\administrator"）身份登录，如图 3-11 所示。

图 3-11 登录域

登录成功后，通过"whoami"命令查询当前登录的用户，通过"hostname"命令查询当前计算机名称，以及"ipconfig"命令查看计算机的 IP 地址，如图 3-12 所示。

图 3-12 查看登录用户和计算机 IP 地址

3.2.4 提升为额外域控制器

第 1 步，以域管理员身份登录，默认打开"服务器管理器"窗口。如果"服务器管理器"没有正常运行，单击窗口左下角的"▦"图标启动"服务器管理器"，选择"仪表板"→"快速启动"选项，如图 3-13 所示。

图 3-13　额外域控制器部署过程之一

第 2 步，单击"添加角色和功能"超链接，启动"添加角色和功能向导"，打开"开始之前"对话框。注意对话框右上角显示当前计算机名称为"bdc.book.com"，如图 3-14 所示。

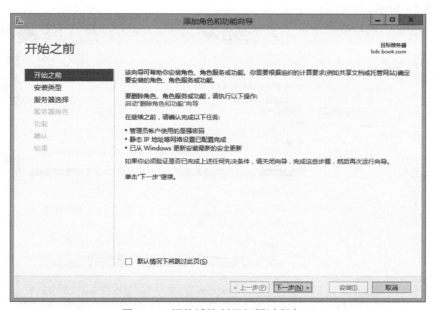

图 3-14　额外域控制器部署过程之二

第 3 步，单击"下一步"按钮，打开"选择安装类型"对话框。额外域控制器中的 AD DS 域服务同样以"服务"方式部署，选择"基于角色或基于功能的安装"选项，如图 3-15 所示。

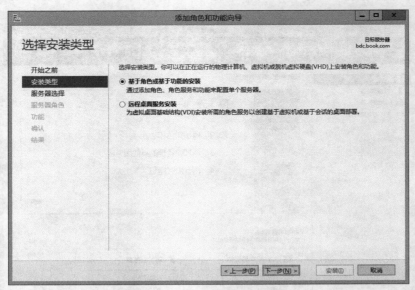

图 3-15 额外域控制器部署过程之三

第 4 步，单击"下一步"按钮，打开"选择目标服务器"对话框。选择"从服务器池中选择服务器"选项，如果"服务器管理器"可以管理多台运行 Windows Server 2012 的服务器，可用服务器全部显示在服务器池中。本例中池中只有一台服务器，选择该服务器即可，如图 3-16 所示。

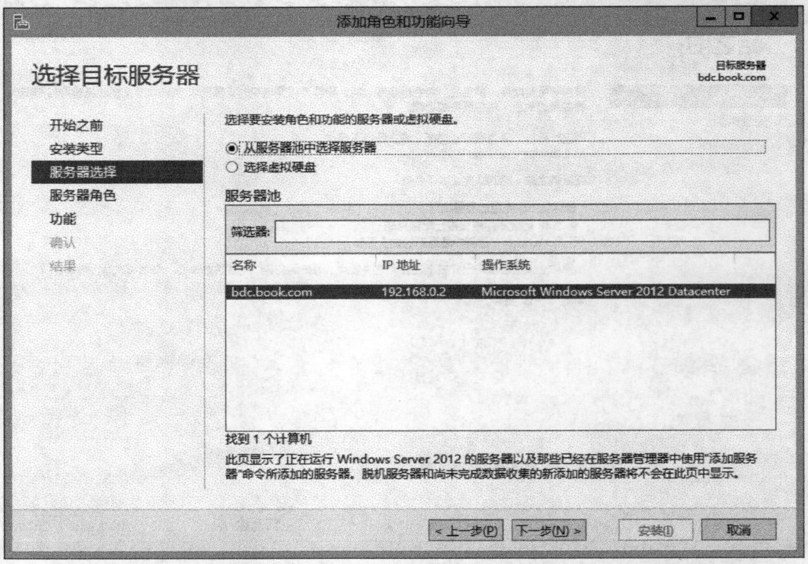

图 3-16 额外域控制器部署过程之四

第 5 步，单击"下一步"按钮，打开"选择服务器角色"对话框。"角色"列表中显示所有可用的服务器角色，如图 3-17 所示。

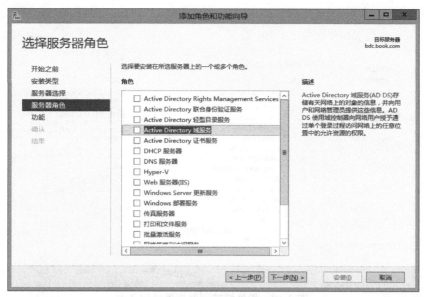

图 3-17　额外域控制器部署过程之五

选择"Active Directory 域服务"选项，打开"添加 Active Directory 域服务所需的功能"对话框。当前服务器将安装"角色管理工具"和"组策略管理"。选择"包括管理工具（如果适用）"选项。如图 3-18 所示。单击"添加功能"按钮，返回到"选择服务器角色"对话框，

图 3-18　额外域控制器部署过程之六

第 6 步，单击"下一步"按钮，打开"选择功能"对话框。从"功能"列表中选择需要安装的功能，根据需要选择即可，如图 3-19 所示。

第 7 步，单击"下一步"按钮，打开"Active Directory 域服务"对话框。显示部署域控制器注意事项，如图 3-20 所示。

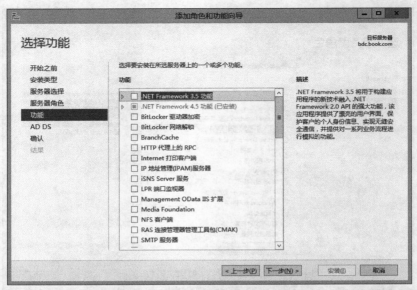

图 3-19　额外域控制器部署过程之七

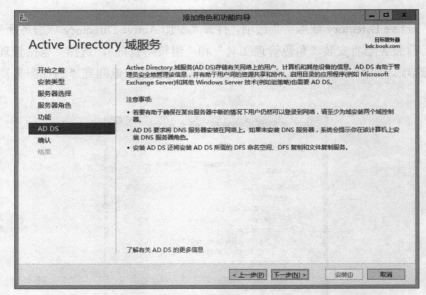

图 3-20　额外域控制器部署过程之八

第 8 步，单击"下一步"按钮，打开"确认安装所选内容"对话框。显示需要安装的内容，如图 3-21 所示。

选择"如果需要，自动重新启动目标服务器"选项，显示如图 3-22 所示对话框。提示管理员安装过程将自动重新启动服务器，不会再出现计算机重新启动提示。单击"是"按钮，返回到"确认安装所选内容"对话框。

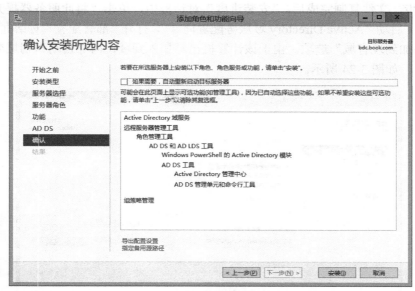

图 3-21　额外域控制器部署过程之九

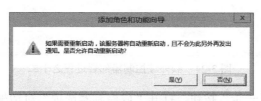

图 3-22　额外域控制器部署过程之十

第 9 步，"确认安装所选内容"对话框中，单击"安装"按钮，向导自动将安装"AD DS
域服务"所需要的文件复制到目标位置。文件复制完成后如图 3-23 所示。

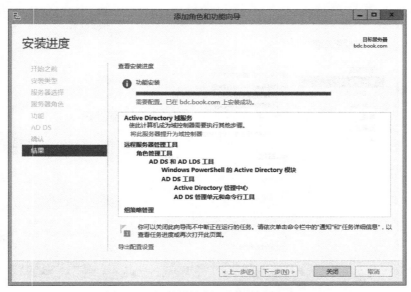

图 3-23　额外域控制器部署过程之十一

第 10 步，文件复制完成后，"安装进度"对话框中，单击"将此服务器提升为域控制器"超链接，启动"Active Directory 域服务配置向导"，打开"部署配置"对话框。选择"将域控制器添加到现有域"选项。由于该计算机已经加入到域，向导自动识别域名称以及当前登录用户，如图 3-24 所示。

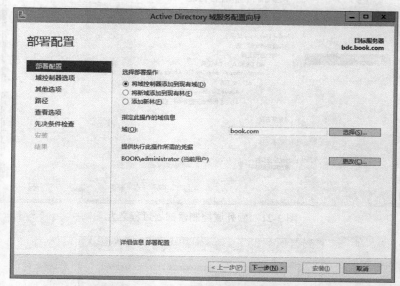

图 3-24　额外域控制器部署过程之十二

第 11 步，单击"下一步"按钮，打开"域控制器选项"对话框。本例中额外域控制器同时配置为"DNS 服务器"和"全局编录"服务器，因此选择"域名系统（DNS）服务器"和"全局编录"选项。额外域控制器添加到默认站点（Default-First-Site-Name）中。设置目录还原模式密码。设置完成的参数如图 3-25 所示。

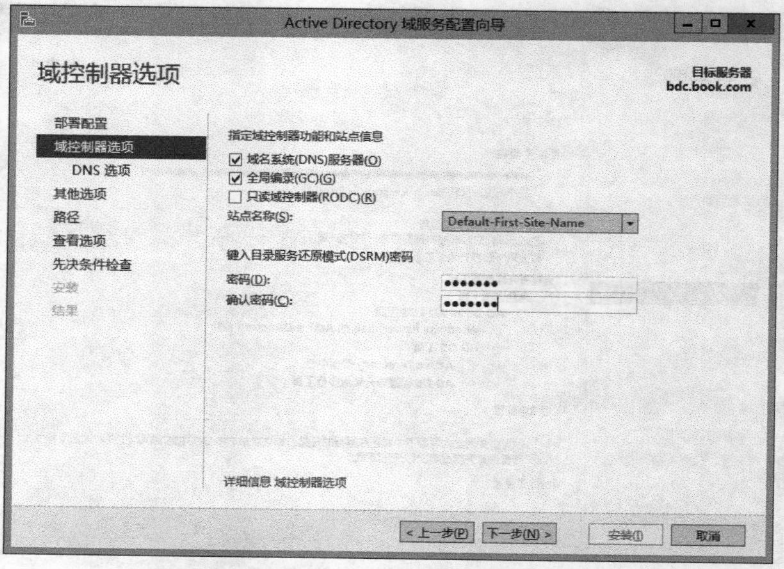

图 3-25　额外域控制器部署过程之十三

第 12 步，单击"下一步"按钮，打开"DNS 选项"对话框。设置 DNS 委派信息，如图 3-26 所示。

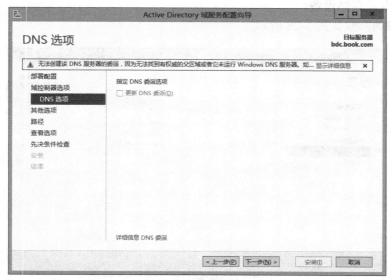

图 3-26　额外域控制器部署过程之十四

第 13 步，单击"下一步"按钮，打开"其他选项"对话框。设置域控制器复制类型。本例额外域控制器设置来自域中"任何域控制器"数据，也可以指定复制来源，如图 3-27 所示。

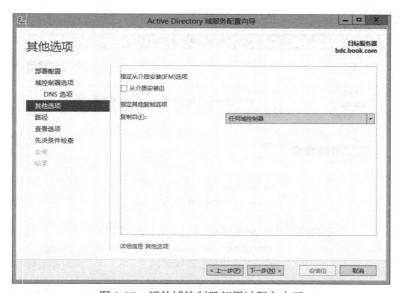

图 3-27　额外域控制器部署过程之十五

第 14 步，单击"下一步"按钮，打开"路径"对话框。设置 Active Directory 数据库文件夹、Active Directory 日志文件文件夹以及 SYSVOL 文件夹的位置，建议将数据库文件夹、日志文件文件夹和 SYSVOL 文件夹分别存储在：

- 不同的物理磁盘中。
- 运行 Raid 5 的磁盘阵列。
- 其他专业存储设备。

设置完成的参数如图 3-28 所示。

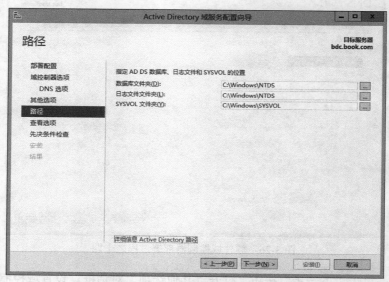

图 3-28　额外域控制器部署过程之十六

第 15 步，单击"下一步"按钮，打开"查看选项"对话框，显示额外域控制器配置信息，如图 3-29 所示。

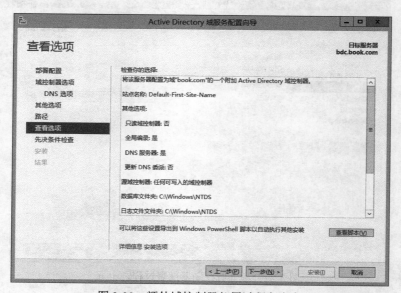

图 3-29　额外域控制器部署过程之十七

第 16 步，单击"下一步"按钮，打开"先决条件检查"对话框。检查当前计算机是否满足安装"AD DS 域服务"条件，符合安装条件即可安装"AD DS 域服务"，如图 3-30 所示。

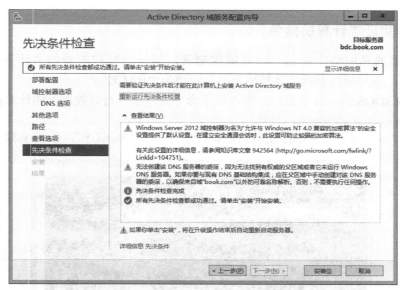

图 3-30　额外域控制器部署过程之十八

第 17 步，单击"安装"按钮，开始安装"AD DS 域服务"，安装过程需要重新启动计算机，如图 3-31 所示。

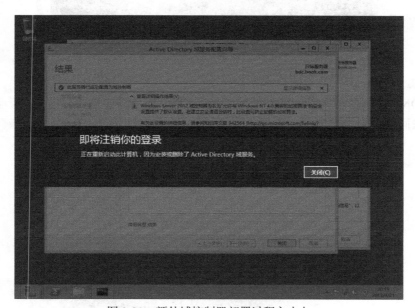

图 3-31　额外域控制器部署过程之十九

3.3　验证第二台域控制器是否成功部署

第二台 AD DS 域控制器完成后，可以使用与第一台域控制器完全相同的方法对第二台域控制器进行验证，验证额外域控制器是否成功安装。

3.3.1 验证"计算机角色"

由于部署的是网络中的第二台有域控制器，第一台域控制器的"计算机角色"为"PRIMARY"。额外域控制器"计算机角色"应该为"BACKUP"。

打开"MSDOS 命令行"窗口，键入以下命令查看第一台域控制器的计算机角色。

```
net accounts
```

命令执行后，显示当前域控制器的计算机角色为"BACKUP"，如图 3-32 所示。

图 3-32 验证计算机角色

3.3.2 验证"DNS"相关记录

打开 DNS 控制台后，验证额外域控制器在 DNS 服务器中是否注册成功，其他相关信息查看方法同第一台域控制器，如图 3-33 所示。

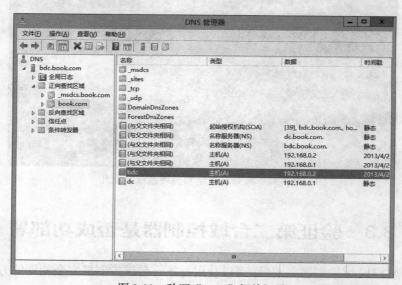

图 3-33 验证"DNS"相关记录

3.3.3　验证"Active Directory 站点和服务"

打开"Active Directory 站点和服务"控制台，切换到"Default-First-Site-Name"→"Servers"选项，验证额外域控制器是否添加成功，如图 3-34 所示。

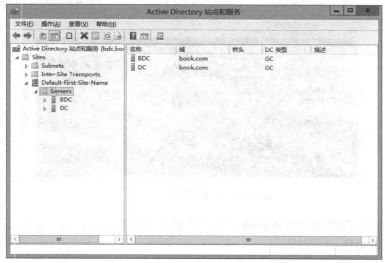

图 3-34　验证域控制器

3.3.4　验证网络中所有域控制器和 GC

打开"MSDOS 命令行"窗口，键入以下命令验证网络中已经部署多少台域控制器。

dsquery server

命令执行后，查询网络已经部署的域控制器。

键入以下命令，验证网络中已经部署的全局编录服务器（GC）。

dsquery server -isgc

命令执行后，查询网络已经部署的全局编录服务器（GC），如图 3-35 所示。

图 3-35　验证域控制器和 GC

3.3.5 验证 FSMO 操作主机角色

打开"MSDOS 命令行"窗口，键入以下命令验证操作主机角色所在的域控制器。

```
Netdom query fsmo
```

命令执行后，显示五种操作主机角色所在的域控制器，如图 3-36 所示。

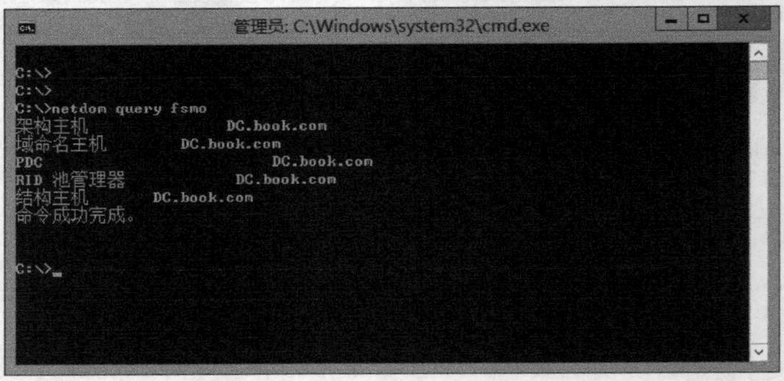

图 3-36   查看 FSMO 主机角色

验证结果说明额外域控制器和第一台域控制器之间的区别，额外域控制器默认状态下不具备操作主机角色。

3.4   介质安装第三台域控制器

网络中部署域控制器方法，除了通过向导直接提升为额外域控制器之外，还可以通过域控制器生成安装介质的方法部署，该方法适用于异地且网络状态不是特别理想的环境中。该方法可以最大程度地减少网络中目录数据的复制流量，有利于异地环境中更高效地部署域控制器。

3.4.1   第三台 Windows Server 2012 域控制器

第三台 Windows Server 2012 域控制器（本例中称之为 dc03 域控制器）同时作为 DNS 服务器，网络配置如下。

- 域名：book.com。
- 计算机名称：dc03.book.com。
- ip 地址：192.168.0.3/24。
- 子网掩码：255.255.255.0。
- 默认网关：192.168.0.1。
- 首选 DNS 服务器：192.168.0.1。
- 域管理员用户：book\administrator。
- DNS 服务：安装。
- 全局编录服务：安装。

3.4.2　第一台域控制器生成安装介质

生成安装介质，需要以域管理员身份登录到域控制器，使用"ntdsutil"工具创建。

1. 介质类型

"ntdsutil"可以创建四种类型的安装介质，分别为：

- 完整（或可写）域控制器。使用"Create Sysvol Full %s"命令创建，在文件夹"%s"中为可写域控制器创建具有"SYSVOL"卷的安装介质。
- 不带"SYSVOL"卷数据的完整（或可写）域控制器。使用"Create Full %s"命令创建，在文件夹"%s"中为可写域控制器或为"Active Directory"轻型目录服务（ADLDS）实例创建安装介质。
- 只读域控制器。使用命令"Create Sysvol RODC %s"，在文件夹"%s"中为"只读域控制器（RODC）"创建具有"SYSVOL"卷的安装介质。
- 不带"SYSVOL"卷数据的只读域控制器。使用命令"Create RODC %s"，在文件夹"%s"中为"只读域控制器（RODC）"创建安装介质。

2. 创建安装介质

本例中以域管理员身份登录第一台域控制器，使用"ntdsutil"工具创建安装介质。

打开"命令提示符"窗口。在命令提示符下，键入命令 ntdsutil。

在 ntdsutil 命令提示符下，键入：

ntdsutil : activate instance ntds

在 ntdsutil 命令提示符下，继续键入：

ntdsutil : ifm

回车，命令成功执行，显示命令提示符 ifm。

在 ifm 命令提示符下，键入：

ifm: Create Sysvol Full e:\dcinstallmedia

回车，命令成功执行，在"e:\dcinstallmedia"文件夹创建具有 SYSVOL 卷的安装介质。创建过程如图 3-37 和图 3-38 所示。

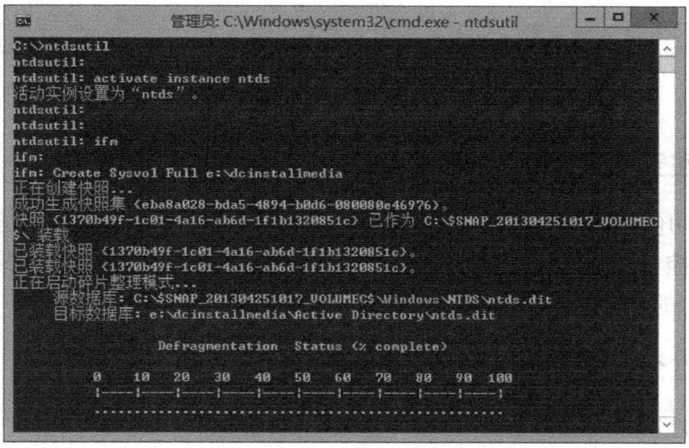

图 3-37　创建介质之一

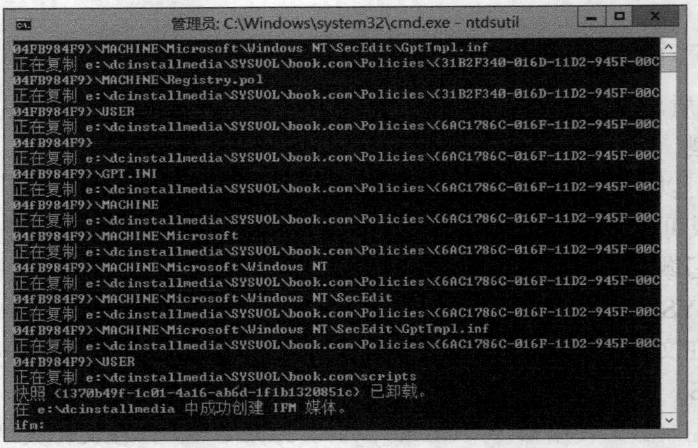

图 3-38 创建介质之二

在 ifm 提示符下，键入 2 次"quit"命令退出"ntdsutil"工具。

3. 查看创建的安装介质

安装介质创建成功后，通过"文件资源管理器"查看生成的安装介质，如图 3-39 所示。

图 3-39 验证创建的安装介质

3.4.3 传递安装介质

安装介质成功创建后，可以通过网络共享文件夹或者移动设备传递方式，将介质传输到需要安装域控制器的计算机中，本例中通过共享文件夹方式复制到名称为"dc03.book.com"的计算机中，如图 3-40 所示。

3.4.4 通过介质安装第三台域控制器

名称为"dc03.book.com"的计算机安装域控制器方式和第一台相同，通过"添加角色和功能向导"安装，在提升为域控制器过程中需要注意以下问题。

- 部署额外域控制器必须使用具备域管理员权限的用户。

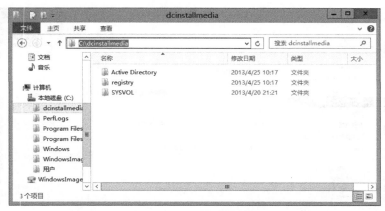

图 3-40　目标安装介质

- 提升域控制器过程中，计算机"dc03.book.com"必须和网络中其他域控制器正常连通，并能够访问活动目录数据库。
- 根据需要选择是否部署"集成区域 DNS 服务"以及"全局编录"服务，建议选择上述 2 项。设置参数如图 3-41 所示。

图 3-41　设置安装 DNS 以及 GC

- 打开"其他选项"对话框时，选择"从介质安装"选项，文本框中键入安装介质所在的目标文件夹，单击"验证"按钮，验证文件夹中的安装是否满足安装需求。验证通过的介质如图 3-42 所示。"指定其他复制选项"设置为"任何域控制器"。

3.4.5　验证第三台域控制器

第三台域控制器验证方式和第一台域控制器验证方式相同，下面通过"Active Directory 用户和计算机"和"DNS 管理器"简要说明。

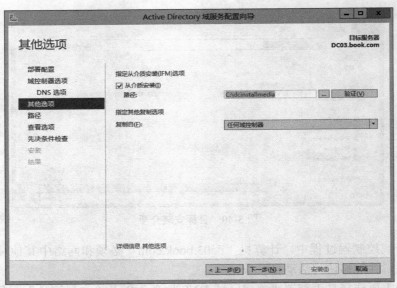

图 3-42 "其他选项"对话框

1. "Active Directory 用户和计算机"控制台验证

第三台域控制器部署成功后，其被添加到"Active Directory 用户和计算机"中的"Domain Controllers"组中，如图 3-43 所示。

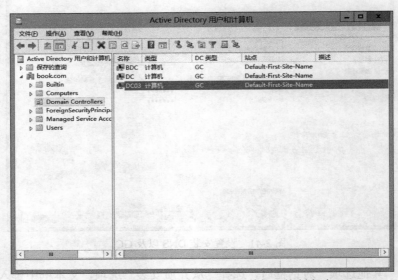

图 3-43 "Active Directory 用户和计算机"控制台验证

2. "DNS 管理器"验证

打开 DNS 管理器，验证第三台域控制器"dc03.book.com"资源记录（SRV）是否添加成功，如图 3-44 所示。

图 3-44　"DNS 管理器"验证

3.5　部署子域

网络中林根域为"book.com"，父域为"book.com"，本例中将部署名称为"yt.book.com"的子域。

3.5.1　子域计算机配置

1. 登录用户

子域计算机运行 Windows Server 2012 操作系统，计算机名称为"TDC"，以本地管理员用户"Administrator"登录，如图 3-45 所示。

图 3-45　用户状态

2. 网络参数

子域计算机网络参数设置如下。

- IP 地址：192.168.0.51/24。
- 子网掩码：255.255.255.0。
- 默认网关：192.168.0.1。
- 首选 DNS 服务器：192.168.0.1。注意，子域计算机的首选 DNS 服务器设置为根 DNS 的 IP 地址。

设置完成的参数如图 3-46 所示。

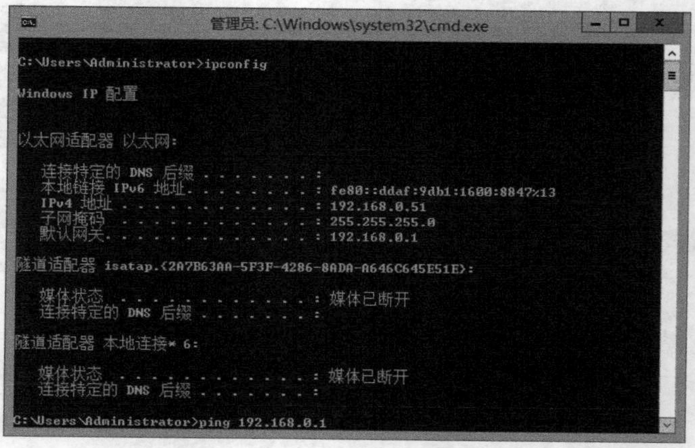

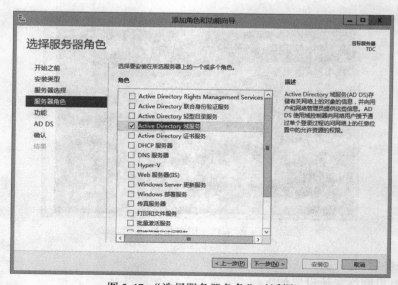

图 3-46　计算机网络配置

3.5.2　部署子域

1. 选择服务

以本地管理员身份登录，启动"添加角色和功能向导"后，"选择服务器角色"对话框的角色列表中选择"Active Directory 域服务"（如图 3-47 所示），根据向导提示安装 AD DS 域服务需要的文件。

图 3-47　"选择服务器角色"对话框

必要文件复制完成后，打开"安装进度"对话框，如图 3-48 所示。

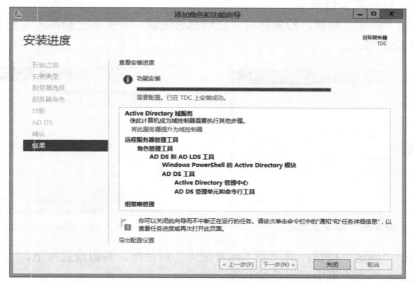

图 3-48 "安装进度"对话框

2. 提升为子域

第 1 步，接上例，"安装进度"对话框中单击"将此服务器提升为域控制器"超链接，启动"Active Directory 域服务配置向导"，打开"部署配置"对话框，如图 3-49 所示。参数设置如下。

- 选择"将新域添加到现有林"选项。
- 选择域类型为"子域"。父域为"book.com"，子域为"yt.book.com"。

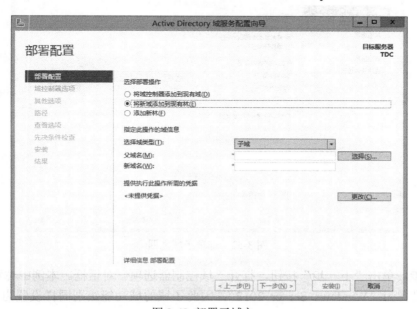

图 3-49 部署子域之一

（1）单击"选择"按钮，打开"Windows 安全"对话框，设置父域管理员用户和密码，设置完成的参数如图 3-50 所示。

（2）单击"确定"按钮，检索林根中已经部署的域，本例中已经部署名称为 book.com 的域，如图 3-51 所示。

图 3-50　部署子域之二

图 3-51　部署子域之三

（3）单击"确定"按钮，返回到"部署配置"对话框，参数设置如下。

- "父域名"文本框中显示父域名称。
- "新域名"文本框中，键入子域名"yt"。
- "提供执行此操作所需的凭据"中显示"Windows 安全"对话框设置的父域管理员用户名称。

设置完成的参数如图 3-52 所示。

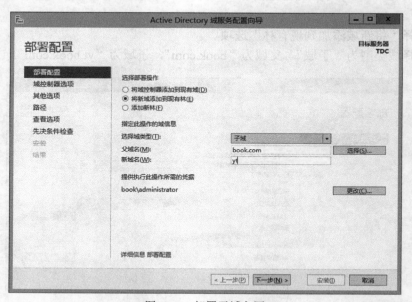

图 3-52　部署子域之四

第 2 步，单击"下一步"按钮，打开"域控制器选项"对话框。本例中林和域的功能级别全部设置为"Windows Server 2012"，因此子域的域功能级别同样设置为"Windows Server 2012"。子域中安装 DNS 服务和全局编录服务，因此选择"域名系统（DNS）服务器"和"全局编录（GC）"选项，设置目录还原模式密码，该密码必须符合密码策略要求。
设置完成的参数如图 3-53 所示。

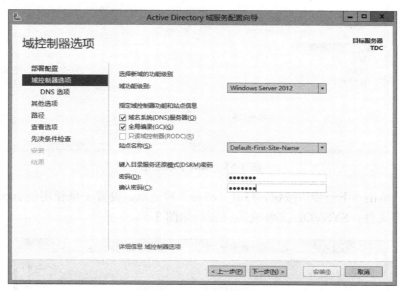

图 3-53　部署子域之五

第 3 步，单击"下一步"按钮，打开"DNS 选项"对话框。默认选择"创建 DNS 委
派"选项，如图 3-54 所示。

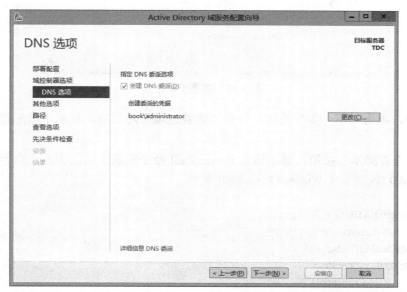

图 3-54　部署子域之六

第 4 步，单击"下一步"按钮，打开"其他选项"对话框。设置子域使用的 NetBIOS
名称。默认使用子域名称作为 NetBIOS 名称，如图 3-55 所示。

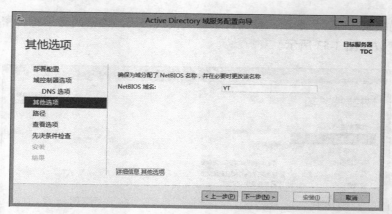

图 3-55　部署子域之七

第 5 步，单击"下一步"按钮，打开"路径"对话框。设置子域使用的 Active Directory 数据库、日志文件、SYSVOL 文件夹的位置，如图 3-56 所示。

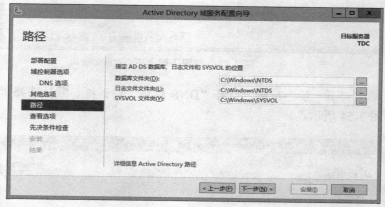

图 3-56　部署子域之八

第 6 步，单击"下一步"按钮，打开"查看选项"对话框。显示子域配置信息，如图 3-57 所示。

单击"查看脚本"按钮，显示通过 PowerShell 命令安装子域的脚本，内容如下。

```
# 用于 AD DS 部署的 Windows PowerShell 脚本

Import-Module ADDSDeployment
Install-ADDSDomain `
-NoGlobalCatalog:$false `
-CreateDnsDelegation:$true `
-Credential (Get-Credential) `
-DatabasePath "C:\Windows\NTDS" `
-DomainMode "Win2012" `
-DomainType "ChildDomain" `
-InstallDns:$true `
-LogPath "C:\Windows\NTDS" `
```

```
-NewDomainName "yt" `
-NewDomainNetbiosName "YT" `
-ParentDomainName "book.com" `
-NoRebootOnCompletion:$false `
-SiteName "Default-First-Site-Name" `
-SysvolPath "C:\Windows\SYSVOL" `
-Force:$true
```

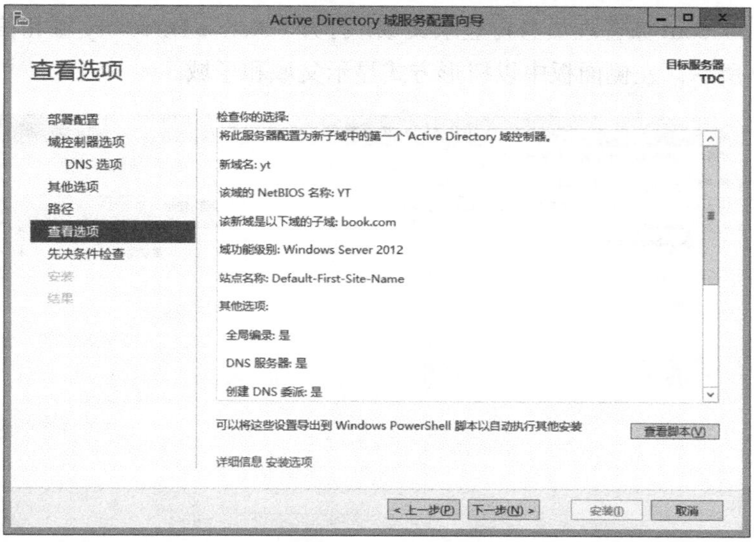

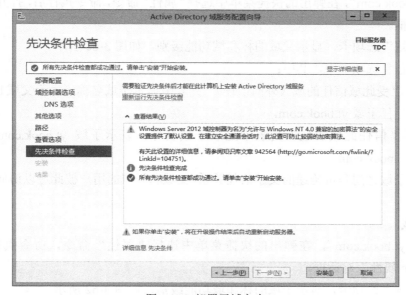

图 3-57　部署子域之九

第 7 步，单击"下一步"按钮，打开"先决条件检查"对话框。检查部署子域必须满足的条件。如图 3-58 所示。单击"安装"按钮，开始安装子域直至完成。

图 3-58　部署子域之十

3.5.3 验证子域

子域部署成功后，原子域计算机提升为子域控制器，域管理员可以使用"部署网络中第一台域控制器"中介绍的方法验证域控制器以及 DNS。子域和父域之间是父-子关系，通过"Active Directory 域和信任关系"查看父域和子域之间的关系。

1. "Active Directory 域和信任关系"控制台

以父域 book.com 域管理员身份登录父域，打开"Active Directory 域和信任关系"控制台，如图 3-59 所示。左侧面板中以树形方式显示父域和子域。

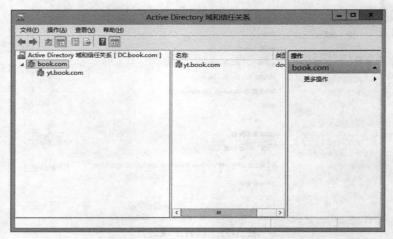

图 3-59　父子域结构

2. 父域

右击"book.com"，在弹出的快捷菜单中选择"属性"命令，命令执行后，打开"book.com 属性"对话框。

- "常规"选项卡，显示父域的林和域功能级别，如图 3-60 所示。
- "信任"选项卡中，其中：
  - ➤ "受此域信任的域（外向信任）"列表中显示子域名称，表示父域 book.com 信任子域 yt.book.com。
  - ➤ "信任此域的域"列表中显示子域名称，表示子域 yt.book.com 信任父域 book.com。

父域和子域之间是可传递的父子信任关系，父域和子域的用户彼此可以访问，如图 3-61 所示。

3. 子域

右击"yt.book.com"，在弹出的快捷菜单中选择"属性"命令，命令执行后，打开"yt.book.com 属性"对话框。

- "常规"选项卡，显示子域的林和域功能级别，如图 3-62 所示。

- "信任"选项卡中，其中：
  - ➢ "受此域信任的域（外向信任）"列表中显示父域名称，表示子域 yt.book.com
    信任父域 book.com。
  - ➢ "信任此域的域（内向信任）"列表中显示父域名称，表示父域 book.com 信任
    子域 yt.book.com，如图 3-63 所示。

图 3-60　父域"常规"选项卡

图 3-61　父域"信任"选项卡

图 3-62　子域"常规"选项卡

图 3-63　子域"信任"选项卡

3.5.4　验证 DNS

1. 子域验证

安装过程选择 DNS 服务，子域部署成功后，子域第一台域控制器创建名称为

yt.book.com 查找区域,如图 3-64 所示。

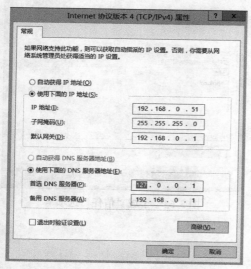

图 3-64 子域新建区域

DNS 服务器设置将自动更改为如图 3-65 所示的设置,首选 DNS 服务器指向子域的第一台域控制器（127.0.0.1）,备用 DNS 服务器指向父域的 DNS 服务器 dc.book.com（192.168.0.1）。

同时子域 DNS 服务器将非 yt.book.com（包含 book.com）的查询请求,通过转发器转发给 book.com 的 DNS 服务器 dc.book.com。以域管理员身份登录子域第一台域控制器,右击域控制器名称,在弹出的快捷菜单中选择"属性"命令,打开域控制器属性对话框。切换到"转发器"选项卡,列表中服务器名称为父域首选 DNS 服务器,如图 3-66 所示。

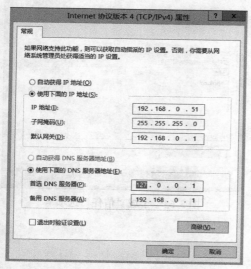
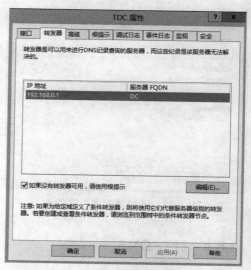

图 3-65 DNS 服务器设置   图 3-66 "转发器"选项卡

2. 父域验证

父域 DNS 服务器 book.com 区域中，创建委派域 "yt" 和名称服务器（NS），当接受来自 yt.book.com 的请求时，将此查询站转发给 tdc.yt.book.com 服务器处理，如图 3-67 所示。

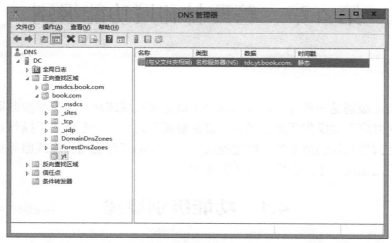

图 3-67　父域 DNS 服务器

第4章 管理林和域功能级别

域和林功能级别是一种标志，该标志提示域管理员域或林中所有域控制器存在一定差异，不同级别对应不同操作系统。当功能级别被提升之后，一些依赖于操作系统的新功能将被启用。之前的功能仍然支持，以便使用那些功能的任何应用程序或服务将继续像以前那样工作。因此建议，尽量使用高的功能级别。

4.1 功能级别概述

功能级别确定了在域或林中启用的 AD DS 域服务的功能，该功能将限制哪些 Windows Server 操作系统可以在域或林中的域控制器上运行。功能级别不会影响连接到域或林的工作站和成员服务器，影响目标是域控制器。

4.1.1 功能级别在域中的作用

域环境中，林功能级别和域功能级别提供启用林范围和域范围的新功能、新特性的功能。通过提升林和域功能级别，可以启用那些暂时受到限制的新特性。根据域环境，可以获得不同的最高的功能级别。如果在林中或者域中，所有的域控制器都运行最新的服务器版本，然后林功能级别和域功能级别都已经升到最高级别，那么所有的林范围和域范围的新特性都是可用的。相反的，如果存在运行在先前版本服务器系统的域控制器，AD DS 域服务的特性的使用将受到限制。

每一个新版本的 Windows 服务器在操作系统上的 AD DS 域服务（Active Directory 服务）中都有新的功能和特性的引进，但是只有当域或者林中的所有的域控制器都升级到同一版本的服务器系统时，这些新的特性才可以被启用。例如 Windows Server 2012 支持"Active Directory 回收站"功能，允许管理员从 Active Directory 中恢复已删除的对象。为了支持这一新功能，只有让所有的域控制器都运行在 Windows Server 2012 系统中才支持该功能。在混合环境中，Windows Server 2012 域控制器与早期版本 Windows 系统域控制器共存时，如果根据删除动作判断删除的对象是否可以存放在 Active Directory 回收站，以及是否可以从回收站中被恢复，很明显会造成活动目录数据库的不一致性，为了防止这种情况，需要一种机制，使得混合环境中这些新特性保持禁用状态，直到所有域或森林的域控制器已经升级到支持它们所需的操作系统最低水平。这个机制就是林和域的功能级别。

4.1.2 选择合适的功能级别

创建新域或新林时，管理员可以选择使用的功能级别，建议尽量设置为高级别的功能级别，尽可能充分利用 AD DS 域服务功能。例如，如果肯定不会将运行 Windows Server 2003（或任何较早的操作系统）的域控制器添加到域或林，建议选择"Windows Server 2008"功能级别。

安装新林时，Active Directory 部署向导将提示设置林功能级别，然后设置域功能级别。不能将域功能级别设置为低于林功能级别的值。

4.1.3 功能级别的限制

1. 第一个限制

如果功能级别被提升，运行在低级版本的 Windows Server 上的域控制器就不能被添加到域或目录林中。如果非要安装的话，就会产生一些问题，例如改变对象的复制方式。为了防止这些问题的出现，一个新的域控制器必须运行在同一水平，或者是比域或目录林功能级别更高的服务器系统上。

2. 第二个限制

提升功能级别后，不能回滚到原级别或者说更低级别，只有下面两个特例。

- 当升级域功能级别到 Windows Server 2008 R2 或者 Windows Server 2012 时，如果林功能级别是 Windows Server 2008 或者更低，域功能级别可以回滚到 Windows Server 2008 或者 Windows Server 2008 R2。只有在这种情况下，才有回滚可以发生，只能将域功能级别从 Windows Server 2012 降到 Windows Server 2008 或者 Windows Server 2008 R2，或者从 Windows Server 2008 R2 降到 Windows Server 2008。

- 当升级林功能级别到 Windows Server 2012 时，林功能级别可以回滚到 Windows Server 2008 R2。如果 Active Directory 回收站没有被启用的话，林功能级别还可以从 Windows Server 2012 降到 Windows Server 2008 或者 Windows Server 2008 R2，或者是从 Windows Server 2008 R2 降到 Windows Server 2008。

4.1.4 注意事项

功能级别操作时，需要注意以下事项。

- 验证域内所有的域控制器，确保都运行在与将要提升到的功能级别一样或者更高的操作系统上。如果降级一个运行在低版本服务器上的域控制器，但没有执行元数据清除，这种情况下提升功能级别时可能出现问题。

- "Lost and Found"容器中，如果存在低版本系统 NTDS 设置对象，不能提升域功能级别。

- 确保活动目录数据库可以复制到所有的域控制器。域和目录林功能级别本质上只是活动目录中的一个属性。功能级别的更改通过 Active Directory 复制传播给域中或者林中所有域控制器。提高林功能级别前，所有域的域功能级别必须已经正确复制。提升完所有林中域的域功能级别后，域控制器之间的复制依赖于域环境、站点规划、网络速度等。

4.1.5 域功能级别支持的域控制器

表 4-1 列出 Windows Server 2012 AD DS 域服务环境中，域功能级别支持的域控制器，即在相应域功能级别下可以存在的域控制器运行的服务器系统。

表 4-1　　　　　　　　　　　域功能级别对应的操作系统

域功能级别	域控制器运行的操作系统
Windows Server 2003	Windows Server 2012 Windows Server 2008 R2 Windows Server 2008 Windows Server 2003
Windows Server 2008	Windows Server 2012 Windows Server 2008 R2 Windows Server 2008
Windows Server 2008 R2	Windows Server 2012 Windows Server 2008 R2
Windows Server 2012	Windows Server 2012

4.1.6 林功能级别支持的域控制器

表 4-2 列出 Windows Server 2012 AD DS 域服务环境中，林功能级别支持的域控制器，即在相应林功能级别下可以存在的域控制器运行的服务器系统。

表 4-2　　　　　　　　　　　林功能级别对应的操作系统

林功能级别	域控制器运行的操作系统
Windows Server 2003	Windows Server 2012 Windows Server 2008 R2 Windows Server 2008 Windows Server 2003
Windows Server 2008	Windows Server 2012 Windows Server 2008 R2 Windows Server 2008
Windows Server 2008 R2 (default)	Windows Server 2012 Windows Server 2008 R2
Windows Server 2012	Windows Server 2012

4.2　功能级别管理任务

提升功能级别取决于网络中域控制器运行的操作系统版本，使用 Windows Server 2012 部署 Active Directory 域服务的过程中，管理员将第一次决定采用何种类型的域和林功能级别，默认情况下采用的是 Windows Server 2003 模式，如果网络中运行的操作系统版本全部是 Windows Server 2008，则可以直接设置为 Windows Server 2008 模式，在以后的管理中不需要提升林和域的功能级别。提升的过程只能由低向高，不能将高版本的功能级别降级（实质上部分允许，但是不建议降级操作）。

4.2.1　查看域功能级别

1．Active Directory 域和信任关系

打开"Active Directory 域和信任关系"控制台，右击域名，在弹出的快捷菜单中选择"属性"命令，命令执行后，打开域属性对话框，如图 4-1 所示。该对话框显示当前林和域的功能级别。

图 4-1　显示林和域的功能级别

2．PowerShell 命令组

使用"Get-ADDomain"命令查看域功能级别。键入命令：

```
Get-ADDomain
```

命令执行后，显示当前域功能级别，如图 4-2 所示。

图 4-2　查询域功能级别

3. Active Directory 管理中心

打开"Active Directory 管理中心",左侧面板中选择"域(本地)","任务"列表中选择"提升域功能级别"选项,如图 4-3 所示。

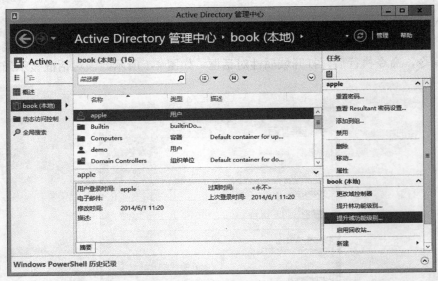

图 4-3 选择任务

命令执行后,显示如图 4-4 所示的"提升域功能级别"对话框。显示当前域的功能级别。

图 4-4 "提升域功能级别"对话框

4.2.2 查看林功能级别

1. Active Directory 域和信任关系

通过"Active Directory 域和信任关系"查看林功能级别,操作方法和查看域的功能级别相同,在此不再赘述。

2. PowerShell 命令组

使用"Get-ADForst"命令查看林功能级别。键入命令:

```
Get-ADForst
```

命令执行后,显示当前林功能级别,如图 4-5 所示。

```
PS C:\> Get-ADForest


ApplicationPartitions : {DC=DomainDnsZones,DC=book,DC=local, DC=ForestDnsZones,DC=book
                        ,DC=local}
CrossForestReferences : {}
DomainNamingMaster    : DC.book.local
Domains               : {book.local}
ForestMode            : Windows2012Forest
GlobalCatalogs        : {DC.book.local, BDC.book.local}
Name                  : book.local
PartitionsContainer   : CN=Partitions,CN=Configuration,DC=book,DC=local
RootDomain            : book.local
SchemaMaster          : DC.book.local
Sites                 : {Default-First-Site-Name, 上海站点}
SPNSuffixes           : {}
UPNSuffixes           : {}
```

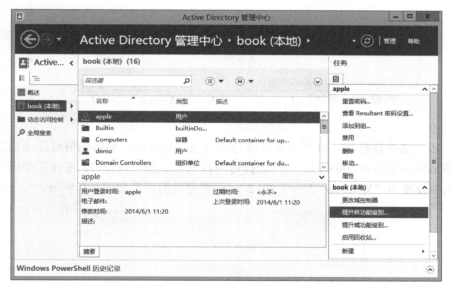

图 4-5 查询林功能级别

3. Active Directory 管理中心

打开“Active Directory 管理中心”，左侧面板中选择“域（本地）”，“任务”列表中选择“提升林功能级别”选项，如图 4-6 所示。

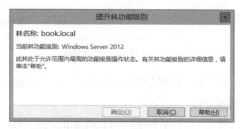

图 4-6 选择任务

命令执行后，打开“提升林功能级别”对话框。显示当前林的功能级别，如图 4-7 所示。

图 4-7 “提升林功能级别”对话框

4.2.3 提升域功能级别

本例中默认域的功能级别为 Windows Server 2008 R2，由于网络中所有域控制器都运行 Windows Server 2012 操作系统，将域功能级别提升到 Windows Server 2012。

1. Active Directory 域和信任关系

第 1 步，以域管理员身份登录到域控制器中，打开"Active Directory 域和信任关系"控制台。右击域名，在弹出的快捷菜单中选择"提升域功能级别"命令，如图 4-8 所示。

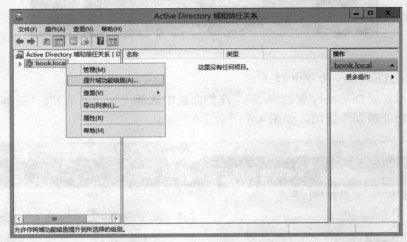

图 4-8　提升域功能级别之一

第 2 步，命令执行后，打开"提升域功能级别"对话框，显示当前域控制器的域功能级别为 Windows Server 2008 R2，在"选择可用域功能级别"列表中，选择需要提升目标选项，本例中设置为"Windows Server 2012"，设置完成的参数如图 4-9 所示。

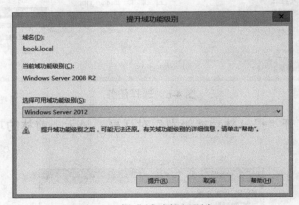

图 4-9　提升域功能级别之二

第 3 步，单击"提升"按钮，显示如图 4-10 所示的对话框，提示提升后将无法还原，简而言之该提升过程是不可逆的。

第 4 步，单击"确定"按钮，显示如图 4-11 所示的对话框，提示管理员域功能级别已经提升成功。单击"确定"按钮，完成域功能级别的提升。

图 4-10 提升域功能级别之三

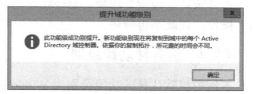

图 4-11 提升域功能级别之四

第 5 步，确认域功能级别是否提升成功。右击域名，在弹出的快捷菜单中选择"提升域功能级别"命令，打开如图 4-12 所示的对话框，域功能级别已经由 Windows Server 2008 R2 纯模式提升到 Windows Server 2012 模式。

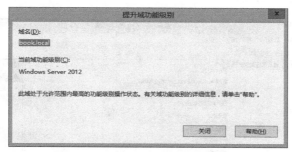

图 4-12 提升域功能级别之五

2．PowerShell 命令

使用"Set-ADDomainMode"命令提升域功能级别。

键入以下命令，查询当前域功能级别。

```
Get-ADDomain |select Name,Forest,domainmode
```

键入以下命令，提升域功能级别。

```
Set-ADDomainMode -Identity book.local -DomainMode Windows2012Domain
```

命令执行后，显示如图 4-13 所示的"确认"对话框。

单击"全是"按钮，将域功能级别提升为 Windows Server 2012 模式。整体操作过程如图 4-14 所示。

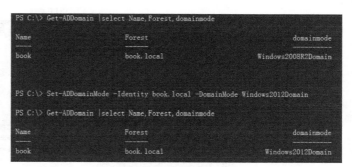

图 4-13 "确认"对话框

图 4-14 命令操作过程

3．Active Directory 管理中心

打开"Active Directory 管理中心"，左侧面板中选择"域（本地）"，"任务"列表中选择"提升域功能级别"选项，命令执行后，后续操作过程同"Active Directory 域和信任关系"操作，在此不再赘述。

4.2.4 提升林功能级别

本例中将默认林的功能级别为 Windows Server 2008 R2，由于网络中所有域控制器都运行 Windows Server 2012 操作系统，因此将林功能级别提升到 Windows Server 2012。

1. Active Directory 域和信任关系

第1步，以域管理员身份登录到域控制器中，打开"Active Directory 域和信任关系"控制台，右击"Active Directory 域和信任关系"选项，在弹出的快捷菜单中选择"提升林功能级别"命令，如图 4-15 所示。

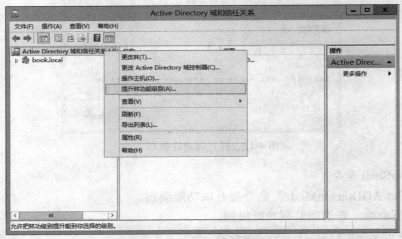

图 4-15　提升林功能级别之一

第2步，命令执行后，打开"提升林功能级别"对话框，显示当前域控制器的林功能级别为 Windows Server 2008 R2。在"选择可用林功能级别"列表中，选择需要提升目标选项，本例中设置为"Windows Server 2012"模式，设置完成的参数如图 4-16 所示。

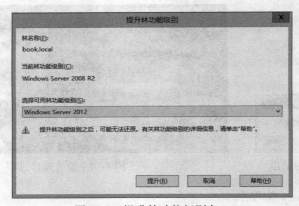

图 4-16　提升林功能级别之二

第 3 步，单击"提升"按钮，显示如图 4-17 所示的对话框，提示提升后将无法还原。

第 4 步，单击"确定"按钮，显示如图 4-18 所示的对话框，提示管理员已经成功提升林功能级别。单击"确定"按钮，完成林功能级别的提升。

图 4-17　提升林功能级别之三　　　　　　图 4-18　提升林功能级别之四

第 5 步，重复第 1 步和第 2 步，显示如图 4-19 所示的对话框，林功能级别已经由 Windows Server 2008 R2 模式提升到 Windows Server 2012 模式。

图 4-19　提升林功能级别之五

2. PowerShell 命令组

键入以下命令，查询当前林功能级别。

```
Get-ADForest | Select Name,Domains,ForestMode
```

键入以下命令，提升林功能级别。

```
Set-ADForestMode -Identity book.local -ForestMode Windows2012Forest
```

命令执行后，显示如图 4-20 所示的"确认"对话框。

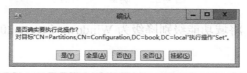

图 4-20　"确认"对话框

单击"全是"按钮，将域功能级别提升为 Windows Server 2012 模式。整体操作过程如图 4-21 所示。

3. Active Directory 管理中心

打开"Active Directory 管理中心"，左侧面板中选择"域（本地）"，"任务"列表中选择"提升林功能级别"选项，命令执行后，后续操作过程同"Active Directory 域和信任关系"操作，在此不再赘述。

图 4-21　命令操作过程

4.2.5　功能级别降级

Windows Server 2012 AD DS 域服务支持功能级别降级操作，但是在实际应用环境中，强烈建议不要进行功能级别的降级操作，以免为网络以及功能性问题带来影响。降级操作只能通过 PowerShell 命令完成。

1. 降级域功能级别

本例中默认域功能级别是 Windows Server 2012，降级后成为 Windows Server 2008 R2。使用"Set-ADDomainMode"命令提升域功能级别。

键入以下命令，查询当前域功能级别。

Get-ADDomain |select Name,Forest,domainmode

键入以下命令，降级域功能级别。

Set-ADDomainMode -Identity book.local -DomainMode Windows2008R2Domain

命令执行后，显示如图 4-22 所示的"确认"对话框。

图 4-22　"确认"对话框

单击"全是"按钮，将域功能级别降级为 Windows Server 2008 R2 模式。整体操作过程如图 4-23 所示。

图 4-23　命令操作过程

2. 降级林功能级别

本例中默认林功能级别是 Windows Server 2012，降级后成为 Windows Server 2008 R2。键入以下命令，查询当前林功能级别。

Get-ADForest | Select Name,Domains,ForestMode

键入以下命令，降级林功能级别。

Set-ADForestMode -Identity book.local -ForestMode Windows2008R2Forest

命令执行后，显示如图 4-24 所示的"确认"对话框。

图 4-24　"确认"对话框

单击"全是"按钮，将域功能级别降级为 Windows Server 2008 R2 模式。整体操作过程如图 4-25 所示。

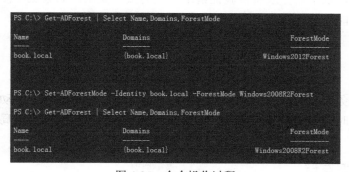

图 4-25　命令操作过程

4.2.6　注意事项

使用"Set-ADDomainMode"和 "Set-ADForestMode"命令过程中，功能级别可以使用的参数包括：

- Windows2000Domain
- Windows2003InterimDomain
- Windows2003Domain
- Windows2008Domain
- Windows2008R2Domain
- Windows2012Domain

第 5 章　管理全局编录服务器

全局编录服务器也是域控制器，但不是一个普通的域控制器，而是一个特殊的域控制器，特殊的地方在于，普通域控制器只记录本域对象的信息，而全局编录服务器则不仅记录本域所有对象的只读信息，还记录其他域中部分域对象的只读信息。在森林中可以有多个全局编录服务器。全局编录服务器是可以用来高效查询整个目录林请求的域控制器，目录林中的第一个域控制器自动成为全局编录服务器，也可配置任意一个域控制器成为附加全局编录服务器，以平衡登录身份验证请求产生的数据流量。如果域中没有全局编录服务器，域用户将不能登录到域中。

5.1　全局编录服务器的作用

全局编录服务所在的域服务器称为全局编录服务器，默认部署的活动目录中创建的第一个域控制器同时为全局编录服务器，其他的域服务器可以指派作为全局编录服务器来平衡网络流量。

5.1.1　数据存储

全局编录服务器存储以下数据。

- 存储全局编录服务器所在域目录分区的完整数据。这个数据和普通域控制器存储数据完全相同。
- 存储林中所有其他域的域目录分区中域对象部分属性，系统默认将常用的搜索属性复制到全局编录服务器，并非存储所有对象信息，仅存储部分，而且存储的是只读的副本。一般来说，属性是否存储在全局编录服务器中，取决于该属性在搜索中使用的频率，由 Windows Server 2012 系统自动确认。全局编录存储的数据（域对象的部分副本）是用户搜索操作中最常用的部分，在全局编录服务器中存储所有域对象最常用到的搜索属性，可以为用户提供高效的搜索，而不会调用域控制器中的活动目录数据库影响网络性能。
- Windows Server 2012 架构管理员可以定义域对象的哪些属性保存到全局编录服务器中，同时决定该属性是否可以进行索引。
- 在默认状态下，林中第一台域控制器就是全局编录服务器，数据量大约是活动目录数据库全部数据的 5%～10%左右。

5.1.2　全局编录服务器的作用

全局编录服务器主要作用包括：

1. 存储对象信息副本，提高搜索性能

全局编录服务器中除保存本域中所有对象所有属性外，还保存林中其他域所有对象的部分属性，允许用户通过全局编录服务器搜索林中所有域中对象的信息，而不用考虑数据存储的位置。通过全局编录服务器执行林中搜索时，可获得最高性能并产生较小的网络通信量。

2. 存储通用组成员身份信息，帮助用户构建访问令牌

全局组成员身份存储在每个域中，但通用组成员身份存储在全局编录服务器中。

用户在登录过程中需要由登录的域控制器构建一个安全访问令牌，要构建成功一个安全的访问令牌由三方面信息组成：用户 SID、组 SID 以及权利。其中用户 SID 和用户权利可以由登录域控制器获得，但获取组 SID 信息时，需要确定该用户是否属于通用组，而通用组信息只保存在全局编录服务器中。所以当全局编录服务器出现故障，负责构建安全访问令牌的域控制器无法联系全局编录服务器确认该用户组 SID，就无法构建一个安全的访问令牌。

3. 提供用户 UPN 名称登录身份验证

当执行身份验证的域控制器没有用户 UPN 账号信息时，由全局编录服务器解析 UPN（User Principal Name）名称并进行身份验证，以完成登录过程。

4. 验证林中其他域对象的参考

当域控制器某个对象属性包含另一个域某个对象的参考时，由全局编录服务器来完成验证。

5.1.3　全局编录服务器规划原则

全局编录服务器在 Active Directory 域服务中十分重要，如果全局编录服务器出现故障（停止运行或者宕机），则用户不能登录到域中。

全局编录服务器存储的是林中域的只读副本，如果域对象特别多，全局编录服务器数据库会很大。在基于站点的异地网络环境中，全局编录服务器同步时将产生巨大的网络流量，耗费许多资源。因此在分布式网络中，需要合理规划全局编录服务器。

由于全局编录服务器的特殊地位，在部署全局编录服务器前，建议遵循以下原则。

- 每个站点是否拥有全局编录服务器。在分布式网络中，根据地域创建的站点，如果在每个站点都放置一台全局编录服务器，将加快用户登录速度和访问速度，但是全局编录复制将占用大量的网络资源。
- 提升全局编录服务器可能带来影响。域控制器提升为全局编录服务器，会存储林中所有域的部分只读副本，因此对全局编录服务器的性能、网络带宽、安全性、数据库大小查询都提出很高的要求。
- 哪些域控制器需要提升全局编录服务器，是否需要将部分域控制器提升为全局编录服务器，建议每个站点内有一台全局编录服务器即可。

5.2 全局编录服务器日常管理

在日常维护过程中，域管理员首先确保每个站点中有一台全局编录服务器可用。对全局编录服务器的管理，主要体现在确保全局编录服务器的可用性中。注意，AD DS 域服务部署成功后，第一台域控制器默认为全局编录服务器，如果网络中的用户数量比较多，建议增加全局编录服务器的数量，缓解网络访问压力。

5.2.1 验证域中全局编录服务器

Windows Server 2012 AD DS 域服务部署完成后，管理员需要掌握域内有多少台全局编录服务器在运行，除了使用图形模式之外，命令行可以简单直观地查询域内所有全局编录服务器的数量。

1. Active Directory 用户和计算机

以域管理员身份登录任何一台域控制器。打开"Active Directory 站点和服务"控制台。选择"Active Directory 站点和服务"→"Sites"→"Default-First-Site-Name"→"Servers"→"DC"→"NTDS Settings"选项，右击"NTDS Settings"，在弹出的快捷菜单中选择"属性"命令，如图 5-1 所示。

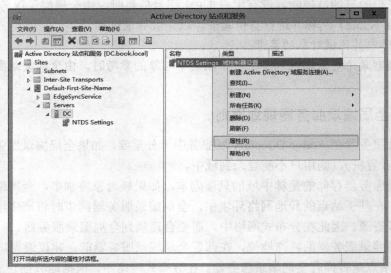

图 5-1 查看全局编录服务器之一

命令执行后，打开"NTDS Settings 属性"对话框，如图 5-2 所示。该对话框的"全局编录"选项没有选择，表示当前的域控制器不是一台全局编录服务器。如果已经选择，表示当前域控制器是全局编录服务器。

2. DS 命令组

Dsquery 命令可以查看域内所有的全局编录服务器。在域控制器中使用"Dsquery Server -isgc"命令，可以一次性查看当前网络中已经部署的所有域控制器。

图 5-2　查看全局编录服务器之二

在命令行提示符下，键入如下命令。

```
dsquery server –isgc
```

命令执行后，显示域内所有全局编录服务器，如图 5-3 所示。注意，本例中两台全局编录服务器分别位于不同的域控制器。

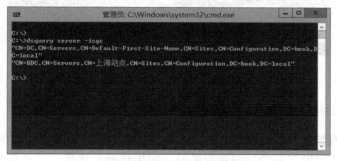

图 5-3　查询域中所有全局编录服务器

3. PowerShell 命令组

通过 PowerShell 命令查询域中部署的全局编录服务器。

查询当前林中所有全局编录服务器。键入以下命令。

```
Get-ADForest | FL GlobalCatalogs
```

命令执行后，显示当前林中所有全局编录服务器，如图 5-4 所示。

图 5-4　查询全局编录服务器之一

查询当前登录域控制器是否为全局编录服务器。键入以下命令。

```
Get-ADDomainController | FT Name,IsGlobalCatalog
```

命令执行后，显示当前域控制器是否为全局编录服务器，如图 5-5 所示。

图 5-5 查询全局编录服务器之二

查询当前域中所有站点。键入以下命令。

dsquery site

命令执行后，显示当前域中所有站点，如图 5-6 所示。

图 5-6 查询全局编录服务器之三

查询"上海站点"中所有全局编录服务器。键入以下命令。

Get-ADDomainController -Filter {Site -eq '上海站点'} | FT Name,IsGlobalCatalog

命令执行后，显示目标站点所有全局编录服务器，如图 5-7 所示。

图 5-7 查询全局编录服务器之四

5.2.2 域控制器提升为全局编录服务器

除了网络中的第一台域控制器之外，其他域控制器安装过程中，允许管理员选择是否将正在提升的服务器设置为全局编录服务器，如果选择此选项则自动提升为全局编录服务器，如果不选择此项，安装完成的域控制器也不是全局编录服务器。如果确认需要将域控制器提升为全局编录服务器，可以通过手动方式提升。

1. Active Directory 站点和服务

以域管理员身份登录任何一台域控制器。打开"Active Directory 站点和服务"控制台。选择"Active Directory 站点和服务"→"Sites"→"Default-First-Site-Name"→"Servers"→"DC"→"NTDS Settings"选项，右击"NTDS Settings"，在弹出的快捷菜单中选择"属性"命令，命令执行后，打开"NTDS Settings 属性"对话框。该对话框的"全局编录"选项没有选择，表示当前的域控制器不是一台全局编录服务器。选择该选项，单击"确定"按钮，将当前域控制器提升为全局编录服务器。如图 5-8 所示。

> **注意**
> 全局编录服务器提升后，并不代表全局编录服务器已经提升完成，直至全局编录数据库从域控制器的 Active Directory 数据库同步成功后，才完全提升成功。

图 5-8　域控制器属性

2．DS 命令组

使用"Dsmod server"命令将域控制器提升为全局编录服务器。在命令行提示符下，键入如下命令。

> Dsquery server

命令执行后，显示当前域中所有域控制器。

确认需要提升全局编录服务器的域控制器后，键入以下命令。

> dsmod server "CN=BDC,CN=Servers,CN=Default-First-Site-Name,CN=Sites,CN=Configuration,DC=book,DC=local" -isgc yes

命令执行后，将域控制器提升为全局编录服务器。

键入以下命令。

> dsmod server "CN=BDC,CN=Servers,CN=Default-First-Site-Name,CN=Sites,CN=Configuration,DC=book,DC=local" -isgc no

命令执行后，将全局编录服务器降级为普通的域控制器，如图 5-9 所示。

图 5-9　DS 命令组提升域控制器为全局编录服务器

5.2.3 验证 DNS 记录

使用 DNS 管理控制台，查看 DnsServer 记录是否已经更新成功。

第 1 步，打开"DNS"控制台，选择"DNS"→"BDC"→"正向查找区域"→"_msdcs.book.local"→"gc"→"_tcp"选项，如图 5-10 所示。如果域内有多台全局编录服务器，则显示多条"_ldap"记录。

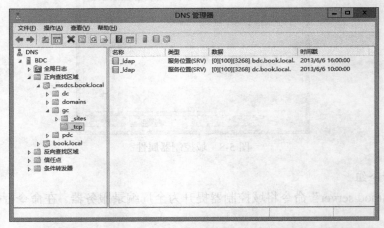

图 5-10 验证 DNS 之一

第 2 步，右击"_ldap"记录，在弹出的快捷菜单中选择"属性"命令，打开"_ldap属性"对话框。该对话框显示，提供全局编录服务的域控制器名称以及使用的端口。全局编录服务器默认使用的是 3268 端口，如图 5-11 所示。

图 5-11 验证 DNS 之二

5.2.4 查询服务端口

全局编录服务默认使用的是 3268 端口，通过查看端口是否正在监听，可以判断全局编录服务是否已经运行。

命令提示符下键入如下命令。

Netstat -an ¦ find "3268"

回车，运行结果显示如图 5-12 所示。

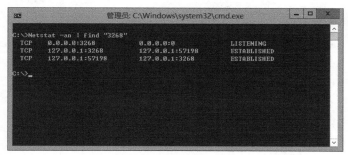

图 5-12 端口验证

5.3 全局编录服务器管理实践

对管理员来说，全局编录服务器的可用性是重要的管理任务。因此，首先要保证全局编录服务器的可用性。最简单的方法是在网络中部署多台全局编录服务器。

5.3.1 自定义复制属性

全局编录服务器中存储的数据是只读数据。全局编录服务器存储所在域目录分区的完整数据，存储林中其他域目录分区中域对象的部分属性数据。

1. 复制属性

存储的属性包括：

- "isMemberOfPartialAttributeSet" 属性值设置为 "True" 的所有值。
- 所有包括在内的属性集合，称为 "Partial Attribute Set"（简称 PAS）， 默认 PAS 包括内置认为最可能被查询的属性。
- 管理员可以自定义参与复制的属性值，修改架构必须要有 Enterprise Admin 权限，或者至少是 "Schema Admins" 组成员。

2. 注册 MMC "Active Directory 架构"

第 1 步，Windows Server 2012 默认安装完成后，默认没有注册架构使用的 "schmmgmt.dll" 动态链接库，需要管理员手动注册。在命令行提示符下，键入如下命令。

regsvr32 schmmgmt.dll

命令执行后，将成功注册架构使用的动态链接库。

第 2 步，选择 "开始" → "运行" 命令，显示 "运行" 对话框，在 "打开" 文本框中键入 "mmc"，单击 "确定" 按钮，打开 "控制台" 管理窗口。单击菜单栏的 "文件" 菜单，在显示的下拉菜单列表中选择 "添加/删除管理单元" 命令，如图 5-13 所示。

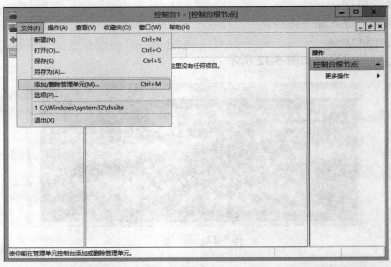

图 5-13 添加 Active Directory 架构之一

第 3 步，命令执行后，打开"添加或删除管理单元"对话框，"可用的管理单元"列表中选择"Active Directory 架构"选项，单击"添加"按钮，选择项添加到"所选管理单元"列表中，设置完成的参数如图 5-14 所示。

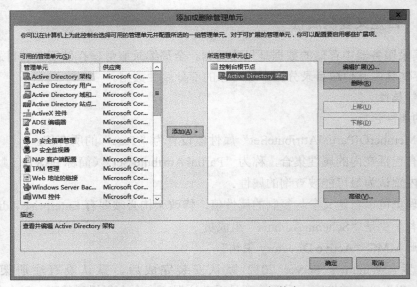

图 5-14 添加 Active Directory 架构之二

第 4 步，单击"确定"按钮，返回到控制台窗口，选择"Active Directory 架构"→"属性"选项，右侧列表中显示所有默认属性，如图 5-15 所示。

3．自定义复制属性

选择需要更改的属性，以"nAddress"属性为例。打开属性对话框后，默认设置如图 5-16 所示，该属性默认不会复制到全局编录服务器。

如果要将该属性复制到全局编录服务器，选择"将此属性复制到全局编录"选项，以及根据需要选择"编制此属性的索引"和"在 Active Directory 中为容器化搜索编制此属性的索引"选项。设置完成的参数如图 5-17 所示。单击"确定"按钮，完成复制属性设置。

图 5-15　添加 Active Directory 架构之三

图 5-16　自定义复制属性之一

图 5-17　自定义复制属性之二

5.3.2　验证只读属性

全局编录服务器中存储当前域目录分区的完整数据，并且是只读的。通过"ADSI 编辑器"，连接到活动目录数据库和全局编录服务器使用的活动目录数据库验证数据属性。

1．连接到活动目录数据库

以域管理员身份登录域控制器，打开"ADSI 编辑器"。

第 1 步，"ADSI 编辑器"打开后，默认没有连接到任何活动目录数据库。右击"ADSI

编辑器"，在弹出的快捷菜单中选择"连接到"命令，命令执行后，显示如图 5-18 所示的"连接设置"对话框。注意路径设置为连接到"LDAP://GC.book.local/默认命名上下文"，即连接到 LDAP 数据库，该对话框中不需要更改任何设置，默认连接即可。

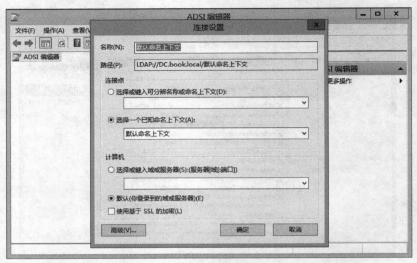

图 5-18　连接到活动目录数据库之一

第 2 步，单击"确定"按钮，连接到活动目录，如图 5-19 所示。右击选择任何一个选项（例如 demo），弹出快捷菜单，对选择的域对象可以执行相关操作。

图 5-19　连接到活动目录数据库之二

2. 连接到全局编录服务器活动目录数据库

第 1 步，右击"ADSI 编辑器"，在弹出的快捷菜单中选择"连接到"命令，命令执行后，打开"连接设置"对话框。单击"高级"按钮，打开"高级"对话框。选择"全局编录"选项，设置完成的参数如图 5-20 所示。

第 2 步，单击"确定"按钮，显示如图 5-21 所示的"连接设置"对话框。注意路径设置为连接到"GC://默认命名上下文"，即连接到全局编录服务器使用活动目录数据库，该对话框中不需要更改设置，默认连接即可。

图 5-20　GC 数据库验证之一

图 5-21　GC 数据库验证之二

第 3 步，单击"确定"按钮，连接到全局编录数据库，右击选择任何一个选项（例如demo），弹出的快捷菜单如图 5-22 所示。同样是域管理员，对全局编录数据库和活动目录数据库中域对象的管理权限差异明显，前者仅可查看属性，后者具备删除、创建、重命名等系列权限。

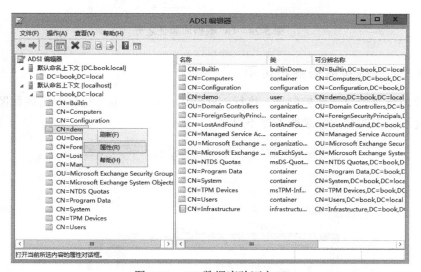

图 5-22　GC 数据库验证之三

第 4 步，选择"属性"命令，打开对象属性对话框，"属性"列表中显示对象的所有属性，例如选择"name"属性，如图 5-23 所示。

图 5-23　GC 数据库验证之四

第 5 步，单击"查看"按钮，打开"字符串属性编辑器"，该对话框只能查看不具备修改的任何功能，如图 5-24 所示。

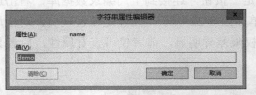

图 5-24　GC 数据库验证之五

5.3.3　全局编录服务器不可用

以域管理员身份登录域控制器，执行创建新用户操作，创建过程中出现如图 5-25 所示的错误，提示域中的全局编录服务器不可用。

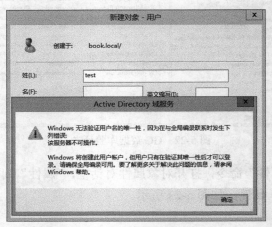

图 5-25　故障现象

1. 故障分析

使用"Active Directory 用户和计算机"创建用户时，向森林中任何一台全局编录服务器执行 LDAP 调用检查用户唯一性，查询过程需要去查询并定位全局编录服务器，定位过程通过 SRV 记录查询。因此可能存在如下问题。

- 不存在全局编录服务器。
- DNS 服务器上全局编录服务器的 SRV 记录可能有问题。
- 查询端口出现问题，导致查询失败。

2. 解决方法

由于本例中直接提示全局编录服务器可能不可用，通过"dsquery server -isgc"查询域中可用的全局编录服务器，反馈结果没有任何可用的全局编录服务器。使用"dcdiag"命令测试，结果显示所有全局编录服务器已经关机。

解决方法：将域中域控制器设置为全局编录服务器，重新启动域控制器即可，如图 5-26 所示。

图 5-26 "dcdiag" 诊断结果

5.4 验证父子域之间数据复制

网络中采用单林（book.com）单站点（Default-First-Site-Name）单域（book.com）的部署方式，yt.book.com 是 book.com 的子域。通过 ADSI 编辑器查看子域数据复制。

5.4.1 林信息

使用"Get-ADForest"命令查看林信息。键入以下命令。

Get-ADForest

命令执行后，显示当前林中 Domain Naming Master、Schema Master 角色所在的域控制器，当前林中已经创建的域（book.com、yt.book.com），以及默认站点为

Default-First-Site-Name，林中所有全局编录服务器（GC）所在的域控制器：

- dc.book.dcom。
- bdc.book.dcom。
- tdc.yt.book.dcom，子域全局编录服务器。

命令执行后，显示当前林中信息，如图 5-27 所示。

```
PS C:\> get-adforest


ApplicationPartitions : {DC=ForestDnsZones,DC=book,DC=com, DC=DomainDnsZones,DC=yt,DC=book,DC=co
                        m, DC=DomainDnsZones,DC=book,DC=com}
CrossForestReferences : {}
DomainNamingMaster    : DC.book.com
Domains               : {book.com, yt.book.com}
ForestMode            : Windows2012Forest
GlobalCatalogs        : {DC.book.com, BDC.book.com, TDC.yt.book.com}
Name                  : book.com
PartitionsContainer   : CN=Partitions,CN=Configuration,DC=book,DC=com
RootDomain            : book.com
SchemaMaster          : DC.book.com
Sites                 : {Default-First-Site-Name}
SPNSuffixes           : {}
UPNSuffixes           : {}
```

图 5-27　林信息

5.4.2　ADSI 编辑器

以 book.com 域管理员身份登录名称为"DC"的域控制器，打开"ADSI 编辑器"。

1. 连接父域

第 1 步，首先连接到父域 book.com。右击"ADSI"，在弹出的快捷菜单中选择"连接到"命令，打开"连接设置"对话框。选择"选择或键入可分辨名称或命名上下文"选项，文本框中键入父域的可分辨名称"dc=book,dc=com"，设置完成的参数如图 5-28 所示。

第 2 步，单击"高级"按钮，显示如图 5-29 所示的"高级"对话框。选择"协议"为"全局编录"选项，单击"确定"按钮，返回到"连接设置"对话框。

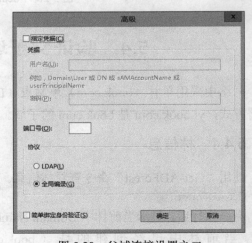

图 5-28　父域连接设置之一　　　　　　图 5-29　父域连接设置之二

第 3 步，"连接设置"对话框中，单击"确定"按钮，连接到父域全局编录数据库，如图 5-30 所示。注意"dc=yt"表示子域。

2. 连接子域

第 1 步，在同一个"ADSI 编辑器"，使用同样的方法连接到子域，设置参数如图 5-31 所示。"高级"选项设置为"全局编录"协议。单击"确定"按钮，连接到子域全局编录数据库。

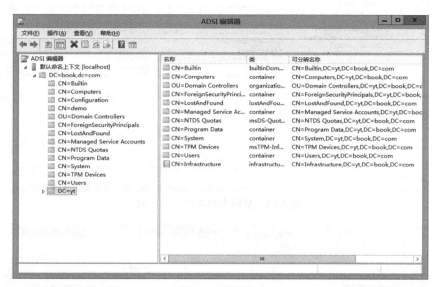

图 5-30　父域连接设置之三

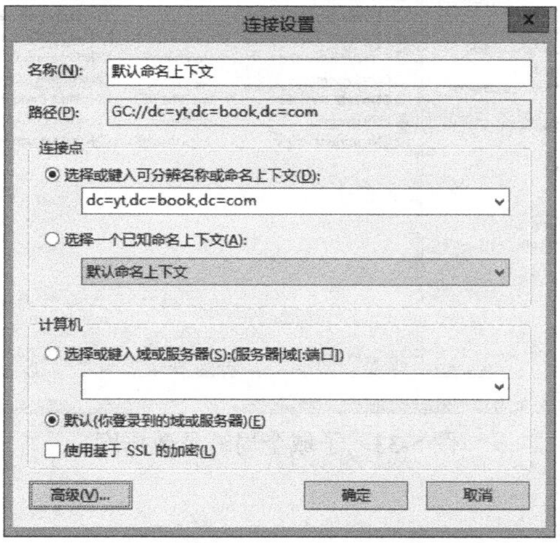

图 5-31　子域连接设置

第 2 步，"ADSI 编辑器"中存在两个连接，分别是父域（book.com）全局编录服务器数据库和子域（yt.book.com）数据库。

父域（book.com）全局编录服务器数据库中，有一个"DC=yt"容器，如图 5-32 所示。展开该容器后，该容器中所包含的信息与子域 yt.book.com 数据完全相同，如图 5-33 所示。

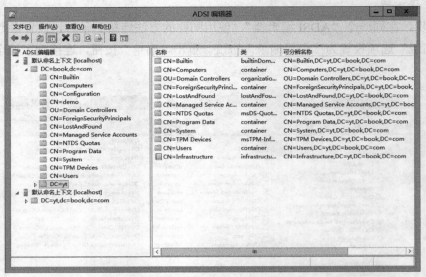

图 5-32　父域中包含的子域信息

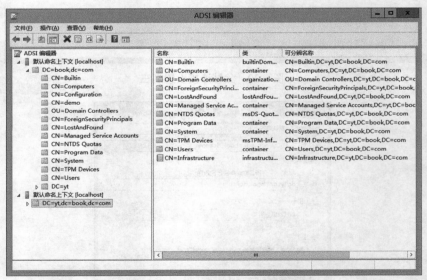

图 5-33　子域全局编录数据库

3．子域创建用户

子域中通过"Active Directory 用户和计算机"控制台，创建名称为"王淑江"的子域用户，创建成功后，通过子域的全局编录服务器查看新建的用户如图 5-34 所示。

域控制器之间的复制完成后，子域新建用户信息复制到父域的全局编录数据库中，通过父域中的子域（yt）可以查看新子域中新建的用户"王淑江"，如图 5-35 所示。

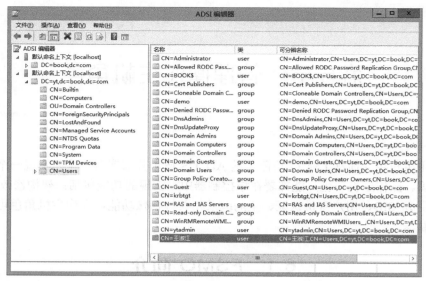

图 5-34　子域创建用户

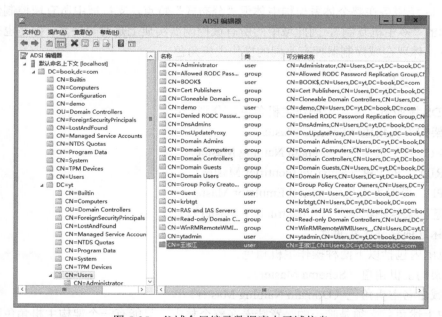

图 5-35　父域全局编录数据库中子域信息

第 6 章　管理操作主机角色

操作主机角色（简称 FSMO 角色）是 AD DS 域服务部署后，作为实现一个或多个特殊功能标识。操作主机角色只能部署在域控制器中。实现的功能包括：架构修改、添加/重命名域、生成 SID、用户身份认证、全局编录相关等特殊功能，操作主机角色可以转移给其他域控制器。

6.1　FSMO 简介

AD DS 域服务在整个体系架构中体现"分布式"特点，支持域中所有域控制器之间目录数据库的"多主机复制"，因此域中的所有域控制器实质上是对等关系。但是也有部分不同的地方，体现在域控制器拥有不同的操作主机角色。

6.1.1　类型

AD DS 域服务定义五个操作主机角色，分别是：
- 架构主机角色（Schema Master）。
- 域命名主机角色（Domain Naming Master）。
- RID 主机角色（Relative Identifier Master）。
- PDC 模拟主机角色（PDC Emulator Master）。
- 基础架构主机角色（Infrastructure Master）。

1. 林范围操作主机角色

林范围内包括以下两种操作主机角色。
- 架构主机角色（Schema Master）。
- 域命名主机角色（Domain Naming Master）。

林中上述角色必须是唯一的，意味着在整个林中，只能有一个架构主机角色和一个域命名主机角色。

2. 域范围操作主机角色

域范围内包括以下三种操作主机角色。
- PDC 主机角色（PDC Emulator Master）。
- RID 主机角色（RID Master）。
- 基础结构主机角色（Infrastructure Master）。

每个域中上述角色都必须是唯一的，即林中的每个域都只能有一个 RID 主机角色、PDC 仿真主机角色以及基础结构主机角色。

6.1.2　各个 FSMO 角色作用

1.　架构主机（Schema Master）

林中只能有一个架构主机（Schema Master）角色，作用域是林级别。例如，域对象中的域用户，用户具备多个属性（密码、显示名、登录名、部门、电话等），这些内容需要定义。

架构角色的作用是定义所有域对象属性，或者可以形象的称之为定义数据库字段以及存储方式。如果要修改域对象的属性，只能从架构主机所在的域控制器中进行操作。微软公司的部分服务器产品在部署时都需要修改 Active Directory 架构，例如 Exchange Server，如果部署过程中无法在线联系架构主机，Exchange Server 将不能安装。

2.　域命名主机（Domain Naming Master）

整个林中只能有一个域命名主机角色。作用域是林级别。

域命名主机角色的作用为负责控制域林内域的添加或删除，即如果在域林内添加一个新域，必须由域命名主机判断域名合法，操作才可以继续。如果域命名主机不在线，就无法完成域林内新域的创建。除了对域名做出诠释，域命名主机还要负责添加或删除描述外部目录的交叉引用对象。

任何运行 Windows Server 2012 的域控制器都可以担当域命名主机角色，如果运行 Windows Server 2012 的域控制器作为域命名主机角色，则必须启用为"全局编录"服务。

3.　PDC 主机（PDC Emulator Master）

PDC 主机角色在林中的每个域中只能有一个 PDC 主机角色。作用域是域级别。

PDC 主机角色的作用如下。

- 作用一：兼容性。兼容低版本域控制器。
- 作用二：PDC Emulator Master 所在的域控制器优先成为主域浏览器，注意浏览器不是上网使用的 Internet Explorer 或者其他浏览器，而是网络中的一种计算机角色。通过"Net Accounts"命令可以查看是否是主域控制器。
- 作用三：活动目录数据库的优先复制权。正常情况下活动目录数据库复制周期是 5 分钟，如果活动目录数据库中发生紧急事件，例如修改用户口令。这种情况下源域控制器就会在最短时间内通知 PDC 主机，由 PDC 主机来统一管理发生的紧急事件。如果一台域控制器发现用户输入的口令和 Active Directory 中存储的口令不一致，域控制器考虑到有两种可能性，一种可能是用户输入错误，一种可能是用户输入的口令是正确的，但是活动目录数据库还没有接收到最新的变化（复制需要时间）。域控制器为了避免判断失误，向 PDC 主机发出查询，通过 PDC 主机验证口令的正确性。
- 作用四：时间同步或者叫对时。域中所有的主机会跟 PDC 主机对时，当前域的 PDC 主机会跟整个林的林根中的 PDC 主机对时，使整个森林的时间保持一致。
- 作用五：防止重复套用组策略。使用组策略时，组策略编辑器默认连到 PDC 主机，防止组策略套用时出错。

4.　RID 主机（RID Master）

每个域中只能有一个 Relative Identifier Master 角色。作用域是域级别。

RID 主机角色的作用如下。

- 作用一：在域中建立对象（例如：用户，组，计算机等），每一个对象都要有一个独一无二的 SID，一个 SID 是由两个号码所组成：Domain ID（当前域的 ID）+ Relative ID（相对 ID 或者简称 RID）。为了避免两个域对象的 SID 一样，必须确保 RID 的唯一性（域 ID 相同）。RID Master 的任务是生成编码。默认状态下，域控制器首先向 RID Master 申请一定数量的 RID 编码（500 个），创建域对象时分配给目标对象。用完后再次申请。一个域用户对应的 SID 格式为 S-1-5-21-D1-D2-D3-RID，S 是 SID 的缩写，1 是 SID 的版本号，5 代表授权机构，21 代表子授权，D1-D2-D3 是三个数字，代表对象所在的域或计算机，RID 是对象在域中或计算机中的相对号码。以默认域管理员"Aadministrator"为例，SID 是"S-1-5-21-2403734384-2466188990-2453692268-500"，其中 RID 是 500。如果 Relative Identifier Master 主机宕机，一段时间内创建域对象可能没有问题，因为域控制器可能有部分编码可用，一旦没有资源可用，将没有办法创建新的域对象。
- 作用二：跨域访问、迁移域对象时，通过 RID Master 确认域对象的唯一性。

RID 角色支持域对象的最大数量是 1,073,741,823，可以通过"dcdiag /v"命令查看 RID 角色支持的最大数量，如图 6-1 所示。

图 6-1　RID 状态监视

5. 基础结构主机（Infrastructure Master）

每个域中只能有一个基础结构主机角色。作用域是域级别。

基础结构主机的作用为负责对跨域对象的引用进行更新。基础结构主机角色将其数据与全局编录的数据进行比较，全局编录通过"复制"接受所有域中对象的定期更新，从而使全局编录的数据始终保持更新。如果基础结构主机角色发现数据已过期，则将从全局编录请求更新的数据，然后基础结构主机角色将这些更新数据"复制"到域中的其他域控制器。

6.1.3　应用环境

林环境：整个林中只有一台"架构主机"与"域命名主机"，这两个角色默认由林根域内的第一台域控制器所扮演。

域环境：每一个域拥有自己的"RID 主机"、"PDC 模拟主机"与"基础架构主机"，这三个角色默认由该域内的第一台域控制器所扮演。如果存在子域，每个子域内都存在各自的"RID 主机"、"PDC 模拟主机"与"基础架构主机"三种主机角色。

6.1.4　主域控制器

部署 AD DS 域服务后，如果网络部署多台域控制器，到底拥有哪些角色的域控制器被称为主域控制器？主域控制器是指拥有"PDC 模拟主机（PDC Emulator Master）"角色的域控制器。注意，PDC Emulator Master 角色可以在不同域控制器之间切换，通过角色"Transfer"（需要主域控的配合）或者"Seize"（当主域控不可用时）来实现。

6.1.5　FSMO 角色转移

FSMO 角色不会自动转移，必须手工执行操作。如果承担 FSMO 角色的域控制器宕机，并且无法修复，必须强制夺取 FSMO 角色。但是，并不是 Active Directory 的所有功能都失效，只有需要使用 FSMO 角色功能时才会失效。例如，无法新建用户，用户无法更改密码。

执行"Size"时，如果主域控可用，首先尝试使用"转移"操作转移可用的角色，当"转移"不成功时，才会执行"占用"操作。

> **注意**
> 一旦 Schema Master、Domain Naming Master 或者 Relative Identifier Master 角色被占用后，首先离线出现问题的域控制器，一定不要将原来安装这些角色的域控制器再次上线。建议格式化具备这些角色的域控制器。

6.1.6　规划 FSMO 角色

1. Infrastructure Master 角色规划

每个域内只能有一台 Infrastructure Master 角色的域控制器。Infrastructure Master 主机的数据来自全局编录服务器（GC），全局编录服务器存储其他域的数据。由于 Infrastructure Master 和全局编录服务器（GC）不兼容，不要将这 2 个角色放在同一台域控制器中。除非：

- 域中只有一个域控制器，否则不应将基础结构主机角色指派给全局编录所在的域控制器。
- 如果域中所有域控制器都存有全局编录，则无论哪个域控制器均可承担基础结构主机角色。

2. PDC Emulator Master 角色规划

从 PDC Emulator Master 角色的功能可以发现，具有该角色的域控制器要处理很多任务，因此该域控制器需要稳定、高效的硬件设备。如果可能，将具备该角色的域控制器单独放置。

3. Schema Master 和 Domain Naming Master 角色规划

林中的第一台域控制器自动安装 Schema Master 和 Domain Naming Master 角色，同时也是全局编录服务器。除非硬件设备出现故障，否则建议将 Schema Master 和 Domain Naming Master 保留在默认的域控制器中。

4. Relative Identifier Master 角色规划

Relative Identifier Master 角色的功能主要是创建新域对象，因此建议和 Relative Identifier Master 和 PDC Emulator Master 部署在同一台域控制器。

6.1.7 FSMO 角色出现故障后带来的影响

1. Schema Master 角色的域控制器宕机

Schema Master 角色的域控制器宕机后，对用户没有任何影响。对域管理员来说，除非更新架构数据，例如安装 Exchange Server，否则不会使用 Schema Master 主机。

2. Domain Naming Masterr 角色的域控制器宕机

Domain Naming Master 角色的域控制器宕机后，对用户没有任何影响。对域管理员来说，除非添加/删除域，否则不会使用 Domain Naming Master 主机。

3. Relative Identifier Master 角色的域控制器宕机

Relative Identifier Master 角色的域控制器宕机后，对用户没有任何影响。对域管理员来说，除非要在域内新建域对象，同时上次 Relative Identifier Master 角色分配的 RID 已经用完，否则不会使用 Relative Identifier Master 主机。

4. Infrastructure Master 角色的域控制器宕机

Infrastructure Master 角色的域控制器宕机后，对用户没有任何影响。对域管理员来说，除非大量迁移用户或者改变用户名称，否则不会使用 Infrastructure Master 主机。

5. PDC Emulator Master 角色的域控制器宕机

PDC Emulator Master 角色的域控制器宕机后，短时间内就会给用户带来影响。例如域用户不能修改密码。对域管理员来说，当 PDC Emulator Master 角色的域控制器宕机后，应该尽快修复该主机或者夺取 PDC Emulator Master 角色。

6.2 查看 FSMO 角色

域管理员可以通过多种方式查看已经部署的 FSMO 角色，读者可以选择符合自身需要的查看方法。

6.2.1 图形模式查看 FSMO 角色使用的控制台

不同的角色使用不同的控制台，见表 6-1。注意，Domain Naming Master、PDC Emulator Master、Relative Identifier Master 以及 Infrastructure Master，可以使用控制台完成在不同域控制器之间的"转移"操作，Schema Master 必须使用"Ntdsutil"命令完成"转移"操作。

表 6-1 查看角色使用的工具

角 色	使用控制台
Schema Master	Active Directory 架构
Domain Naming Master	Active Directory 域和信任关系
PDC Emulator Master	Active Directory 用户和计算机
Relative Identifier Master	Active Directory 用户和计算机
Infrastructure Master	Active Directory 用户和计算机

6.2.2 图形模式查看 PDC、RID、IM 主机角色

打开"Active Directory 用户和计算机"控制台,右击域名,在弹出的快捷菜单中选择"操作主机"命令,如图 6-2 所示。

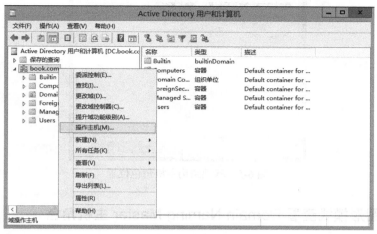

图 6-2 功能菜单

命令执行后,打开"操作主机"对话框。

- 切换到"RID"选项卡,显示 RID 角色所在的域控制器,如图 6-3 所示。
- 切换到"PDC"选项卡,显示 PDC 角色所在的域控制器,如图 6-4 所示。
- 切换到"基础结构"选项卡,显示基础结构主机角色所在的域控制器,如图 6-5 所示。

图 6-3 RID 主机角色位置

图 6-4 PDC 主机角色位置

图 6-5　基础结构主机角色位置

6.2.3　图形模式查看 Domain Naming Master 主机角色

打开"Active Directory 域和信任关系"控制台，右击"Active Directory 域和信任关系"，在弹出的快捷菜单中选择"操作主机"命令，如图 6-6 所示。

命令执行后，打开"操作主机"对话框，显示 Domain Naming Master 主机角色所在的域控制器，如图 6-7 所示。

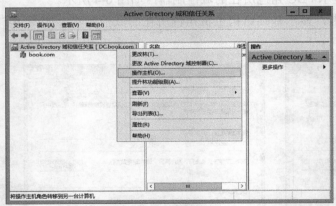

图 6-6　功能菜单

图 6-7　"操作主机"对话框

6.2.4　图形模式查看 Schema Master 主机角色

第 1 步，域控制器中打开命令行窗口，键入"regsvr32 schmmgmt.dll"命令，注册 DLL 动态库。

第 2 步，打开"MMC"控制台，在"控制台根节点"窗口中，选择"文件"→"添加或删除管理单元"选项，打开"添加或删除管理单元"对话框。

第 3 步，在"可用的管理单元"列表中，选择"Active Directory 架构"选项，单击"添加"按钮，将"Active Directory 架构"添加到"所选管理单元"列表中，如图 6-8 所示。单击"确定"按钮，关闭"添加/删除管理单元"对话框，返回到"控制台"窗口。

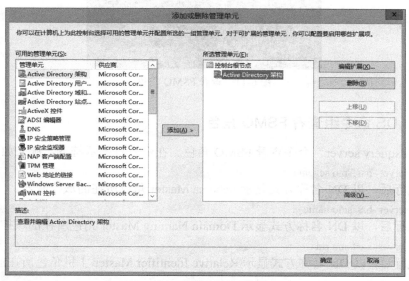

图 6-8　查看架构主机角色之一

第 4 步，右击"Active Directory 架构"选项，在弹出的快捷菜单中选择"操作主机"命令，如图 6-9 所示。

第 5 步，命令执行后，打开"更改架构主机"对话框，在"当前架构主机（联机状态）"文本框中，显示架构主机角色所在的域控制器，如图 6-10 所示。

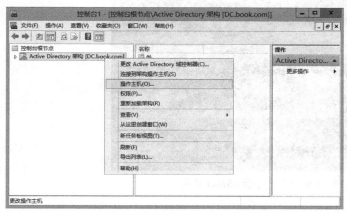

图 6-9　查看架构主机角色之二

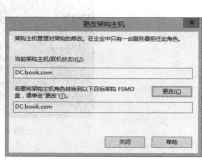

图 6-10　查看架构主机角色之三

6.2.5　命令行查看 FSMO 角色

使用"Netdom"命令一次性查看所有 FSMO 角色所在的域控制器。在命令行提示符下，键入如下命令。

```
Netdom query fsmo
```

回车，命令成执行，显示所有操作主机角色所在的域控制器，如图 6-11 所示。

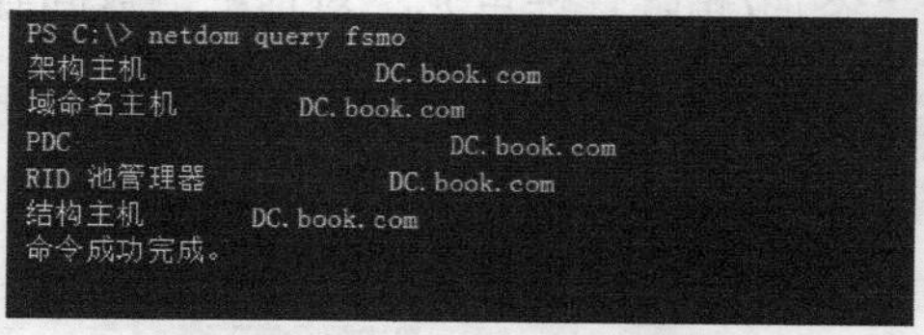

```
PS C:\> netdom query fsmo
架构主机                DC.book.com
域命名主机              DC.book.com
PDC                     DC.book.com
RID 池管理器            DC.book.com
结构主机                DC.book.com
命令成功完成。
```

图 6-11 查看 FSMO 角色

6.2.6 DS 命令组查看 FSMO 角色

使用“dsquery server”命令查看 FSMO 角色。在命令行提示符下，键入如下命令。

```
dsquery server -hasfsmo schema
```

命令执行后，以 DN 名称方式显示 Schema Master 角色所在的域控制器。

```
dsquery server -hasfsmo name
```

命令执行后，以 DN 名称方式显示 Domain Naming Master 角色所在的域控制器。

```
dsquery server -hasfsmo rid
```

命令执行后，以 DN 名称方式显示 Relative Identifier Master 主机角色所在的域控制器。

```
dsquery server -hasfsmo pdc
```

命令执行后，以 DN 名称方式显示 PDC Emulator Master 角色所在的域控制器。

```
dsquery server -hasfsmo infr
```

命令执行后，以 DN 名称方式显示 Infrastructure Master 角色所在的域控制器。

所有命令执行结果如图 6-12 所示。

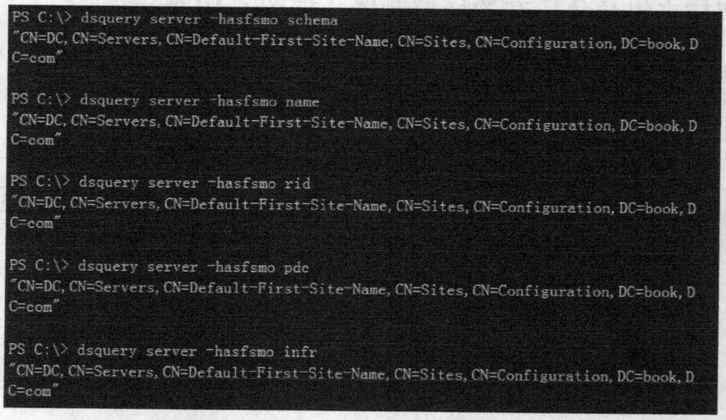

```
PS C:\> dsquery server -hasfsmo schema
"CN=DC,CN=Servers,CN=Default-First-Site-Name,CN=Sites,CN=Configuration,DC=book,D
C=com"

PS C:\> dsquery server -hasfsmo name
"CN=DC,CN=Servers,CN=Default-First-Site-Name,CN=Sites,CN=Configuration,DC=book,D
C=com"

PS C:\> dsquery server -hasfsmo rid
"CN=DC,CN=Servers,CN=Default-First-Site-Name,CN=Sites,CN=Configuration,DC=book,D
C=com"

PS C:\> dsquery server -hasfsmo pdc
"CN=DC,CN=Servers,CN=Default-First-Site-Name,CN=Sites,CN=Configuration,DC=book,D
C=com"

PS C:\> dsquery server -hasfsmo infr
"CN=DC,CN=Servers,CN=Default-First-Site-Name,CN=Sites,CN=Configuration,DC=book,D
C=com"
```

图 6-12 DS 命令差可能 FSMO 角色

6.2.7 PowerShell 命令组查看 FSMO 角色

使用“PowerShell”命令查看 FSMO 角色。

键入如下命令。

```
get-adforest book.com | FT SchemaMaster,DomainNamingMaster
```

命令执行后，显示 Schema Master 以及 Domain Naming Master 知己所在的域控制器。

```
get-addomain book.com | FT InfrastructureMaster,PDCEmulator,RIDMaster
```

命令执行后，显示 Infrastructure Master、PDC Emulator MasterRelative Identifier Master 所在的域控制器。

所有命令执行结果如图 6-13 所示。

图 6-13　PowerShell 命令查看 FSMO 角色

6.2.8　查看主域控制器

主域控制器指的是运行 PDC Emulator Master 角色的域控制器。除了上一节中介绍的方法外，还可以通过"Net"命令确认主域控制器。

通过"Net"命令查看主域控制器。键入以下命令。

Net accounts

命令执行后，如果计算机角色显示为"PRIMARY"，则域控制器为主域控制器，如图 6-14 所示。如果计算机角色显示为"BACKUP"，则域控制器为额外域控制器，如图 6-15 所示。

图 6-14　验证主域控制器之一　　　　　图 6-15　验证主域控制器之二

6.3　转移 FSMO 角色

FSMO 角色可以在不同的域控制器之间转移，转移过程支持逆向操作。转移前需要域管理员规划 FSMO 角色在域控制器中的位置，确保 FSMO 角色功能的正常运作。

6.3.1　案例环境

本例中包括两台运行 Windows Server 2012 AD DS 域服务的域控制器。

1．第一台域控制器"DC.book.com"

架构主机角色部署在名称为"DC.book.com"域控制器中，该域控制器也是林中的第一台域控制器（根域），默认安装所有 FSMO 角色，如图 6-16 所示。

2. 第二台域控制器"bdc.book.com"

第二台域控制器名称为"bdc.book.com"，默认该域控制器中没有部署任何 FSMO 角色，所有 FSMO 角色部署在第一台域控制器中。

```
PS C:\> netdom query fsmo
架构主机               DC.book.com
域命名主机             DC.book.com
PDC                    DC.book.com
RID 池管理器           DC.book.com
结构主机               DC.book.com
命令成功完成。
```

图 6-16　确认域控制器的位置

6.3.2　注意事项

转移操作主机时注意以下问题。

- 转移主机角色过程中，具备操作主机角色的域控制器必须始终在线。
- 操作主机转移过程支持逆向操作。
- Domain Naming Master、PDC Emulator Master、Relative Identifier Master、Infrastructure Master 角色可以使用图形界面和"Ntdsutil"命令行方式实现，Schema Master 角色只能在使用命令行方式转移。转移操作主机命令如表 6-2 所示。

表 6-2　　　　　　　　　　　　转移操作主机命令

命　　令	完成的功能
Transfer PDC	转移 PDC Emulator Master 角色
Transfer PID master	转移 Relative Identifier Master 角色
Transfer infrastructure master	转移 Infrastructure Master 角色
Transfer domain naming master	转移 Domain Naming Master 角色
Transfer schema master	转移 Schema Master 角色

6.3.3　图形模式转移 FSMO 角色

1. "Active Directory 域和信任关系"转移 Domain Naming Master 角色

本例中 Domain Naming Master 角色位于名称为"dc.book.com"域控制器中。如果域管理员在该域控制器中登录，完成 Domain Naming Master 角色转移任务，首先需要连接到目标域控制器，然后执行操作。

第 1 步，打开"Active Directory 域和信任关系"控制台，显示控制台默认连接到"dc.book.com"。"Active Directory 域和信任关系"右侧显示域控制器名称。右击"Active Directory 域和信任关系"，在弹出的快捷菜单中选择"更改 Active Directory 域控制器"命令，如图 6-17 所示。

第 2 步，命令执行后，打开"更改目录服务器"对话框，选择目标域控制器，本例中选择"bdc.book.com"，如图 6-18 所示。

第 3 步，单击"确定"按钮，"Active Directory 域和信任关系"控制台连接到名称为"bdc.book.com"域控制器。

如果域管理员在名称为"bdc.book.com"域控制器中登录，不需要连接到目标域控制器。从第四步开始，执行下列操作即可。

第 4 步，右击"Active Directory 域和信任关系"，在弹出的快捷菜单中选择"操作主机"命令，命令执行后，显示如图 6-19 所示的"操作主机"对话框。

第 5 步，单击"更改"按钮，显示如图 6-20 所示的对话框。提醒管理员是否要迁移 FSMO 角色。

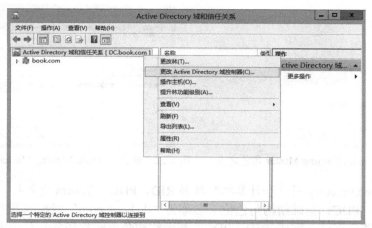

图 6-17　转移 Domain Naming Master 角色之一

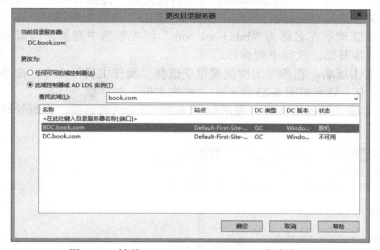

图 6-18　转移 Domain Naming Master 角色之二

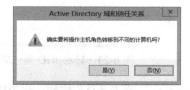

图 6-19　转移 Domain Naming Master 角色之三　　　图 6-20　转移 Domain Naming Master 角色之四

第 6 步，单击"是"按钮，将 Domain Naming Master 角色转移到目标计算机，并提示转移结果，如图 6-21 所示。

第 7 步，单击"确定"按钮，返回到"操作主机"对话框，显示目前 Domain Naming Master 角色所在的位置。Domain Naming Master 角色迁移成功，如图 6-22 所示。

图 6-21　转移 Domain Naming Master 角色之五　　　图 6-22　转移 Domain Naming Master 角色之六

2. "Active Directory 用户和计算机"转移 RID、PDC、基础结构角色

本例 RID、PDC、基础结构角色位于名称为"dc.book.com"域控制器中。如果域管理员在该域控制器中登录，完成 RID、PDC、基础结构角色转移任务，首先需要链接到目标域控制器（操作过程同"Active Directory 域和信任关系"转移 Domain Naming Master 角色中的第 1 步到第 3 步），然后执行操作。以转移"RID"角色为例说明。

如果在域域管理员在名称为"bdc.book.com"域控制器中登录，不需要连接到目标域控制器。从第四步开始，执行下列操作即可。

第 4 步，右击域名，在弹出的快捷菜单中选择"操作主机"命令，命令执行后，切换到"RID"选项卡，显示如图 6-23 所示的"操作主机"对话框。

第 5 步，单击"更改"按钮，显示如图 6-24 所示的对话框。提醒管理员是否要迁移 FSMO 角色。

　　　　　图 6-23　转移 RID 角色之三　　　　　　　图 6-24　转移 RID 角色之四

第 6 步，单击"是"按钮，将 RID 角色转移到目标计算机，并提示转移结果，如图 6-25 所示。

第 7 步，单击"确定"按钮，返回到"操作主机"对话框，显示目前 RID 角色所在的位置。Domain Naming Master 角色迁移成功，如图 6-26 所示。

图 6-25　转移 RID 角色之五　　　　　　　图 6-26　转移 RID 角色之六

第 8 步，同样的方法，在"Active Directory 用户和计算机"控制台将"PDC"、"基础结构"角色迁移到目标域控制器中。

6.3.4　Ntdsutil 命令转移 FSMO 角色

转移架构主机角色只能在"ntdsutil"命令行模式下完成，转移之前需要连接到额外域控制器。

1. **连接到域控制器**

第 1 步，在命令提示符下，键入如下命令。

ntdsutil

ntdsutil 命令提示符下，键入：

roles

fsmo maintenance 命令提示符下，键入：

connections

server connections 命令提示符下，键入：

connect to server BDC.book.com

命令行成功执行，其中 BDC.book.com 是额外域控制器计算机名称。

server connections 命令提示符下，键入：

quit

上述命令执行过程如图 6-27 所示。

图 6-27　连接到目标域控制器

2. 转移"schema master"角色

fsmo maintenance 命令提示符下，键入：

Transfer schema master

命令执行后，显示如图 6-28 所示的"角色传送确认对话"对话框，提示管理员是否需要将架构主机角色传送到目标计算机中。

单击"是"按钮，将架构主机角色传送到目标计算机中，如图 6-29 所示。

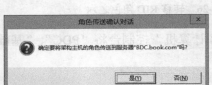

图 6-28 转移架构主机角色之三　　　　图 6-29 转移架构主机角色之四

键入两次 quit 退出 Ntdsutil 程序。

1. 转移"Relative Identifier Master"角色

fsmo maintenance 命令提示符下，键入：

Transfer RID master

命令执行后，将 Relative Identifier Master 角色传送到目标域控制器中。

2. 转移"Infrastructure Master"角色

fsmo maintenance 命令提示符下，键入：

Transfer infrastructure master

命令执行后，将 Infrastructure Master 角色传送到目标域控制器中。

3. 转移"PDC"角色

fsmo maintenance 命令提示符下，键入：

Transfer PDC

命令执行后，将 PDC Emulator Master 角色传送到目标域控制器中。

4. 转移"Domain Naming Master"角色

fsmo maintenance 命令提示符下，键入：

Transfer naming master

命令执行后，将 Domain Naming Master 角色传送到目标域控制器中。

6.4　占用 FSMO 角色

当域控制器出现错误不能正常启动时，将其他域控制器提升为域控制器，需要强制迁移（占用）五种操作主机角色。占用操作主机角色只能在命令行（Ntdsutil）下完成。占用

FSMO 角色应用环境和转移 FSMO 角色环境相同，在此不再赘述。

6.4.1　注意事项

占用操作主机时注意以下问题。

- 占用主机角色过程中，具备操作主机角色的域控制器处于脱机状态。
- 占用架构主机角色必须使用"Ntdsutil"命令行方式，占用操作主机命令如表 6-3 所示。

表 6-3　　　　　　　　　　　　　占用操作主机命令

命　　令	完成的功能
Seize PDC	占用 PDC Emulator Master 角色
Seize PID master	占用 Relative Identifier Master 角色
Seize infrastructure master	占用 Infrastructure Master 角色
Seize domain naming master	占用 Domain Naming Master 角色
Seize schema master	占用 Schema Master 角色

6.4.2　占用 Schema Master 角色

所有 FSMO 角色占用操作方式相同，以 Schema Master 主机为例说明。

1. 连接到域控制器

第 1 步，在命令提示符下，键入如下命令。

ntdsutil

ntdsutil 命令提示符下，键入：

roles

fsmo maintenance 命令提示符下，键入：

connections

server connections 命令提示符下，键入：

connect to server BDC.book.com

命令行成功执行，其中 BDC.book.com 是额外域控制器计算机名称，如图 10-36 所示。

server connections 提示符下，键入：

quit

上述命令执行过程如图 6-30 所示。

图 6-30　链接到目标域控制器

2. 转移 "schema master" 角色

fsmo maintenance 命令提示符下，键入：

Seize schema master

命令执行后，显示如图 6-31 所示的"角色传送确认对话"对话框，提示管理员是否占用架构主机角色。

单击"是"按钮，占用架构主机角色，如图 6-32 所示。

图 6-31 转移架构主机角色之三   图 6-32 转移架构主机角色之四

键入两次 quit 退出 Ntdsutil 程序。

3. 转移 "Relative Identifier Master" 角色

fsmo maintenance 命令提示符下，键入：

Seize RID master

命令执行后，目标域控制器将占用 Relative Identifier Master 角色。

4. 转移 "Infrastructure Master" 角色

fsmo maintenance 命令提示符下，键入：

Seize infrastructure master

命令执行后，目标域控制器将占用 Infrastructure Master 角色。

5. 转移 "PDC" 角色

fsmo maintenance 命令提示符下，键入：

Seize PDC

命令执行后，目标域控制器将占用 PDC Emulator Master 角色。

6. 转移 "Domain Naming Master" 角色

fsmo maintenance 命令提示符下，键入：

Seize naming master

命令执行后，目标域控制器将占用 Relative Identifier Master 角色。

6.5   子域中的 FSMO 角色分布

网络中采用单林（book.com）单站点（Default-First-Site-Name）单域（book.com）的部署方式，Yt.book.com 是 book.com 的子域。通过命令方式验证 FSMO 角色的分布状态。

6.5.1　林信息

使用"Get-ADForest"命令查看林信息。键入以下命令。

Get-ADForest

命令执行后，显示当前林中 Domain Naming Master、Schema Master 角色所在的域控制器，林中所有全局编录服务器（GC）所在的域控制器，当前林中已经创建的域（book.com、yt.book.com），以及默认站点为 Default-First-Site-Name，如图 6-33 所示。

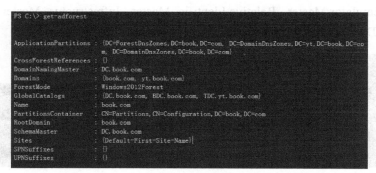

图 6-33　林信息

6.5.2　父域

1. 用户登录信息

以域管理员身份登录网络中部署的第一台域控制器（林根服务器），该服务器中默认安装全部 FSMO 角色。通过"hostname"命令、"Get-ADDomainController"、"whoami"命令查看用户登录名以及登录的域控制器，执行结果如图 6-34 所示。

2. 查看父域 FSMO 角色分布

使用"Netdom"命令查看父域 book.com 中 FSMO 角色的分布。键入以下命令。

Netdom query FSMO /domain book.com

命令执行后，显示父域中 FSMO 所在的域控制器，父域中的所有 FSMO 角色全部位于名称为"DC"的域控制器中，如图 6-35 所示。

图 6-34　父域用户登录信息

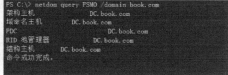

图 6-35　查看 FSMO 角色所在的域控制器

6.5.3　子域

1. 用户登录信息

以子域管理员身份登录子域中的第一台域控制器，该服务器中默认安装部分 FSMO 角色。通过"hostname"命令、"Get-ADDomainController"、"whoami"命令查看用户登录名以及登录的域控制器，执行结果如图 6-36 所示。

2. 查看子域 FSMO 角色分布

使用"Netdom"命令查看子域 yt.book.com 中 FSMO 角色的分布。键入以下命令。

```
Netdom query FSMO /domain yt.book.com
```

命令执行后，显示子域中 FSMO 所在的域控制器（如图 6-37 所示），子域中：

- Schema Master 和 Domain Naming Master 位于父域名称为"DC"的域控制器中。
- PDC Emulator Master、Relative Identifier Master、Infrastructure Master 角色位于名称为"TDC"的域控制器中，"TDC"是子域第一台域控制器。

图 6-36　用户登录信息　　　　　　　　　图 6-37　查看 FSMO 角色所在的域控制器

3. 小结

通过上述验证结果可以看出：

- 林级别的 Schema Master 和 Domain Naming Master 角色，位于林根域控制器中，在林中上述角色必须是唯一的，意味着在整个林中，只能有一个架构主机角色和一个域命名主机角色。
- 域级别的 PDC Emulator Master、Relative Identifier Master、Infrastructure Master 角色，位于每个域中，在每个域中上述角色都必须是唯一的，即林中的每个域都只能有一个上述角色。

第 7 章　管理组织单位

域架构可以通过以下比喻进一步理解。

- 域可以形容为一座大楼。
- 每个楼层好比组织单位。
- 每个房间好比域对象，例如用户、计算机账户等。
- 每个楼层中包含多个房间，可以理解为每个组织单位中包含多个域对象。
- 每个房间多人一起工作，数人组成一个工作组，可以理解为域中的组。每个组各自为政，完成不同的工作。

因此，组织单位对于 AD DS 域服务的管理更有弹性，能发挥"分层负责、授权自治"的优点，若能善用组织单位，能尽量避免形成多域架构，节省企业管理成本。

7.1　组织单位架构

Organization Unit（组织单位，简称 OU）是一个容器对象，可以把域中的对象组织成逻辑组，帮助网络管理员简化管理工作。组织单位可以包含下列类型的对象：用户、计算机、工作组、打印机、应用程序、安全策略、文件共享、其他组织单位等。可以在组织单位基础上部署组策略，统一管理组织单位中的域对象。

7.1.1　默认域架构

域部署完成后，默认创建三层结构的管理体系，分别为：域（book.com）、组织单位（默认容器，在此称之为组织单位，例如 Users），以及域对象（用户、计算机、组等），如图7-1 所示。

7.1.2　默认组织单位位置

1. "Users"组不创建组织单位

域架构默认容器中，除了"Domain Controllers"容器外（该容器默认是组织单位），其他任何默认容器中都不能创建组织单位，以"Users"组为例。右击"Users"默认容器，在弹出的快捷菜单中选择"新建"选项，在弹出的级联菜单中显示可以创建的域对象，如图7-2 所示，在"Users"组中不能创建组织单位。

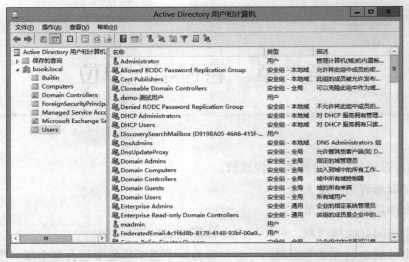

图 7-1　默认域架构

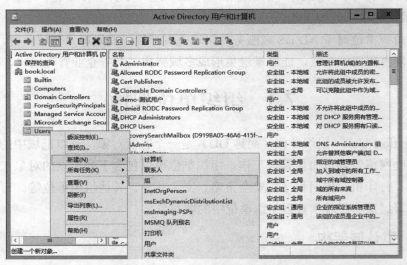

图 7-2　容器级别组织单位创建菜单

2. 域级别能够创建组织单位

右击"book.com"，在弹出的快捷菜单中选择"新建"选项，在弹出的级联菜单中显示可以参创建的域对象，如图 7-3 所示，域级别可以创建组织单位。

3. 新建组织单位内支持组织单位创建功能

新建的组织单位支持组织单位嵌套功能，可以根据需要创建多层组织单位，如图 7-4 所示。

7.1.3　如何规划组织单位架构

组织单位规划没有统一规划方式，企业应该根据自身的行政管理架构、地理位置等综合考虑，符合自身需要的架构模型就是最佳模式。

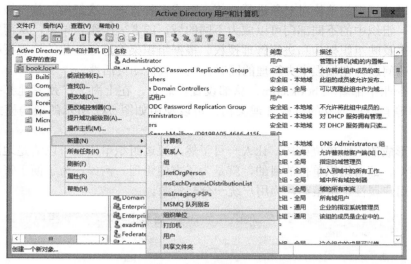

图 7-3　域级别组织单位创建菜单

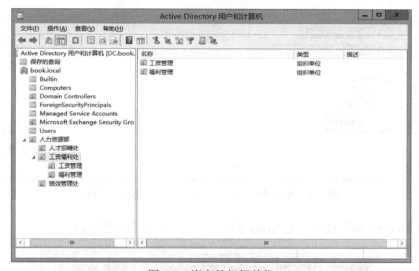

图 7-4　嵌套的组织单位

1．企业角度分析

企业可以按部门把所有的用户和设备组成树形层次架构，也可以按地理位置形成层次架构，还可以按功能和权限分成多个组织单位层次架构。通过组织单位的包容功能，组织单位形成清楚的层次架构，这种包容架构可以使管理者把组织单位切入到域中以反应出企业的行政组织架构并且可以委派任务与授权。建立包容架构的组织模型能够帮助解决许多问题，大型的域、域树中每个对象都可以显示在目录中，用户就可以利用一个服务功能轻易地找到某个对象而不管它在域树架构中的位置。

2．独立管理

组织单位层次架构局限于域的内部，所以一个域中的组织单位层次架构与另一个域中的组织单位层次架构没有任何关系。因此，一个企业有可能只用一个域来构造企业网络，这时候就可以使用组织单位对对象进行分组，形成多种管理层次架构，从而极大地简化网络管理工作。组织中的不同部门可以成为不同的域，或者一个组织单位，从而采用层次化的命名方法来反映组织架构和进行管理授权。根据组织架构进行细化的管理授权可以解决很多管理上的问题，在加强中央管理的同时，又不失机动灵活性。

例如，企业中部署域 book.com，总部设置在北京，在上海、广州等地都有分公司，上海、广州等有自己独立的行政管理架构，可以使用如图 7-5 所示的架构模式规划组织单位。

上例中形成的组织单位架构，让人一目了然，通过组织单位就可以清楚地展现企业的管理管理架构。部署组织单位的目的，就是为了方便管理。例如，为了便于管理用户，组织单位结合用户属性、组策略，为用户统一分配资源。

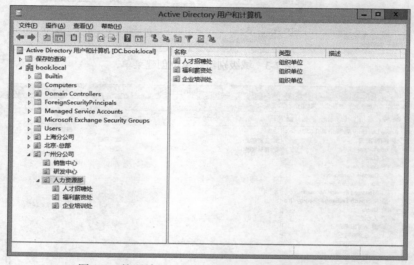

图 7-5　按照地理、组织结构部署的组织单位架构

使用"dsquery ou"命令查看创建的组织单位，如图 7-6 所示。

图 7-6　查看组织单位

7.1.4　组织单位和组的区别

1. 相同点

组织单位和组都是容器，都是域服务的一种对象。

2. 不同点

组织单位就像屋子，当同一个人在屋子里面时，这个人就不可能在商场，或者公园中。也就是说，一个人在一个组织单位中时，就不可能在另外的一个组织单位中。

组标识用户具备的权利和权限，用户可以在不同组中，将具备不同的权限，用户所具备的权限就是所有不同的组的权限的交集。

组织单位是体现管理模型，而组是权利和权限的集合。

7.1.5　组织单位设计原则

1. 总体设计目标

设计组织单位架构时，基本原则是"简单性"+"适用性"="可持续性"。如果设计过于简单，则可能并不适用，因此将不得不过于频繁地进行更改。如果设计适用性过强，则所有内容都将被分类，这会使情况变得过于复杂。

2. 管理目标

无论任何时候建立组织单位，最重要的是决定谁能浏览和控制特定对象，以及每个管理员对该对象拥有哪些层级的管理。除此之外，也必须决定哪个管理员将能全域存取特定组织单位和对象、哪个管理员将受到限制以及受限的程度。

组织单位必须能够反映企业架构的细节，可以建立组织单位来减少对那些小型的使用者、群组、资源的管理控制。管理控制的授权可以是完全的（能建立使用者、更改密码、管理账户原则等），也可以是有限的（只能更改密码）。因为最顶层的组织单位可以包含其他层级的组织单位，因此如果需要的话应尽可能地将细节延伸到各层级，应该将这些对象纳入与工作和组织相符的逻辑架构中。

利用组织单位能避免使用者由企业层级的网络管理员进行管理，执行诸如建立计算机账户、设定密码等，有效的方式为提供组织单位层级的管理，将网络管理员从琐碎的工作中解脱出来。通过限制对发布资源的授权访问，使用者将只能看到已被授权存取的对象。除非父域和父组织单位的安全性原则被指定不能使用，否则组织单位将继承它们。

3. 设计原则

为企业建立组织单位时遵循以下原则。

- 建立组织单位进行授权管理。
- 建立一个逻辑性、有意义的组织单位架构，该架构可以使组织单位管理员有效率地完成工作。
- 建立组织单位应用安全性原则。
- 建立组织单位提供或限制特定使用者对发布资源的可见度。
- 建立稳定的组织单位架构。组织单位也为企业提供名称空间的弹性以适应企业的变更需求。
- 避免向任一组织单位分配过多的子对象。

● 组织单位的层次建议越少越好。

7.2 组织单位管理任务

组织单位就像一个仓库，可以存储用户、计算机、组、打印机、应用程序、安全策略、文件共享、其他组织单位等对象。在新建的组织单位中，默认没有任何对象。本节介绍如何组织单位以及组织单位内的对象，组织单位内的对象以最常用的用户、计算机、组为例说明。

7.2.1 创建组织单位

以域管理员身份登录域控制器，创建名称为"HR"的组织单位。

1. Active Directory 用户和计算机

第1步，打开"Active Directory 用户和计算机"控制台，右击"book.com"，在弹出的快捷菜单中选择"新建"选项，在弹出的级联菜单中选择"组织单位"命令，命令执行后，打开"新建对象-组织单位"对话框。在"名称"文本框中，键入组织单位的名称。单击"确定"按钮，成功创建名称为"HR"的组织单位，如图7-7所示。

> **提示**
> 如果选择"防止容器被意外删除"选项，则新建的组织单位将不能被移动和删除，即使"Domain Admins"组成员也不能删除。如果不选择此功能，可以正常删除和移动组织单位。

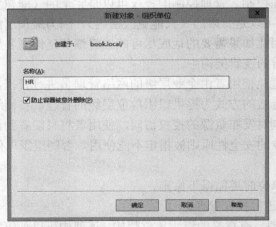

图 7-7 "新建对象-组织单位"对话框

2. DS 命令组

使用"dsadd ou"命令创建组织单位。在 MSDOS 命令行提示符下，键入如下命令。

```
dsadd ou ou=HR,dc=book,dc=local
```

命令执行后，创建名称为"HR"的组织单位。注意，使用"dsadd ou"命令创建的组织单位，"防止容器被意外删除"功能没有启用。

3. PowerShell 命令组

使用"New-ADOrganizationalUnit"命令创建组织单位。键入如下命令。

New-ADOrganizationalUnit -Name:"HR" -Path:"DC=book,DC=local" -ProtectedFromAccidentalDeletion:
$true

命令执行后，创建名称为"HR"的组织单位，并启用"防止容器被意外删除"功能。

7.2.2 启用/禁用"防止容器被意外删除"功能

创建组织单位时，如果选择"防止容器被意外删除"选项，管理员在移动或者删除组织单位时将出现错误，不能删除选择的组织单位。要完成移动或者删除功能，需要取消"防止容器被意外删除"选项，如图 7-8 所示。

1. Active Directory 用户和计算机

打开"Active Directory 用户和计算机"窗口，单击菜单栏的"查看"菜单，在显示的下拉菜单列表中，选择"高级功能"命令。

右击需要移动或者删除的组织单位，在弹出的快捷菜单中选择"属性"命令，切换到"对象"选项卡，根据需要设置取消或者启用"防止对象被意外删除"功能。单击"确定"按钮，完成功能设置，如图 7-9 所示。

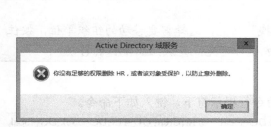

图 7-8　删除提示　　　　　　　图 7-9　设置"防止容器被意外删除"功能

2. PowerShell 命令

使用"PowerShell 命令可以启用或者禁用"防止对象被意外删除"功能。键入如下命令。

Set-ADObject -Identity:"OU=HR,DC=book,DC=local" -ProtectedFromAccidentalDeletion:$false
命令执行后，禁用组织单位"HR"中的"防止对象被意外删除"功能。

Set-ADObject -Identity:"OU=HR,DC=book,DC=local" -ProtectedFromAccidentalDeletion:$true
命令执行后，启用组织单位"HR"中的"防止对象被意外删除"功能。

7.2.3　移动组织单位

组织单位之间移动，注意是否启用"防止对象被意外删除"功能，如果启用该功能，不能再组织单位之间移动。

1．Active Directory 用户和计算机

打开"Active Directory 用户和计算机"控制台，右击需要移动的组织单位，在弹出的快捷菜单中选择"移动"命令，命令执行后，打开"移动"对话框，选择目标组织单位，单击"确定"按钮，成功移动目标组织单位，如图 7-10 所示。

如果组织单位启用"防止容器被意外删除"功能，移动用户时将出现如图 7-11 所示的错误。确认需要移动启用该功能的组织单位，首先需要取消"防止容器被意外删除"选项，然后正常移动即可。

图 7-10　"移动"对话框

图 7-11　移动信息提示对话框

> **提示**
>
> Windows Server 2012 操作系统支持"拖拽"功能，选择需要移动的组织单位，按住左键，将组织单位拖动到目标容器上，放开左键即可完成完成组织单位的移动。

2．DS 命令组

使用"dsmove"命令移动组织单位。在命令行提示符下，键入如下命令。

```
dsmove OU=销售中心,OU=广州分公司,DC=book,DC=local   -newparent OU=HR,DC=book,DC=local
```

命令执行后，将组织单位移动到新位置。

3．PowerShell 命令组

使用"PowerShell 命令"将组织单位提动到其他组织单位中。键入以下命令。

```
Move-ADObject  -Identity:"OU=销售中心,OU=广州分公司,DC=book,DC=local"  -TargetPath:"OU=HR,DC=book,DC=local"
```

命令执行后，将组织单位"OU=销售中心,OU=广州分公司,DC=book,DC=local"移动到"HR 组织单位"中。

7.2.4　重命名组织单位

本节介绍如何根据管理的需要，更改组织单位的名称。

1. Active Directory 用户和计算机

打开"Active Directory 用户和计算机"控制台，右击需要重命名的组织单位，在弹出的快捷菜单中选择"重命名"命令，高亮显示选择的组织单位名称，组织单位处于可编辑状态，直接更改组织单位的名称即可。

2. PowerShell 命令组

使用"Rename-ADObject"命令重命名组织单位。键入以下命令。

```
Rename-ADObject -Identity:"OU=HR,DC=book,DC=local" -NewName:"HRHR"
```

命令执行后，重命名组织单位。

7.2.5　删除组织单位

1. Active Directory 用户和计算机

打开"Active Directory 用户和计算机"控制台，右击需要删除的组织单位，在弹出的快捷菜单中选择"删除"命令，命令执行后，显示如图 7-12 所示的对话框。单击"是"按钮，即可删除选择的组织单位。

如果显示如图 7-13 所示的对话框，将不能删除选择的组织单位。原因是组织单位时启用"防止容器被意外删除"功能。取消"防止容器被意外删除"功能，然后正常删除即可。

图 7-12　信息提示框

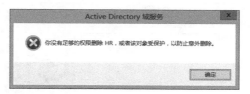

图 7-13　禁止删除组织单位信息

2. DS 命令组

使用"dsrm"名字删除删除目标组织单位。在命令行提示符下，键入如下命令。

```
Dsrm OU=HR,DC=book,DC=local
```

命令执行后，提示是否要删除组织单位，键入"Y"命令后即可删除目标组织单位，如图 7-14 所示。

3. PowerShell 命令组

使用"Remove-ADObject"命令删除目标组织单位。使用以下命令。

```
Remove-ADObject -Identity:"OU=HR,DC=book,DC=local"
```

命令执行后，显示如图 7-15 所示的"确认"对话框。单击"是"按钮，删除目标组织单位。

图 7-14　DS 命令删除组织单位

图 7-15　"确认"对话框

7.2.6 查找组织单位

当域内的组织单位达到一定数量后,管理员将忘记组织单位的正确位置,查找功能即可帮助管理员快速的定位到指定目标。

1. Active Directory 用户和计算机

打开 "Active Directory 用户和计算机" 控制台,右击域名,在弹出的快捷菜单中选择 "查找" 命令,命令执行后,打开 "查找用户、联系人及组" 对话框。

"查找" 下拉列表框中,选择 "组织单位" 选项,在 "范围" 下拉列表框中选择查找的范围,在 "名称" 文本框中键入需要查找的组织单位名称,设置完成的参数如图 7-16 所示。

单击 "开始查找" 按钮,在 "搜索结果" 列表中显示查找的结果,如图 7-17 所示。

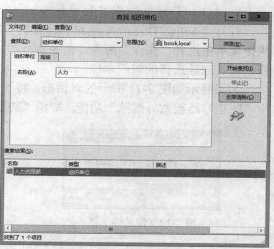

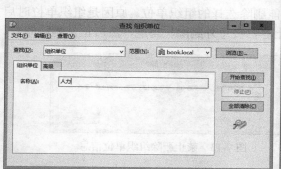

图 7-16　查找组织单位之一　　　　　图 7-17　查找组织单位之二

2. DS 命令组

使用 "Dsquery ou" 命令查询域中创建的所有组织单位。在命令行提示符下,键入如下命令。

```
Dsquery ou
```

命令执行后,显示当前域中所有组织单位,如图 7-18 所示。

查询域中以 "人力" 开头的所有组织单位,在命令行提示符下,键入如下命令。

```
Dsquery ou -name 人力*
```

命令执行后,输出以 "人力" 开头的所有组织单位。

3. PowerShell 命令组

使用 "Get-ADOrganizationalUnit" 命令查询域中所有组织单位。键入如下命令。

```
Get-ADOrganizationalUnit
```

命令执行后,显示当前域中所有组织单位。

查询域中以 "人力" 开头的所有组织单位,键入如下命令。

```
Get-ADOrganizationalUnit -Filter 'Name -like "人力*"'
```

命令执行后,输出以 "人力" 开头的所有组织单位,如图 7-19 所示。

图 7-18　显示域中所有 OU　　　　　图 7-19　PowerShell 命令查询 OU 结果

7.3　组织单位委派控制

如果域中的用户数量众多，域管理员管理所有用户，工作效率会比较低。如果每个部门赋予一个用户具备管理用户的权限，域管理员可以从人事信息基本管理工作中脱离出来，同时工作效率会比较高，根据人员变动情况及时修改用户信息。因此，需要委托组织单位级别的控制。本例中委派用户"demo"对组织单位"广州分公司"具备完全控制的权限，可以创建用户、删除用户、修改密码等。

7.3.1　委派权限

以域管理员身份登录域控制器。

第 1 步，选择目标组织单位，右击"广州分公司"，在弹出的快捷菜单中选择"委派控制"命令，如图 7-20 所示。

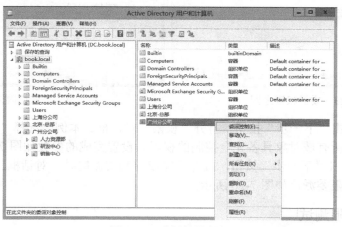

图 7-20　委派权限之一

第 2 步，命令执行后，启动"控制委派向导"，显示如图 7-21 所示的"欢迎使用控制委派向导"对话框。

第 3 步，单击"下一步"按钮，打开"用户或组"对话框。设置需要授权的目标用户或者组，本例中设置"demo"用户具备管理权限。设置完成的参数如图 7-22 所示。

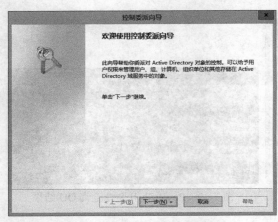
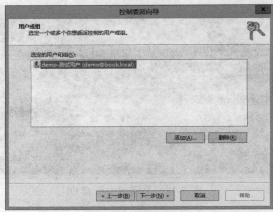

图 7-21 委派权限之二 　　　　　　　　　图 7-22 委派权限之三

第 4 步，单击"下一步"按钮，打开"要委派的任务"对话框。本例中选择"创建自定义任务去委派"选项，为用户自定义管理权限。设置完成的参数如图 7-23 所示。

第 5 步，单击"下一步"按钮，打开"Active Directory 对象类型选择"对话框。选择"这个文件夹，这个文件夹中的对象，以及创建在这个文件夹中的新对象"选项，自定义对象权限，如图 7-24 所示。

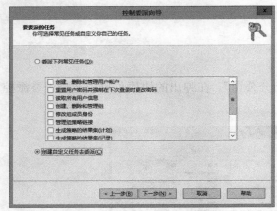
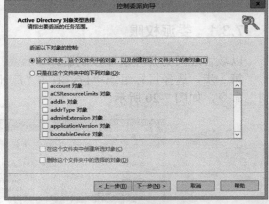

图 7-23 委派权限之四 　　　　　　　　　图 7-24 委派权限之五

第 6 步，单击"下一步"按钮，打开"权限"对话框。本例中选择"完全控制"选项，对组织单位下的所有域对象具备完全控制的权限。设置完成的参数如图 7-25 所示。

第 7 步，单击"下一步"按钮，打开"完成控制委派向导"对话框。单击"完成"按钮，完成用户权限委派，如图 7-26 所示。

7.3.2 权限测试

用户"demo"被委派"广州分公司"管理权限后，"demo"用户使用 Windows 7 操作系统，使用"Active Directory 用户和计算机"控制台管理域。

1. 非委派组织单位测试

"demo"登录后，通过"Active Directory 用户和计算机"选择"北京-总部"组织单位后，右侧窗口中右击鼠标，在弹出的快捷菜单中没有"新建"选项，只能查看 Active Directory

中的内容，不能修改删除该组织单位中的内容，如图 7-27 所示。

图 7-25　委派权限之六　　　　　　　　图 7-26　委派权限之七

图 7-27　非委派功能组织单位测试

2．委派的组织单位测试

"demo" 登录后，通过 "Active Directory 用户和计算机" 选择 "广州分公司" 组织单位后，右侧窗口中右击鼠标，在弹出的快捷菜单中支持所有功能，可以执行所有管理功能，如图 7-28 所示。

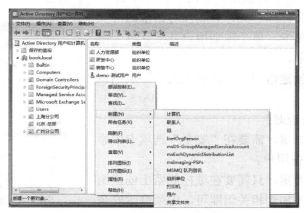

图 7-28　委派的组织单位测试

第 8 章　管理组

组是一批具有相同管理任务的用户账户、计算机账户或者其他域对象的集合，例如学校有英语教研组、数学教研组等，可以把教研组认为是 AD DS 域服务里的组，而老师可以认为是 AD DS 域服务里的一个对象。学校可以通过划分教研组管理各个科目老师的教学，AD DS 域服务根据划分好的组，对域对象进行统一管理。

8.1　组基本知识

同一个组中可以包含用户、计算机和其他嵌套组。使用组可以控制和管理用户、计算机等活动目录对象，及其属性、网络共享位置、文件、目录、打印机等共享资源的访问权限，还可以向一组用户发送电子邮件。为组命名时，组名在域中必须是唯一的。

8.1.1　组的作用

为什么要使用组？答案：方便管理。

1. 设置计算机文件或者文件夹的访问权限

计算机文件或者文件夹的访问权限，在文件或者文件夹属性对话框的"安全"选项卡中设置，如图 8-1 所示。"组或用户名"中可以添加对此文件夹具备管理、访问权限的用户或者组。

2. 访问示例

文件服务器中创建一个共享文件夹"Software"，要批量设置 N 个用户的访问权限。有两个设置方法：

- 通过计算机文件或者文件夹属性对话框的"安全"属性选项卡，单个添加用户并配置每个用户相应的权限。
- 域控制器中创建访问组，将相关人员添加到该组。

域管理员在做管理时：

- 选择第一种方案，需要在"安全"选项卡中添加并配置 N 位用户。
- 选择第二种方案，只需要在域控制器上创建用户账户时，添加到相关组即可，无须修改安全属性中的角色列表。

图 8-1　文件夹属性对话框

结果显而易见，应该选择第二种方式。尤其是有很多共享文件夹进行管理时，使用组管理的效率更高。使用组就是为了管理方便，用最少的工作获得最好的效果。

8.1.2　组类型

Windows Server 2012 的 AD DS 域服务中的组类型，分为安全组（Security Group）和通信组（Distribution Group）。

1. 安全组

顾名思义，安全组是用来设置有安全权限相关任务的用户或者计算机账户集合。安全组中的成员会自动继承其所属安全组的所有权限。使用安全组可以执行以下操作。

* 将用户权限分配给 AD DS 域服务中的安全组

将用户权限分配给安全组，以确定该组成员在作用域内可执行的操作。在安装 AD DS 域服务时会自动将用户权限分配给某些安全组，并定义用户在域中的管理角色。例如，添加到"备份操作员"组的用户能够备份和还原域中各个域控制器上的文件和目录。

* 将资源权限分配给安全组

资源权限确定可以访问共享资源的对象，并确定访问级别，例如"完全控制"权限，建议使用安全组来管理对共享资源的访问和权限。

* 发送电子邮件

安全组具有通信组的全部功能，也可用作电子邮件实体。当向安全组发送电子邮件时，会将邮件发给安全组的所有成员。

2. 通信组

顾名思义，通信组是用于用户之间通信的组，使用通信组可以向一组用户发送电子邮件，通信组典型应用是 Microsoft Exchange Server 中的用户组，可以向一组用户发送电子邮件。在 AD DS 域服务应用中，很少用到通信组。

8.1.3　组作用域

组根据其类型可以分为安全组（Security Group）和分布组（Distribution Group），根据其范围又可以分为全局组（Global Group）、域本地组（Domain Local Group）和通用组（Universal Group）。组的类型决定组可以管理哪些类型的任务，组的范围决定组的作用域。

1. 域本地组

域本地组主要用来设置访问权限，只能将同一个域内的资源指派给域本地组。

域本地组成员来自林中任何域中的用户账户、全局组和通用组以及本域中的域本地组，在本域范围内可用。域本地组只能访问本域内的资源，无法访问其他域内的资源。

微软建议域本地组使用规则：基于资源（共享文件夹、打印机等资源）规划。

2. 全局组

全局组用来组织用户，即将多个将被赋予相同权限的用户账户加入同一个全局组内。

全局组成员来自于同一域的用户账户和全局组，在林范围内可用。例如，如果在 book.local 域中创建的全局组，能添加到全局组中的用户账户只能是 book.local 域中的对象或者是其他可信任域中的全局组。

全局组可在本域和有信任关系的其他域中使用，体现的是全局性。微软建议使用规则：

基于组织结构、行政结构规划。

3. 通用组

通用组成员来自林中任何域中的用户账户、全局组和其他的通用组，在全林范围内可用。通用组可以从任何域中添加用户和组，可以嵌套于其他域组中。通用组不属于任何域，通常用于域间访问。通用组的成员可以访问在森林任何域里的资源。

通用组成员不是保存在各自的域控制器上，而是保存在全局编录服务器中，当发生变化时能够全林复制。因此，全局组适于林中跨域访问。

通用组可以访问林中任何一个域的资源，可以在任何一个域内设置通用组的权限。域中的用户在登录时，需要向全局编录服务器查询用户的通用组成员身份，所以在全局编录服务器不可用时，活动目录中的用户有可能不能正常访问网络资源。

4. 授权规则

域目录林中实现对于资源（可以是文件夹或打印机）的访问授权，推荐使用 "AGDLP"规则。即首先把用户账户（Account）加入到全局组（Global group），然后把全局组加入到域本地组（Domain Local group，可以是本域或其他域的域本地组），最后对域本地组进行授权（Permissions）。

8.1.4 常用组

域控制器提升完成后，默认创建多种类型的组，应用到不同的环境。常见组分为内置组（Builtin）、域组（Users）以及部分特殊账户组。

1. 内置组（Builtin）

内置组位于 "Builtin" 容器中，主要包括如表 8-1 所示的组。

表 8-1   内置组名称以及描述

组和账户名	说　明
Access Control Assistance Operators	此组的成员可以远程查询此计算机上资源的授权属性和权限
Account Operators	成员可以管理域用户和组账户
Administrators	该组可对所有域控制器以及存储在该域中的所有目录内容进行完全控制，同时它还可以更改该域所有管理组的成员资格，它是权限最高的服务管理组
Backup Operators	默认情况下，该内置组没有成员，它可以在域控制器上执行备份和恢复操作
Certificate Service DCOM Access	允许该组的成员连接到企业中的证书颁发机构
Cryptographic Operators	授权成员执行加密操作
Distributed COM Users	成员允许启动、激活和使用此计算机上的分布式 COM 对象
Event Log Readers	此组的成员可以从本地计算机中读取事件日志
Guests	按默认值，来宾跟用户组的成员有同等访问权，但来宾账户的限制更多
Hyper-V Administrators	此组的成员拥有对 Hyper-V 所有功能的完全且不受限制的访问权限
IIS_IUSRS	Internet 信息服务使用的内置组

续表

组和账户名	说　　明
Incoming Forest Trust Builders	此组的成员可以创建到此林的传入、单向信任
Network Configuration Operators	此组中的成员有部分管理权限来管理网络功能的配置
Performance Log Users	该组中的成员可以计划进行性能计数器日志记录、启用跟踪记录提供程序，以及在本地或通过远程访问此计算机来收集事件跟踪记录
Performance Monitor Users	此组的成员可以从本地和远程访问性能计数器数据
Power Users	包括高级用户可以向下兼容，高级用户拥有有限的管理权限
Pre-Windows 2000 Compatible Access	允许访问在域中所有用户和组的读取访问反向兼容组
Print Operators	成员可以管理域打印机
RDS Endpoint Servers	此组中的服务器运行虚拟机和主机会话，用户 RemoteApp 程序和个人虚拟桌面将在这些虚拟机和会话中运行，需要将此组填充到运行 RD 连接代理的服务器上，在部署中使用的 RD 会话主机服务器和 RD 虚拟化主机服务器需要位于此组中
RDS Management Servers	此组中的服务器可以在运行远程桌面服务的服务器上执行例程管理操作，需要将此组填充到远程桌面服务部署中的所有服务器上，必须将运行 RDS 中心管理服务的服务器包括到此组中
RDS Remote Access Servers	此组中的服务器使 RemoteApp 程序和个人虚拟桌面用户能够访问这些资源，在面向 Internet 的部署中，这些服务器通常部署在边缘网络中，需要将此组填充到运行 RD 连接代理的服务器上，在部署中使用的 RD 网关服务器和 RD Web 访问服务器需要位于此组中
Remote Desktop Users	此组中的成员被授予远程登录的权限
Remote Management Users	此组的成员可以通过管理协议（例如，通过 Windows 远程管理服务实现的 WS-Management）访问 WMI 资源，这仅适用于授予用户访问权限的 WMI 命名空间
Replicator	支持域中的文件复制
Server Operators	成员可以管理域服务器
Terminal Server License Servers	此组的成员可以使用有关许可证颁发的信息更新 Active Directory 中的用户账户，以进行跟踪和报告 TS 每用户 CAL 使用情况
Users	该组成员只拥有一些基本的权利，例如运行应用程序，不能更改系统设置，不能更改其他用户数据等操作，默认包括以下用户：Authenticated Users 和 Interactive
Windows Authorization Access Group	此组的成员可以访问 User 对象上经过计算的 tokenGroupsGlobalAndUniversal 属性

2. 内置域组

域组位于"Users"容器中，主要包括如表 8-2 所示的组。

表 8-2　　　　　　　　　　　　显示域组名称和描述信息

组和账户名	说　　明
Allowed RODC Password Replication Group	允许将此组中成员的密码复制到域中的所有只读域控制器

续表

组和账户名	说　明
Cloneable Domain Controllers	可以克隆此组中作为域控制器的成员
Denied RODC Password Replication Group	不允许将此组中成员的密码复制到域中的所有只读域控制器
Domain Admins	该组被自动添加到林中每个域计算机的 Administrators 组中，该组可对所有域控制器以及存储在该域中的所有目录内容进行完全控制，同时还可以改变该域所有管理账户的成员资格，在域内的每一天计算机中具备管理员的权限，默认成员是 Administrator
Domain Users	域成员计算机自动将此组添加到本地组 Users 组中，该组中的用户具备本地组 Users 所拥有的权限和权利，该组默认成员是域 用户 administrator，以后所有添加的域用户账户都自动隶属于该组
Domain Computers	所有加入域的计算机会默认添加到该组中
Domain Controllers	所有域控制器默认添加到该组中
Domain Guests	域成员计算机会自动将此组加入到本地组 Guests，此组默认成员是域用户账户 Guest
Enterprise Admins	该组拥有对 Active Directory 架构的完全管理权限
Enterprise Read-only Domain Controllers	该组的成员是企业中的只读域控制器
Group Policy Creator Owners	这个组中的成员可以修改域的组策略
Read-only Domain Controllers	此组中的成员是域中只读域控制器
Schema Admins	该组拥有对 Active Directory 架构的完全管理权限

3. 特殊用户组

表 8-3　　　　　　　　　　　　　　　域中常见的特殊用户组

组和账户名	说　明
Everyone	任何一个用户都隶属于该组
Authenticated Users	任何通过身份验证的用户都隶属于该组
Interactive	任何在本地登录的用户（使用 Ctrl+Alt+Del 组合键登录）都隶属于该组
Network	任何通过网络登录的用户都属于该组
Dialup	任何使用拨号方式连接的用户都隶属于该组
Anonymous Logon	任何未使用有效账户登录的用户都隶属于该组
System	该组拥有自通知最高权限，系统和系统级别的服务都依赖 System 赋予的权限，System 组只有一个用户"System"，不允许其他任何用户加入
Creator Owner	文件夹、文件或打印文件等资源的创建者，如果创建者属于"Administrators"组成员，则 Creator Owner 为"Administrators"组

8.2　组日常管理

组可以包含用户、计算机、联系人、组以及其他对象，就像一个小的仓库，仅存储需要的事物。既然是一个小仓库，就需要进行管理，下面介绍常见的组管理任务。

8.2.1　创建组

创建"本地域组"、"安全组"以及"通用组"操作过程完全相同，以创建"全局组"为例说明。注意，全局组和域本地组在当前域中必须是唯一的；通用组，必须在整个林里是唯一的。由于全局编录服务器（GC）中不仅包含通用组，还包含有通用组的成员信息，因此每次对通用的修改（成员增加、删除、修改）都会引发域组复制流量。所以通用组的成员不要经常频繁地发生变化，否则会带来大量的复制流量。

1．Active Directory 用户和计算机

第 1 步，打开"Active Directory 用户和计算机"控制台，选择需要创建组的组织单位，右击组织单位，在弹出的快捷菜单中选择"新建"选项，在弹出的级联菜单中选择"组"命令，如图 8-2 所示。

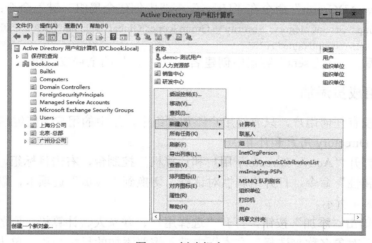

图 8-2　创建组之一

第 2 步，命令执行后，打开"新建对象-组"对话框，在"组名"文本框中，键入组在当前域中唯一名称。在"组作用域"区域中，选择"全局"选项。在"组类型"区域中，选择"安全组"选项。单击"确定"按钮，创建新组。设置完成的参数如图 8-3 所示。

图 8-3　创建组之二

2. DS 命令组

使用"Dsadd group"命令组在"Users"容器中创建全局组。在命令行提示符下，键入如下命令。

```
dsadd group cn=HRR,cn=users,dc=book,dc=local
```

命令执行后，在"Users"容器中创建名称为"Hrr"的全局安全组。

键入以下命令创建名称为"HRR"通用组。

```
dsadd group cn=HRR,cn=users,dc=book,dc=local -scope u
```

Scope 参数说明如下。

- L：本地域组。
- g：全局组。
- u：通用组。

3. PowerShell 命令组

使用"New-ADGroup"命令在"Users"容器中创建全局组。键入命令：

```
New-ADGroup -GroupCategory:"Security" -GroupScope:"Global" -Name:"HRR" -Path:"CN=Users,DC=book,DC=local" -SamAccountName:"HRR"
```

命令执行后，在"Users"容器中创建名称为"Hrr"的全局安全组。

8.2.2 组成员添加

新建组中没有任何用户，只有将用户添加到组中，组中的用户才能继承赋予的权限。

1. Active Directory 用户和计算机

第 1 步，打开"Active Directory 用户和计算机"控制台，右击目标组，在弹出的快捷菜单中选择"属性"命令，打开组属性对话框，切换到"成员"选项卡，默认组中没有任何用户，如图 8-4 所示。

第 2 步，单击"添加"按钮，打开"选择用户、联系人、计算机、服务账户或组"对话框，在"输入对象名称来选择"文本框中键入需要添加的目标名称，单击"检查名称"按钮，检查键入的域对象是否为合法的身份。验证通过后，以下划线标注，如图 8-5 所示。

图 8-4　组成员添加之一

图 8-5　组成员添加之二

第 3 步，单击"确定"按钮，关闭"选择用户、联系人、计算机、服务账户或组"对话框，返回到组属性对话框，在"成员"列表中显示添加的成员，如图 8-6 所示。单击"确定"按钮，完成成员用户的添加。

图 8-6　"新闻记者组属性"对话框

第 4 步，如果要删除组成员，"成员"列表中选择目标用户后，单击"删除"按钮，选择"应用"或者"确定"后即可删除组成员。

2. DS 命令组

使用"dsmod group"命令给目标组添加组成员。在命令行提示符下，键入如下命令：

dsmod group "CN=HRR,CN=Users,DC=book,DC=local" -addmbr "CN=王淑江,CN=Users,DC=book,DC=local"

命令执行后，将用户"王淑江"添加到"HRR"组中。

删除组的成员，使用"-rmmbr"参数。

dsmod group "CN=HRR,CN=Users,DC=book,DC=local" -rmmbr "CN=王淑江,CN=Users,DC=book,DC=local"

命令执行后，将用户"王淑江"从"HRR"组中删除。

3. PowerShell 命令组

使用"Set-ADGroup"命令给目标组添加成员。键入命令：

Set-ADGroup -Identity HRR -Add:@{'Member'="CN=王淑江,CN=Users,DC=book,DC=local"}

命令执行后，将用户"王淑江"添加到"HRR"组中。

删除组的成员，使用"-Remove"参数。

Set-ADGroup -Identity HRR -remove:@{'Member'="CN=王淑江,CN=Users,DC=book,DC=local"}

命令执行后，将用户"王淑江"从"HRR"组中删除。

8.2.3　删除组

在删除组之前，确认组是否真的需要删除，是否在其他应用中使用该组。

1. Active Directory 用户和计算机

打开"Active Directory 用户和计算机"控制台，右击目标组，在弹出的快捷菜单中选择"删除"命令，命令执行后，打开"Active Directory 域服务"对话框，单击"是"按钮，将删除选择的组，如图 8-7 所示。

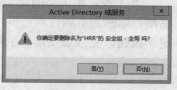

图 8-7　删除组

2. DS 命令组

使用"dsrm"命令删除目标组。在命令行提示符下，键入如下命令。

```
dsrm CN=hrr,CN=Users,DC=book,DC=local
```

命令执行后，根据提示信息确认是否要删除目标组。选择"是"回车后，删除目标组。

3. PowerShell 命令组

使用"Remove-ADGroup"命令删除目标组。键入命令：

```
Remove-ADGroup -Identity hrr
```

命令执行后，根据提示信息确认是否要删除目标组。选择"是"回车后，删除目标组。

8.2.4　重命名组

更新组的名称。

1. Active Directory 用户和计算机

打开"Active Directory 用户和计算机"控制台，右击目标组，在弹出的快捷菜单中选择"重命名"命令，命令执行后，高亮显示选择的组，组处于可编辑状态，直接更改组名称即可。

更改完成，按下"Enter"键，打开"重命名组"对话框，根据组需要进一步调整组信息。单击"确定"按钮，成功更改组名。设置完成的参数如图 8-8 所示。

图 8-8　重命名组

2. DS 命令组

使用"dsmove"命令重命名已有组。在命令行提示符下，键入如下命令。

```
dsmove CN=hrr,CN=Users,DC=book,DC=local -newname TestHRR
```

命令执行后，重命名组"hrr"为"TestHRR"。

3. PowerShell 命令组

使用"Rename-ADObject"命令重命名已有组。键入以下命令。

```
Rename-ADObject -Identity:"CN=HRR,CN=Users,DC=book,DC=local" -NewName:"TestHRR"
```

命令执行后，重命名组"hrr"为"TestHRR"。

8.2.5　移动组

移动组，将组从一个组织单位移动到其他的组织单位。

1. Active Directory 用户和计算机

打开"Active Directory 用户和计算机"控制台，右击目标组，在弹出的快捷菜单中选择"移动组"命令，命令执行后，打开"移动"对话框，如图 8-9 所示。在"将对象移到容器"列表中，选择目标位置，单击"确定"按钮，即可将选择的组移动到目标位置，该组中的成员没有变化。

图 8-9　移动组对话框

2．DS 命令组

使用"dsmove"命令将"HRR"组从一个组织单位移动到其他组织单位，在命令行提示符下，键入如下命令。

```
dsmove CN=HRR,OU=demo,DC=book,DC=local -newparent cn=users,dc=book,dc=local
```

命令执行后，将组"HRR"移动到"Users"容器中。

3．PowerShell 命令组

使用"Move-ADObject"命令将用户移动到新组织单位。键入命令：

```
Move-ADObject -Identity:"CN=HRR,CN=demo,DC=book,DC=local"  -TargetPath:"OU=Users,DC=book,DC=local"
```

命令执行后，将组"HRR"移动到"Users"容器中。

8.2.6　嵌套组

组嵌套，一个组是另外一个组的子集，即一个组包容其他的组。嵌套组可以包容多个组，如果包容的组包含其他组，则权限继承到包含的组中。本例中已经创建名称为"HR"、"Office"的组，将"HR"组嵌套到"Office"组中。

1．Active Directory 用户和计算机

第 1 步，打开"Active Directory 用户和计算机"控制台，右击"Office"组，在弹出的快捷菜单中选择"属性"命令，打开组属性对话框，切换到"成员"选项卡，默认组中没有任何用户，如图 8-10 所示。

图 8-10　组成员添加之一

第 2 步，单击"添加"按钮，打开"选择用户、联系人、计算机、服务账户或组"对话框，在"输入对象名称来选择"文本框中键入需要添加的组，单击"检查名称"按钮，检查键入的组是否为合法组。验证通过后，以下划线标注，如图 8-11 所示。

第 3 步,单击"确定"按钮,关闭"选择用户、联系人、计算机、服务账户或组"对话框,返回到组属性对话框,在"成员"列表中显示添加的组,如图 8-12 所示。单击"确定"按钮,完成嵌套组设置。

图 8-11　组成员添加之二　　　　　　　　图 8-12　组成员添加之三

2. DS 命令组

使用"dsmod group"命令完成嵌套组设置。在命令行提示符下,键入如下命令。

```
dsmod group "CN=office,CN=Users,DC=book,DC=local" -addmbr "CN=hr,CN=Users,DC=book,DC=local"
```

命令执行后,将"HR"组添加到"Office"组中。如果要删除"HR"组,参数设置为"-remove"。

3. PowerShell 命令组

使用"Add-ADPrincipalGroupMembership"命令完成嵌套组设置。键入如下命令。

```
Add-ADPrincipalGroupMembership  -Identity:"CN=Office,CN=Users,DC=book,DC=local"  -MemberOf:"CN=HR,CN=Users,DC=book,DC=local"
```

命令执行后,将将"HR"组添加到"Office"组中。

8.2.7　更改组作用域

组作用域包含本地域组、全局组以及安全组,组作用域之间可以相互转换。如果要更改组作用域,必须是"Account Operators"组、"Domain Admins"组或"Enterprise Admins"组成员,或者被委派适当的权限。Windows Server 2012 域功能级别设置为 Windows Server 2003 或者更高。

本例以 Windows Server 2012 域功能级别下的全局组转换为通用组为例说明作用域之间的转换,转换关系如下。

- 全局组→通信组
- 通信组→全局组
- 通信组→本地域组
- 本地域组→通用组

1. Active Directory 用户和计算机

打开"Active Directory 用户和计算机"控制台，打开组属性对话框，如图 8-13 所示。默认设置为"全局"组。

"组作用域"区域选择"通用"选项，单击"确定"按钮，即可将选择的组从"全局"转换为"通用"组。注意，全局组不能将通用组作为成员。否则，将出现以下提示，如图 8-14 所示。

图 8-13　更改组作用域之一

图 8-14　更改组作用域之二

2. DS 命令组

使用"dsmod group"命令将"HR"组（全局组）更改为"通用组"。在命令行提示符下，键入如下命令。

```
dsmod group CN=HR,CN=Users,DC=book,DC=local -scope u
```

命令执行后，将组更改为"通用组"。

3. PowerShell 命令组

使用"Set-ADGroup"命令将"HR"组（全局组）更改为"通用组"。键入命令：

```
Set-ADGroup -GroupScope:"Universal" -Identity:"CN=HR,CN=Users,DC=book,DC=local"
```

命令执行后，将组更改为"通用组"。

8.2.8　确认组成员关系

当组之间形成嵌套关系之后，由于继承关系，组织间的关系变得十分复杂，清晰地了解组之间的关系对管理十分有益。

1. Active Directory 用户和计算机

打开"Active Directory 用户和计算机"控制台，打开目标组属性后，切换到"成员"选项卡，显示当前组所有成员，如图 8-15 所示。

2. DS 命令组

使用 DS 命令组查询组之间嵌套关系。

在命令行提示符下，键入如下命令，查询"Office"组中所有成员。

> dsget group cn=office,cn=users,dc=book,dc=local –members

键入如下命令，查询"test"组属于哪个组。

> dsget group cn=office,cn=users,dc=book,dc=local –memberof

命令执行后，显示组之间的关系，如图 8-16 所示。

图 8-15　"成员"选项卡　　　　　　　图 8-16　查询组之间关系

8.3　组 AGDLP 应用

8.3.1　组应用原则

域目录林中实现对于资源（可以是文件夹或打印机）的访问授权，推荐使用"AGDLP"规则。

1．AGDLP 原则

如果全局组在同一个域内，首先把用户账户（Account）加入到全局组（Global group），然后把全局组加入到域本地组（Domain Local group，可以是本域或其他域的域本地组），最后，对于域本地组进行授权（Permissions）。

2．AGGDLP 原则

如果全局组在同一个域内，首先把用户账户加入到全局组，再将全局组加入到另外一个全局组，然后把全局组加入到域本地组，最后，对于域本地组进行授权。

3．AGUDLP 原则

如果全局组不在同一个域内，首先把用户账户加入到全局组，再将全局组加入到通用组，然后把全局组加入到域本地组，最后，对于域本地组进行授权。

4．AGGUDLP 原则

如果全局组不在同一个域内，首先把用户账户加入到全局组，再将全局组加入到另外一个全局组，再将全局组加入到通用组，然后把全局组加入到域本地组，最后，对于域本地组进行授权。

8.3.2　应用场景规划

根据"AGDLP"原则，规划如下。

- 创建"全局组"：全局域文件服务器共享组。
- 用户账户加入到"全局组"：用户"demo"添加到"全局域文件服务器共享组"。
- 创建"本地域组"：本地用户授权组。
- "全局组"加入到"本地域组"："全局域文件服务器共享组"加入到"本地用户授权组"。
- 授予"本地用户授权组"访问"Software"文件夹的权限。

8.3.3　全局组操作

1．创建全局组

打开"Active Directory 用户和计算机"控制台，选择目标组织单位或者容器，创建"全局域文件服务器共享组"，设置完成的组如图 8-17 所示。

2．用户添加到全局组

将用户添加到新建的全局组"全局域文件服务器共享组"，设置完成的参数如图 8-18 所示。

图 8-17　创建全局组

图 8-18　设置用户属性

8.3.4　域本地组操作

1．创建本地域组

创建名称为"本地用户授权组"的域本地组，设置完成的参数如图 8-19 所示。

2．全局组添加到本地域组

将本地域组"全局域文件服务器共享组"添加到"本地用户授权组"中，设置完成的参数如图 8-20 所示。

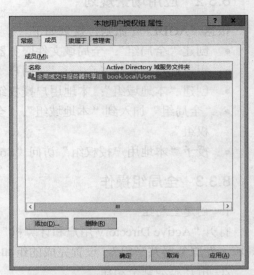

图 8-19　创建本地域组　　　　　　　　图 8-20　设置本地域组成员

8.3.5　文件访问授权

授予"本地用户授权组"访问"Software"文件夹的权限，设置参数如图 8-21 所示。

图 8-21　授予文件夹访问权限

第 9 章　管理域计算机

计算机不但包括运行 Windows 客户端操作系统的个人电脑（PC），还包括运行服务器操作系统的服务器或者域控制器。每台计算机都是一个唯一独立的个体，因此对计算机管理有特殊要求。网络中计算机名称必须唯一，否则将发生冲突。计算机加入域后，只能使用一个计算机账户，而一个计算机账户可关联多个域用户账户，用户可以在不同的计算机（指已经连接到域中的计算机）上使用自己账户登录。在域中存在计算机账户，说明这台计算机是域成员，将受到"域组策略"——"计算机配置"的限制。本节详解域中计算机的相关管理。

9.1　计算机类型

作为域管理员应该了解普通计算机（没有加入到活动目录）和域内计算机的区别，本书中计算机不是指可见的计算机硬件设备，指的是逻辑计算机，是一种标识，是安装 Windows 操作系统后的计算机环境。因此需要了解两种环境中计算机的区别。

9.1.1　计算机名称命名方法

在不同的运行环境中，同一台物理计算机的计算机命名方法不同。

- 工作组环境中，使用计算机名。例如计算机名称为 xp。
- 域环境中，使用的是 DNS 名称。例如计算机名称为 xp.book.com，域名为 book.com。

9.1.2　普通计算机

普通计算机：非域内计算机，安装完操作系统后的计算机环境。

1. 安装过程中定义计算机名称

安装 Windows 操作系统（Windows XP/7/8，Windows Server 2000/2003/2008/2008R2/2012）过程中，都会显示一个窗口需要安装者定义计算机名称，如图 9-1 所示（以安装 Windows 8 操作系统为例）。"电脑名称"文本框定义计算机名称。例如本例中定义运行 Windows 8 操作系统的计算机名称为"Windows8Client001"，长度为 17 位。

图 9-1　定义计算机名称

单击"下一步"按钮，显示如图 9-2 所示窗口。提示"电脑名太长或包含无效字符"。

图 9-2　计算机名称定义无效

更改计算机名称为"Windows8Client1"，名称长度为 15 位，提示"你以后可以在控制面板中更改电脑名称"，新定义的计算机名称有效。因此需要注意。计算机名称不能超过 15 个字符。同时计算机名称中不能包括特殊符号，例如"$"。单击"下一步"按钮，继续安装操作系统，如图 9-3 所示。

图 9-3　重新定义计算机名称

2．查看定义的计算机名称

操作系统安装完成后，以本地管理员登录计算机。打开"MSDOS 命令行"窗口，运行"hostname"命令查看当前计算机名称，如图 9-4 所示。Windows 操作系统安装完成后，默认隶属于工作组。

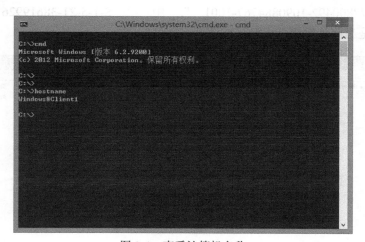

图 9-4　查看计算机名称

或者打开"控制面板"，选择"系统"选项，打开"系统"窗口，如图 9-5 所示。"计算机名、域和工作组设置"显示当前计算机名等信息，当前计算机隶属于"WORKGROUP"工作组。详细信息如下。

- 计算机名：Windows8Client1。
- 计算机全名：Windows8Client1。
- 计算机描述：空。

● 工作组：WORKGROUP。

图 9-5 GUI 模式查看计算机名称

3. 查看普通计算机的 SID

运行注册表编辑器 "regedit.exe"，打开 "HKEY_USERS" 子项，其中 "S-1-5-21-3861992616-1877800492-1090884767-1001" 中 "S-1-5-21-3861992616-1877800492-1090884767" 是当前计算机的 SID，如图 9-6 所示。

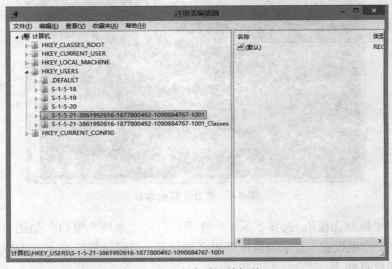

图 9-6 注册表查看计算机的 SID

或者通过 "whoami /user" 命令查看当前登录用户的 SID，其中最后一个 "-" 符号之前的所有数据表示当前计算机的 SID，如图 9-7 所示。

图 9-7　命令查看计算机的 SID

4. 重命名计算机

单击"更改设置"超链接，打开"系统属性"对话框，如图 9-8 所示。单击"更改"按钮，显示如图 9-9 所示的"计算机名/域更改"对话框。"计算机名"文本框中重新设置计算机名称为"Client001"，单击多次"确定"按钮，重新启动计算机后完成计算机名称更改。

图 9-8　重命名计算机之一

图 9-9　重命名计算机之二

更改计算机名称过程中，如果设置计算机名称长度超过 15 个字符，显示如图 9-10 所示的对话框。提示计算机的 NetBIOS 名称仅限于 15 字节，名称超长将自动截断。注意，在 Windows XP/7 操作系统中允许管理员设置超长的计算机名称。但是在加域过程中将自动截断超长的字符。

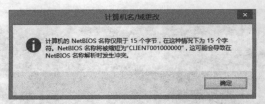

图 9-10　错误信息

9.1.3　域内计算机

计算机（Client0001）加域（book.com）后，原工作组环境的计算机名被重新定义为 DNS 的 FQDN 名称（Client0001.book.com），域内计算机名称添加到 DNS 数据库中。

1.　登录变化

客户端计算机成功加域后，以域用户身份登录，本例中以域管理员身份登录，如图 9-11 所示。

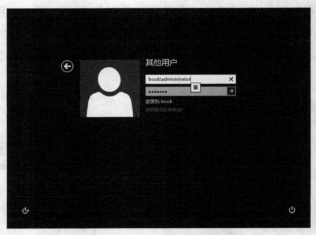

图 9-11　域用户登录

2.　计算机名称变化

计算机加域后，工作组环境的计算机被重命名，以 DNS 名称显示，例如"工作组"中的计算机名称为"Client0001"，加域后的计算机名称为"Client0001.book.com"。

打开"控制面板"，选择"系统"选项，打开"系统"窗口，如图 9-12 所示。详细信息如下。

- 计算机名：Client0001。
- 计算机全名：Client0001.book.com。
- 域：book.com。

3.　"Active Directory 用户和计算机"查看计算机名称

打开"Active Directory 用户和计算机"控制台，选择"Computers"容器，显示成功加域的计算机（客户端计算机和成员服务器），注意类型为"计算机"，如图 9-13 所示。

图 9-12　GUI 模式查看计算机名称

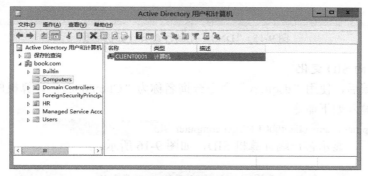

图 9-13　查看"Computers"容器

如果加域后的计算机提升域控制器，则显示在"Domain Controllers"容器中，如图 9-14 所示。

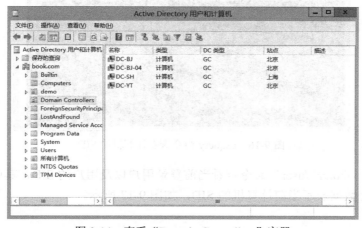

图 9-14　查看"Domain Controllers"容器

4. "DNS"控制台查看计算机名称

打开"DNS"控制台,选择"正向查找区域"→"book.com",右侧主机列表中,显示客户端计算机的 DNS 名称,如图 9-15 所示。

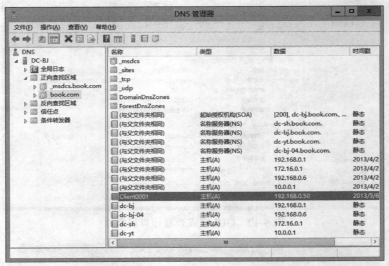

图 9-15 "DNS"控制台查看计算机名称

5. 计算机的 SID 变化

计算机加域后,使用"dsquery"命令查询名称为"Client0001"计算机的 SID。在命令行提示符下,键入如下命令。

```
dsquery computer -name client0001 | dsget computer -sid
```

命令执行后,显示客户端计算机 SID,如图 9-16 所示。

图 9-16 dsquery 命令查看计算机的 SID

或者通过"whoami /user"命令查看当前登录用户以及用户的 SID,其中最后一个"-"符号之前的所有数据表示当前计算机的 SID,如图 9-17 所示。

图 9-17　whoami 命令查看计算机的 SID

6. Ping 命令解析计算机名称

计算机加入域后，通过"Ping"命令解析计算机名称，如图 9-18 所示。

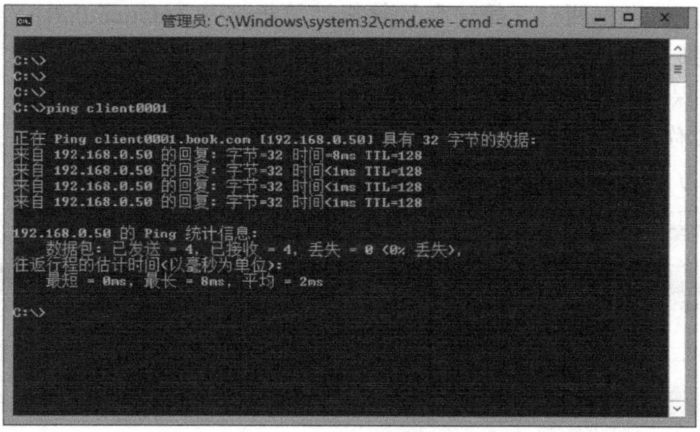

图 9-18　解析计算机名称

9.2　计算机名命名原则

网络中计算机名表示一台计算机在网络中的身份，因此一台计算机在网络中只能存在一个计算机账户，合理规划计算机名对网络管理十分重要。

9.2.1　命名原则

规划计算机名时，建议遵循以下原则。

- 计算机名的长度不要超过 128 个字符，不能含有空格或下述的任意专用字符: ; : " < > * + = \ | ?。
- 如果计算机是专属于一个人使用，则以此人名字的完整拼音字母命名计算机，例如计算机是"王淑江"使用，则命名为 Wangshujiang。
- 如果一台计算机是多人使用，则以部门名称命名。例如，财务部只有一台计算机，有 10 人使用，则该计算机命名为 Caiwubu。

- 如果一个部门中有多台计算机，命名时以部门简写开始同时添加计算机使用者，例如财务部中的用户王淑江使用的计算机，则命名为 CWB-wangshujiang。
- 计算机命名时，建议不要使用中文。注意，Windows 系统支持中文计算机名。
- 重命名计算机名时，如果计算机名超过 15 个字符，Netbios 名称将自动截断并保存前 15 个字符。
- 如果计算机名称超过 15 个字符，例如 CWB-wangshujiang，建议部门后的用户名称以简写或者统一方式命名，例如 CWB-Wangsj。
- 遵循上述原则后仍然出现计算机名重复，建议在计算机名后添加序号标识，例如 CWB-Wangsj01。

9.2.2 计算机名唯一性

连接到网络的每台计算机都应有唯一名称，Windows 网络通过"计算机名"识别连接到网络中计算机。如果将两台（第一台计算机计算机名称为 Client0001，第二台名称相同）同名计算机加入到 Active Directory 中，后连接的计算机将自动更新 DNS 中的 FQDN 名称，DNS 数据库中只保留后加入域的主机记录（A 记录）。

1. 第一台名称为"Client0001"的计算机

第一台名称为"Client0001"的计算机，IP 地址设置为"192.168.0.50/24"，通过 DNS 控制台查看创建的主机记录，如图 9-19 所示。

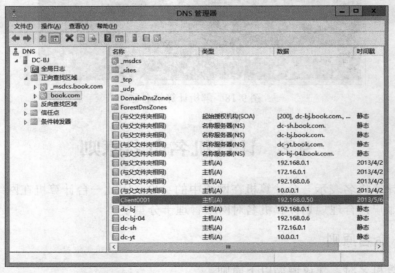

图 9-19 第一台名称为"Client0001"的计算机主机记录

2. 第二台名称为"Client0001"的计算机

第二台名称为"Client0001"的计算机 IP 地址设置为"192.168.0.51/24"，执行加入域操作，执行过程中没有任何错误，加域完成后第二台名称为"Client0001"的计算机将自动更新 DNS 数据库中的主机记录，更新结果如图 9-20 所示。

图 9-20 第二台名称为"Client0001"的计算机主机记录

3. 第二台名称为"Client0001"的计算机访问域控制器

第二台名称为"Client0001"的计算机访问域控制器,"文件资源管理器"中输入域控制器 IP 地址 "//192.168.0.1",访问结果如图 9-21 所示。

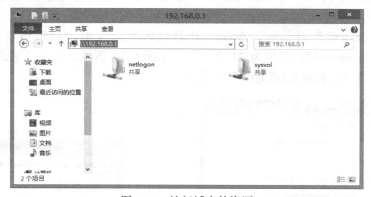

图 9-21 访问域中的资源

4. 第一台名称为"Client0001"的计算机访问域控制器

第一台名称为"Client0001"的计算机访问域控制器,重新启动后登录域,显示"此工作站和主域之间的信任关系失败",如图 9-22 所示。第一台名称为"Client0001"的计算机不能登录域,无法访问域中的资源。解决该问题的最佳方法:

- 第 1 步,以本地管理员登录,执行降域操作;
- 第 2 步,更改计算机名称;
- 第 3 步,将该计算机重新加域。

5. 小结

由上述测试结果得知,虽然同名计算机可以加入到域中,但是会修改 DNS 数据库中的主机记录,只有最后一台加域的同名计算机能够正常访问域中的资源,因此域环境中保证计算机名称唯一性是重要的基础管理工作。

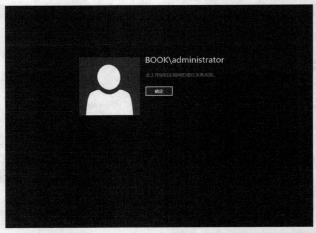

图 9-22　第一台名称为"Client0001"的计算机不能登录域

9.2.3　NetBIOS 名称

1. 工作组环境中的 Netbios 名称

工作组环境中计算机名称如果超过 15 个字符，系统自动取其前 15 个字符作为计算机 Netbios 名称。

打开"系统属性"对话框，单击"计算机名"选项卡，显示当前计算机全名为 "wangshujiang-windows8"，长度为 21 个字符，如图 9-23 所示。单击"更改"按钮，显示 如图 9-24 所示的"计算机名/域更改"对话框。

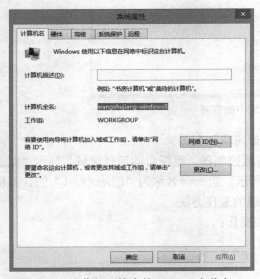

图 9-23　工作组环境中的 Netbios 名称之一

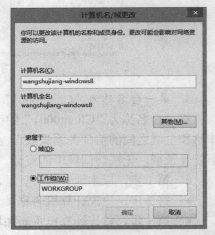

图 9-24　工作组环境中的 Netbios 名称之二

单击"其他"按钮，显示如图 9-25 所示的"DNS 后缀和 NetBIOS 计算机名"对话框，工作组环境中计算机的 DNS 后缀为空。"NetBIOS 计算机名"文本框中显示的是计算机全名（wangshujiang-windows8）截断后的结果（WANGSHUJIANG-WI），长度为 15 个字符。

图 9-25　工作组环境中的 Netbios 名称之三

2．域环境中的 Netbios 名称

名称为"wangshujiang-windows8"的计算机加域时出现如图 9-26 所示的提示，将自动截断原计算机名称，注意截断后仅保留前 15 个字符。

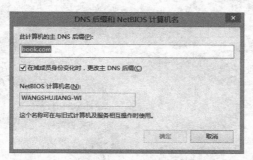

图 9-26　域环境中的 Netbios 名称更改之一

加域成功后，重新登录域，查看 NetBIOS 名称，如图 9-27 所示。

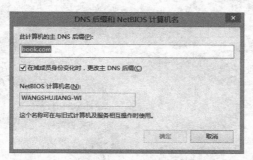

图 9-27　域环境中的 Netbios 名称更改之二

打开"Active Directory 用户和计算机"控制台，选择"Computers"容器，显示成功加域的客户端计算机，计算机名称为"WANGSHUJIANG-WI"，而不是"wangshujiang-windows8"，如图 9-28 所示。

3．小结

由上述测试结果得知，计算机名称超过 15 个字符后超长部分将自动截断，因此在规划计算机名称时，注意不要超过 15 个字符，否则截断后的计算机名称将出现同名状况。

图 9-28　域环境中的 Netbios 名称更改之三

9.2.4　加域后的计算机重命名

客户端计算机已经加入到域中，由于管理需要更改计算机名称。Active Directory 中支持域中的计算机更名操作，前提是只有域管理员具备重命名域中计算机的权限，普通用户不具备该权限。

1. 普通用户登录

Active Directory 中每个域用户都具备 10 次将计算机添加到域的权限，本例中以普通域用户"book\wsj"登录运行 Windows 8 的客户端计算机，登录信息如图 9-29 所示。

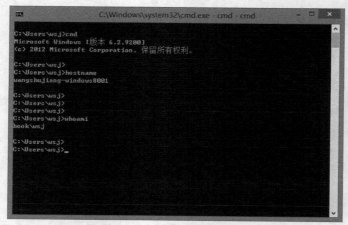

图 9-29　普通用户更改域内计算机名称之一

域用户"book\wsj"添加到本地管理组"administrators"中，如图 9-30 所示。

如果域用户"book\wsj"没有添加到本地管理组"administrators"中，打开"系统属性"对话框，单击"更改设置"超链接，显示如图 9-31 所示的"用户账户控制"对话框。需要提升加域用户的权限。提升成功后，后台使用管理员的权限操作。

域用户"book\wsj"权限提升成功后，打开"计算机名/域更改"对话框，原计算机信息如图 9-32 所示。新计算机名称设置为"Client0001"，如图 9-33 所示。

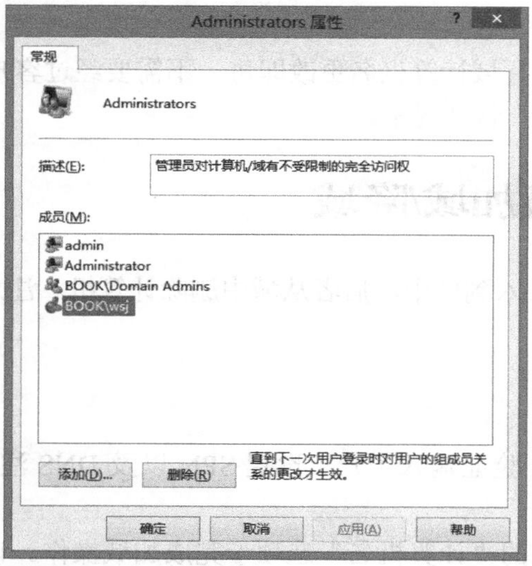

图 9-30　普通用户更改域内计算机名称之二　　　　图 9-31　普通用户更改域内计算机名称之三

图 9-32　普通用户更改域内计算机名称之四 　　　　图 9-33　普通用户更改域内计算机名称之五

单击"确定"按钮，显示如图 9-34 所示的"Windows 安全"对话框，提示需要输入具备重命名权限的用户名和密码，在域中只有域管理员才具备重命名计算机的权限。键入域管理员用户名和密码后，单击"确定"按钮，根据提示重新启动计算机即可。

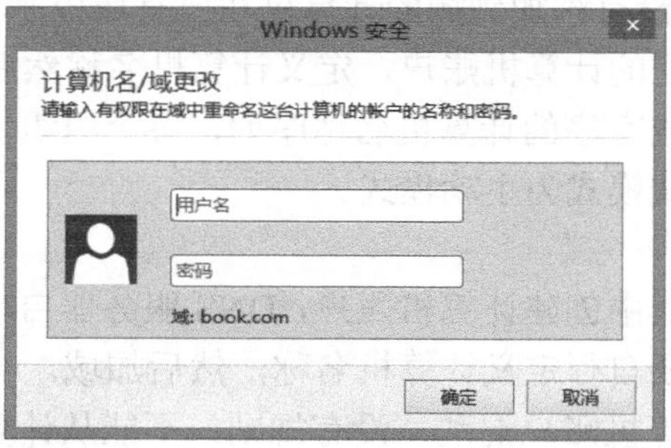

图 9-34　普通用户更改域内计算机名称之六

2. 域管理员登录

如果以域管理员身份登录计算机，直接进行域计算机名更改即可，不需要经过客户端计算机的"用户账户控制"和"Windows 安全"认证提示。

9.3　计算机加域/降域

加域/降域是一个逆过程。前者将计算机加入到域中，后者从域中删除计算机。注意，这里计算机指的是计算机账户。

9.3.1　客户端加域过程

客户端加域过程分为 4 部分：加域操作、验证输入用户、设置 SPN 以及 DNS 注册。

1. 第一部分：加域操作

通过"我的电脑"或者"计算机"属性中的"计算机名"选项卡完成加域操作。该过程中：

- 客户端计算机将资源服务请求（SRV）发送到 DNS 服务器，获取域控制器列表。
- 客户端计算机选择一个域控制器，然后发送加域请求到域控制器。

2. 第二部分：域控制器验证加域用户

域控制器接收到客户端计算机输入具备将计算机加入域权限的用户后：

- 域控制器中的 Kerberos 验证输入的用户和密码。如果正确，创建 SMB 连接，将客户端计算机连接到"\\域控制器\IPC$"。
- 客户端计算机中"Netlogon"服务发送客户端信息到域控制器，查询是否存在同名计算机名称。如果没有注册，"Netlogon"服务在域中注册计算机名称。

3. 第三部分：域控制器为客户端计算机设置 SPN 后缀

4. 第四部分：域中注册 SPN 客户端计算机，注册 A 记录到 DNS 服务器

9.3.2　计算机账户生成模式

企业管理中，域管理员可以通过两种模式管理域中的计算机账户：主动模式和被动模式。两种工作模式相对客户端计算机进行定义。

1. 主动模式

使用"Active Directory 管理中心"、"Active Directory 用户和计算机"、"DS 命令组"或者"PowerShell 命令"，为没有添加到域的计算机在已有域控制器中事先创建计算机账户，然后客户端计算机根据分配的计算机账户，定义计算机名称然后添加到域。

主动模式的结果：形成有序的计算机名称序列，各个组织单位中的计算机账户结构清晰。从域控制器发起的加域模式为主动模式。

2. 被动模式

域管理员不在域控制器中创建计算机账户，DNS 服务器启动"允许 SRV 动态更新"功能，客户端计算机根据需要自行定义计算机名称，然后加域。

被动模式的结果：计算机账户混乱，没有规则，不能从计算机账户名称中简单、直观地分辨计算机所属部门或者组织单位。从客户端计算机发起的加域模式为被动模式。

本节中介绍的加域模式为被动模式。

9.3.3　验证客户端与域控制器之间的连通性

以本地管理员身份登录，使用"ipconfig"命令查看客户端的网络参数设置，如图 9-35 所示。

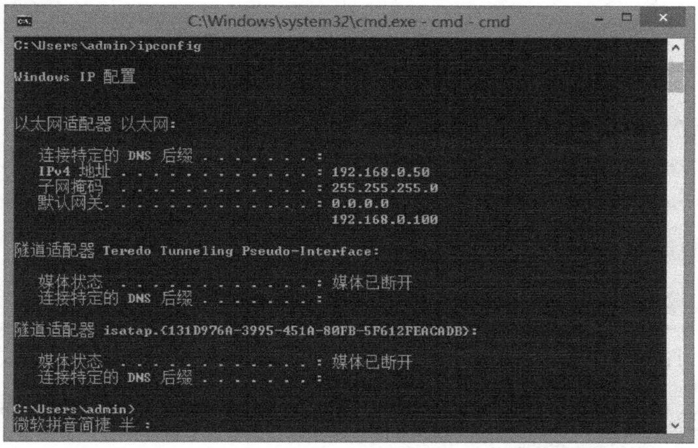

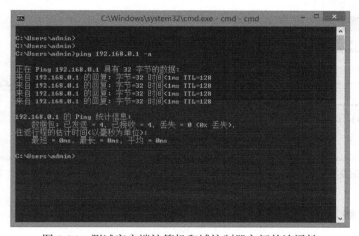

图 9-35　"ipconfig"命令查看客户端的网络参数设置

使用"ping"命令测试客户端计算机和域控制器之间的连通性，如图 9-36 所示。

图 9-36　测试客户端计算机和域控制器之间的连通性

9.3.4　在线加域方法之一

以 Windows 8 客户端计算机为例。

第 1 步，以本地管理员身份登录，打开"计算机"属性对话框，如图 9-37 所示。

第 2 步，单击"更改"按钮，显示"计算机名/域更改"对话框。在"隶属于"分组区域中，选择"域"选项，在"域"文本框中键入域名，例如 book.com，如图 9-38 所示。

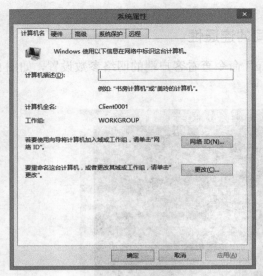

图 9-37 加域之一

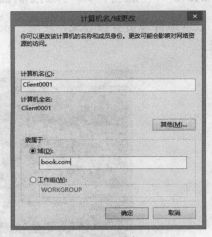

图 9-38 加域之二

第 3 步，单击"确定"按钮，显示如图 9-39 所示的"Windows 安全"对话框。键入具备将用户添加到域中权限的用户名和密码。

第 4 步，单击"确定"按钮，执行加域操作，执行成功后，显示如图 9-40 所示的"计算机名/域更改"对话框。单击"确定"按钮，提示重新启动计算机后即可登录域。

图 9-39 加域之三

图 9-40 加域之四

9.3.5 在线加域方法之二

Windows 客户端操作系统提供"网络标识向导"，提供向导模式将客户端计算机加入域，设置过程中支持网络访问权限设置。以 Windows 8 操作系统为例说明。

1．客户端计算机名和网络参数

以本地管理员身份登录，使用"hostname"和"ipconfig"命令查看计算机的计算机名和网络配置参数，命令执行结果如图 9-41 所示。

2．加域

第 1 步，以本地管理员身份登录。打开"系统属性"对话框，切换到"计算机名"选项卡，如图 9-42 所示。

图 9-41　验证客户端计算机参数

图 9-42　向导加域之一

第 2 步，单击"网络 ID"按钮，启动"加入域或工作组向导"，显示如图 9-43 所示"选择描述网络的选项"对话框。选择"这台计算机是办公网络的一部分，我用它连接到其他工作中的计算机"选项。

图 9-43　向导加域之二

第 3 步，单击"下一步"按钮，显示如图 9-44 所示的"公司网络在域中吗"对话框。选择"公司使用带域的网络"选项，表示当前计算机将加入到域中。

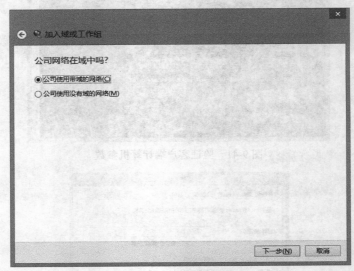

图 9-44　向导加域之三

第 4 步，单击"下一步"按钮，显示如图 9-45 所示的"你将需要下列信息"对话框。提示计算机加入到域需要满足的条件。

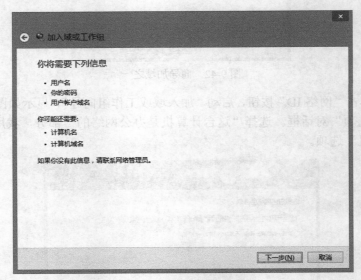

图 9-45　向导加域之四

第 5 步，单击"下一步"按钮，显示如图 9-46 所示的"键入你的域账户的用户名、密码和域名"对话框。在"用户名"、"密码"、"域名"文本框中输入相关信息，键入的用户名称将在当前计算机中登录。

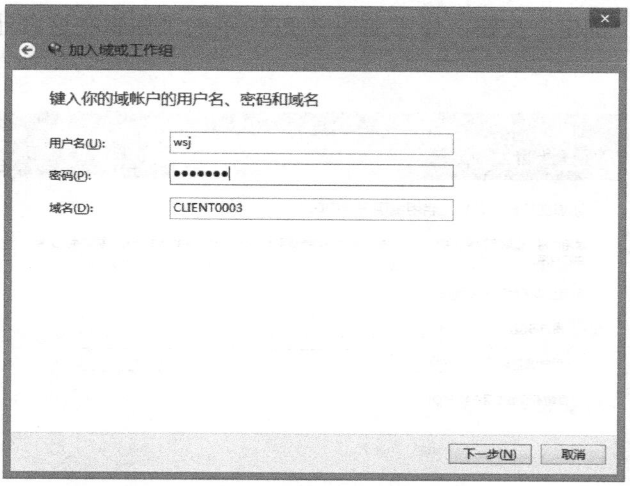

图 9-46 向导加域之五

第 6 步，单击"下一步"按钮，显示如图 9-47 所示的"键入计算机名和计算机域名"
对话框。向导自动获取计算机名称，域需要手动设置。

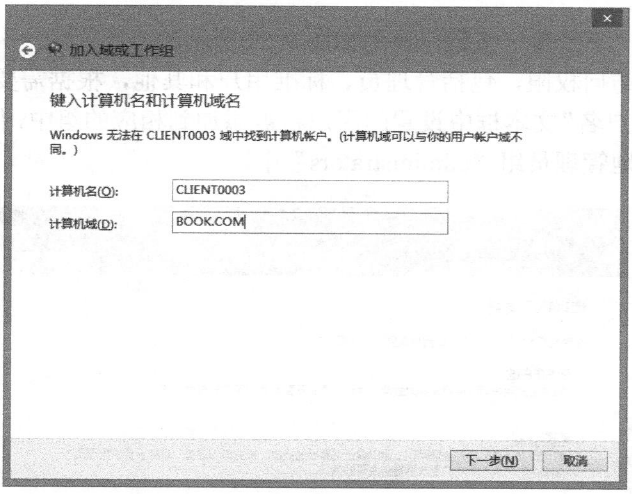

图 9-47 向导加域之六

第 7 步，单击"下一步"按钮，显示如图 9-48 所示的"域用户名和密码"对话框。设
置具备将用户添加到域权限的用户名和密码。

图 9-48 向导加域之七

第 8 步，单击"确定"按钮，显示如图 9-49 所示的"你想在这台计算机上启用域用户账户吗"对话框。

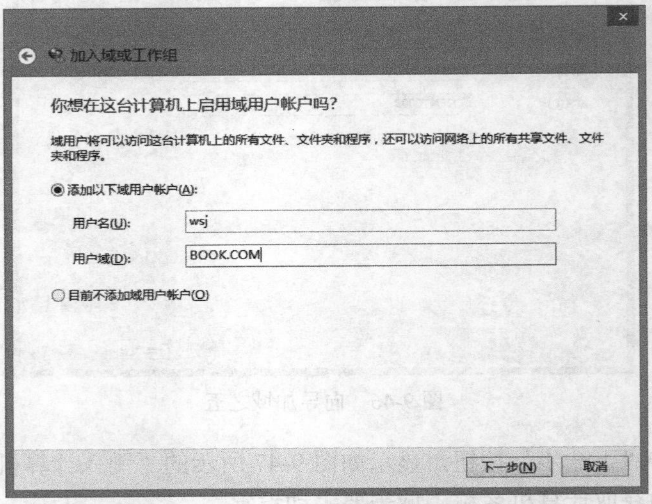

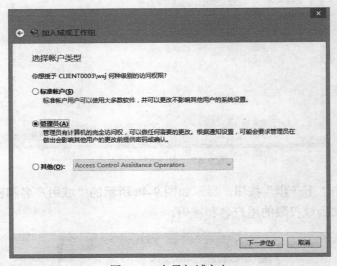

图 9-49　向导加域之八

第 9 步，单击"下一步"按钮，显示如图 9-50 所示的"选择账户类型"对话框。在该对话框中设置用户访问权限，包括管理员、标准用户和其他，根据需要选择用户类型。选择用户类型后，"用户名"文本框中设置的用户将被添加到相应的组中，例如选择"管理员"，用户将被添加到本地管理员组"administrators"中。

图 9-50　向导加域之九

第 10 步，单击"下一步"按钮，显示如图 9-51 所示"必须重新启动计算机才能应用这些更改"对话框。单击"完成"按钮，根据提示信息重新启动计算机。

3. 验证提升结果

计算机重新启动后，使用"net"命令查看用户"wsj"是否被添加到本地管理员组

"administrators"中，验证结果如图 9-52 所示。

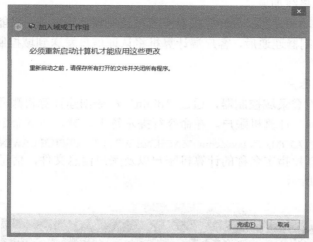

图 9-51　向导加域之十

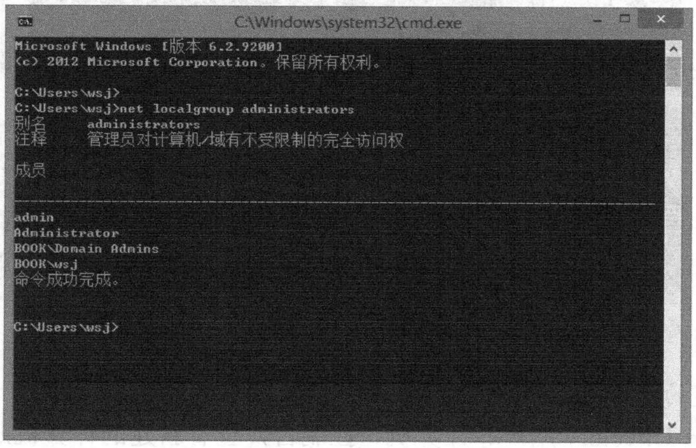

图 9-52　用户组验证

9.3.6　离线加域

在线加域，需要客户端加入域时域控制器必须在线（客户端计算机和域控制器之间必须连通）。从 Windows Server 2008 R2 的 AD DS 域服务开始，支持客户端离线加域功能，即客户端计算机加域时域控制器可以不在线（离线）。

1. 必要条件

域控制器操作系统版本必须是 Windows Server 2008 R2 或者 Windows Server 2012。

客户端计算机操作系统版本必须是 Windows 7 或者 Windows 8 版本。

2. 离线加域过程

离线加域包括 3 个部分。

- 域管理员在域控制器中，为离线加域的客户端计算机创建一个计算机账户，并将计算机账户信息保存在文本文件中（文本内容被加密）。

- 将保存的文件复制到要实现离线加域的客户端计算机，使用命令模式调用该文件，实现计算机离线加域。
- 离线加域成功后，客户端计算机没有和域控制器连通之前，只能通过访问本地计算机。和域控制器连通后，客户端计算机将认证信息发送到域控制器，真正实现加域功能。

3. 创建计算机账户

以域管理员身份登录域控制器，通过"djoin"命令创建计算机账号。例如，域控制器中创建名称为"win8"计算机账户。在命令行提示符下，键入如下命令。

```
Djoin /PROVISION /DOMAIN book.com /MACHINE WIN8 /SAVEFILE C:\WIN8.TXT
```

命令执行后，创建指定名称的计算机账户以及账户信息文件，信息文件保存在 C 盘根目录下，如图 9-53 所示。

图 9-53　创建新账户以及账户信息配置文件

4. 查看新建的计算机账户以及配置文件

打开"Active Directory 用户和计算机"控制台，查看新建的计算机账户"WIN8"，如图 9-54 所示。

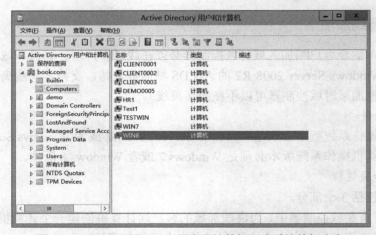

图 9-54　"Active Directory 用户和计算机"查看计算机账户

打开创建的计算机账户信息配置文件，文件内容已经加密，如图 9-55 所示。

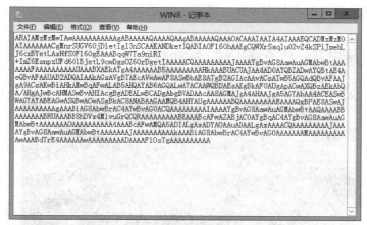

图 9-55　查看计算机账户信息配置文件

5. 客户端计算机离线加域

客户端计算机运行 Windows 8 操作系统。以本地管理员身份登录客户端计算机。将计算机账户信息文件复制到客户端计算机中，例如，复制到 C 盘根目录下。

第 1 步，选择"管理员身份运行"运行"命令提示符"，如图 9-56 所示。注意默认本地用户以标准权限运行"命令提示符"程序，加域需要本地管理员权限。

图 9-56　客户端计算机离线加域之一

第 2 步，在命令行提示符下，键入命令 "hostname" 验证客户端计算机名称是否和域控制器中创建的计算机账户名称一致，如图 9-57 所示。

图 9-57 客户端计算机离线加域之二

第 3 步，验证网络配置信息，确认客户端计算机和域控制器不能连通，如图 9-58 所示。客户端的 IP 地址为 169.254.83.243，域控制器所在的网络为 192.168.0.0/24，使用 "Ping" 命令验证不能连通到域控制器。

图 9-58 客户端计算机离线加域之三

第 4 步，在命令行提示符下，键入如下命令。

Djoin /REQUESTODJ /LOADFILE C:\WIN8.TXT /WINDOWSPATH C:\WINDOWS /LOCALOS

命令执行后，使用离线文件将计算机加域，如图 9-59 所示。

第 5 步，离线加域完成后，重新启用计算机尝试域用户登录域，此时域控制器仍未在线，用户无法登录，如图 9-60 所示。

域控制器上线，域用户可以登录后，同步域控制器和客户端计算机的凭据信息，真正完成客户端计算机加域操作。

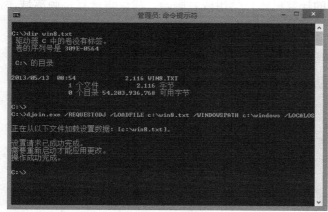

图 9-59 客户端计算机离线加域之四

图 9-60 客户端计算机离线加域之五

6. 注意事项

离线加域注意事项：

- 客户端计算机名称在域控制器创建阶段和离线加域阶段名称必须相同。
- 域或林的功能级别没有要求，但域控制器必须运行 Windows Server 2008 R2 或者 Windows Server 2012 操作系统，客户端计算机必须运行 Windows 7 以上版本操作系统。

9.3.7 加域后计算机账户验证

客户端计算机加域成功后，客户端计算机默认加入到"Active Directory 用户和计算机"的"Computers"容器中，如图 9-61 所示。同时在 DNS 控制台中创建主机记录，如图 9-62 所示。

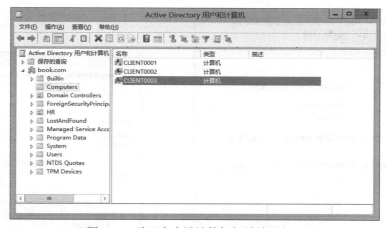

图 9-61 验证客户端计算机加域结果之一

9.3.8 降域

计算机损坏或者重新安装操作系统，致使计算机名和以前不同，管理员可以在"Active

Directory 用户和计算机"将不再使用的计算机账户禁用或者删除，建议将计算机脱离域，自动禁用计算机账户。

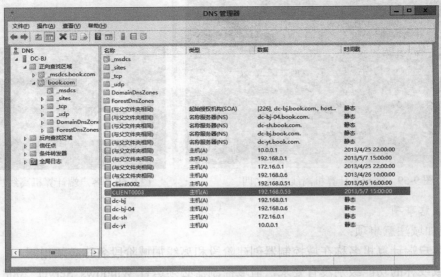

图 9-62　验证客户端计算机加域结果之二

1. 降域

以 Windows 8 操作系统为例说明。

第 1 步，打开"系统属性"对话框，单击"计算机名"选项卡，显示如图 9-63 所示。

第 2 步，单击"更改"按钮，显示"计算机名/域更改"对话框。在"隶属于"分组区域中，选择"工作组"选项，在"工作组"文本框中键入工作组的名称，例如 Workgroup，如图 9-64 所示。

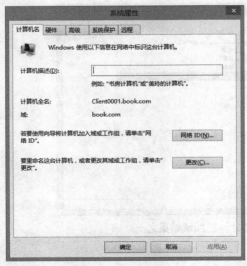

图 9-63　降域之一

图 9-64　降域之二

第 3 步，单击"确定"按钮后，显示如图 9-65 所示的对话框。提示降域后必须知道本地管理员的密码才可以登录。

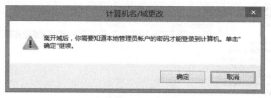

图 9-65　降域之三

第 4 步，如果登录用户是域用户，单击"确定"按钮，直接执行降域操作，执行成功后，显示如图 9-66 所示的"计算机名/域更改"对话框。单击"确定"按钮，重新启动计算机后以本地管理员身份登录。

如果登录用户是本地计算机用户，单击"确定"按钮，显示如图 9-67 所示的对话框。键入有从域中删除计算机对象权限的用户名和密码。单击"确定"按钮，加入到目标工作组。

图 9-66　降域之四

图 9-67　降域之五

注意

上图中输入的降域用户可以是任何用户，不一定是域中真实存在的用户。只有域中真正具备删除计算机对象权限的用户，才能禁用"Computers"容器中的计算机，否则即使降域成功，也不能禁用计算机账户。

2．验证降域结果

降域过程中，如果使用具备删除计算机对象权限的用户执行降域操作，客户端计算机降域成功后，"Active Directory 用户和计算机"控制台下"Computers"容器中的计算机被"禁用"，如图 9-68 所示。同时 DNS 控制台中自动删除对应的主机记录（Client0003），如图 9-69 所示。

如果使用"Domain Users"组中的用户或者不存在的用户降域，例如"qqqqqqqqqq"用户，域中不存在该用户，设置完成的参数如图 9-70 所示。

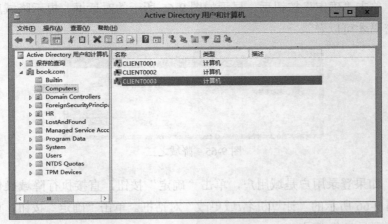

图 9-68　降域验证之一

图 9-69　降域验证之二

图 9-70　降域验证之三

降域成功后，DNS 数据库中删除降域计算机的主机记录（A 记录），但是 "Active Directory 用户和计算机" 控制台下 "Computers" 容器中的计算机没有被 "禁用"，如图 9-71 所示。

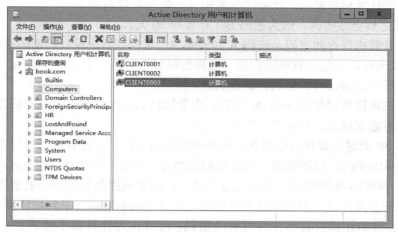

图 9-71　降域验证之四

9.4　计算机账户密码

客户端计算机加域后，计算机一直处于关机或者未登录状态，客户端计算机在一定时间内将自动脱域。或者计算机加域后，为了维护方便计算机通过"Ghost"等工具备份系统后，系统恢复后计算机不能登录域（如果时间较长）。造成以上故障的原因是计算机账户密码不同步。

9.4.1　计算机账户密码

在域中，每个用户都有密码并且要符合域发布的密码策略。实质上计算机账户也有密码。计算机账户使用的密码不叫密码，称为"登录票据"，由域控制器中的"KDC 服务"颁发与维护。

默认情况下，加域的计算机每 30 天会自动更改一次计算机账户密码，密码会分别被保存在计算机本地和域中。同时计算机在本地会保存两份密码：当前密码（票据）和前一次密码（票据）。当计算机尝试和域控制器建立安全通道时，首先使用最新的密码，如果这个密码无效，将尝试使用前一次保存的密码，如果前一次密码也不能够和域中保存的密码匹配，客户端计算机和域控制器之间的安全通道将被破坏，将不能够通过域用户登录客户端计算机。一般情况下，计算机不能登录到域的时间范围是 31~60 天。超出该范围，计算机将自动脱域。

9.4.2　计算机账户密码有效时间

脱域的时间不是随机的，由计算机能够联系到域控制器最后一次修改密码的时间决定。例如，计算机需要 10 天时间更改密码，从这个时候开始，客户端计算机将不再处于域环境中，则不能够登录到域的时间是 40 天之后。

举例说明密码验证过程。

- 客户端计算机域最后一次密码是密码 A，剩余有效期为 10 天。
- 10 天之后更改密码，改为密码 B（有效期 30 天）。
- 此时计算机保存的密码是密码 A 和密码 B，域控制器中保存的密码是密码 A。
- 第 40 天时，如果计算机连到域，首先尝试使用密码 B 和域控制器建立安全通道，由于域控制器没有新密码，认证失败。
- 计算机再次尝试使用密码 A 认证，由于域控制器存在该密码，密码匹配成功，安全通道建立成功，计算机可以登录到域。
- 在第 50 天时，计算机已经第二次修改密码为密码 C。计算机当前保存的密码是密码 B 和密码 C，域控制器中保存密码仍然是密码 A。当计算机连到域，尝试只用密码 C 和密码 B 和域控制器建立安全通道，由于域控制器中保存的密码是密码 A，不能够匹配成果，安全通道不能建立，计算机将不能够登录到域环境。

由于无法得知计算机具体在何时更改密码，可以认为计算机不能够登录到域的时间在 "31～60 天" 时间段内，只要超过 9 个周没有登录到域的计算机就可以作为自动脱域处理。

9.4.3 查看计算机账户密码策略

打开 "组策略编辑器"，选择 "计算机配置" → "策略" → "Windows 设置" → "安全设置" → "本地策略" → "安全选项"，右侧列表中选择 "域成员：计算机账户密码最长使用期限" 策略，该策略默认没有定义，如图 9-72 所示。

图 9-72　策略位置

注意，虽然该策略没有定义但是有默认值，打开属性对话框，切换到 "说明" 选项卡，默认计算机账户密码的最长使用期限是 30 天，如图 9-73 所示。

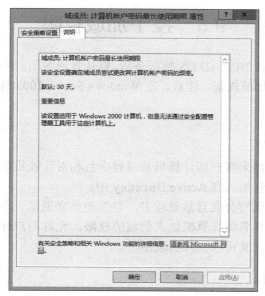

图 9-73 策略属性说明

9.4.4 修改计算机账户密码策略的有效时间

管理员确认需要更改计算机账户密码的有效期限，切换到"安全策略设置"选项卡，选择"定义此策略设置"选项，设置有效期限是 360 天，设置完成的参数如图 9-74 所示。单击多次"确定"按钮完成策略设置。在命令行中通过"gpupdate /force"命令立即更新策略。

图 9-74 更改计算机账户密码有效期限

9.5　授予加域权限

部署 Windows Server 2012 AD DS 域服务后，默认普通域用户不具备将计算机加域的权限，只有域管理员具备加域权限。注意，在 Windows Server 2003 环境中，默认普通域用户已经具备加域权限。

9.5.1　加域环境

实际应用环境中，如果客户端计算机数量较少且相对比较集中，管理员可以以手动的方式将客户端计算机逐台加入到 Active Directory 中。

如果客户端计算机比较分散且数量较多，对管理员来说是一个十分繁重的工作。最佳解决方法是每个域用户具备将计算机加入到域的权限，允许用户计算机操作系统安装完成后，不需要别人辅助自己就可以加入到域中。

9.5.2　加域权限

AD DS 域服务支持"将工作站添加到域"安全策略和"创建计算机对象"方式将计算机账户添加到域中。

"将工作站添加到域"安全策略

启用该策略后，默认允许添加 10 个计算机账户。注意 10 个账户，而不是加域次数。也允许将 10 台不同计算机添加到域中。同一台计算机，即使添加 100 次也按照一台计算机计算。

"创建计算机对象"

"创建计算机对象"对添加的计算机账户数量没有限制，经过授权的用户可以添加任意数量的客户端计算机。

如果用户既有"创建计算机对象"的权限，又有"将工作站添加到域"的用户权利，则计算机容器权限优先权高于"将工作站添加到域"的用户权利。加域操作完成后，计算机默认添加到"Computers"容器中。

9.5.3　"将工作站添加到域"策略

"将工作站添加到域"策略需要通过"组策略管理器"部署，策略发布者必须具备域管理员的权限或者经过委派的管理权限。域部署成功后，默认创建"Default Domain Policy"策略，实际应用中不建议以该策略为基础修改策略，建议新建策略对象发布策略。本例中通过"Default Domain Policy"策略修改策略。

1. 部署"将工作站添加到域"策略

第 1 步，打开组策略管理控制台，选择"组策略管理"→"林:book.com"→"域"→"book.com"→"Default Domain Policy"策略，右击该策略启动"组策略管理编辑器"，选择"Default Domain Policy"→"计算机配置"→"Windows 设置"→"安全设置"→"本地策略"→"用户权限分配"选项，显示如图 9-75 所示的"组策略管理编辑器"窗口。默认状态下"将工作站添加到域"策略没有定义。

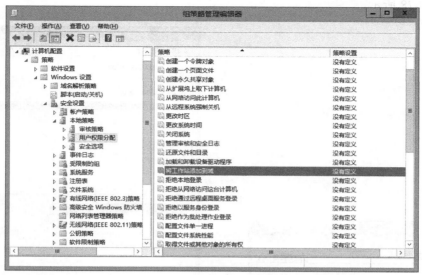

图 9-75　部署"将工作站添加到域"策略之一

第 2 步，右击"将工作站添加到域"策略，在弹出的快捷菜单中选择"属性"命令，显示如图 9-76 所示的"将工作站加入到域 属性"对话框。选择"定义这些策略设置"选项。

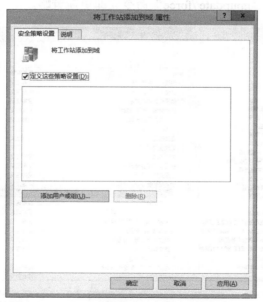

图 9-76　部署"将工作站添加到域"策略之二

第 3 步，单击"添加用户或组"按钮，打开"添加用户或组"对话框。设置需要授予的用户或者组名，本例中授予"BOOK\Domain Users"组具备加域的权限。注意用户或者组的书写格式为"域名"+"\"+"组名或者用户名"。设置完成的参数如图 9-77 所示。

第 4 步，单击"确定"按钮，返回到"将工作站添加到域"策略对话框，设置完成的参数如图 9-78 所示。

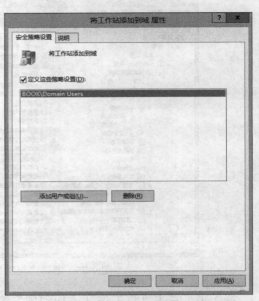

图 9-77　部署"将工作站添加到域"策略之三　　　图 9-78　部署"将工作站添加到域"策略之四

第 5 步，单击"确定"按钮，完成策略的设置，设置完成的策略如图 9-79 所示。策略设置完成后，可以通过"gpupdate /force"命令立即更新策略。

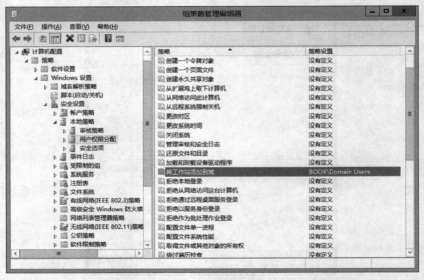

图 9-79　部署"将工作站添加到域"策略之五

2. 更改默认添加到活动目录的客户端数量

AD DS 域服务提供的"将工作站添加到域"策略，允许添加 10 个计算机账户，管理员可以更改该设置以符合实际的工作需要，例如设置为 100。

第 1 步，以域管理员身份登录域控制器，打开"ADSI 编辑器"，选择"DC=book,

"DC=COM"选项。右击"DC=book,DC=COM",在弹出的快捷菜单中选择"属性"命令,如图 9-80 所示。

图 9-80　修改默认加域客户端计算机数量之一

第 2 步,命令执行后,打开"DC=book,DC=com"属性对话框,"属性"列表中选择"ms-DS-MachineAccountQuota"属性,默认值为"10",该值是默认的允许添加域用户的数量,如图 9-81 所示。

图 9-81　修改默认加域客户端计算机数量之二

第 3 步,选择"ms-DS-MachineAccountQuota"属性,单击"编辑"按钮,显示如图 9-82 所示的"整数属性编辑器"对话框。在"值"文本框中,键入允许添加的客户端计算机的数量,例如 100。

第 4 步，单击"确定"按钮，完成添加值的设置，设置完成的参数如图 9-83 所示。单击"确定"按钮，成功修改加域客户端计算机账户数量。

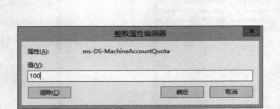

图 9-82　修改默认加域客户端计算机数量之三　　图 9-83　修改默认加域客户端计算机数量之四

9.5.4　"创建计算机对象"权限

"将工作站添加到域"安全策略的缺陷是默认只能添加 10 台计算机。具备"创建计算机对象"权限的用户，则不受此创建 10 个计算机账户的限制。本例授予用户"demo"具备"创建计算机对象"和"删除计算机对象"的权限。

第 1 步，打开"Active Directory 用户和计算机"窗口，选择"Active Directory 用户和计算机"→"book.com"，右击"book.com"，在弹出的快捷菜单中选择"属性"命令，打开域属性对话框。切换到"安全"选项卡，如图 9-84 所示。

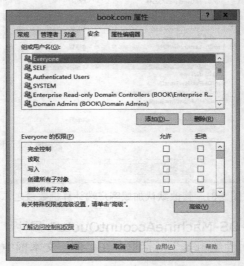

图 9-84　授予用户权限之一

第 2 步，单击"高级"按钮，显示如图 9-85 所示的"book 的高级安全设置"对话框。

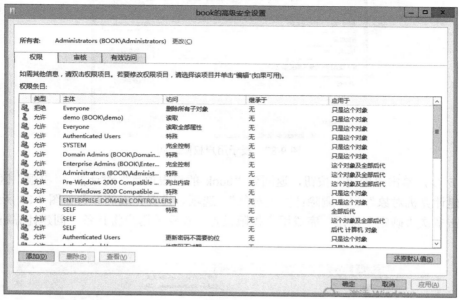

图 9-85　授予用户权限之二

第 3 步，单击"添加"按钮，显示如图 9-86 所示的"book 的权限项目"对话框。

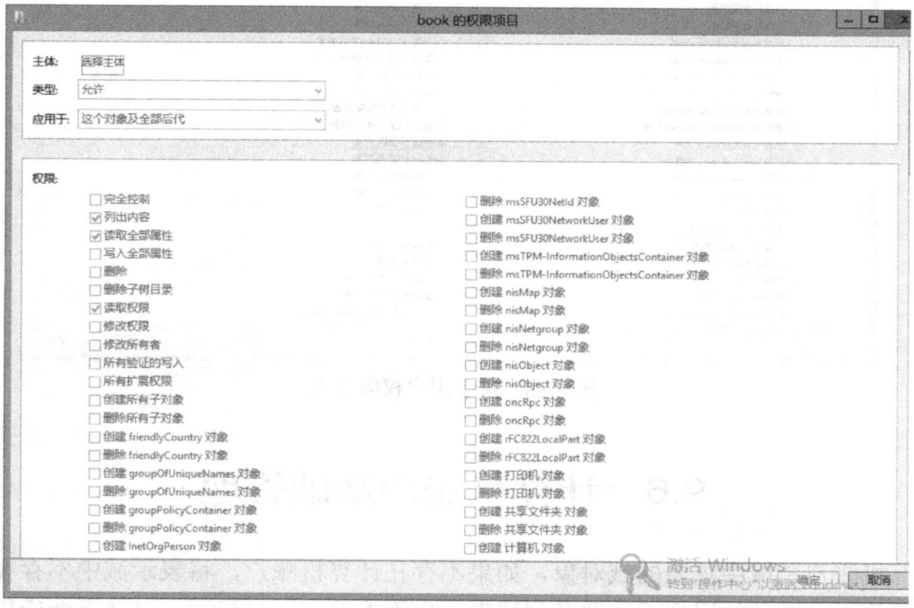

图 9-86　授予用户权限之三

第 4 步，单击"选择主体"超链接，显示如图 9-87 所示的"选择用户、计算机、服务账户或组"对话框。键入需要授权的用户名称。

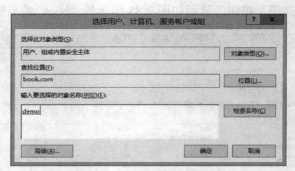

图 9-87　授予用户权限之四

第 5 步，单击"确定"按钮，返回到"book 的权限项目"对话框。"权限"区域中选择"创建计算机对象"和"删除计算机对象"选项。设置完成的参数如图 9-88 所示。

单击多次"确定"按钮，完成用户权限设置。设置的用户将具备"创建计算机对象"权限。

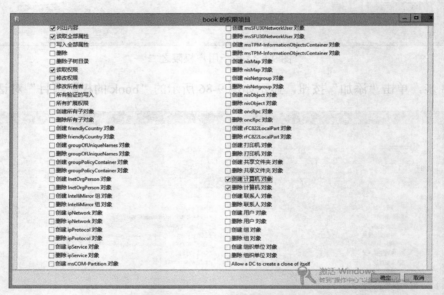

图 9-88　授予用户权限之五

9.6　计算机账户基础管理

计算机账户是域中重要的域对象，如果不存在计算机账户，将表示域中不存在该计算机，在计算机上登录的用户不能登录到域中，也不能访问网络资源，以及不能应用部署的域策略。

9.6.1　创建计算机账户

本节中介绍的加域模式为主动模式，从域控制器中主动创建计算机账户。

1. "Active Directory 用户和计算机"创建计算机账户

第 1 步,打开"Active Directory 用户和计算机"窗口,选择"Computers"容器,采用"被动"加域模式加域的计算机默认被添加到该容器中。

第 2 步,右击"Computers",在弹出的快捷菜单中选择"新建"选项,在弹出的级联菜单中选择"计算机"命令,如图 9-89 所示。

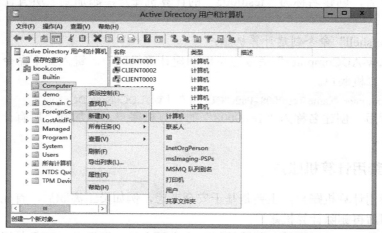

图 9-89　控制台创建计算机账户之一

第 3 步,命令执行后,显示如图 9-90 所示的"新建对象-计算机"对话框,在"计算机名"文本框中键入计算机账户的名称,"计算机名(Windows 2000 以前版本)"文本框中,自动完成计算机名称的输入,和"计算机名"文本框内容相同。单击"确定"按钮,成功创建计算机账户。

图 9-90　控制台创建计算机账户之二

2. "NET"创建计算机账户

使用"net computer"命令可以创建计算机账户。在 MSDOS 命令行提示符下,键入如下命令。

```
net computer \\HR1 /add
```

命令执行后，创建名称为"HR1"的计算机账户，默认添加到"Computers"容器中。

3. "DSADD"创建计算机账户

使用"DSADD"命令也可以创建计算机账户。在 MSDOS 命令行提示符下，键入如下命令。

> dsadd computer cn=test0005,OU=所有计算机,DC=book,DC=com

命令执行后，创建名称为"test0005"的计算机账户，添加到"所有计算机"组织单位中。

4. "Powershell"命令创建计算机账户

使用"New-ADComputer"命令也可以创建计算机账户。键入如下命令，在目标组织单位中创建计算机账户。

> New-ADComputer -Name Test0008 -Path "OU=所有计算机,DC=book,DC=com"

命令执行后，创建名称为"Test0008"的计算机账户，添加到"所有计算机"组织单位中。

9.6.2 禁用计算机账户

管理员禁用计算机账户，主要是基于安全考虑，例如员工离职后，首先禁用计算机账户，一段时间后再删除计算机账户。

域成员计算机正常脱离域，其计算机账户也不会被立即删除，而是禁用计算机账户。重新加入域时，自动启用被禁用的账户。

1. "Active Directory 用户和计算机"禁用计算机账户

第 1 步，打开"Active Directory 用户和计算机"窗口，右击需要禁用的计算机账户，在弹出的快捷菜单中选择"禁用账户"命令，如图 9-91 所示。

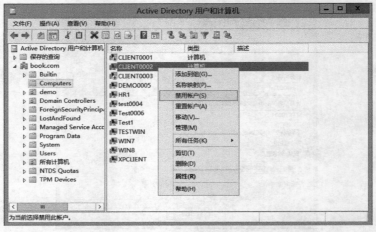

图 9-91　禁用计算机账户之一

第 2 步，命令执行后，显示如图 9-92 所示的对话框，提示禁用计算机账户的结果是客户端计算机上登录的用户不能登录到域中。

第 3 步，单击"是"按钮，显示如图 9-93 所示的对话框，提示选择的计算机账户已经被禁用。单击"确定"按钮，禁用目标计算机账户。

图 9-92　禁用计算机账户之二

图 9-93　禁用计算机账户之三

2. "dsmod" 命令禁用计算机账户

使用 "dsmod" 命令可以禁用计算机账户。在 MSDOS 命令行提示符下，键入如下命令：

```
dsmod computer cn=client0002,cn=computers,dc=book,dc=com -disabled yes
```

命令执行后，禁用名称为 "client0002" 的计算机账户。

9.6.3　启用计算机账户

启用计算机账户是禁用计算机账户的逆过程。使用启用计算机账户功能，重新启用后将正常登录，不会丢失任何账户信息。

1. Active Directory 用户和计算机

第 1 步，打开 "Active Directory 用户和计算机" 窗口，右击需要启用的计算机账户，在弹出的快捷菜单中选择 "启用账户" 命令，如图 9-94 所示。

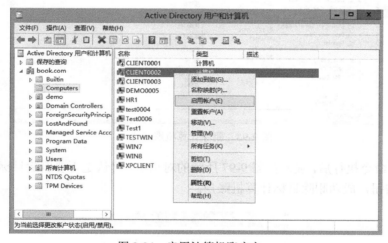
图 9-94　启用计算机账户之一

第 2 步，命令执行后，显示如图 9-95 所示的 "Active Directory 域服务" 对话框，提示禁用的对象被启用。单击 "确定" 按钮，成功启用禁用的计算机账户。

图 9-95　启用计算机账户之二

2. "dsmod" 命令启用计算机账户

使用 "dsmod" 命令可以启用被禁用的计算机账户。在 MSDOS 命令行提示符下，键入如下命令。

dsmod computer cn=client0002,cn=computers,dc=book,dc=com -disabled no

命令执行后，启用名称为 "client0002" 的计算机账户。

9.6.4 删除计算机账户

删除已经失效的计算机账户。如果域用户和被删除的计算机账户绑定，用户将不能从目标计算机中登录。

1. "Active Directory 用户和计算机" 删除目标计算机账户

第 1 步，打开 "Active Directory 用户和计算机" 窗口，右击需要删除的计算机账户，在弹出的快捷菜单中选择 "删除" 命令，如图 9-96 所示。

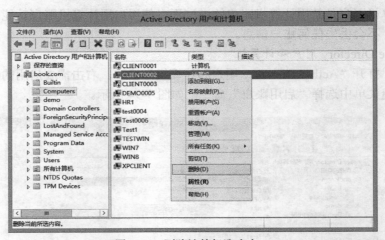

图 9-96 删除计算机账户之一

第 2 步，命令执行后，显示如图 9-97 所示的对话框。确认是否要删除目标计算机账户。单击 "是" 按钮，成功删除目标计算机账户。

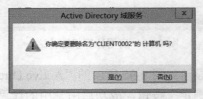

图 9-97 删除计算机账户之二

2. "NET" 删除计算机账户

使用 "net computer" 命令可以删除计算机账户。在 MSDOS 命令行提示符下，键入如下命令。

net computer \\HR1 /del

命令执行后，删除名称为 "HR1" 的计算机账户。

3."DSRM"删除计算机账户

使用"DSRM"命令也可以删除计算机账户。在 MSDOS 命令行提示符下，键入如下命令。

> dsrm CN=Test10,OU=所有计算机,DC=book,DC=com

命令执行后，删除名称为"Test10"的计算机账户。

4."Powershell"命令删除计算机账户

使用"Remove -ADComputer"命令也可以删除计算机账户。键入如下命令，在目标组织单位中删除计算机账户。

> Remove-ADComputer -Identity Test8

命令执行后，显示如图 9-98 所示的"确认"对话框。单击"是"按钮，删除目标计算机账户。

图 9-98　"确认"对话框

9.6.5　移动计算机账户

组策略分为"计算机策略"和"用户策略"。计算机账户支持组策略功能，可以将需要应用组策略的计算机账户移动到被管理的组织单位中，通过"计算机配置"策略发布策略。

1."Active Directory 用户和计算机"移动计算机账户

本例中计算机账户"demo0005"从"computers"容器移动到"所有计算机"组。

第 1 步，打开"Active Directory 用户和计算机"窗口，右击需要移动的计算机账户，在弹出的快捷菜单中选择"移动"命令，如图 9-99 所示。

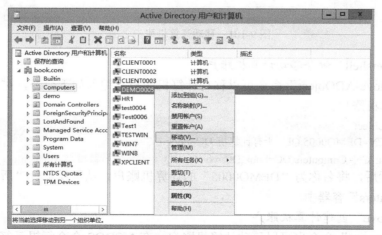

图 9-99　移动计算机账户之一

第 2 步，命令执行后，显示如图 9-100 所示的"移动"对话框。在"将对象移到容器"列表中选择目标容器。

图 9-100　移动计算机账户之二

第 3 步，单击"确定"按钮，关闭"移动"对话框，成功将计算机账户移动到目标容器，如图 9-101 所示。

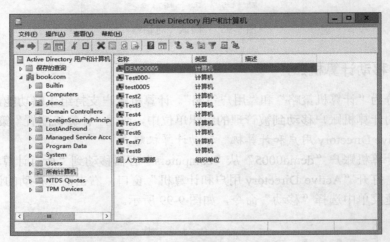

图 9-101　移动计算机账户之三

2. "Powershell" 命令移动计算机账户

使用"Move-ADObject"命令可以移动计算机账户。键入如下命令，在目标组织单位之间移动计算机账户。

```
Move-ADObject
-Identity:"CN=DEMO0005,OU=所有计算机,DC=book,DC=com"
-TargetPath:"CN=Computers,DC=book,DC=com"
```

命令执行后，将名称为"DEMO0005"的计算机账户，从组织单位"所有计算机"移动到"Computers"容器中。

3. "dsmove" 创建计算机账户

使用"dsmove"命令也可以移动计算机账户。在 MSDOS 命令行提示符下，键入如下命令。

```
dsmove  CN=Test0006,CN=Computers,DC=book,DC=com  -newparent  OU=所有计算机,DC=book,DC=com
```

命令执行后，将名称为"test0006"的计算机账户，从"Computers"容器移动到组织单位"所有计算机"中。

9.6.6　添加计算机账户到组

计算机账户是一种域对象，该对象和用户一样，可以被添加到组中。

1. "Active Directory 用户和计算机"添加到目标组

第 1 步，打开"Active Directory 用户和计算机"窗口，右击计算机账户，在弹出的快捷菜单中选择"添加到组"命令，如图 9-102 所示。

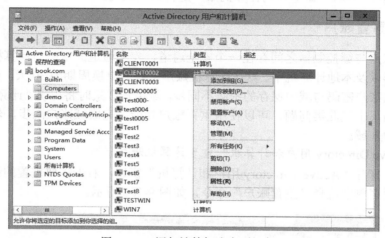

图 9-102　添加计算机账户到组之一

第 2 步，命令执行后，显示如图 9-103 所示的"选择组"对话框，在"输入对象名称来选择（示例）"文本框中键入目标组名称，单击"检查名称"按钮，检查键入的组名称是否为合法组。

第 3 步，单击"确定"按钮，将计算机账户添加到目标组中，如图 9-104 所示。

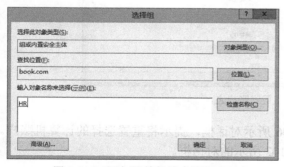

图 9-103　添加计算机账户到组之二

图 9-104　"Active Directory 域服务"对话框

2. "Powershell"命令添加到目标组

使用"Add-ADPrincipalGroupMembership"命令可以将计算机账户添加到目标组。键入命令：

```
Add-ADPrincipalGroupMembership
```

```
-Identity:"CN=CLIENT0002,CN=Computers,DC=book,DC=com"
-MemberOf:"CN=HR,CN=Users,DC=book,DC=com"
```

命令执行后，将名称为"CLIENT0002"的计算机账户添加到"HR"组中。

3. "dsmod"添加到目标组

使用"dsmod"命令也可以将计算机账户添加到目标组。在 MSDOS 命令行提示符下，键入如下命令。

```
dsmod group cn=hr,cn=users,dc=book,dc=com -addmbr cn=test0006,cn=computers,dc=book,dc=com
```

命令执行后，将名称为"test0006"的计算机账户添加到"HR"组中，通过"Get-ADGroupMember"命令查询计算机账户是否添加成功。

9.6.7 重置账户

计算机账户与域控制器之间存在一个安全通道，安全通道的密码与计算机账户一起储存在域控制器以及本地计算机中。默认计算机账户密码的更换周期为 30 天。如果由于某种原因该计算机账户密码与域中保存的密码不同步，域用户登录时将出现"计算机账户丢失"提示信息。如果出现此类问题，可以使用重置账户功能，完成域账户同步，然后将客户端计算机重新加入域。

1. "Active Directory 用户和计算机"重置计算机账户

第 1 步，打开"Active Directory 用户和计算机"窗口，右击需要重置的计算机账户，在弹出的快捷菜单中选择"重置账户"命令，如图 9-105 所示。

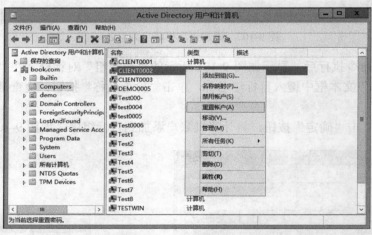

图 9-105　重置账户之一

第 2 步，命令执行后，显示如图 9-106 所示对话框，提示将重置选择的计算机账户。单击"是"按钮，重置成功后显示如图 9-107 所示的对话框。

图 9-106　重置账户之二

图 9-107　重置账户之三

2．"dsmod"重置账户

使用"dsmod"命令可以重置计算机账户。在 MSDOS 命令行提示符下，键入如下命令。

```
dsmod computer CN=Test1,CN=Computers,DC=book,DC=com -reset
```

命令执行后，重置名称为"Test1"的计算机账户。

9.6.8　用户指定计算机登录

默认已经加域的用户，可以在域内任何一台计算机中登录，对于安全级别要求较高的环境，管理员可以限制域用户只能在指定的计算机（计算机账户）中登录。

1．"Active Directory 用户和计算机"设置目标计算机登录

第 1 步，打开"Active Directory 用户和计算机"窗口，右击需要在指定计算机中登录的用户，在弹出的快捷菜单中选择"属性"命令，打开用户属性对话框，切换到"账户"选项卡，如图 9-108 所示。

图 9-108　用户设置之一

第 2 步，单击"登录到"按钮，显示如图 9-109 所示的"登录工作站"对话框。默认选择"所有计算机"单选按钮，允许用户从网络中的所有客户端计算机登录。

第 3 步，选择"下列计算机"单选按钮，在"计算机名"文本框中键入允许登录的计算机 NetBIOS 名称，单击"添加"按钮添加到列表中。如果需要在多个客户端计算机中登录，注意添加目标计算机。设置完成的参数如图 9-110 所示。单击多次"确定"按钮，完成绑定设置，目标用户只能在所允许的客户端计算机中登录，

2．"PowerShell"命令设置目标计算机登录

使用"Set-ADUser"命令可以将计算机账户和域用户绑定，绑定后的用户只能在目标计算机中登录。键入命令：

```
Set-ADUser -Identity demo -LogonWorkstations:"test1,test2"
```

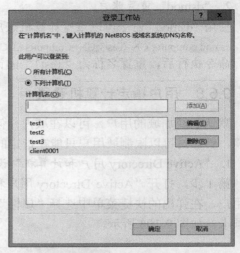

图 9-109　用户设置之二　　　　　　　　图 9-110　用户设置之三

命令执行后，用户"demo"只能在名称为"test1"和"test2"的计算机中登录。

3．实现效果

设置完成后，用户在非指定的目标计算机中登录时，将显示如图 9-111 所示的配置错误信息，不能在没有权限的计算机中登录。

图 9-111　用户限制演示效果

9.7　计算机账户管理任务

计算机账户基础管理完成账户的创建、删除、禁用、启用等基础性管理工作，管理任务将更好地维护计算机账户平台。

9.7.1　委派用户加域权限

对于地域分散的分布式企业来说，将计算机加域的最佳方式是为每个分支机构设置一个具备加域权限的用户，通过本地化服务方式将计算机添加到域中。以委派用户"demo"用户权限为例说明如何实现用户授权。注意，通过"委派"方式授予用户"将计算机加入域"权限，没有计算机账户数量（10）的限制。

"将计算机加入域"实质上是在域中创建计算机账户，只要在域级别授予委派用户即可，不需要精确到组织单位。

第 1 步，以域管理员身份打开"**Active Directory** 用户和计算机"，右击域名，在弹出的快捷菜单中选择"**委派控制**"命令，如图 9-112 所示。

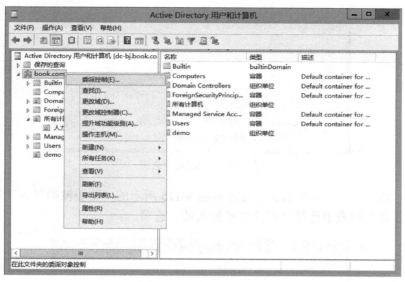

图 9-112　委派用户之一

第 2 步，命令执行后，启动"控制委派向导"，显示如图 9-113 所示的"欢迎使用控制委派向导"对话框。

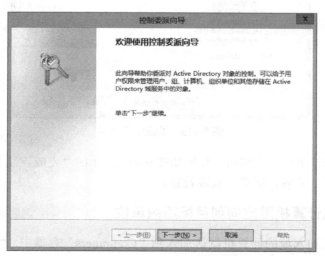

图 9-113　委派用户之二

第 3 步，单击"下一步"按钮，显示如图 9-114 所示的"用户或组"对话框。设置需要委派的目标用户或者组，本例中设置"demo"用户的委派权限。

图 9-114 委派用户之三

第 4 步，单击"下一步"按钮，显示如图 9-115 所示的"要委派的任务"对话框。"委派下列常见任务"列表中选择"将计算机加入域"选项。

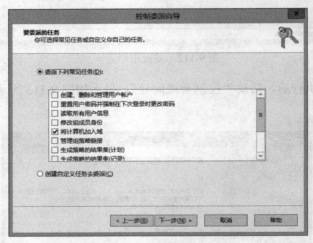

图 9-115 委派用户之四

第 5 步，单击"下一步"按钮，显示如图 9-116 所示的"完成控制委派向导"对话框。单击"完成"按钮，完成目标用户权限设置。

9.7.2 加域计算机重定向到目标组织单位

默认情况下，加入域的计算机默认加入到"Computers"容器中。"Computers" 容器是 Windows 活动目录中内置管理单元，也是默认放置计算机账户的位置。

1. "Computers"容器的应用缺点

"Computers"容器最大的缺点是不能部署组策略。实际应用环境中，当部署组策略时，有些策略针对计算机账户发布，需要将计算机账户移动到目标组织单位中，才能有效发布策略。

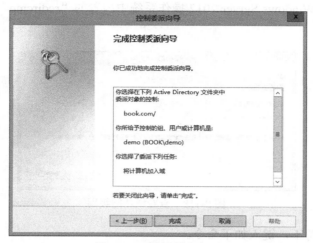

图 9-116　委派用户之五

2．应用案例

本例创建名称为"所有计算机"的组织单位，并在该组织单位中创建名称为"人力资源部"的部门。注意，重定向组织单位至少需要域的功能级别是"**Windows Server 2003**"，如图 9-117 所示。

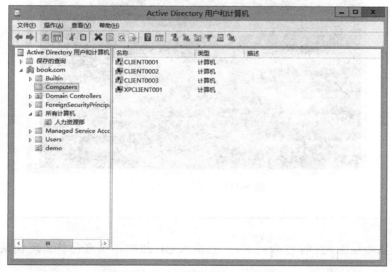

图 9-117　查看容器"Computers"

3．验证域功能级别

以域管理员身份登录域控制器。打开"**Active Directory** 用户和计算机"，右击域名"book.com"，在弹出的快捷菜单中选择"提升域功能级别"命令，命令执行后，显示当前域的功能级别，如图 9-118 所示。本例中域的功能级别是"**Windows Server 2012**"。

4．重定向组织单位

本例中将默认存储计算机账户的"Computers"容器重定向到"所有计算机"→"人力

资源部"中，使用 Windows Server 2012 操作系统中内置的"redircmp"命令，重定向目标组织单位。

图 9-118 查看域功能级别

在命令行提示符下，键入如下命令。

redircmp ou=人力资源部,ou=所有计算机,dc=book,dc=com

命令执行后，重定向存放计算机账户的组织单位，如图 9-119 所示。

通过"redircmp /?"命令查看"redircmp"的使用方法。

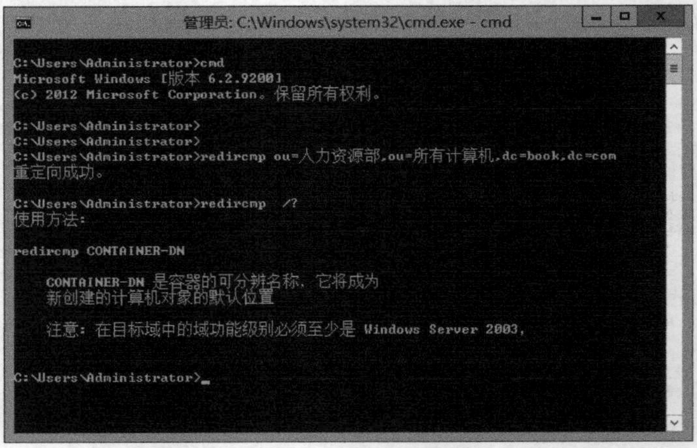

图 9-119 重定向组织单位

注意

组织单位必须输入 DN 可分辨名称，仅输入 OU 组织单位名称将出现错误，如图 9-120 所示。

5．加域验证

本例中将运行 Windows XP 操作系统的全新计算机加入到域中，加域成功后，默认计算机账户添加到"所有计算机"→"人力资源部"组织单位中，运行结果如图 9-121 所示。

6．注意事项

"redircmp"重定向命令仅对全新计算机有效。如果计算机已经加入过域，执行降域操作，然后重新加入域，不能自动重定向到目标组织单位中。例如测试计算机已经加入到"Computers"容器中，执行重定向操作"所有计算机"→"人力资源部"组织单位后，加入域后的计算机仍然在"Computers"容器中。降域成功后，只有从"Computers"容器删除对应的计算机账户，才能将计算机账户添加到目标组织单位中。

图 9-120　重定向错误信息

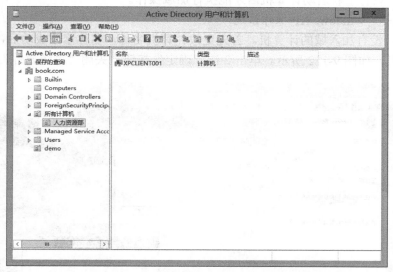

图 9-121　验证重定向后的计算机

如果需要将不同计算机账户添加到不同组织单位，必须要为每个组织单位重定向，重定向完成后重新使用"redircmp"命令将计算机账户恢复到默认容器。

在命令行提示符下，键入如下命令。

```
redircmp cn=computers,dc=book,dc=com
```

命令执行后，计算机账户存储位置恢复到默认容器。

9.7.3　计算机改名前后加域可能出现的错误

每台计算机在加域前，首先建议按照事先规划的计算机名称统一更改计算机名称，如果新安装的操作系统使用备份（Ghost）恢复，建议修改每台计算机的 SID。

1. 加域过程

实际应用中，计算机加入域前，通常执行以下过程。

- 第一种模式：首先修改计算机名，第一次重新启动计算机，开始加域，第二次重新启动计算机。
- 第二种模式：首先修改计算机名，开始加域，第一次重新启动计算机。该模式中，执行一次重新启动计算机操作。

2. 第一种模式

该加域过程，客户端计算机无论运行何种版本的 Windows 操作系统，都可以正常加域，不会出现任何错误，客户端计算机的 DNS 主机记录、计算机账户都可以正确加入。

3. 第二种模式

该加域过程，客户端计算机登录后计算机名称还是原来的名称，虽然加域成功，但是域中的计算机名称没有同步更新成功，并不是每一次都更新不成功。在 Windows XP 操作系统中，更改计算机名后，"域"属性允许用户继续设置。在 Windows 7/8 操作系统中，当修改计算机名称后，"域"属性不允许用户继续设置，因此在 Windows 7/8 操作系统不会出现这种状况，只有重新启动计算机后才能执行加域操作。

4. 测试——Windows XP 操作系统

第 1 步，没有加入域的计算机。首先更改计算机名称，名称修改成功后，提示需要重新启动计算机，如图 9-122 所示。单击 2 次"确定"按钮，关闭"系统属性"对话框。

图 9-122　Windows XP 操作系统计算机名称修改之一

第 2 步，不重新启动计算机，重新打开"系统属性"对话框，"域"属性允许用户继续设置，执行加域操作，加域成功后，如图 9-123 所示。重新启动计算机，查询计算机名称是否更新。

图 9-123　Windows XP 操作系统计算机名称修改之二

5．测试——Windows 8 操作系统

Windows 8 操作系统中，当更改计算机名称后，"域"属性处于锁定状态，只有在重新启动计算机后，才能正常加入域，如图 9-124 所示。

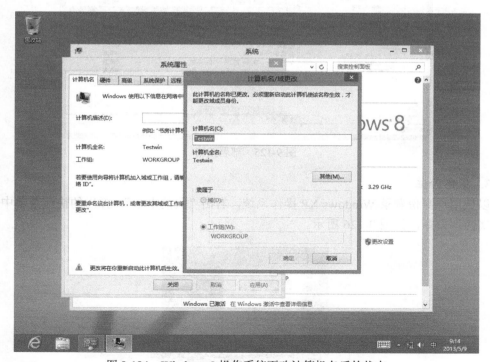

图 9-124　Windows 8 操作系统更改计算机名后的状态

9.7.4 禁止用户退出域

Windows 客户端操作系统中已经加域的计算机，当前登录用户可以随意退出域，退出域的计算机将不受域策略的管理。因此，实际应用中会部署策略禁止用户随意退出域。

1. 加域和退域途径

正常情况下，如果要加域或者退域基本都是通过"我的电脑"或者"计算机"属性中的"计算机名"选项卡完成。因此，取消用户访问"系统属性"的权限就可以防止普通用户将计算机退出域。

2. 部署策略

打开"组策略管理器"控制台，选择目标组策略对象，本例以默认"Default Domain Policy"为例说明。编辑该策略，选择"用户配置"→"策略"→"管理模板"→"桌面"选项，启用"从'计算机'图标上下文菜单中删除'属性'"策略。设置完成的参数如图9-125 所示。策略设置完成后，使用"gpupdate /force"命令刷新策略。

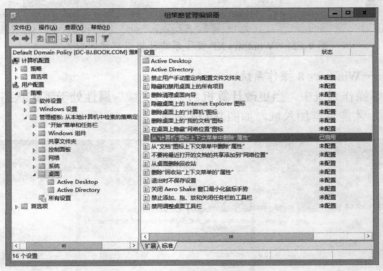

图 9-125　部署策略

3. 策略验证

以域用户身份登录 Windows XP 操作系统，右击"我的电脑"，弹出的快捷菜单中不显示"属性"命令，如图 9-126 所示。

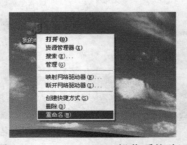

图 9-126　Windows XP 操作系统验证

以域用户身份登录 Windows 8 操作系统，右击"计算机"，窗口下方的工具条中不显示"属性"命令，如图 9-127 所示。

图 9-127　　Windows 8 操作系统验证

9.7.5　清理长期不使用的计算机账户

实际生产环境中，可能有成百上千台计算机加入到域中，客户端计算机可能由于重新安装系统等原因，没有按照操作规程正常退域而直接重新安装操作系统，并且没有遵守计算机命名规范，因此导致域中残留许多无效的计算机账户。

1. 清理方法之一

如果域功能级别是"Windows Server 2003"纯模式，管理员可以使用域控制器中的内置命令"dsquery computer -inactive"查询域中处于不活动状态的计算机。不活动状态指的是长期没有登录的计算机。

计算机账户密码规则为每隔 30 天自动更新计算机账户密码，并且保存上一次计算机密码，如果超过 2 个默认密码周期（60 天）计算机都没有登录域，该计算机账户就可以被视为无效计算机账户。

在命令行提示符下，键入如下命令查询超过 9 个星期没有登录的计算机，并且将计算机账户设置为"禁用"状态。

```
dsquery computer -inactive 9 | dsmod computer -disabled yes
```

命令执行后，首先查询域中符合条件的计算机账户，然后通过管道符将计算机账户的状态设置为"禁用"。

2. 清理方法之二

管理员也可以使用第三方工具"oldcmp"工具清理计算机账户。例如，从域中查询超过 60 天没有更新计算机账户密码的计算机账户并禁用，客户端计算机经过 10 天验证之后，将没有用户的客户端计算机从域中删除。

在"oldcmp"命令行提示符下，键入如下命令禁用计算机账户。

oldcmp –age 60 –disable –unsafe –forreal

键入如下命令删除已经禁用的计算机账户。

oldcmp -onlydisabled -delete -unsafe –forreal

关于"oldcmp"工具的参数，可以使用"oldcmp /?"查看。

9.7.6 查询域中同一类型操作系统的数量

网络中已经部署 AD DS 域服务，但没有部署网络管理软件，通过域想了解计算机中安装某一类型操作系统的数量，例如 Windows 7 操作系统。

1. 客户端计算机操作系统

客户端计算机加域成功后，客户端计算机操作系统信息将写入到计算机账户属性中，如图 9-128 所示。打开计算机账户属性对话框后，"操作系统"选项卡中的"姓名"、"版本"以及"Service Pack"等显示操作系统的信息，注意 Windows 每个类型操作系统都包括多个版本，因此查询结果可能不同。

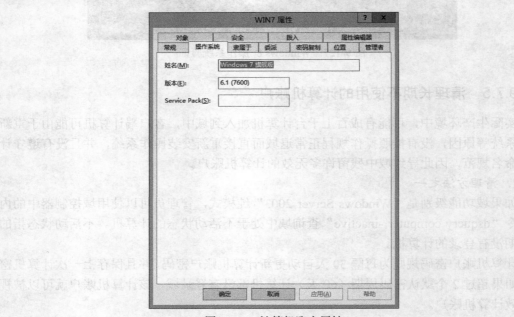

图 9-128　计算机账户属性

2. 查询操作系统数量

打开"Active Directory 用户和计算机"，右击"Computers"容器，在弹出的快捷菜单中选择"查找"命令，打开"查找计算机"对话框。"查找"类型设置为"计算机"，选择"高级"选项卡，单击"字段"按钮，选择"操作系统"字段，"条件"设置为"是（完全一致）"，"值"设置为"Windows 7 旗舰版"，设置完成的参数如图 9-129 所示。

单击"添加"按钮，将设置的检索条件添加到"条件列表"中，单击"开始查找"按钮，查找域中所有符合条件的操作系统计算机。查询结果如图 9-130 所示。

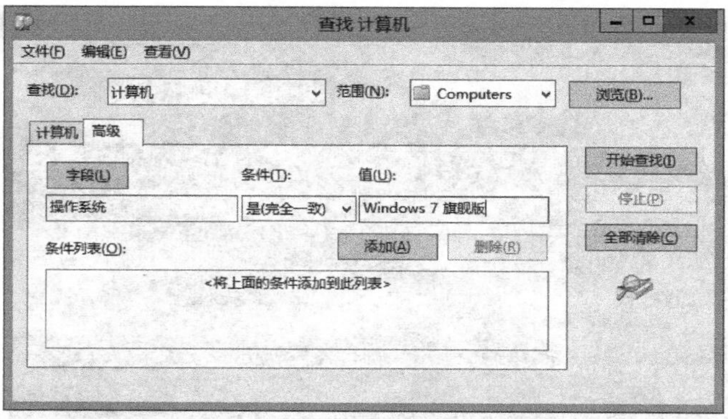

图 9-129　设置查询条件

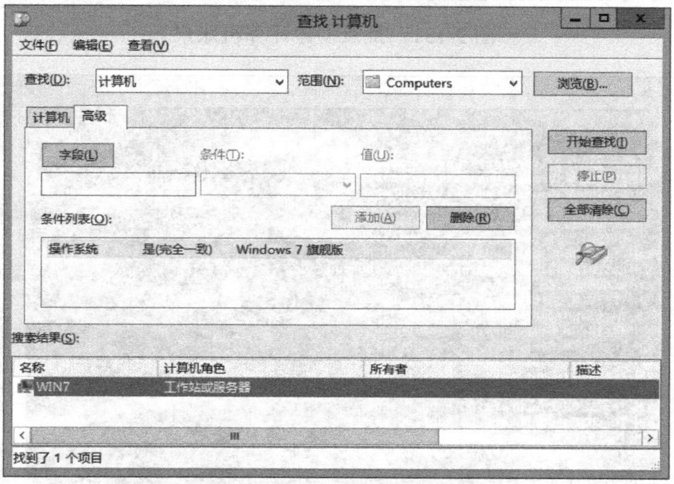

图 9-130　显示查询结果

如果要查找网络中所有运行"Windows 7"操作系统的计算机，可以将条件设置为"起始为"，"值"设置为"Windows 7"，查询后将显示域中所有运行 Windows 7 操作系统的计算机。

9.7.7　批量创建计算机账户

测试环境中，管理员经常需要成百上千个测试用户，如果按照单一方法创建，将费时费力。通过使用"net"命令结合"For"语句一次性创建多个计算机账户。

1. 批量创建计算机账户

批量创建 10 个计算机账户，在 MSDOS 命令行提示符下，键入如下命令。

```
For /L %a in (1,1,10) do net computer \\Test%a /add
```

命令执行后，批量创建名称以"\\Test"开头的计算机账户，默认添加到"Computers"容器中，如图 9-131 所示。

通过"dsquery computer"命令查看创建的计算机账户，如图 9-132 所示。

图 9-131　批量创建计算机账户

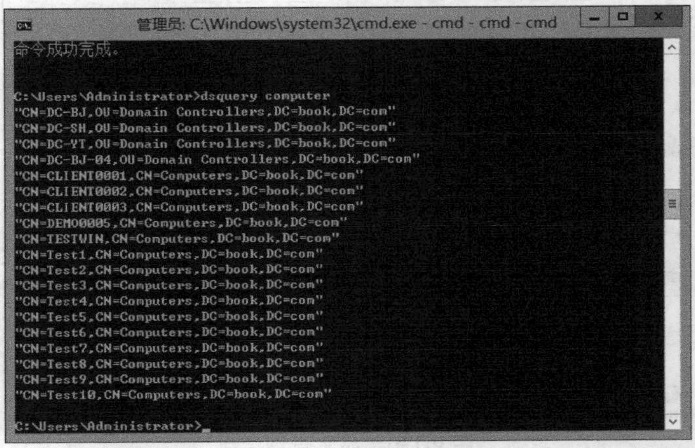

图 9-132　验证批量创建的计算机账户

批量删除名称以"\\Test"开头的计算机账户，使用以下命令。

For /L %a in (1,1,10) do net computer \\Test%a /del

2.　查看命令行新建计算机账户属性

通过命令行创建计算机账户后，客户端计算机没有使用已经存在的计算机账户加入域。通过"Active Directory 用户和计算机"打开新建的计算机账户属性，如图 9-133 和图 9-134所示。其中"DNS 名称"，操作系统的"姓名"、"版本"以及"Service Pack"都为空。

客户端计算机通过分配的计算机账户加入域后，计算机账户属性如图 9-135 和图 9-136所示。"DNS 名称"文本框中显示完整 FQDN 名称。操作系统的"姓名"、"版本"以及"ServicePack"显示相应的 Windows 操作系统名称、版本以及 Service Pack 的版本。

9.7.8　防止删除计算机账户

域日常管理中，尤其是计算机账户较多时，经常会出现误删除计算机账户等误操作。Windows Server 2008 以后版本的 AD DS 域服务中，提供"防止对象被意外删除"功能，当计算机账户被赋予该功能后，计算机账户不能被删除。主要用于保护重要的计算机账户，例如服务器、管理者使用的计算机等。

图 9-133　加域前计算机账户属性之一　　　　图 9-134　加域前计算机账户属性之二

图 9-135　加域后计算机账户属性之一　　　　图 9-136　加域后计算机账户属性之二

1. 使用"Active Directory 用户和计算机"实现该功能

登录"Active Directory 用户和计算机"，打开目标计算机账户后，单击菜单栏的"查看"菜单，在显示的下拉菜单列表中选择"高级功能"命令，如图 9-137 所示。

选择目标计算机账户，打开计算机账户属性对话框，切换到"对象"选项卡，根据需要选择"防止对象被意外删除"选项，如图 9-138 所示。

选择该功能后，当删除计算机账户操作时，显示如图 9-139 所示的对话框。提醒不能删除计算机账户可能的原因。

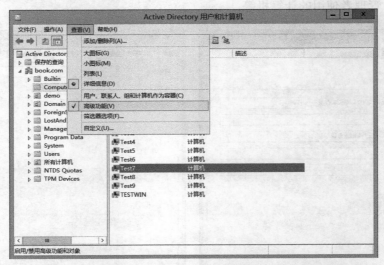

图 9-137 "Active Directory 用户和计算机"启用"高级功能"

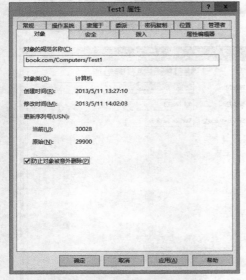

图 9-138 设置计算机账户属性

图 9-139 错误提示

2. 所有计算机启用、禁止"防止对象被意外删除"功能

通过 PowerShell 命令为域中的所有计算机启用"防止对象被意外删除"功能。在命令行提示符下，键入如下命令。

```
Get-ADComputer -Filter * | Set-ADObject -ProtectedFromAccidentalDeletion:$true
```

命令执行后，为域中所有计算机启用"防止对象被意外删除"功能。

执行命令：

```
Get-ADComputer -Filter * | Set-ADObject -ProtectedFromAccidentalDeletion:$false
```

命令执行后，为域中所有计算机禁用"防止对象被意外删除"功能。

3. 组织单位启用、禁止"防止对象被意外删除"功能

通过 PowerShell 命令，为组织单位"所有计算机"下的计算机账户启用"防止对象被意外删除"功能。在命令行提示符下，键入如下命令。

Get-ADComputer -Filter * -SearchBase 'OU= 所 有 计 算 机 ,DC=book,DC=com' | Set-ADObject -ProtectedFromAccidentalDeletion:$true

禁用"防止对象被意外删除"功能，键入命令：

Get-ADComputer -Filter * -SearchBase 'OU= 所 有 计 算 机 ,DC=book,DC=com' | Set-ADObject -ProtectedFromAccidentalDeletion:$false

9.7.9 常见错误之一：拒绝访问

1. 故障现象

客户端计算机加域过程中，经常遇到"拒绝访问"错误，如图 9-140 和图 9-141 所示。

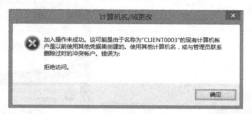

图 9-140 拒绝访问故障之一

图 9-141 拒绝访问故障之二

2. 故障分析

"拒绝访问"故障基本是由于权限引起的，说明当前客户端计算机可以和域控制器连通，计算机之间连通性正常。错误原因是加域用户不具备加入域的权限。

3. 解决方法

使用域管理员加域测试，重新委派加域用户权限，或者提高加域用户加入域账户的数量。

9.7.10 常见错误之二：找不到网络路径

1. 故障现象

计算机加入域时提示找不到网络路径，如图 9-142 和图 9-143 所示。图 9-142 运行 Windows XP 操作系统，图 9-143 运行 Windows 7 操作系统。由于操作系统版本不同，显示的信息也不同。

图 9-142　故障现象之一

图 9-143　故障现象之二

2．故障分析

由于客户端计算机能够发现域，因此可以确定网络的物理连接和各种协议没有问题。同时该计算机上也能够连接到域控制器，说明 DNS 解析方面也正常。可能原因为缺少网络协议或者相关的服务没有启动。

3．解决方法

客户端计算机使用净化版本的安装盘安装，净化过的版本为了提高操作系统运行性能，可能关闭部分服务，建议检查下列服务，并检测是否处于启动状态，如果没有启动，则启动服务并设置"启动类型"为"自动"。

- TCP/IP NetBIOS Helper
- Computer Browser
- Workstation
- Server
- Helper
- Remote Registry
- Windows Time
- Netlogon

验证网卡属性中，是否安装"Microsoft 网络客户端"协议，如图 9-144 所示。"Microsoft 网络客户端"是客户端计算机加域时必备组件之一，利用该组件可以使本地计算机访问 Microsoft 网络上的资源。如果不选中该项，则本地计算机没有访问 Microsoft 网络的可用工具，从而导致出现找不到网络路径的提示。

图 9-144　网卡属性对话框

客户端计算机使用 Ghost 等还原模式安装，域中存在同名的计算机账户以及 SID，需要首先使用"Sysprep"或者"Newsid"工具重新封装操作系统，然后检查上述服务。

客户端计算机原始安装盘全新安装，则需要检查用户的权限，默认情况下网络协议和必需的服务都已经启动。

9.7.11 常见故障之三：不能连接域控制器

1. 故障现象

客户端计算机以本地管理员登录，客户端计算机与域控制器之间连通正常，加域时出现"无法与域控制器"连接，如图 9-145 所示。

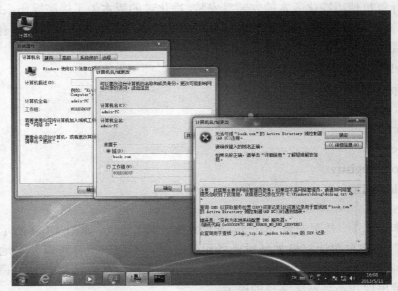

图 9-145　不能联系域控制器

2. 故障分析

单击"详细信息"按钮，显示故障详细信息，以及可能产生故障的原因。

注意: 此信息主要供网络管理员参考。如果您不是网络管理员，请通知网络管理员您收到了此信息，该信息已记录在文件 C:\Windows\debug\dcdiag.txt 中。

查询 DNS 以获取服务位置(SRV)资源记录[此资源记录用于查找域"book.com"的 Active Directory 域控制器(AD DC)]时遇到错误。

错误是: "没有为本地系统配置 DNS 服务器。"

(错误代码 0x0000267C DNS_ERROR_NO_DNS_SERVERS)

此查询用于查找 _ldap._tcp.dc._msdcs.book.com 的 SRV 记录

域控制器中集成部署"集成区域 DNS 服务"，因此可以确认部署 DNS 服务。故障信息提示 SRV 记录丢失。

3. 解决方法

域控制器中重新注册域控制器的 DNS 记录。

第 1 步，以域管理员身份登录域控制器，在命令行提示符下，键入如下命令停止和重新启动 AD DS 域服务。

```
net stop NTDS
net start NTDS
```

第 2 步，键入以下命令重新注册域控制器的 DNS 记录。

```
dnscmd /clearcache
ipconfig /flushdns
```

```
net stop netlogon
net stop dns
net start dns
net start netolgon
ipconfig /registerdns
```

9.7.12　常见故障之四

1.　故障现象

客户端计算机运行 Windows XP 操作系统，打开"我的电脑"系统属性，"计算机名"选项卡中"网络 ID"按钮不可用，如图 9-146 所示。单击"更改"按钮，在弹出的对话框中，"域"和"工作组"选项不可用，"其他"按钮被隐藏，如图 9-147 所示。

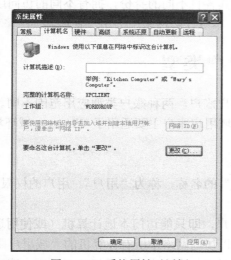

图 9-146　系统属性对话框

图 9-147　计算机名称更改对话框

2.　解决方法

出现上述故障的原因是"Workstation"服务没有启用，启动服务后故障消失。

第 10 章　管理域用户

计算机是模拟现实生活的电子设备，联网的计算机模拟客观世界人与人之间的关系。在现实世界中，人人都有一个身份，每个人的身份决定了每人的工作与职权范围。同样，在网络中每台计算机和计算机的使用者也都有其各自不同的身份，拥有不同的访问或管理权限。域用户身份相当于网络中的"身份证"。本章详解网络中的用户管理。

10.1　用户类型

计算机中的用户分为本地用户账户和域用户账户，两种账户类型应用范围不同。本地用户账户主要只用于工作组环境和个人环境，域用户账户主要适用于 Windows 域环境。

10.1.1　什么是用户

每个使用计算机的人都有一个代表"身份"的名称，称为"用户"。用户的权限不同，对计算机及网络控制的能力与范围也不同。

Windows 操作系统中有两种不同类型的用户，即只能访问本地计算机（或使用远程计算机访问本计算机）的"本地用户账户"和可以访问网络中所有计算机的"域用户账户"。在非域控制器中，本地用户和组是主要的管理对象。本章内容着重阐述"域用户账户"的管理。计算机中的用户分为本地用户账户和域用户账户两部分，用户组可以分为本地用户组和域用户组，而域用户组又可以分为通信组和安全组。为了实现高级网络管理，从 Windows 2000 开始，就引入了"OU"组织单位。

10.1.2　本地用户账户

本地用户账户针对某一台计算机，对于网络中的某一台计算机来说（域控制器除外），每台计算机都可以创建若干个"本地用户账户"，使用这些创建的"本地用户账户"就可以使用（或通过远程访问）这台计算机。使用"本地用户账户"只能访问某一台计算机，不同的计算机有不同的本地用户账户。

1. 定义登录用户

安装 Windows 操作系统（Windows XP/7/8，Windows Server 2000/2003/2008/2008R2/2012）过程中，都会显示一个窗口需要安装者定义登录用户名称（以安装 Windows 8 操作系统为例）。需要定义用户名、密码、重新输入密码以及密码提示等信息，设置完成后的参数如图 10-1 所示。本例中定义名称为"admin"的用户，该用户默认作为当前计算机的管理员。

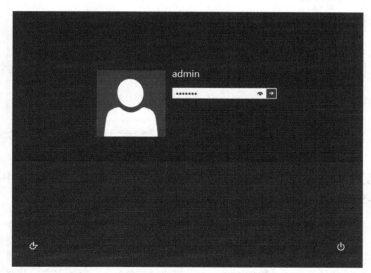

图 10-1　设置本地计算机管理员用户

操作系统安装完成后，以定义的用户名称登录，如图 10-2 所示。

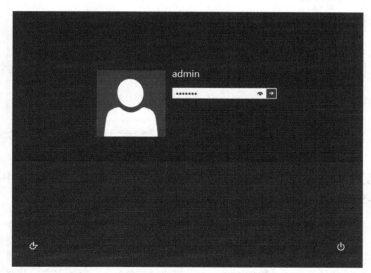

图 10-2　用户登录

　　登录成功后，使用"whoami"命令可以查看当前登录的计算机名称，使用"net localgroup administrators"命令，查看用户是否为本地管理员组"administrators"中成员，如图 10-3 所示。

　　2.　创建用户之一

　　以本地管理员身份打开应用程序"计算机管理"（或者运行命令"compmgmt.msc"），选择"本地用户和组"→"用户"选项，显示 Windows Server 2012 安装完成后默认安装过程中创建的用户，其中"Administrator"是默认的管理员用户，具备当前计算机的最高执行权限，用户"Guest"是来宾访问用户，默认该用户被禁用，如图 10-4 所示。

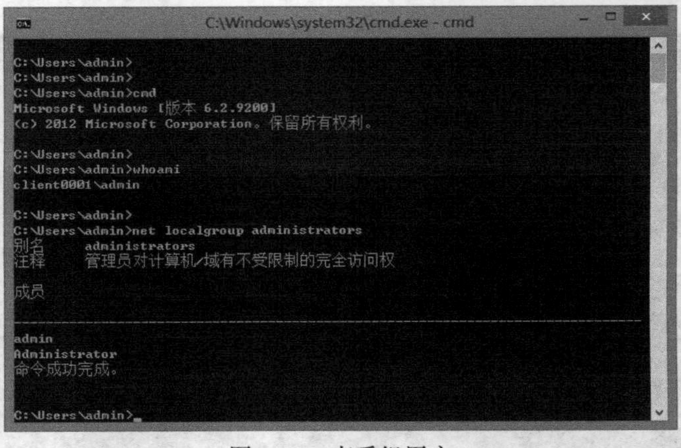

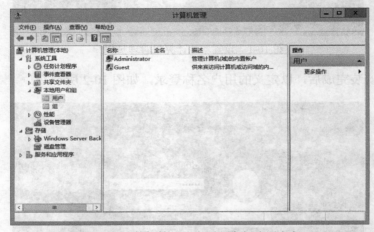

图 10-3   查看组用户

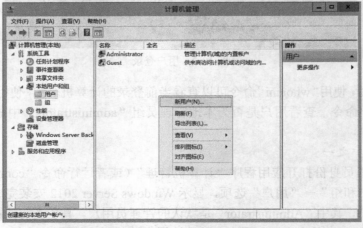

图 10-4   "计算机管理"应用程序创建用户之一

如果需要创建新用户，中间窗格中单击鼠标右键，在弹出的快捷菜单中选择"新用户"命令，如图 10-5 所示。

图 10-5   "计算机管理"应用程序创建用户之二

　　命令执行后，打开"新用户"对话框。各个文本框中键入用户对应信息，设置完成的参数如图 10-6 所示。注意，设置的密码需要符合当前计算机的密码设置策略。单击"创建"按钮，创建新用户。同样方法可以创建任意多个需要的用户。

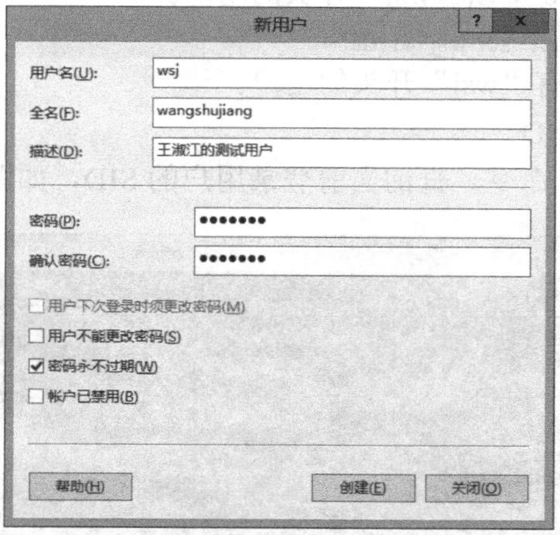

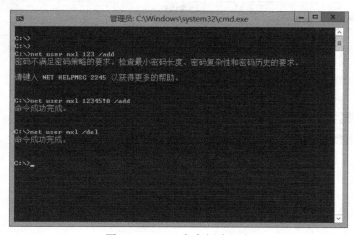

图 10-6　"计算机管理"应用程序创建用户之三

3. 创建用户之二

除了使用"计算机管理"窗口创建用户之外，还可以使用"NET"命令创建用户，例如创建名称为"mxl"的用户。在命令行提示符下，键入如下命令。

```
net user mxl 12345!A /add
```

命令执行后，创建新用户。注意，如果设置的用户密码不符合密码规则，创建用户将出现错误。

删除用户执行以下命令。

```
net user mxl /del
```

命令执行后，删除目标用户。

上述操作过程，以及错误信息如图 10-7 所示。

图 10-7　NET 命令创建用户

4. 批量创建用户

创建 100 个名称以"wsj"开头的用户,在命令行提示符下,键入如下命令。

```
For /L %a in (1,1,100) do net user wsj%a 12345!A /add
```

命令执行后,创建 100 个以"wsj"开头的用户。

```
For /L %a in (1,1,100) do net user wsj%a /del
```

命令执行后,删除所有"wsj"开头的用户。

5. 查询普通用户的 SID

使用"whoami /user"命令,查询当前登录用户的 SID,如图 10-8 所示。

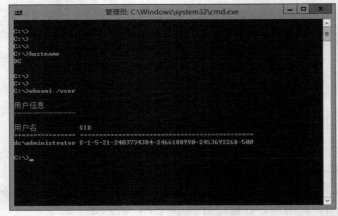

图 10-8　查询用户的 SID

6. 创建新组之一

第 1 步,以本地管理员身份打开应用程序"计算机管理"(或者运行命令 "compmgmt.msc"),选择"本地用户和组"→"组"选项,显示 Windows Server 2012 安装 完成后默认安装过程中创建的用户,其中"Administrators"是默认本地管理员组用户,该 组中的用户具备当前计算机的最高执行权限,如图 10-9 所示。

图 10-9　"计算机管理"应用程序创建组之一

第 2 步，如果需要创建新用户，中间窗格中单击鼠标右键，在弹出的快捷菜单中选择"新建组"命令，如图 10-10 所示。

图 10-10 "计算机管理"应用程序创建组之二

第 3 步，命令执行后，显示如图 10-11 所示的"新建组"对话框。各个文本框中键入组对应信息。单击"创建"按钮，创建新组。同样方法可以创建任意多个需要的组。

图 10-11 "计算机管理"应用程序创建组之三

第 4 步，如果需要将用户添加到组中，单击"添加"按钮，显示如图 10-12 所示的"选择用户"对话框。"输入对象名称来选择（示例）"文本框中键入需要添加的目标用户名称，单击"检查名称"按钮，检查键入的用户是否为合法的用户。检测通过后，用户名称以下划线标注。

第 5 步，单击"确定"按钮，选择的用户添加到"新建组"对话框的"成员"列表中，如图 10-13 所示。单击"创建"按钮，新建目标组同时将目标用户添加到组中。

7. 创建新组之二

除了使用"计算机管理"窗口创建组之外，还可以使用"NET"命令创建组，例如创建名称为"TestHR"的组。在命令行提示符下，键入如下命令。

```
net localgroup TestHR /add
```

图 10-12 "计算机管理"应用程序创建组之四　　图 10-13 "计算机管理"应用程序创建组之五

命令执行后，创建目标新组。

键入如下命令，将用户添加到目标组。

```
net localgroup TestHR wsj /add
```

命令执行后，将用户"王淑江"添加到"TestHR"组。

删除组执行以下命令。

```
net localgroup TestHR /del
```

命令执行后，删除目标组，如图 10-14 所示。

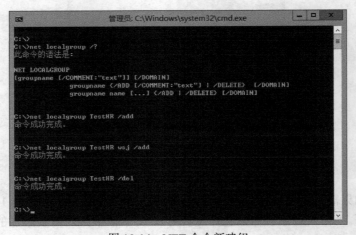

图 10-14　NET 命令新建组

批量新建用户并添加到"TestHR"组，执行以下命令。

```
For /L %a in (1,1,100) do net user wsj%a 12345!A /add
For /L %a in (1,1,100) do net localgroup TestHR wsj%a /add
```

使用以下命令查询组中的用户。

```
net localgroup TestHR
```

10.1.3　域用户账户

"域用户账户"在网络中的域控制器上创建，使用"域用户账户"可以（根据权限设置）访问网络中的所有计算机或某些计算机。

1. 管理平台变化

独立服务器提升为域控制器后，用户管理方式发生改变。原独立计算机的用户管理方式为"计算机管理"应用程序，域控制器中用户管理被"Active Directory 管理中心"、"Active Directory 用户和计算机"、"DS 命令组"、"PowerShell 命令组"所代替，"NET 命令组"在 Windows Server 2012 中同样支持。

域控制器中打开应用程序"计算机管理"后，"本地用户和组"选项已经取消，"计算机管理"不具备管理用户和组权限，如图 10-15 所示。

图 10-15　"计算机管理"应用程序

取而代之的是"Active Directory 管理中心"、"Active Directory 用户和计算机"，如图 10-16 和图 10-17 所示。

图 10-16　"Active Directory 管理中心"应用程序

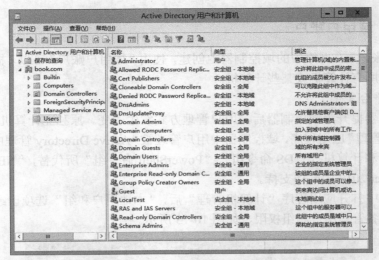

图 10-17 "Active Directory 用户和计算机"应用程序

2. 用户名称变化

加域前用户名称为计算机名+"\"+用户名称，例如 dc\administrator。加域后用户名称为域名+"\"+用户名称，例如 book\administrator。通过"whoami"命令可以查看当前登录用户名称，如图 10-18 所示。

图 10-18 查看当前登录用户

3. 用户 SID 变化

使用"whoami /user"命令，查询当前登录用户的 SID，如图 10-19 所示。

图 10-19 查询用户的 SID

使用"ds"命令组，查询域内用户的 sid。在命令行提示符下，键入如下命令。

dsquery user -limit 200 | dsget user -sid

命令执行后，显示域内 200 个用户的 sid，如图 10-20 所示。

图 10-20　显示多用户的 SID

4. 用户位置变化

独立服务器中所有用户信息存储在"SAM"数据库中，提升为域控制器后，所有用户信息存储到"Active Directory 数据库"中，数据库文件名称为"NTDS.dit"，数据库文件位置为"%systemroot%\ntds"。打开"Active Directory 用户和计算机"控制台后，所有用户移动到"Users"容器中，如图 10-21 所示。用户默认隶属于"Domain users"组，所有域内用户都是该组成员。

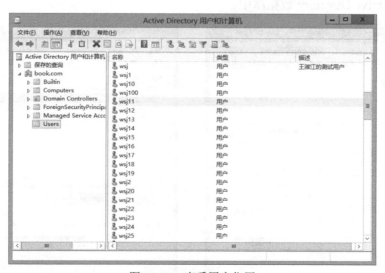

图 10-21　查看用户位置

5. 用户属性变化

以用户"wsj100"为例说明用户属性发生的变化。

独立计算机中用户"wsj100"打开属性对话框后,"常规"选项卡如图 10-22 所示,"隶属于"选项卡如图 10-23 所示。

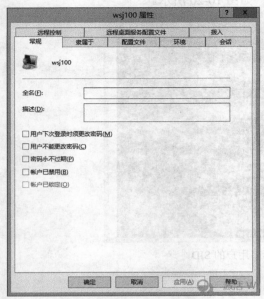

图 10-22　独立计算机用户属性之一　　　　图 10-23　独立计算机用户属性之二

提升为域控制器后,用户"wsj100"打开属性对话框后,"常规"选项卡如图 10-24 所示,该选项卡中用户可用属性较独立计算机中扩展较多,"隶属于"选项卡如图 10-25 所示。同时,用户属性"地址"、"账户"等多个选项卡都可以独立进行配置。用户所有属性信息全部保存在 Active Directory 数据库中。

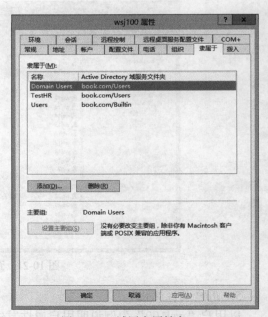

图 10-24　域用户属性之一　　　　　　　图 10-25　域用户属性之二

6. 组位置变化

独立服务器中所有组信息存储在"SAM"数据库中，提升为域控制器后，所有组信息存储到"Active Directory 数据库"中。打开"Active Directory 用户和计算机"控制台后，独立计算机中的所有组移动到"Users"容器中，如图 10-26 所示。例如，TestHR 组。

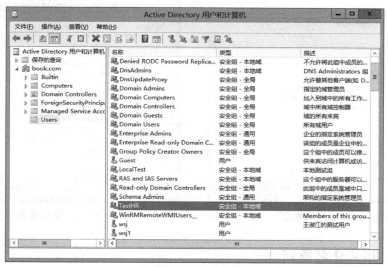

图 10-26　查看活动目录中组的位置

7. 组属性变化

以"TestHR"组为例说明组属性发生的变化。

独立计算机中该组属性如图 10-27 所示。该组中存在系列以"wsj"开头的用户。

图 10-27　独立计算机组

提升为域控制器后，使用"Active Directory 用户和计算机"打开"TestHR"组，"常规"选项卡显示组作用域和组类型，如图 10-28 所示。"成员"选项卡显示该组中的成员信息。

注意，成员身份隶属于"Book\Users"组，如图 10-29 所示。

图 10-28　域组属性之一

图 10-29　域组属性之二

10.1.4　用户命名原则

当企业员工从计算机登录到域时，该员工必须有一张被域控制器认可的"身份证"，这张身份证在域中就是用户账户。在域中创建和管理用户账户的操作必须在域控制器中进行。用户账户名称必须是唯一的，不能出现重名。

1. 用户作用

用户账户的用途如下。

- 验证用户或计算机的身份。用户账户使用户能够利用经域验证后的标识登录到计算机和域。登录到网络的每个用户应有自己的唯一账户和密码。为了获得最高的安全性，应避免多个用户共享同一个账户。
- 授权或拒绝访问域资源。一旦用户已经过身份验证，那么就可以根据指派给该用户的权限，授予或拒绝该用户访问域资源。
- 管理其他用户账户。在本地域中可以使用委派控制，允许对某个用户进行单独权限委派，例如，使某个用户具备更改其他用户密码的权限。
- 审核使用用户或计算机账户执行的操作。审核有助于监视账户安全性。

2. 用户命名原则

在企业网络中，使用计算机的每个人都拥有一个账户，计算机使用者使用自己的账户访问网络中发布的资源，并完成与其相对应的管理任务。

命名习惯通常如下。

- 对于每个使用者，通常都是使用其"姓"的全称＋"名"的简称，例如王淑江的用户名为 wangsj。
- 如果使用简称之后有"重名"的现象，可以对重名的用户使用全称或者加序号标识，例如 wangsj01。

10.1.5　用户密码

密码是用户登录网络的钥匙，如果没有钥匙总是要费一番力气后，才能登录到目标操作系统。无论入侵者采用何种远程攻击，如果无法获得管理员或超级管理员的用户密码，就无法完全控制整个系统。若想访问系统，最简单也是必要的方法就是窃取用户的密码。因此，对管理员账户来说，最需要保护的就是密码，如果密码被盗，也就意味着灾难的降临。

据统计，大约 70%以上的安全隐患是由于密码设置不当引起的。因此，密码的设置无疑是十分讲求技巧的。在设置密码时，请遵守密码安全设置原则，该原则适用于任何使用密码的场合。

1.　不能让账号与密码相同

如果密码设置得与用户账号相同，几乎所有的密码破解软件都将轻而易举地探测出来。

2.　不能使用自己的姓名作为密码

使用自己的姓或名，甚至是姓名作为密码，实在是不堪一击。对于本单位和熟悉本单位的人来讲，姓名无疑是攻击的首选，因为这几乎谁都能猜得到。

3.　不能使用常用的英文词组

一些常用或别致的英文单词往往是用户设置密码时的最爱。在他们看来，这类密码既便于记忆，又凸显自己的个性。但事实上，那些绝顶聪明的入侵者们也早已猜到并详细地将其编入密码猜解字典之中，因此，常用英文词组绝不可用作密码。

4.　不能使用特定意义的日期

以具有特定意义的日期作为密码任何人都十分喜爱。这一类日期通常有自己生日、父母生日、儿女生日、朋友生日、重大节日以及个人纪念日等。不用说熟悉的人可以猜得到，即使是陌生人也可以通过穷举的方式而得手。在入侵者的密码猜解字典中，几乎全部罗列以上所有的几个组合。

5.　不能使用简单的密码

一个以密码暴力猜解软件每秒钟可以尝试 10 万次之多。字数越少，字符越简单化，排列组合的结果也就越少，也就越容易被攻破。

6.　经常修改密码

账户密码应当定期修改，尤其是当发现有不良攻击时，更应及时修改复杂密码，以免被破解。为避免密码因过于复杂而忘记，可用笔记录下来，并保存在安全的地方，或随身携带避免丢失。

7.　密码设置原则

综上所述，若欲保证密码的安全，应当遵循以下规则。

- 用户密码应包含英文字母的大小写、数字、可打印字符，甚至是非打印字符。建议将这些符号排列组合使用，以期达到最好的保密效果。
- 用户密码不要太规则，不要使用用户姓名、生日、电话号码以及常用单词作为密码。
- 根据 Windows 系统密码的散列算法原理，密码长度设置应超过 7 位，最好为 14 位或者更长。
- 密码不得以明文方式存放在系统中，确保密码以加密的形式写在硬盘中，且包含密码的文件是只读的。

- 密码应定期修改，应避免重复使用旧密码，应采用多套密码的命名规则。
- 启用账号锁定机制。一旦同一账号密码校验错误若干次即断开连接并锁定该账号，经过一段时间才解锁。

在 Windows Server 2012 系统中，如果在"密码策略"中启用了"密码必须符合复杂性要求"设置的话，则对用户的密码设置有如下要求。

- 不包含全部或部分的用户账户名。
- 长度至少为 7 个字符。
- 包含以下 4 种类型字符中的 3 种字符。
  - ➢ 英文大写字母（从 A 到 Z）
  - ➢ 英文小写字母（从 a 到 z）
  - ➢ 10 个基本数字（从 0 到 9）
  - ➢ 非字母字符（例如!、\$、#、%）

10.2 用户登录方式

Windows 客户端操作系统（XP/7/8）登录域时，可以使用以下几种方式登录。

- UPN（User Principal Name）方式登录。
- 登录名方式登录。
- 登录名（Windows 2000 以前版本）方式登录。

10.2.1 UPN 方式登录

UPN 即 User Principal Name（用户主体名称），格式和 E-mail 地址相同，例如 "wsj@book.com"。其中，wsj 称为用户主体名称前缀，一般对应用户登录名；book.com 为用户主体名称后缀，一般为根域的域名，如图 10-30 所示。

图 10-30　用户 UPN 方式登录

使用用户主体名称的优点如下。

- 当将一个用户账号移动到不同域时用户主体名称不变，因为该名字在活动目录中具备唯一性，因此可以使用同一个 UPN 名称登录。
- 用户主体名称和用户的 E-mail 地址名一样，可以与 Exchange Server 消息协作系统集成。

10.2.2　登录名方式登录

域管理员创建完成域用户后，为用户分配唯一的登录名，如图 10-31 所示。

图 10-31　用户属性

默认情况下，域用户可以在域内任何一台计算机中登录，登录名方式登录域，如图 10-32 所示。域用户在加域后的计算机中登录，默认登录目标是域，只要输入用户名和密码即可登录。

图 10-32　用户登录名方式登录

10.2.3 登录名（Windows 2000 以前版本）方式登录

用户属性对话框中的"用户登录名（Windows 2000 以前版本）"，设置登录方法。建议"登录名（Windows 2000 以前版本）"和"登录名"设置相同。

1. 完整名称登录

以该方式登录时，输入的用户名称为域 NetBIOS 名称+"\"+用户名，例如 book\wsj，而不是单独输入用户名，如图 10-33 所示。键入用户密码后登录到域。

图 10-33　用户登录名（Windows 2000 以前版本）方式登录

2. 已经成功登录域的计算机

用户在一台计算机中成功登录域后，再次登录时，默认显示上次登录的用户名称，以"登录名（Windows 2000 以前版本）方式"显示，如图 10-34 所示。用户只要输入密码即可登录域。

图 10-34　以登录用户登录

10.2.4 UPN 登录

UPN（User Principal Name），用户主体名称格式为用户名+"@"+域名，例如

wsj@book.com，和电子邮件地址相同。

1．UPN 应用环境

域管理中经常遇到以下情况，域用户（wsj@book.com）使用的第三方的邮件地址（wsj@hotmail.com），并且已经习惯该种应用方式，登录域时希望使用该种方式登录。通过 UPN 方式登录可以解决该问题。

2．设置 UPN 后缀

AD DS 域服务安装完成后，默认 UPN 后缀为空，管理员可以设置需要的 UPN 后缀。

第 1 步，打开"Active Directory 域和信任关系"控制台，右击"Active Directory 域和信任关系"，在弹出的快捷菜单中选择"属性"命令，如图 10-35 所示。

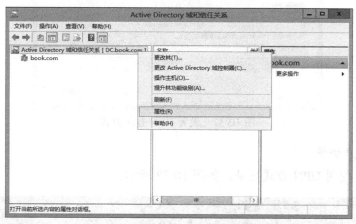

图 10-35　设置 UPN 后缀之一

第 2 步，命令执行后，打开"Active Directory 域和信任关系"对话框。默认没有设置任何 UPN 名称。在"其他 UPN 后缀"文本框中，键入需要定义的 UPN 后缀名称，例如 hotmail.com，单击"添加"按钮，UPN 名称添加到下方列表中，使用该方式添加需要的所有 UPN 名称，设置完成后的参数如图 10-36 所示。单击"确定"按钮，完成 UPN 后缀的设置。

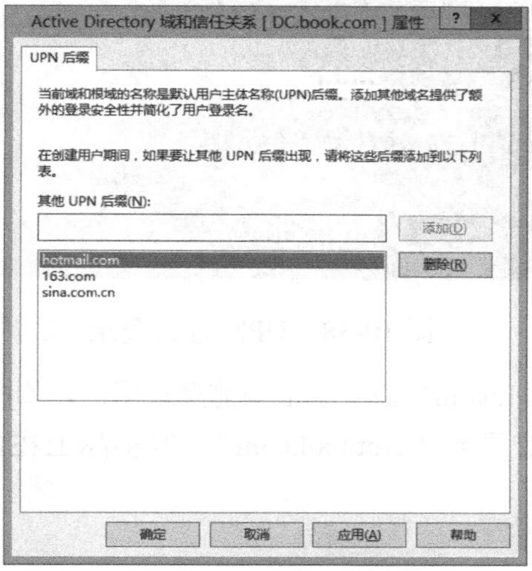

图 10-36　设置 UPN 后缀之二

3. 设置用户 UPN

新建用户时，"用户登录名"右侧选择用户使用的 UPN 名称，如图 10-37 所示。

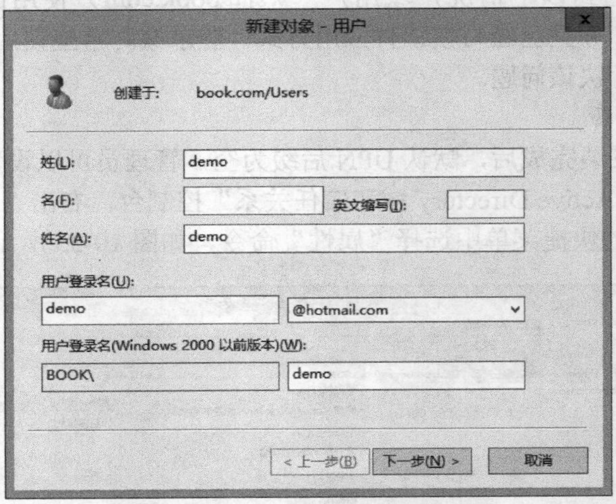

图 10-37　设置 UPN 登录方式

4. UPN 用户登录

登录域时，使用 UPN 方式登录，如图 10-38 所示。

图 10-38　UPN 方式登录

成功登录后，使用"whoami"命令验证当前登录用户，如图 10-39 所示。虽然给人的感觉好像"demo"用户登录到"Hotmail.com"，但实际上在内部显示的用户名称还是"book\demo"。

图 10-39　验证 UPN 登录结果

10.3　常用用户属性

域用户具备多个属性，域管理员可以通过"Active Directory 用户和计算机"、"Active Directory 管理中心"以及第三方工具通过图形方式查看用户属性，也可以通过"DS 命令组"、"PowerShell 命令组"查看用户属性，本节介绍常见的用户属性。

10.3.1　查看用户属性

用户创建成功后，可以通过"Active Directory 用户和计算机"、"DS 命令组"、"PowerShell 命令组"查看用户信息。

1. Active Directory 用户和计算机

打开"Active Directory 用户和计算机"，打开目标用户属性对话框，通过不同选项卡查看用户信息。以"常规"选项卡和"账户"选项卡为例，如图 10-40 和图 10-41 所示。

图 10-40　查看用户信息之一　　　　　　　　图 10-41　查看用户信息之二

2. DS 命令组

通过"dsget user"命令查看目标用户信息，例如查看用户"王淑江"的登录名、描述信息、User Principal Name 信息。

在命令行提示符下，键入如下命令。

dsget user CN=王淑江,CN=Users,DC=book,DC=com -samid -desc –upn

命令执行后，输出用户属性信息，如图 10-42 所示。

图 10-42　输出用户信息

Dsget user 命令参数可以通过"Dsget user /?"查询。

3. PowerShell 命令组

PowerShell 命令查询用户信息，也是建议使用的用户查询方式。

在命令行提示符下，键入如下命令。

Get-ADUser -Identity wangsj

命令执行后，输出用户基本信息，输出信息如下。

DistinguishedName	: CN=王淑江,CN=Users,DC=book,DC=com
Enabled	: True
GivenName	: shujiang
Name	: 王淑江
ObjectClass	: user
ObjectGUID	: 742ccdd8-ab04-413f-8c9a-66bd3f4fddc8
SamAccountName	: wangsj
SID	: S-1-5-21-2403734384-2466188990-2453692268-1603
Surname	: 王
UserPrincipalName	: wangsj@book.com

键入如下命令。

Get-ADUser -Identity wangsj -Properties *

命令执行后，输出用户所有属性信息。

10.3.2　DN 和 RDN

LDAP 是用来访问 Active Directory 数据库的目录服务协议。AD DS 域服务通过使用 LDAP 名称路径表示对象在 Active Directory 数据库中的位置。管理员使用 LDAP 协议来访问活动目录中的对象，LDAP 通过"命名路径"定位对象在数据库中的位置，即使用标识名（Distinguished Name，DN）和相对标识名（Relative Distinguished Name，RDN）标识对象。DN 表示对象在活动目录中完整路径，RDN 用来标识容器中的一个对象，是 DN 中最前面（第一个逗号前）的一项。

例如，通过"Active Directory 用户和计算机"控制台查看用户"wsj"。

- book.com 域创建 OU：HR；
- HR 包括子 OU：CHR；
- CHR 包括用户"wsj"。

则用户"wsj"完整 DN 表示为 CN=wsj, OU=CHR, OU=HR, DC=book,DC=com，如图 10-43 所示。

RDN 为 CN=wsj。

参数说明如下。

- DC（Domain Name）表示 DNS 域名。例如 DC=book,DC=com 表示的域名为 book.com。
- OU（Organization Unit）表示组织单位。DN 中何时使用 OU 而不是使用 CN 呢？ 只要组织单位是管理员手动创建，非系统默认容器，就需要使用 OU 作为标识。例 如 OU=CHR, OU=HR，CHR 是 HR 的子 OU，两个 OU 都是管理员手动创建。
- CN（Common Name），何时使用 CN 呢？ CN 是通用名称，除了 OU、DC 需要特殊 标识，其他容器全部使用 CN 作为标识。
- 如果 DN 中包含空格，需要使用引号将整个 DN 括起来作为一个完整的整体。例如 "CN=wsj,CN=Users, DC=book, DC=com"。

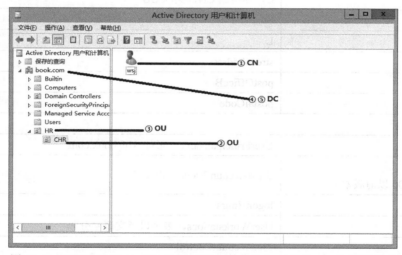

图 10-43　DN "CN=wsj, OU=CHR, OU=HR, DC=book,DC=com" 展现方式

10.3.3　GUID

GUID 即 Global Unique Identifier（全局唯一标识符）。GUID 是一个 128 的数值，所建 立的任何一个对象，系统都会自动给这个对象指定一个唯一的 GUID，即使对象名称更改， GUID 保持不变。

10.3.4　常用账户属性

域用户具备多个属性，表 10-1 中列出可在域用户导入文件中使用的常用属性字段。

表 10-1　　　　　　　　　　　　　　　用户常用属性列表

用户账户属性	
"常规"选项卡	
姓	Sn
名	Givename
英文缩写	Initials
显示名称	displayName
描述	Description
办公室	physicalDeliveryOfficeName
电话号码	telephoneNumber
电话号码	其他 otherTelephone，多个以英文分号分隔
电子邮件	Mail
网页	wWWHomePage
网页	其他 url，多个以英文分号分隔
"地址"选项卡	
国家/地区	C，如中国 CN，英国 GB
省/自治区	St
市/县	L
街道	streetAddress
邮政信箱	postOfficeBox
邮政编码	postalCode
"账户"选项卡	
用户登录名	UserPrincipalName，形如 S1@book.com
用户登录名 （windows 2000 以前版本）	SAMAccountName，形如 S1
登录时间	logonHours
登录到	UserWorkstations，多个以英文逗号分隔
用户账户控制	userAccountControl （启用：512，禁用：514，密码永不过期：66048）
账户过期	accountExpires
"配置文件"选项卡	
配置文件路径	profilePath
登录脚本	scriptPath
主文件夹	本地路径 homeDirectory
	连接 homeDrive（盘符）
	到 homeDirectory
"电话"选项卡	
家庭电话	homePhone（若是其他，在前面加 other）

续表

寻呼机	Pager，如 otherhomePhone
移动电话	Mobile，若多个以英文分号分隔
传真	FacsimileTelephoneNumber
IP 电话	ipPhone
注释	Info
"单位"选项卡	
职务	Title
部门	Department
公司	Company
"隶属于"选项卡	
隶属于	MemberOf，用户组的 DN 不需要使用引号，多个用分号分隔
"拨入"选项卡	
远程访问权限 （拨入或 VPN）	msNPAllowDialin （允许访问值为 TRUE，拒绝访问值为 FALSE）
回拨选项	msRADIUSServiceType （由呼叫方设置或回拨到值 4）
总是回拨到	msRADIUSCallbackNumber

10.4　创建域用户

　　活动目录中域用户是最小的管理单位，域用户最容易管理同时又最难管理，如果赋予域用户的权限过大，将对网络安全带来隐患，如果权限过小将限制域用户的正常工作。同时域用户的种类不同，管理任务也不同。

10.4.1　用户类型

域中常见的用户类型包括普通域用户、域管理员以及企业管理员。

- 普通用户：通过 Net、Dsadd、Powershell 或者"Active Directory 用户和计算机"创建的普通域用户，默认用户添加到"Domain Users"中。
- 域管理员：普通域用户添加到"Domain Admins"组中后，其权限提升为域管理员权限。
- 企业管理员：普通域用户添加到"Enterprise Admins"组中后，其权限提升为企业管理员权限。企业管理员具备域中最高权限。

10.4.2　默认用户

1. 域控制器默认用户

Windows Server 2012 提升为域控制器后，"administrator"作为默认域管理员账户，"Guest"用户被禁用，如图 10-44 所示。表 10-2 显示默认用户及其功能。

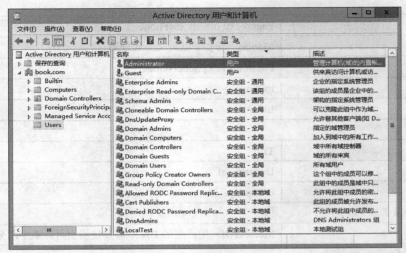

图 10-44　查看默认用户

表 10-2　　　　　　　　　　　Windows Server 2012 默认用户及其功能

默认用户账户	功　　能
Administrator 账户	Administrator 账户具有域的完全控制权限，可以根据需要将用户权利和访问控制权限分配给域用户，此账户仅用于需要管理凭据的任务，建议使用强密码来设置此账户，Administrator 账户是下列 Active Directory 组的默认成员：Administrators、Domain Admins、Enterprise Admins、组策略创建者所有者组和 Schema Admins，永远也不可以从管理员组删除 Administrator 账户，但可以重命名或禁用该账户，Administrator 账户是通过"Active Directory 域服务安装向导"设置新域时创建的第一个账户，即使已禁用了 Administrator 账户，仍然可以在安全模式下使用该账户访问域控制器
Guest 账户	在域中没有实际账户的人员可以使用 Guest 账户，如果已禁用某用户的账户（但尚未删除），则该用户还可以使用 Guest 账户，Guest 账户不需要密码，可以像任何用户账户一样设置 Guest 账户的权限，默认情况下，Guest 账户是内置"来宾"组和"域来宾"全局组的成员，这允许用户登录到域上，默认情况下将禁用 Guest 账户，并且建议将其保持禁用状态
Krbtgt 账号	Krbtgt 账号是在新建一台域控制器时，由系统自动创建的，用于 Kerberos 验证的服务账号，同时，系统会随机分配一个密码给到 Krbtgt 账号，krbtgt 账号是 kerberos 的服务账号，默认无法删除

2. 非域控制器默认用户

默认用户应该还包括在独立计算机中创建的用户。

如果用户在网络中的第一台域控制器中创建，创建的用户添加到本地管理员组中，则用户将被一同提升为域管理员。如果是普通用户，则添加到"Domain users"组中。独立计算机中设置的用户密码，提升为域控制器后同样有效。例如，独立计算机中默认"administrator"用户的密码设置为"123"，提升为域控制器后的密码仍为"123"。

如果用户不在网络中的第一台域控制器中创建，创建的用户仅对当前计算机有效，不会自动提升到域控制器中。

10.4.3　创建单一普通域用户

域管理员可以通过"Active Directory 用户和计算机"、"Active Directory 管理中心"、"DS 命令组"、"PowerShell 命令组"创建用户，管理员根据自己掌握的知识灵活创建域用户。

1. "Active Directory 用户和计算机"创建域用户

创建域用户时，需要注意域用户的命名规则以及密码规则。

第 1 步，以管理员身份登录域控制器，打开"Active Directory 用户和计算机"控制台，选择用户所在的组织单位或者选择默认的"Users"组，鼠标右键单击组织单位"Users"，在弹出的快捷菜单中选择"新建"选项，在弹出的级联菜单中选择"用户"命令，如图 10-45 所示。

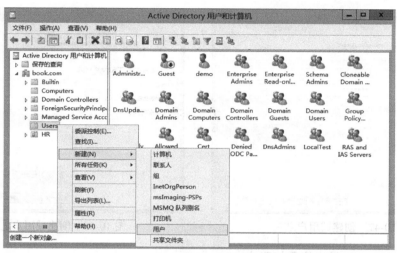

图 10-45　创建域用户之一

第 2 步，命令执行后，显示如图 10-46 所示的"新建对象-用户"对话框。根据需要设置姓名、用户登录名、UPN 后缀以及用户登录名（Windows 2000 以前的版本）等信息。用户登录名设置完成后，自动添加"用户登录名（Windows 2000 以前版本）"文本框信息。

图 10-46　创建域用户之二

第 3 步，单击"下一步"按钮，显示如图 10-47 所示的"新建对象-用户"对话框。在"密码"与"确认密码"文本框中键入用户密码（用户密码必须符合 Windows 密码策略），根据需要设置用户的登录属性。

- 用户下次登录时须更改密码。
- 用户不能更改密码。
- 密码永不过期。
- 账户已禁用。

第 4 步，单击"下一步"按钮，显示如图 10-48 所示的"新建对象-用户"对话框。显示新建用户的详细信息。单击"完成"按钮，创建并启用用户。

图 10-47　创建域用户之三

图 10-48　创建域用户之四

2. "NET 命令"创建计算机账户

使用"net user"命令可以创建域账户。在 MSDOS 命令行提示符下，键入如下命令。

net user test 12345!Q /add

命令执行后，创建并启用名称为"test"的计算机账户，默认添加到"users"容器中，如图 10-49 所示。

图 10-49　NET 命令创建用户

3. "DSADD"创建计算机账户

使用"DSADD"命令也可以创建域用户。在 MSDOS 命令行提示符下，键入如下命令。

dsadd user cn=wsj,cn=users,DC=book,DC=com

命令执行后，创建名称为"wsj"的域用户，添加到"users"组织单位中。注意，新建的用户账户默认处于禁用状态。

4. "Powershell"命令创建计算机账户

使用"New- ADUser"命令也可以创建域用户。键入如下命令，在目标组织单位（HR）中创建名称为"wsj"、UPN 为"wsj@book.com"的用户。

New-ADUser -Name:" 王 淑 江 " -Path:"OU=HR,DC=book,DC=com" -SamAccountName:"wsj"
-Server:"DC.book.com" -Type:"user" -UserPrincipalName:"wsj@book.com"

命令执行后，创建名称为"wsj"的域用户，添加到"HR"组织单位中。注意，新建的用户账户默认处于禁用状态。

10.4.4　批量创建普通域用户

1. Csvde 工具批量创建用户

Csvde 工具只能用于添加对象，在导入模式下不能通过导入的文件修改已有对象。本例中将名称为"userlist.csv"的用户配置文件导入到活动目录中，目标用户存储到名称为"HR"的组织单位中，同时设置用户的登录名、UPN 名、显示名称以及房间号码，用户状态为"禁用"。

需要导入的文件为 userlist.csv，文件内容如图 10-50 所示。

图 10-50　用户配置文件

数据格式说明如下。

Csv 文件中第一行数据是域用户属性标识符。各属性数据之间使用","分隔。
Csv 文件中第二行数据是与第一行属性标识符相对应的数据值。例如：
第二行数据 CN=王淑江,OU=HR,DC=BOOK,DC=COM，对应第一行的 DN 标识符。
第二行数据 user，对应第一行的 objectclass 标识符。
第二行数据 wangsj，对应第一行的 sAMAccountName 标识符，以此类推。

在命令行提示符下，键入如下命令。

csvde -i -f c:\userlist.csv -j c:\

命令执行后，将"userlist.csv"的用户配置文件导入到活动目录，产生的日志文件输出到"c:\csv.log"。日志文件内容如图 10-51 所示。

创建成功的结果如图 10-52 所示，用户状态为"禁用"。

图 10-51　日志文件

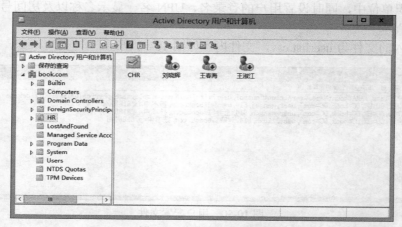

图 10-52　查看用户状态

2. "PowerShell"命令批量导入域用户

"PowerShell"命令支持全系列的用户操作。本例中将批量导入域用户，设置密码并启用导入的用户账户。

用户配置文件如图 10-53 所示。详细信息如下。

```
Name,sAMAccountName,userPrincipalName,displayname,Path
wangshujiang,wangsj,wangsj@book.com,JSC,"OU=HR,DC=book,DC=com"
wangchuhai,wangch,wangch@book.com,JSC,"OU=HR,DC=book,DC=com"
liuxiaohui,liuxh,liuxh@book.com,JSC,"OU=HR,DC=book,DC=com"
```

在命令行提示符下，键入如下命令。

```
$password = convertto-securestring -String "12345!Q" -AsPlainText –Force
```

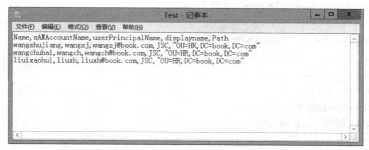

图 10-53　用户配置文件

命令执行后，设置域用户默认密码。

```
Import-Csv "C:\test.csv" | %{New-ADUser -Name $_.name -SamAccountName $_.SamAccountName
-userprincipalname $_.userprincipalname -displayname $_.displayname -accountpassword $password -enabled
$true -path "OU=HR,DC=book,DC=com"}
```

命令执行后，通过配置文件导入域用户、设置密码并启用用户，用户创建成功后如图
10-54 所示。注意，PowerShell 命令支持的参数和"csvde"参数不同，建议参考 PowerShell
命令详细说明。

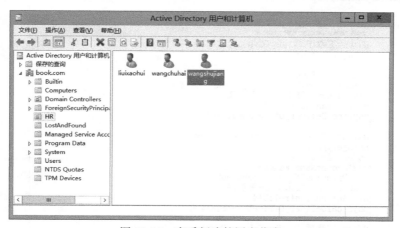

图 10-54　查看创建的用户信息

3．Ldifde 工具批量创建用户

Ldifde.exe 工具在导入模式下支持域用户批量添加、删除、修改等功能。本例中将名称
为"ldf.txt"的用户配置文件导入到活动目录中，目标用户存储到名称为"HR"的组织单
位中，同时设置用户的登录名、UPN 名、显示名称以及房间号码，用户状态为"禁用"。

需要导入的文件为 ldf.txt，文件内容如下（如图 10-55 所示）。

```
DN:cn=王淑江,OU=HR,DC=book,DC=com
changetype:add
objectclass:user
sAMAccountName:wangsj
userPrincipalName:wangsj@book.com
displayname:技术中心-王淑江
userAccountcontrol:514
```

physicalDeliveryOfficeName:818 房间

DN:cn=王春海,OU=HR,DC=book,DC=com
changetype:add
objectclass:user
sAMAccountName:wangch
userPrincipalName:wangch@book.com
displayname:技术中心-王春海
userAccountcontrol:514
physicalDeliveryOfficeName:818 房间

DN:cn=刘晓辉,OU=HR,DC=book,DC=com
changetype:add
objectclass:user
sAMAccountName:liuxh
userPrincipalName:liuxh@book.com
displayname:技术中心-刘晓辉
userAccountcontrol:514
physicalDeliveryOfficeName:818 房间

图 10-55　用户配置文件

在命令行提示符下，键入如下命令。

```
ldifde -i -f c:\ldf.txt -j c:\
```

命令执行后，将"ldf.txt"用户配置文件导入到活动目录，产生的日志文件输出到"c:\ldfif.txt"。日志文件内容如图 10-56 所示。

导入配置文件前、后用户数量如图 10-57 所示。

图 10-56　日志文件

图 10-57　查看用户状态

4．Ldifde 工具批量删除用户

Ldifde.exe 工具在导入模式下删除用户配置文件中的用户，配置文件内容如下。

```
DN:cn=王淑江,OU=HR,DC=book,DC=com
changetype:delete


DN:cn=王春海,OU=HR,DC=book,DC=com
changetype:delete


DN:cn=刘晓辉,OU=HR,DC=book,DC=com
changetype:delete
```

在命令行提示符下，键入如下命令。

```
ldifde -i -f c:\ldf.txt -j c:\
```

命令执行后，删除配置文件中指定的用户。

5. Ldifde 工具修改用户属性

用户"liuxh"的"显示名称"属性和"UPN 登录名"属性原始设置如图 10-58 所示。

图 10-58　用户原始属性

Ldifde.exe 工具在导入模式下修改用户配置文件中的用户属性，配置文件内容如下。

DN:cn=刘晓辉,OU=HR,DC=book,DC=com
changetype:modify
replace:displayname
displayname:信息处主任-刘晓辉（高级工程师）
-
replace:userPrincipalName
userPrincipalName:liuxh@book.com.cn
-

在命令行提示符下，键入如下命令。

ldifde -i -f c:\ldf.txt -j c:\

命令执行后，修改配置文件中指定的用户"显示名称"和"UPN 登录名"属性，如图 10-59 所示。

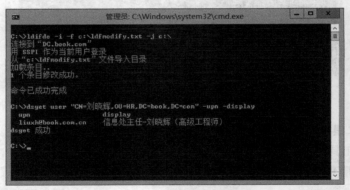

图 10-59　修改后的用户属性

使用"Ldifde"工具需要注意的问题如下。

- 两行数据之间至少空一行。
- 修改属性数据时，每个属性后面必须以"-"号作为结束符。
- 删除用户数据时，只需要定义 DN，以及操作方式（changetype：delete）。
- 新增数据操作方式（changetype：add）。
- 修改数据操作方式（changetype：modify）。

6. "Net" 命令批量创建域用户

测试环境中，管理员经常需要模拟成百上千个测试账户，如果按照单一方法创建，将费时费力。通过使用 "net" 命令结合 "For" 语句一次性创建多个用户账户。

以域管理员身份登录域控制器，使用 "Net" 命令批量创建 100 个用户账户。

用户创建前，域中所有用户如图 10-60 所示。

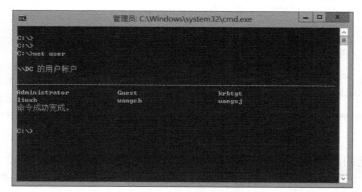

图 10-60　查询创建前的用户

在 MSDOS 命令行提示符下，键入如下命令。

```
For /L %a in (1,1,100) do net user Test%a 12345!Q /add /domain
```

命令执行后，批量创建名称为 "\\Test" 开头的用户账户，默认添加到 "Users" 容器中。通过 "net user" 命令查看创建的用户账户，如图 10-61 所示。

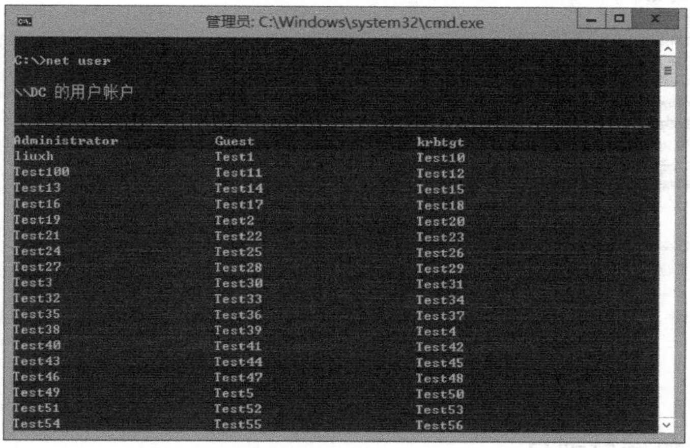

图 10-61　批量创建计算机账户

批量删除名称为 "\\Test" 开头的计算机账户，使用以下命令。

```
For /L %a in (1,1,100) do net user Test%a /del /domain
```

10.4.5　批量导入用户过程中出现的问题

批量导入用户过程中，经常遇到用户导入成功后显示乱码的问题，如图 10-62 所示。

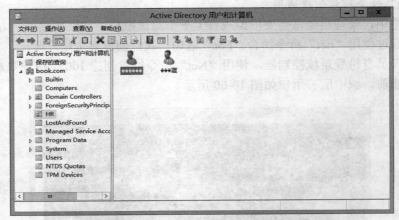

图 10-62　用户信息显示为乱码

出现该问题的原因是字符编码问题，默认状态下 Windows Server 2012 采用"Unicode"编码，用户配置文件一般使用"ANSI"编码，因此将用户配置文件"另存为"支持"Unicode"格式的 CSV 文件或者 txt 文件即可，如图 10-63 所示。

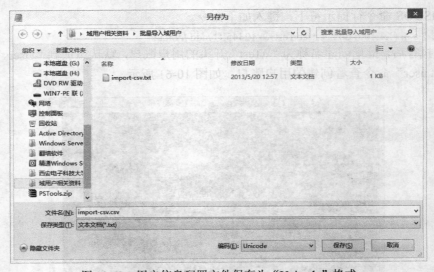

图 10-63　用户信息配置文件保存为"Unicode"格式

10.4.6　创建域管理员

创建完成的域用户添加到"Domain Admins"组后，普通域用户提升为域管理员。

1. "Active Directory 用户和计算机"提升为域管理员

第 1 步，打开"Active Directory 用户和计算机"控制台，选择需要提升权限的用户"王淑江"，打开用户属性对话框，切换到"隶属于"选项卡，如图 10-64 所示。

第 2 步，单击"添加"按钮，打开"选择组"对话框。设置完成的参数如图 10-65 所示。

图 10-64 权限提升之一

图 10-65 权限提升之二

第 3 步，单击"确定"按钮，返回到用户属性对话框，设置完成的参数如图 10-66 所示。单击"确定"按钮，将目标用户提升为管理员。

图 10-66 权限提升之三

第 4 步，域管理员设置完成后，可以通过"net group"命令查询"Dmain Admins"组中的用户，如图 10-67 所示。用户"wangsj"已经添加到目标组中。

图 10-67 权限提升之四

2. "Dsmod"命令提升为域管理员

使用"Dsmod"命令将用户"王淑江"提升为域管理员。在命令行提示符下，键入如下命令。

dsmod group "CN=Domain Admins,CN=Users,DC=book,DC=com" -addmbr "CN= 王 淑 江,CN=Users,DC=book,DC=com"

命令执行后，用户"王淑江"添加到"Domain Admins"中，如图 10-68 所示。

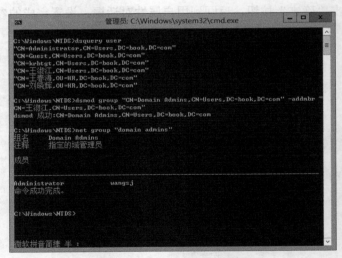

图 10-68 dsmod 命令提升为管理员

10.4.7 创建企业管理员

域中具备最高管理权限的用户不是"Administrators"和"Domain Admins"组成员，而是"Enterprise Admins"组成员。默认管理员"Administrator"是"Enterprise Admins"组中的成员，也是唯一的成员。因此默认管理员账户"Administrator"具备企业的最高管理权限。

由于众所周知的原因，"Administrator"是一个不安全的因素，建议将"Administrator"管理员账户降级为普通的用户，使其具备最低的权限，禁止或者重命名此账户。创建一个新的账户，使其具备 Active Directory 中最高的管理权限。本例将刚创建的用户 wangsj 提升为企业管理员。

1."Active Directory 用户和计算机"提升为企业管理员

第 1 步,打开"Active Directory 用户和计算机"控制台,选择"Users"容器,打开"Enterprise Admins 属性"对话框,如图 10-69 所示。

第 2 步,切换到"成员"选项卡,默认"Administrator"是"Enterprise Admins"组的唯一成员,如图 10-70 所示。

图 10-69　创建企业管理员之一

图 10-70　创建企业管理员之二

第 3 步,单击"添加"按钮,打开"选择用户、联系人、计算机、服务帐户或组"对话框。设置完成的参数如图 10-71 所示。

第 4 步,单击"确定"按钮,返回到"Enterprise Admins 属性"对话框,选择的用户添加到"成员"列表中,如图 10-72 所示。单击"确定"按钮,成功创建企业管理员账户。

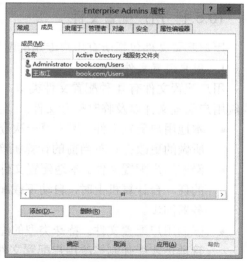

图 10-71　创建企业管理员之三

图 10-72　创建企业管理员之四

2. "Dsmod" 命令提升企业管理员

使用 "Dsmod" 命令将用户 "王淑江" 提升为企业管理员（"Enterprise Admins" 组）。在命令行提示符下，键入如下命令。

dsmod   group   "CN=Enterprise   Admins,CN=Users,DC=book,DC=com"   -addmbr   "CN= 王 淑 江,CN=Users,DC=book,DC=com"

命令执行后，用户 "王淑江" 添加到 "Enterprise Admins" 中，如图 10-73 所示。

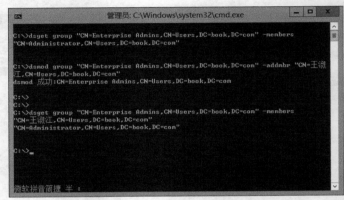

图 10-73 "Dsmod" 命令提升企业管理员

10.5 用户配置文件

用户配置文件，是用户登录时系统加载所需环境的设置和文件的集合，包括所有用户专用的配置设置，如程序项目、屏幕颜色、网络连接、打印机连接、鼠标设置及窗口的大小和位置等。当用户使用 Window 2000 以上操作系统的计算机第一次登录到域时，就会为用户自动创建专用配置文件。

10.5.1 用户配置文件

用户配置文件包括所有用户专用的配置设置，仅对当前用户生效。

1. 用户配置文件类型

用户配置文件有 4 种配置文件类型，分别为本地用户配置文件、漫游用户配置文件、强制用户配置文件以及临时配置文件。

- 本地用户配置文件。用户第一次登录到计算机上时创建，任何对本地用户配置文件所做的更改都只对当前的计算机产生作用。

- 漫游用户配置文件。本地配置文件副本储存在服务器中。当用户每次登录到网络上的任一台计算机上时，自动下载配置文件，当用户注销时，用户配置文件自动与服务器同步。

- 强制用户配置文件。特殊类型的配置文件，管理员可为用户指定特殊的设置。只有管理员才能强制修改用户配置文件。当用户从系统注销时，用户对桌面做出的修改就会丢失。

- 临时配置文件。临时配置文件只有在因一个错误而导致用户配置文件不能被加载时才会出现。临时配置文件允许用户登录并改正任何可能导致配置文件加载失败的配置。临时配置文件在每次会话结束后都将被删除。注销时对桌面设置和文件所做的更改都会丢失。

2. 用户配置文件存储位置

用户配置文件分为 2 种类型：本机用户配置文件和域用户配置文件。

本机用户配置文件。以 Windows 7 操作系统为例。本机用户配置文件的默认存储位置为系统盘（默认为 C 盘）下的"用户"文件夹，当前登录用户配置文件存储在和当前登录用户名同名的文件夹中，如图 10-74 所示。

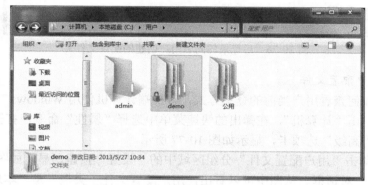

图 10-74　登录用户配置文件夹位置

域用户配置文件。域用户在计算机中登录后，同样创建和登录名相同的用户配置文件夹，例如域用户"Test100"在名称为"Win7"的计算机中登录，配置文件夹如图 10-75 所示。

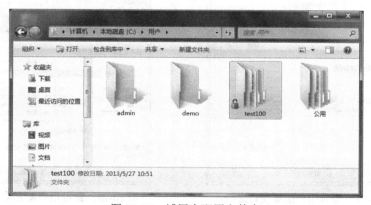

图 10-75　域用户配置文件夹

如果本机用户和域同名用户都在本机登录过，将在同名文件夹后面附加后缀。例如，计算机 Win7 已经加入域，本地有一个名称为"demo"的账户，域上也有一个名称为"demo"的账户。首先本地用户"demo"登录计算机，然后域用户"demo"在此登录计算机，两个用户登录后创建的用户配置文件夹如图 10-76 所示。注意，后登录的用户的文件夹添加域名为后缀。如果首先域用户方式登录，然后本地计算机用户登录，后创建的用户配置文件夹后缀为计算机名称。

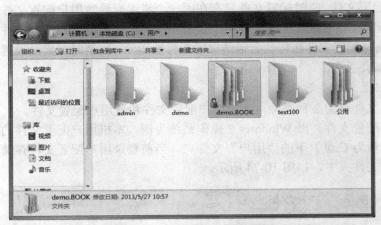

图 10-76　后登录的同名用户创建的配置文件夹

3．查看用户配置文件

下面介绍如何查看用户当前的登录方式，客户端计算机使用 Windows 7 操作系统。

第 1 步，右击"计算机"，在弹出的快捷菜单中选择"属性"命令，打开"系统属性"窗口，切换到"高级"选项卡，显示如图 10-77 所示。

第 2 步，单击"用户配置文件"分组区域中的"设置"按钮，显示如图 10-78 所示的"用户配置文件"对话框。从图中可以看出，用户配置文件"类型"是"本地"，说明用户配置文件保存在本地。

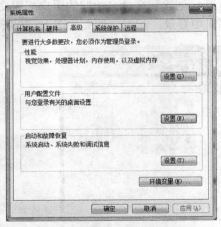

图 10-77　查看用户配置文件之一

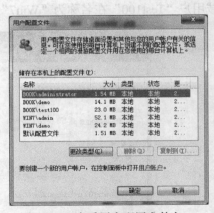

图 10-78　查看用户配置文件之二

10.5.2　漫游用户配置文件

域环境中，默认状态下所有域用户可以在域内任意一台计算机登录。当用户在一台计算机上登录并配置之后，默认情况下，用户配置文件保存在登录过的本地计算机中。到其他计算机上登录时，所有的设置还原为原始设置。如果在域环境中，任何一台计算机登录都使用相同的配置，该如何实现？

1. 漫游用户配置文件

　　漫游用户配置文件是使用户登录到域中的计算机后，将用户配置文件存储在由管理员指定的服务器中。当用户成功登录后，用户配置文件将复制到当前登录的本地计算机中。当本地计算机上的用户配置文件修改并注销用户后，所做的更改将复制到存储在服务器上的用户配置文件中，并在下次用户登录时应用。

　　从"Active Directory 用户和计算机"控制台中，可以为用户配置文件指派服务器位置。如果用户的域账户中输入了用户配置文件的路径，当用户注销时，该用户本地用户配置文件的副本将保存到本地和用户配置文件路径位置。用户下次登录时，用户配置文件路径位置中存储的配置文件将与本地用户配置文件文件夹中的副本进行比较，然后打开最新的配置文件副本。由于存储在指定的服务器中，该本地用户配置文件将成为漫游用户配置文件。不论用户在什么地方登录，都可以使用其设置和文档。

2. 配置漫游用户配置文件

　　管理员可以通过多种方式配置漫游用户配置文件存储位置。用户登录后，从服务器中将用户配置文件下载到本地并加以应用。当用户注销时，将把本地的用户配置文件同步到服务器，保证服务器和本地计算机用户配置文件同步。

3. 创建共享文件夹

　　服务器中创建名称为"profile"共享文件夹存储用户配置文件，共享文件夹权限设置为"读取/写入"，如图 10-79 所示。

4. 单一用户设置配置文件

　　打开"Active Directory 用户和计算机"，右击目标用户，在弹出的快捷菜单中选择"属性"命令，打开用户"属性"对话框，切换到"配置文件"选项卡，在"用户配置文件"分组区域的"配置文件路径"文本框中，键入共享文件夹地址"\\dc\profile\%username%"，"DC"是服务器名称。设置完成的参数如图 10-80 所示。单击"确定"按钮，完成用户配置文件设置。

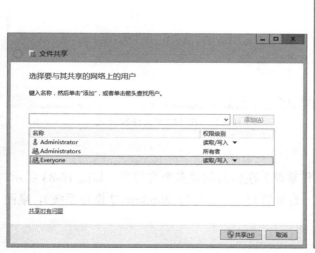

图 10-79　创建共享文件夹

图 10-80　服务器漫游用户文件设置

5. "DS" 命令组设置域用户配置文件

使用 "DS" 命令组设置用户 "test90" 配置文件。在命令行提示符下，键入如下命令。

```
dsquery user -name test90 | dsmod user -profile \\dc\profile\ test90
```

6. 批量设置域用户配置文件

使用 "DS" 命令组为所有以 "Test" 开头的用户设置配置文件位置。在命令行提示符下，键入如下命令。

```
dsquery user -name test* | dsmod user   -profile \\dc\profile\$username$
```

10.5.3　用户配置文件验证

客户端计算机测试一：运行 Windows 7 操作系统，以域用户 "Test100" 身份登录。客户端计算机注销，重新登录到域。

1. 查看配置文件类型

使用 "查看用户配置文件" 介绍的方法，查看当前登录用户配置文件类型，域用户 "test100" 配置文件类型为 "漫游"，如图 10-81 所示。

2. 查看配置文件存储位置

打开文件服务器共享文件夹 "profile"，显示与域用户账户 test100 同名的文件夹 "test100"，如图 10-82 所示。注意，Windows Server 2012 AD DS 域服务创建的文件夹后缀为 ".V2"，表示版本为 2。域用户 "test100" 到其他域内计算机上去登录，将显示相同的配置文件以及配置环境。

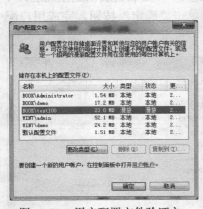

图 10-81　用户配置文件验证之一

图 10-82　用户配置文件验证之二

3. 验证配置文件

客户端计算机（运行 Windows 7 操作系统）在桌面创建多个文件夹，如图 10-83 所示。

从客户端计算机一注销后，在另外一台计算机登录（运行 Windows 7 操作系统），桌面效果如图 10-84 所示。

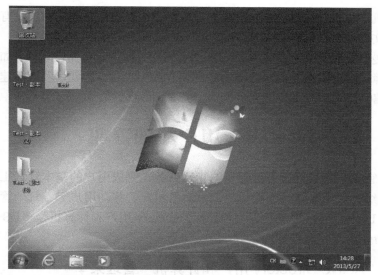

图 10-83　Windows 7 客户端计算机登录之一

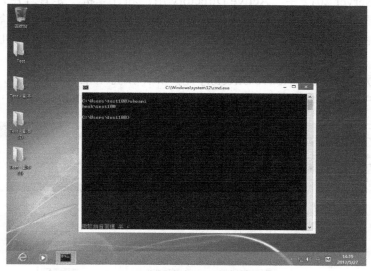

图 10-84　Windows 7 客户端计算机登录之二

10.5.4　用户漫游配置文件注意事项

漫游用户配置文件必须存储在服务器中，用户注销时，相关更改会自动保存到服务器中。域用户无论下次从域中哪一台计算机登录，都可以使用最后保存的配置文件作为工作环境。在应用中需要注意以下问题。

- 漫游用户配置文件只适用于域用户使用。只有在域（Active Directory）环境中才能够使用漫游配置文件。本地计算机用户无法使用漫游配置文件。
- 只有在域用户注销时配置更改才会保存到配置文件中。例如域用户在桌面保存一个文档。在没有注销前，这个文档不会保存到漫游配置文件中。此时该域用户在其他计算机中需要使用该文档，最新的更改将不会被应用，该文档还没有被保存在漫游配置文件中，仅保存在本地。

- 由于漫游配置文件存放在网络中的服务器中，而不是存储在本地，如果内部网络出现故障，用户将不能读取服务器中的用户配置文件。因此，部署前建议先评估当前的网络环境。

10.6　用户基础管理

用户基础管理，是域管理员最常见的管理任务，完成用户的基本管理工作，例如解锁用户、添加到组、启用账户、删除用户、重命名用户、移动用户等。每个管理任务都可以通过"Active Directory 管理中心"、"Active Directory 用户和计算机"、"DS 命令组"以及"PowerShell 命令组"完成相同的功能。

10.6.1　"Active Directory 用户和计算机"管理菜单

Windows Server 2012 中"Active Directory 用户和计算机"是管理用户的重要平台，日常管理任务都可以通过该平台完成。当客户端计算机运行 Windows 7/8 等操作系统时，安装 Active Directory 管理工具后，通过"Active Directory 用户和计算机"也可以进行管理。

以域管理员身份登录"Active Directory 用户和计算机"，右击目标用户，在弹出的快捷菜单中显示用户管理功能，如图 10-85 所示。管理员通过该菜单可以对用户进行管理。

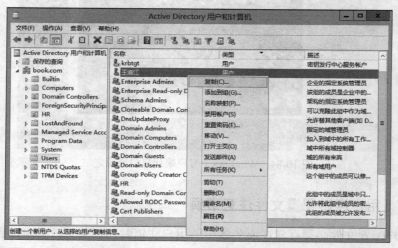

图 10-85　管理菜单

10.6.2　复制

"复制"功能，以已有用户为基础，部分用户属性将复制到新用户属性中。注意，"Active Directory 管理中心"不提供该功能。

第 1 步，选择目标用户后，管理菜单中选择"复制"功能，命令执行后启动"复制对象-用户", 显示如图 10-86 所示对话框。设置用户基本信息, 注意登录名、UPN 后缀的设置。

第 2 步, 单击"下一步"按钮, 显示如图 10-87 所示对话框。设置用户密码以及密码的相关功能。

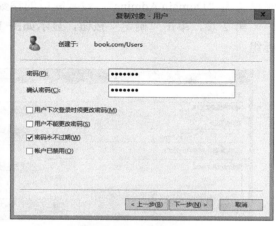

图 10-86 复制操作之一　　　　　　　图 10-87 复制操作之二

第 3 步, 单击"下一步"按钮, 显示如图 10-88 所示对话框。显示用户设置信息。单击"完成"按钮, 创建新用户。

图 10-88 复制操作之三

10.6.3 添加到组

利用"组"管理用户, 可以降低管理员的管理难度, 只要对组赋予一次权限后, 将具备同样使用权限的用户添加到组中, 新添加的用户将自动继承组权限, 不需要对每个用户单独进行权限设置。一个用户可以添加到不同的组, 从而具备不同的权限, 用户权限可以叠加。组可以创建在任何组织单位下, 也可以创建在默认组中。用户可以在组织单位下创建, 也可以在"Users"组中创建。本节将用户"王淑江"添加到"Domain Admins"组中。

1. Active Directory 用户和计算机

第 1 步，选择目标用户后，管理菜单中选择"添加到组"功能，命令执行后，打开"选择组"对话框，在"输入对象名称来选择"文本框中键入需要添加的目标组名称，单击"检查名称"按钮，检查键入的组是否为合法的组。验证通过后，组名称以下划线标注，目标组设置为"Domain Admins"，设置完成的参数如图 10-89 所示。

第 2 步，单击"确定"按钮，显示如图 10-90 所示的对话框。提示用户已经添加到目标组。

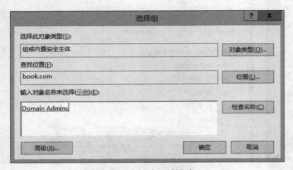

图 10-89　添加到组之一

图 10-90　添加到组之二

第 3 步，通过"Net group"命令验证用户"王淑江"是否已添加到"Domain Admins"组中，验证结果如图 10-91 所示。

图 10-91　添加到组之三

2. "Dsmod"命令

使用"Dsmod"命令将用户"王淑江"添加到"Domain Admins"组。在命令行提示符下，键入如下命令。

```
dsmod group "CN=Domain Admins,CN=Users,DC=book,DC=com" -addmbr "CN=王淑江,CN=Users,DC=book,DC=com"
```

命令执行后，用户"王淑江"添加到"Domain Admins"组中。

3. "PowerShell"命令

使用"Add-ADPrincipalGroupMembership"命令将用户"王淑江（wangsj）"添加到"Domain Admins"组。在命令行提示符下，键入如下命令。

Add-ADPrincipalGroupMembership -Identity wangsj -MemberOf:"CN=Domain Admins,CN=Users, DC=book,DC=com"

命令执行后，用户"王淑江"添加到"Domain Admins"组中。

10.6.4　禁用账户

由于企业员工离职或者其他原因，需要禁止用户账户的使用。

1．Active Directory 用户和计算机

"禁用账户"的前提是用户已经启用。

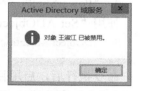

选择目标用户后，管理菜单中选择"禁用账户"功能，命令执行后，显示如图 10-92 所示的对话框，直接禁用目标用户。

图 10-92　禁用账户信息提示

2．"Dsmod"命令

使用"Dsmod"命令禁用用户"王淑江"。在命令行提示符下，键入如下命令。

dsmod user CN=王淑江,CN=Users,DC=book,DC=com -disabled yes

命令执行后，禁用目标用户"王淑江"。

3．"PowerShell"命令

使用"Set-ADObject"命令禁用用户"王淑江"。在命令行提示符下，键入如下命令。

Set-ADObject -Identity:"CN=王淑江,CN=Users,DC=book,DC=com" -Replace:@{userAccountControl= "514"}

命令执行后，禁用目标用户"王淑江"。

4．查询禁用的用户账户

使用"dsquery user -disabled"命令，查询当前域被禁用的所有用户账户。在命令行提示符下，键入如下命令。

dsquery user –disabled

命令执行后，显示域中所有被禁用的用户账户，如图 10-93 所示。验证用户"王淑江"的状态。

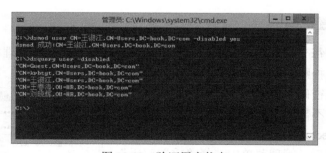

图 10-93　验证用户状态

10.6.5　启用账户

被禁用的账户没有从活动目录中删除，管理员可以重新启用处于"禁用"状态的账户。

1．Active Directory 用户和计算机

"启用账户"的前提是用户已经被禁用。

选择目标用户后，管理菜单中选择"启用账户"功能，命令执行后，显示如图 10-94

所示的对话框，直接启用目标用户。

2. "Dsmod" 命令

使用 "Dsmod" 命令启用用户 "王淑江"。在命令行提示符下，键入如下命令。

```
dsmod user CN=王淑江,CN=Users,DC=book,DC=com -disabled no
```

命令执行后，启用目标用户 "王淑江"。

3. "PowerShell" 命令

使用 "Set-ADObject" 命令启用用户 "王淑江"。在命令行提示符下，键入如下命令。

```
Set-ADObject -Identity:"CN=王淑江,CN=Users,DC=book,DC=com" -Replace:@{userAccountControl="512"}
```

命令执行后，启用目标用户 "王淑江"。

4. 查询启用的用户账户

使用 "dsquery user" 命令，查询当前域已经启用所有用户账户。在命令行提示符下，键入如下命令：

```
dsquery user
```

命令执行后，显示域中所有启用的用户账户，如图 10-95 所示。验证用户 "王淑江" 的状态。

图 10-94　启用账户信息提示　　　　　　　　　图 10-95　验证用户状态

10.6.6　重置密码

活动目录中的每个用户账户，都应设置密码，尤其是那些具有管理权限的账户，更应设置安全密码，以挫败肆意和无意识的密码攻击。实际工作中用户忘记密码，在日常工作也经常遇到。处于禁用状态的用户不需要重置密码。

1. Active Directory 用户和计算机

选择目标用户后，管理菜单中选择 "重置密码" 功能，命令执行后，显示如图 10-96 所示的对话框，设置用户密码并设置密码的更改方式，如果用户被禁用，选择 "解锁用户的账户" 选项，单击 "确定" 按钮，完成用户密码设置。

图 10-96　重置密码对话框

2. "Dsmod" 命令

使用 "Dsmod" 命令设置用户 "王淑江" 的密码。在命令行提示符下，键入如下命令。

```
dsmod user CN=王淑江,CN=Users,DC=book,DC=com -pwd 12345!Q
```

命令执行后，重置用户"王淑江"的密码。

密码其他相关参数如下。

- -mustchpwd {yes | no}：设置用户在下次登录时是（yes）否（no）必须更改密码。
- -canchpwd {yes | no}　：设置用户是（yes）否（no）能更改密码。如果 -mustchpwd 的设置是"yes"，则此设置也应该是"yes"。
- -reversiblepwd {yes | no}：设置是（yes）否（no）使用可逆加密方式存储用户密码。
- -pwdneverexpires {yes | no}：设置用户密码是（yes）否（no）永不过期。

3. "PowerShell"命令

使用"Set-ADAccountPassword"命令重置用户"王淑江"的密码。在命令行提示符下，键入如下命令。

```
Set-ADAccountPassword -Identity wangsj –Reset
请为"CN=王淑江,CN=Users,DC=book,DC=com"输入所需密码
密码：
重复密码：
```

命令执行后，打开对话框（如图 10-97 所示），需要两次输入相同的用户密码，才能完成密码设置。

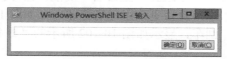

图 10-97　密码输入对话框

10.6.7　删除用户

用户离职，将此用户从 Active Directory 数据库中彻底删除。建议员工刚离职时，选择账户禁用功能，一段时间之后再删除被禁用的账户。

1. Active Directory 用户和计算机

选择目标用户后，管理菜单中选择"删除"功能，命令执行后，显示如图 10-98 所示的对话框，确认是否删除目标用户，单击"是"按钮，将删除目标用户。

2. "Dsrm"命令

使用"dsrm"命令删除用户"test11"。在命令行提示符下，键入如下命令。

```
dsrm CN=test11,CN=Users,DC=book,DC=com
```

命令执行后，根据提示确认是否删除目标用户，如图 10-99 所示。

图 10-98　重置密码对话框

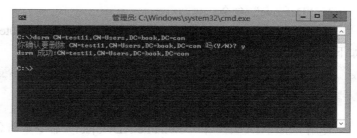

图 10-99　删除目标用户

3. "PowerShell" 命令

使用"Remove-ADObject"命令删除用户"test10"。在命令行提示符下，键入如下命令。

```
Remove-ADObject -Identity:"CN=Test10,CN=Users,DC=book,DC=com"
```

命令执行后，打开对话框（如图 10-100 所示）确认是否删除目标用户，确认后即可删除目标用户。

图 10-100　确认对话框

10.6.8　重命名用户

账户重命名也是经常遇到的管理任务，例如原来设置的英文名称换成中文名称。

1. Active Directory 用户和计算机

选择目标用户后，管理菜单中选择"重命名"功能，命令执行后，高亮显示选择的用户，用户名称处于可编辑状态，直接更改用户名称即可，如图 10-101 所示。

用户名称更改完成后，回车，显示如图 10-102 所示的"重命名用户"对话框，根据需要修改用户其他属性信息。

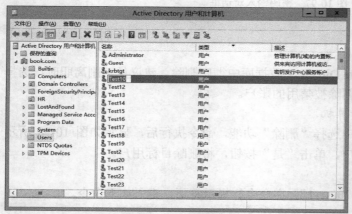

图 10-101　重命名用户之一

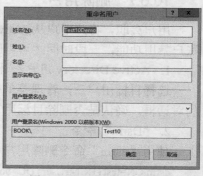

图 10-102　重命名用户之二

2. "Dsmove" 命令

使用"Dsmove"命令重命名用户"test90"为"test90test"。在命令行提示符下，键入如下命令。

```
dsmove CN=Test90,CN=Users,DC=book,DC=com -newname Test90Test
```

命令执行后，重命名目标用户。

3. "PowerShell" 命令

使用"Set-ADUser"和"Rename-ADObject"命令重命名用户"test17"。在命令行提示符下，键入如下命令。

Set-ADUser -Identity:"CN=Test17,CN=Users,DC=book,DC=com" -SamAccountName:"Test17000"
Rename-ADObject -Identity:"CN=Test17,CN=Users,DC=book,DC=com" -NewName:"Test16000"

命令执行后，重命名目标用户。

10.6.9　移动用户

员工工作调动，从一个部门调到另外一个部门，随之
其用户账号从一个部门（组织单位）移动到新的部门（组
织单位）。

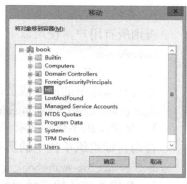

1. Active Directory 用户和计算机

选择目标用户后，管理菜单中选择"移动"功能，命
令执行后，打开"移动"对话框，选择目标容器后，单击
"确定"按钮，用户将移动到目标组织单位，如图 10-103
所示。

图 10-103　"移动"对话框

2. "Dsmove"命令

使用"Dsmove"命令将用户"test95"从默认容器移动到"HR"组织单位中。在命令
行提示符下，键入如下命令。

dsmove CN=Test95,CN=Users,DC=book,DC=com   -newparent OU=HR,dc=book,dc=com

命令执行后，将用户"test95"从容器"Users"移动到组织单位"HR"。

3. "PowerShell"命令

使用"Move-ADObject"命令从一个组织单位移动到其他组织单位。在命令行提示符
下，键入如下命令。

Move-ADObject -Identity:"CN=Test18,CN=Users,DC=book,DC=com" -TargetPath:"OU=HR,DC=book,
DC=com"

命令执行后，将用户"Test18"从容器"Users"移动到组织单位"HR"。

使用"dsquery user"命令验证目标组织单位中的用户，如图 10-104 所示。

图 10-104　验证用户

10.7　用户管理实战

本节以网络应用为基础，详细介绍域管理中常见的应用、故障，结合组策略完成用户
相关的管理任务。

10.7.1   查询用户

用户查询在管理中经常遇到，域管理员可以通过以下方式查询需要的用户。

1. 查询所有用户

查询所有用户，使用以下命令。

Dsquery user

2. 查询组中所有用户

查询目标组中的所有成员，使用以下命令。

dsget group "CN=Domain Admins,CN=Users,DC=book,DC=com" -members

3. 查询组织单位中所有用户

查询目标组织单位中的所有成员，使用以下命令。

dsquery user "ou=hr,dc=book,dc=com"

4. 查询名称包括"admin"字符串的所有用户

查询名称包括"admin"字符串的所有用户，使用以下命令。

dsquery user -name admin*

5. 查询所有被禁用的用户

查询域中所有被禁用的用户，使用以下命令。

dsquery user –disabled

说明："-disabled"参数，表示用户账号的状态被禁用。

10.7.2   批量解锁被锁定的账户

网络由于病毒等原因，部分域用户被锁定，策略解锁时间是 30 分钟。30 分钟之前，锁定的用户无法登录域并使用域内的资源。管理任务：找到所有被锁定的账户并快速解锁账户。

1. "Active Directory 用户和计算机"查询并启用域中被禁用的账户

第 1 步，打开"Active Directory 用户和计算机"控制台，右击保存的查询，在弹出的快捷菜单中选择"新建"选项，在弹出的级联菜单中选择"查询"命令，如图 10-105 所示。

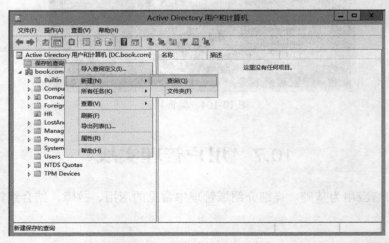

图 10-105   查询被禁用的用户之一

第 2 步，命令执行后，显示如图 10-106 所示的"新查询"对话框。定义查询名称，选择"包括子容器"选项。

第 3 步，单击"定义查询"按钮，打开"查找一般性查询"对话框。选择"用户"选项卡，选择"禁用的账户"选项，设置完成的参数如图 10-107 所示。

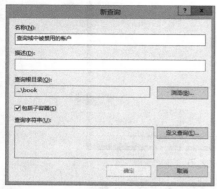

图 10-106　查询被禁用的用户之二

图 10-107　查询被禁用的用户之三

第 4 步，单击"确定"按钮，新建的查询语句添加到"查询字符串"文本框中，如图 10-108 所示。

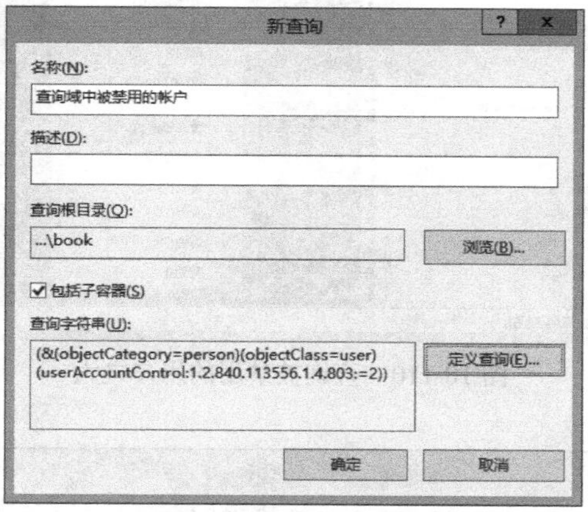

图 10-108　查询被禁用的用户之四

第 5 步，单击"确定"按钮，"Active Directory 用户和计算机"右侧窗格中显示被禁用的所有用户，如图 10-109 所示。

第 6 步，右击需要启用的用户，在弹出的快捷菜单中选择"启用账户"命令，如图 10-110 所示。命令执行后，批量解锁被禁用的用户。

2. "DS 命令组"查询并启用域中被禁用的账户

使用"dsquery user"命令查询域中被禁用的账户。在命令行提示符下，键入如下命令。

dsquery user -disabled | dsmod user -disabled no

命令执行后，"dsquery user -disabled"显示所有被禁用的用户账户，"dsmod user -disabled no"命令启用被禁用的用户。

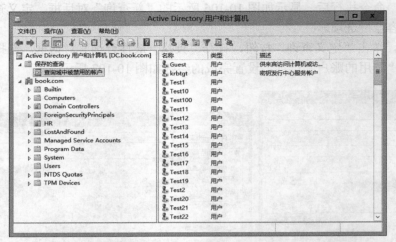

图 10-109　查询被禁用的用户之五

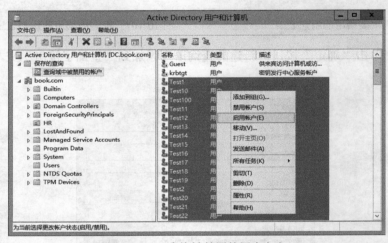

图 10-110　查询被禁用的用户之六

注意

不能在内置账户 "krbtgt" 上运行启用账户命令。

---

3. 其他注意事项

如果确认账户被批量禁用是由于病毒引起的，建议在网络部署防病毒软件，首先离线目标计算机，清除病毒后再接入网络。

10.7.3　统一更改默认本地管理员密码

客户端计算机安装操作系统时，无论 Windows XP 操作系统还是 Windows 7/8 操作系统，默认安装用户都使用具备本地管理员权限的用户安装。网络中部署域服务后，用户只能登录到域，不能使用本地管理员账户登录。因此需要统一修改客户端计算机本地默认管理员 "administrator" 的密码。

1．部署策略

打开"组策略管理器"控制台，选择目标组策略对象，本例以默认"Default Domain Policy"为例说明。编辑该策略，选择"用户配置"→"首选项"→"控制面板设置"，选择"本地用户和组"选项。

右侧空白处，单击鼠标右键，在弹出的快捷菜单中选择"新建"选项，在弹出的级联菜单中选择"本地用户"命令，如图 10-111 所示。

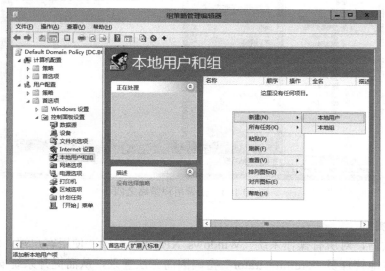

图 10-111　部署用户策略之一

命令执行后，打开"新建本地用户属性"对话框。"用户名"文本框中设置本地管理员的用户名称。注意，根据需要定制本地管理员名称。"密码"和"确认密码"文本框中键入本地管理员用户使用的新密码。设置密码权限管理方式。设置完成的参数如图 10-112 所示。

单击"确定"按钮，显示如图 10-113 所示的"密码警告"对话框。提示密码存储位置。注意，密码以加密方式存储。

图 10-112　部署用户策略之二　　　　　　　图 10-113　部署用户策略之三

单击"确定"按钮，完成策略设置，设置完成的策略如图 10-114 所示。

图 10-114　部署用户策略之四

2．策略测试

策略生效后，对所有操作系统（Windows XP/7/8）生效。使用客户端计算机的用户，由于不知道本地管理员"Administrator"密码因而无法登录，从而提升系统安全。

10.7.4　禁止删除用户

Windows Server 2008 之后的 AD DS 域服务支持禁止删除用户功能，启用该功能后执行删除操作将不能删除用户。如果用户使用"Active Directory 用户和计算机"创建用户，创建过程中不能设置该功能，只能在创建用户完成后在属性中设置。如果使用"Active Directory 管理中心"创建用户，可以直接启用该功能。

1．设置用户属性

打开"Active Directory 用户和计算机"，单击菜单栏的"查看"菜单，在显示的下拉菜单列表中选择"高级功能"命令。选择目标用户，右击目标用户，在弹出的快捷菜单中选择"属性"命令，打开用户属性对话框，切换到"对象"选项卡，如图 10-115 所示。选择"防止对象被意外删除"选项，单击"确定"按钮，启用用户被禁止删除功能。

2．用户删除验证

域管理员执行删除功能，显示如图 10-116 所

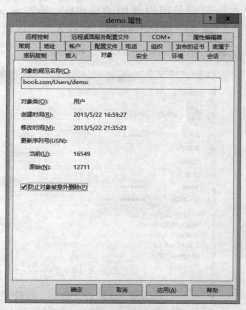

图 10-115　设置用户属性

示的对话框，提示不能删除用户。

图 10-116　保护提示信息

10.7.5　用户登录时只能登录到域

用户登录时，根据输入的用户名（UPN、用户登录名）将登录到不同的应用环境。以 Windows 7 操作系统为例说明，如果用户登录过程中输入的用户名为".\demo"，则登录本地，如果输入"book\ demo"或者"demo @book.com"，则登录到域。在部署 AD DS 域服务的网络环境中，不允许使用本地用户登录，只能使用域用户登录到域或者本地管理员用户登录到本地。本地管理员用户统一管理，本地管理员（默认管理员"adminsitrators"）密码作为机密资料管理，不对任何用户公开。

1. 部署域策略

打开"组策略管理器"控制台，选择目标组策略对象，本例以默认"Default Domain Policy"为例说明。编辑该策略，选择"计算机配置"→"策略"→"Windows 设置"→"安全设置"→"本地策略"→"用户权限分配"选项，选择"允许本地登录"策略，默认状态下该策略没有设置，如图 10-117 所示。

图 10-117　部署策略

启用"允许本地登录"策略，将需要限制的用户或者组添加到列表中，本例中允许本地管理员组和域用户登录到本地计算机，因此需要将"Domain Users"组和"administrators"组添加到允许的用户列表中。设置完成的参数如图 10-118 所示。

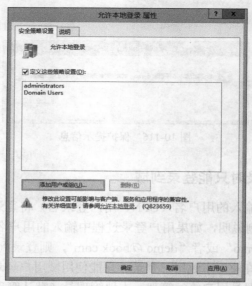

图 10-118　策略设置

策略设置完成后，使用"gpupdate /force"命令刷新策略。

2. 客户端计算机验证

客户端计算机运行 Windows 7 操作系统，并加入到域中。其中：

- 用户"wsj"是本地计算机中创建的用户并且添加到"Power Users"组。
- 默认所有用户（包括"Domain Users"）都属于本地计算机的"Users"中。
- "Administrators"组是本地管理员组。

以本地普通用户"wsj"登录，键入用户名和密码后，拒绝普通用户登录，如图 10-119
所示。

图 10-119　拒绝用户登录

以域用户"book\demo"或者本地管理员组"administrators"中的用户登录，键入用户
名和密码后，成功登录域。

10.7.6　恢复误删除的用户

域环境中，恢复删除的活动目录对象可以使用在线恢复和离线恢复两种方法。两种方

法各有利弊，适用于不同的应用环境。

- 在线恢复：指的是域控制器在线，在不停机的状态下恢复删除的活动目录对象。安装 Windows Support Tools 后，可以使用 LDP 工具，或使用专用恢复工具恢复删除的对象。缺点是通过以上 LDP 和专用工具还原回来的账号处于禁用状态，除了"登录名"、"SID"、"GUID"、"USN"等属性之外，还丢失很多信息，例如姓名、描述、电话、所属组等。因此还原后的用户需要手动添加用户信息以及再次添加组成员关系，账户需要再次"启用"后才能正常使用。如果连接 Exchange Server，需要手动为用户添加邮箱信息。
- 离线恢复：指的是域控制器离线，在"目录还原模式"中恢复删除的活动目录对象。离线的域控制器不能提供任何网络级别的服务，因此如果采用离线恢复，建议在非工作时间完成。优点是用户被删除之前的所有属性（账户信息、组成员关系）都将完整保留，不会丢失任何数据，能够确保数据完整性。

1. 删除用户

活动目录对象（用户、计算机、组、组织单位等）被删除后，没有直接物理删除，而是放在"Deleted Objects" CN 中。如果 Windows Server 2003 没有升级到 SP2，被删除的对象默认保存时间为 60 天。如果更新到 SP2，默认保存时间为 180 天。超出保存时间后，"Deleted Objects"容器中的对象将被物理删除。因此，在有效期内要恢复已经删除的活动目录对象，可以通过在线恢复和离线恢复两种模式。

用户被删除后，用户登录网络将出现如图 10-120 所示的错误。同时，组成员关系发生变化，域用户加域后默认添加到"Domain Users"，删除后自动从"Domain Users"组中被删除。用户删除信息被立即"推"送到所有域控制器，每台域控制器中的用户信息被标记为"已删除"。

图 10-120　用户登录错误信息

用户被删除后，新建同名用户，虽然名称相同，但是用户的 SID 不同。Windows 内部使用 SID 识别用户以及区分用户权限。以 Windows Server 2008 R2 为例说明，安装"Windows Resource Kit Tools"，通过"regsvr32 acctinfo.dll"命令注册该 dll 文件，使用"Active Directory 用户和计算机"打开用户属性，切换到"Additional Account Info"选项卡，查看用户 SID 以及 GUID 信息。图 10-121 为原用户属性对话框，图 10-122 为新建用户属性对话框，用户名称均为"李杰"，但是用户的 SID 不同。因此，使用新建用户的方法并不能解决删除用户问题。

2. 在线恢复

- AdRestore 工具

AdRestore 分为命令行版本和 GUI 版本，GUI 版本需要安装.Net Framework 2.0。下载地址为 http://technet.microsoft.com/zh-cn/sysinternals/bb842062(en-us).aspx。打开"ADRestore.NET"工具，单击"Enumerate Tombstones"按钮，工具将自动检测活动目录中删除的所有对象，被删除的同事小李显示在列表中。选中小李的用户名，单击工具栏的"Restore Object"

按钮，即可恢复删除的用户，如图 10-123 所示。

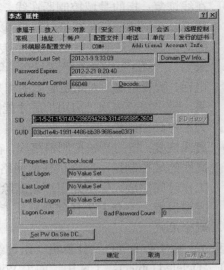

图 10-121 已有用户属性   图 10-122 新建用户属性

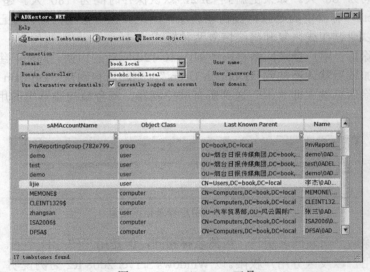

图 10-123 AdRestore 工具

- Quest Object Restore for Active Directory 工具

该工具下载地址为 http://www.quest.com/object-restore-for-active-directory。下载完成后根据安装向导默认安装即可。运行该工具后，首先需要连接到目标域，连接成功后在左侧窗格中选择目标域，右侧窗格中显示所有删除的活动目录对象，如图 10-124 所示。单击右侧窗格的列标题更改默认排序方式。右击需要恢复的对象，在弹出的快捷菜单中选择"Restore"命令，恢复删除的目标对象。

- ADRecycleBin 工具

ADRecycleBin 是一款绿色图形化的活动目录对象还原工具。下载地址为 http://download.csdn.net/detail/xiaohanwmn/3759227，解包后即可使用。运行该工具后，通过

"Load Filter"设置筛选条件，例如选择"Users and Computer"选项，单击"Load Deleted Objects"按钮，查找活动目录数据库中所有删除的用户和计算机。左侧"Deleted Objects"列表中显示检索结果，右击需要恢复的活动目录对象，在弹出的快捷菜单中选择"Restore Object"命令，如图 10-125 所示。命令执行后，恢复误删除的用户。

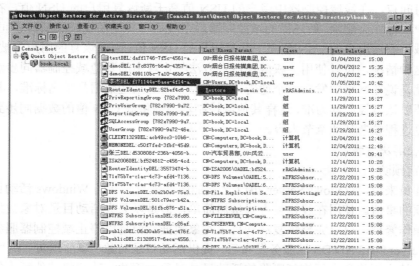

图 10-124　Quest Object Restore 工具

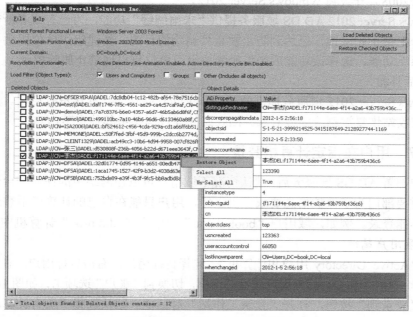

图 10-125　ADRecycleBin 工具

3. 离线恢复

● 备份活动目录数据库

无论网络中部署几台域控制器（解决单点故障），都需要备份活动目录数据库。建议安排一个任务计划自动完成活动目录数据库的备份，例如周备份。

- 权威还原

单位网络部署多台域控制器，域控制器之间的复制方式为多主复制。还原 Active Directory 数据库后，被删除的用户被还原到备份时的状态。由于备份操作在以前的时间点早于当前时间点，在线域控制器中用户的 USN 值高于新恢复用户的 USN 值，在线域控制器中该用户被标注为删除，新还原的域控制器后上线后和其他在线域控制器之间进行同步，由于在线域控制器用户的 USN 值高于恢复用户的 USN 值，因此恢复的用户将被立即删除。

遇到这种情况，可以使用"权威还原"方法禁止域中的其他域控制器同步活动目录数据库，也就是说在网络中发布一个通告，该域控制器的某些数据是最高标准，其他所有域控制器都要以该域控制器为准，这样其他域控制器不会将低 USN 值的数据同步到该域控制器中。恢复过程参考其他章节内容。

4. 最佳解决方案

- 事前预防

对管理员来说，Windows Server 2012 之前的版本恢复删除的 Windows 活动目录对象是件十分麻烦的事情。使用在线恢复方式虽然简单，但是以丢失活动目录对象数据为代价。离线恢复操作繁琐，可以完整恢复活动目录对象数据，但是以停止域控制器服务为代价。Windows Server 2012 AD DS 域服务发布后，提供活动目录对象"事前预防"和"事后补救"功能，可以禁止删除和方便恢复删除的活动目录对象。因此，建议将其他版本的域控制器（2000/2003/2008）升级到 Windows Server 2012。

Windows Server 2012 AD DS 域服务提供"未雨绸缪"功能，为已有或者新建的活动目录对象加一把禁止删除锁，已达到防止被意外删除的目的。新建组织单位提供"防止容器被意外删除"功能，选择该功能后如果删除该组织单位将出现禁止删除提示。

- 事后补救

Windows Server 2012 域服务提供的活动目录回收站功能，默认没有启用。启用该功能后，通过回收站恢复被删除的域对象。回收站处理过程参考其他章节内容。

10.7.7 用户在指定计算机登录

网络中部署 AD DS 域服务后，默认情况下域用户可以在网络中的任何一台计算机中登录，某些重要部门为了保护信息要求专机专用，用户只能在自己的计算机中登录，在其他计算机中不能登录。例如，域用户"book\demo"只能在"admin-pc"计算机中登录。

1. 设置用户属性

打开"Active Directory 用户和计算机"，选择目标用户，右击目标用户，在弹出的快捷菜单中选择"属性"命令，打开用户属性对话框，切换到"账户"选项卡，如图 10-126 所示。

单击"登录到"按钮，打开"登录工作站"对话框。默认选择"所有计算机"单选按钮，允许用户登录到网络中的所有客户端计算机，如图 10-127 所示。

选择"下列计算机"单选按钮，在"计算机名"文本框中键入允许登录的工作站的 NetBIOS 名称，单击"添加"按钮添加到列表中。添加多个客户端计算机名称，将允许该用户在多个指定的工作站上登录，如图 10-128 所示。

单击"确定"按钮，用户只能在所允许的客户端计算机中登录。

2．用户登录验证

域用户"book\demo"在名称为"Win7"的计算机中登录，键入用户名和密码后，用户在该计算机中被拒绝登录，如图 10-129 所示。

图 10-126　账户信息

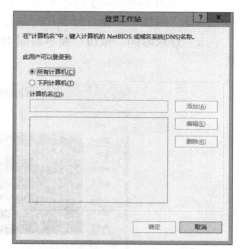

图 10-127　默认登录目标

图 10-128　设置登录计算机

图 10-129　拒绝登录提示信息

10.7.8　限制用户登录时间

AD DS 域服务默认设置允许网络中的用户在任何时间登录到网络中。实际应用环境中，非工作时间不允许用户访问网络中的资源。因此，限制用户在非工作时段不能访问网络资源，也是保护网络安全的重要举措，可以有效地防止在工作时间之外的密码破解或者暴力攻击。

　　AD DS 域服务中，可以限制用户的登录时间，例如限制为只能在某个时间段登录，其他时间不允许登录，从而避免可能在非工作时间产生的恶意攻击。

　　通过以下操作，可以限制用户的登录时间。本例将域用户"demo"限制为每周星期一到星期五的早上 8 点到下午 5 点允许登录，其他时间不允许登录。

　　1. 设置用户属性

　　打开"Active Directory 用户和计算机"，选择目标用户，右击目标用户，在弹出的快捷菜单中选择"属性"命令，打开用户属性对话框，切换到"账户"选项卡。

　　单击"登录时间"按钮，显示如图 10-130 所示登录时间对话框，默认允许在任何时间登录。

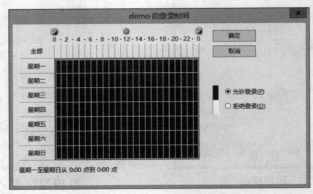

图 10-130　默认时间限制

　　先选择所有时间，然后单击"拒绝登录"单选按钮设置为所有时间都拒绝登录，然后选择星期一到星期五的 8 点至 17 点的范围，单击"允许登录"单选按钮，使该时间段变为蓝色，如图 10-131 所示。单击"确定"按钮，用户登录时间设置成功，该用户只能在设定的时间内登录。

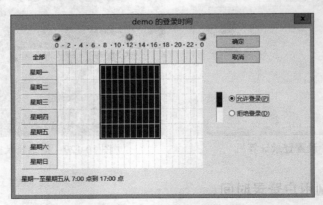

图 10-131　设置登录时间

　　2. 用户登录验证

　　域用户"book\demo"在晚上 21:30 登录域，键入用户名和密码后，由于时间限制用户在该计算机中被拒绝登录，如图 10-132 所示。

图 10-132　拒绝登录提示信息

10.7.9　USMT 迁移用户配置文件

网络中客户端计算机部署 Windows XP 操作系统，准备将操作系统升级到 Windows 7，但是 Windows XP 操作系统无法直接升级 Windows7，并且每个域用户的环境都不相同。需要将运行 Windows XP 操作系统的域用户在保持个性化的同时，将桌面、文档、收藏夹等用户配置文件无缝迁移到 Windows 7 操作系统中。

1. 解决方法

微软提供 User State Migration Tool（USMT）4.0 工具，使用该工具可以将用户配置文件从 Windows XP 操作系统迁移到 Windows 7 操作系统。迁移过程分为：

- 以本地管理员身份登录运行 Windows XP 操作系统的客户端计算机，安装 USMT 工具。使用 ScanState 命令导出 Windows XP 用户配置信息，导出信息可以存储在本地或者共享文件夹中。
- 全新安装 Windows 7 操作系统，将计算机加入域。
- 以本地管理员身份登录运行 Windows 7 操作系统的客户端计算机，使用 LoadState 命令导入源操作系统用户配置信息。

2. 迁移过程

第 1 步，以本地管理员身份登录运行 Windows XP 操作系统的客户端计算机，安装 USMT 工具。切换到安装 USMT 安装目录，键入如下命令。

```
scanstate c:\456 /ue:*\* /ui:book\demo /i:miguser.xml /i:migapp.xml /o
```

命令执行后，将域用户"book\demo"用户配置信息存储到"c:\456"文件夹中。执行过程如图 10-133 所示。

第 2 步，客户端计算机安装 Windows 7 操作系统后，首先将计算机加入域，然后将 Windows XP 操作系统导出的用户配置信息复制到运行 Windows 7 操作系统中，仍然放在 "c:\456"文件夹中。Windows 7 计算机中安装 User State Migration Tool（USMT）4.0 工具。

第 3 步，安装成功后，以管理员身份运行打开命令行方式，切换到安装 USMT 安装目录，键入如下命令。

```
loadstate c:\456 /i:miguser.xml /i:migapp.xml
```

命令执行后，将域用户"book\demo"用户配置信息还原到当前 Windows 7 环境中，还原过程如图 10-134 所示。

图 10-133　导出用户配置信息文件

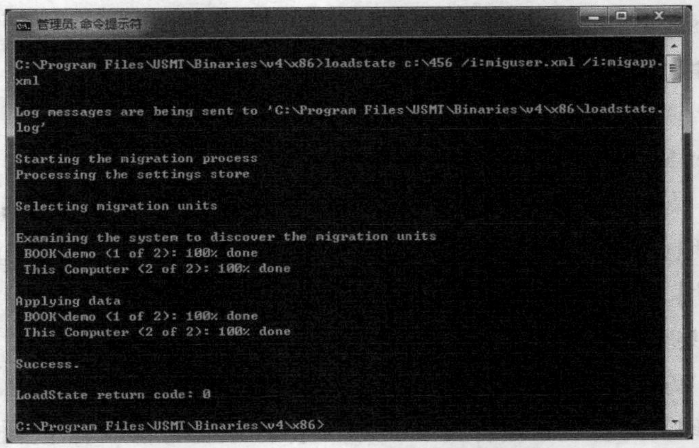

图 10-134　导入用户配置信息文件

第 4 步，重新启动客户端计算机，以域用户身份登录，验证用户配置信息是否成功。

10.7.10　清理长期没有登录的用户

企业中由于用户离职等原因，导致部分用户长期没有登录域，成为"假死"用户，管理员可以删除长期没有登录的用户。管理员可以使用"dsquery"命令查询域中一定时间没有活动的账户，然后用"dsrm" 命令删除。

1. 清理用户

在命令行提示符下，键入如下命令。

dsquery user -inactive 6

回车，命令成功执行，将显示 6 周内没有登录的用户。

键入如下命令。

dsquery user -inactive 6 |dsmod user -disabled yes

回车，命令成功执行，将显示并禁用 6 周内没有登录的用户。如果确认没有问题，则可以删除这些账户。

键入如下命令。

```
dsquery user -disabled | dsrm
```

回车，命令成功执行，查询出所有禁用的用户，将其删除。

2．建议部署策略

在域中部署密码策略，设置密码过期时间，默认为 42 天（6 个星期），建议更新为 63 天（9 个星期），超过 9 个星期没有登录的用户，管理员即可删除目标用户。

10.7.11　查询用户登录时间

部署 Windows Server 2012 AD DS 域服务后，如何查询用户最后一次登录的时间？

1．查询时间

Windows Server 2012 AD DS 域服务中，用户登录时间相关属性包括 lastLogon 和 lastLogonTimestamp。

lastLogon 属性：每次用户登录到域时，lastLogon 属性实时更新用户登录时间，但是不会从一个域控制器复制到另一个域控制器。LastLogon 是记录某个账户上一次在该域控制器认证的时间。该属性是不会在域控制器之间复制的。所以，要是以前需要确定账户最后一次登录域的时间，必须查看所有域控制器上的 LastLogon，最大值代表账户最后一次登录域的时间。LastLogon 只会记录交互式登录并通过 Kerberos 验证的用户。例如，用户"demo"登录到域控制器 A，域控制器 A 上"lastLogon"属性就是用户最新登录时间。如果在域控制器 B 上查询用户的最近登录时间，得到的结果将会是该用户没有登录过。

lastLogonTimestamp 属性。该属性支持域控制器之间复制。因此，查询域中任何一台域控制器，都会得到相同的结果。注意，lastLogonTimestamp 属性不能够反映精确的"最后登录时间"。原因是如果用户每天要登录、注销好多次，每次登录状态都要复制到整个域的每台域控制器，可能导致相当大的复制流量。因此，lastLogonTimestamp 属性值隔 14 天才复制一次。同时对任何用户来说，登录时间可能有 14 天的偏移。

2．查看单用户登录时间

以域管理员身份登录域控制器。打开"Active Directory 用户和计算机"，单击菜单栏的"查看"菜单，在下拉菜单列表中选择"高级功能"命令。打开目标用户属性对话框，切换到"属性编辑器"选项卡，"lastLogon"属性和"lastLogonTimestamp"属性是域用户最后一次登录的时间，如图 10-135 所示。

图 10-135　查看用户最后登录时间

3．查看多用户登录时间

使用以下命令查询所有用户的登录时间。键入命令：

```
Get-ADUser -Filter * -Properties * |select name,lastlogon,lastLogonTimestamp
```

命令执行后显示所有域中所有用户的登录时间，如图 10-136 所示。注意，输出时间需要转换。

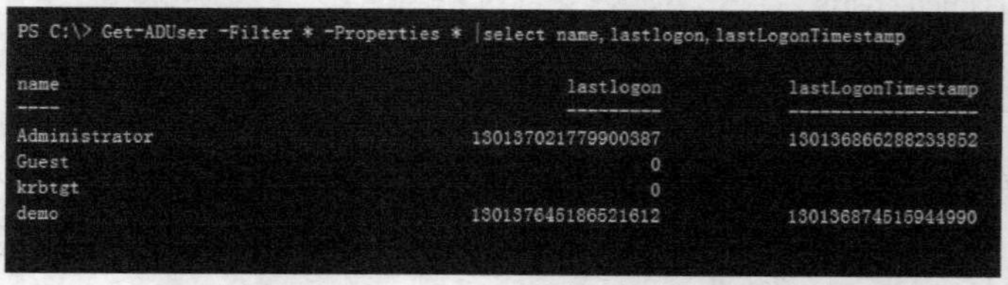

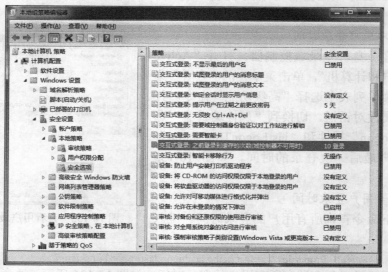

图 10-136　查询用户登录时间

10.7.12　域缓存登录

网络中经常遇到以下情况：用户已经加入到域中，网络断开后，使用域用户可以继续登录。如何才能禁止这种应用方式，使域用户必须在连接到域的情况下才可以使用？

1. 缓存登录

网络断开后，可以使用域用户继续登录，是因为 Windows 操作系统默认启用允许缓存登录功能。默认缓存登录没有时间限制。

以 Windows 7 操作系统为例说明。打开"组策略编辑器"，选择"计算机配置"→"Windows 设置"→"安全设置"→"本地策略"→"安全选项"，右侧列表中"交互式登录：之前登录到缓存的次数（域控制器不可用时）"，默认值是 10，如图 10-137 所示。注意：

* 数字 10，指的是 10 个用户登录，而不是一个用户登录的最大有效次数，一个用户可登录的次数理论上是无限的。
* 10 个用户账户，指已经在本地成功登录的用户，也就是已经缓存到本地的用户，而不是任意的账户。如果用户没有登录过，在登录时需要查询域控制器，在交互式登录下系统会提示当前域不可用。
* 加入域的计算机，该策略有效设定，最终取决于域策略的部署。
* 不允许缓存用户，该策略值设置为 0。

图 10-137　查看本地计算机默认策略

　　域用户成功登录计算机后，登录存储在注册表的以下位置：HKEY_LOCAL_MACHINE\SECURITY\Cache，默认包括 10 个子键，名称为 NL$1～NL$10，如图 10-138 所示。每当一个用户登录此计算机，其配置文件"Profile"创建在"%HOMEDRIVE%\Documents and Settings"中，相应的用户信息和安全性描述保存到注册表中，键值中记录已经登录账户的名称及其相关标识。

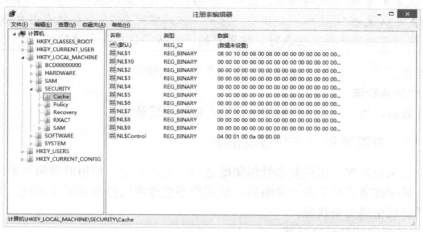

图 10-138　策略在注册表中的位置

2. 部署策略

　　网络断开后，域用户不能登录域的解决方法是"交互式登录：之前登录到缓存的次数（域控制器不可用时）"策略设置为 0，策略生效后，不在本地缓存登录过的用户。

　　打开"组策略管理器"控制台，选择目标组策略对象，以默认"Default Domain Policy"为例说明。编辑该策略，"计算机配置"→"Windows 设置"→"安全设置"→"本地策略"→"安全选项"，选择"交互式登录：之前登录到缓存的次数（域控制器不可用时）"策略，默认状态下该策略没有设置，如图 10-139 所示。

图 10-139　域策略位置

打开该策略属性对话框，选择"定义此策略设置"选项，文本框中设置为"0"，显示"不要缓存登录次数"，设置完成的参数如图 10-140 所示。单击"确定"按钮，完成策略设置。

> **注意**
> 该策略设置中，0 值表示禁用登录缓存。任何大于 50 的值都仅缓存 50 次登录尝试。Windows 最多支持 50 个缓存项目，每名用户占用的项目数取决于凭据。例如，Windows 系统中最多可以缓存 50 个唯一密码用户账户，但只能缓存 25 个智能卡用户账户。当具有缓存登录信息的用户再次登录时，该用户的个人缓存信息将会被替换。

策略设置完成后，使用"gpupdate /force"命令刷新策略。

3．用户登录验证

策略生效后，当用户计算机网络断开后，将不能登录域。

10.7.13　查看域用户密码修改情况

企业中在未启用账户密码复杂性组策略之前，大部分用户使用的是简单密码或者没有设置密码。域中部署密码复杂性策略后，域用户不更改密码仍然可以登录域。因此，域管理员需要了解域密码更新状况。

1．查看单用户密码修改时间

以域管理员身份登录域控制器。打开"Active Directory 用户和计算机"，单击菜单栏的"查看"菜单，在显示的下拉菜单列表中选择"高级功能"命令。打开目标用户属性对话框，切换到"属性编辑器"选项卡，"pwdLastSet"属性显示域用户密码最后修改时间，如图 10-141 所示。

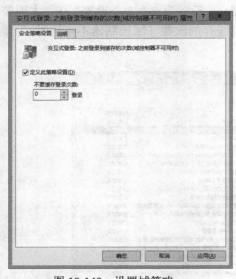

图 10-140　设置域策略

图 10-141　查看用户属性

2．查看多用户密码修改时间

使用以下命令查询所有用户最后密码修改时间。键入命令：

Get-ADUser -Filter * -Properties * |select name,pwdlastset

命令执行后显示所有域中所有用户的最后密码修改时间,如图 10-142 所示。注意,输出时间需要转换。

图 10-142　批量查看用户属性

10.7.14　审核域账户登录

企业管理中,当出现异常登录事件(非法时间登录、用户频繁登录)时,域管理员可以通过"安全"日志审核查询目标用户,从而锁定目标计算机。

1. 域用户相关的事件

域用户成功登录时,在域控制器中将产生系列日志(如图 10-143 所示),分别如下。

- 事件 ID:4768。Kerberos 身份验证服务。
- 事件 ID:4769。Kerberos 身份验证操作。
- 事件 ID:4769。Kerberos 身份验证操作。
- 事件 ID:4624。用户登录。

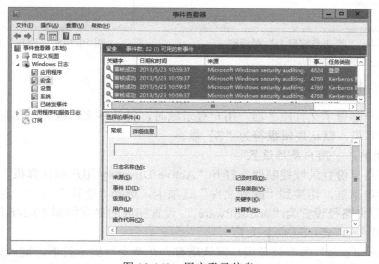

图 10-143　用户登录信息

登录成功的事件 ID 为 4624,由于用户登录时使用 Kerberos 协议,在这个日志 ID 产生前会有 2 个 4769 的"Kerberos 身份验证操作"日志。

2. 查找登录日志

查找过程可以分为 2 部分。

- 首先,通过筛选器查找登录成功 ID 为"4624"的所有日志。

● 然后，通过日志"查找"功能查找域用户名称或者域用户 SID 相关记录。

第 1 步，打开"事件查看器"，右击"安全"选项，在弹出的快捷菜单中选择"筛选当前日志"命令，命令执行后，打开"筛选当前日志"对话框，需要筛选的日志 ID 为"4624"，设置完成的参数如图 10-144 所示。

第 2 步，单击"确定"按钮，从当前日志中筛选符合条件的日志。右击"安全"选项，在弹出的快捷菜单中选择"查找"命令，命令执行后，打开"查找"对话框，"查找内容"文本框中键入需要查找的内容，例如域用户名称或者用户的 SID，设置完成的参数如图 10-145 所示。单击"查找下一个"按钮，查找符合条件的日志。

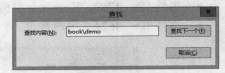

图 10-144 "筛选当前日志"对话框   图 10-145 "查找"对话框

10.7.15 批量映射用户主文件夹

网络为用户部署了文件服务器，用户登录域时，自动将文件服务器发布的共享文件夹映射到本地计算机，默认逻辑盘符为"Z"盘。

1. 单一用户——用户属性设置

以域管理员身份登录域控制器。打开"Active Directory 用户和计算机"控制台，打开目标用户属性对话框，切换到"配置文件"选项卡，选择"连接"选项，逻辑盘符设置为"Z"，共享文件夹路径设置为"\\dc\software"，设置完成的参数如图 10-146 所示。

2. 单一用户——dsmod 命令设置

使用"dsmod user"命令设置用户默认磁盘。在命令行提示符下，键入如下命令。

```
dsmod user CN=Test91,CN=Users,DC=book,DC=local -hmdrv z: -hmdir \\dc\software
```

命令执行后，用户登录到域时，将自动连接到文件服务器，盘符设置为"Z"。

3. 单一用户——PowerShell 命令设置

使用"Set-ADUser"PowerShell 命令设置用户默认磁盘。键入如下命令。

```
Set-ADUser -HomeDirectory:"\\dc\software" -HomeDrive:"Z:" -Identity test100
```

命令执行后，用户登录到域时，将自动连接到文件服务器，盘符设置为"Z"。

图 10-146　用户属性设置

4. "Dsmod" 命令批量设置用户连接磁盘

使用 "dsmod user" 命令设置以 "test" 开头的所有用户使用的默认磁盘。在命令行提示符下，键入如下命令。

```
dsquery user -name test* | dsmod user -hmdrv z: -hmdir \\dc\software
```

命令执行后，将以 "test" 开头的所有用户默认连接盘符设置为 Z，并映射到文件服务器，如图 10-147 所示。

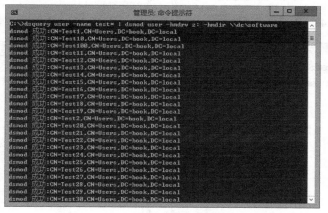

图 10-147　"Dsmod" 命令批量设置用户磁盘

10.7.16　批量添加域用户属性

企业已经部署域，根据公司的行政管理架构规划组织单位，所有计算机加入域统一管理，开始创建用户时没有对员工信息进行详细登记，现在要完善用户信息，需要域管理员批量修改域账号属性。

1. 用户信息描述

域用户信息分为个人信息和公用信息两部分内容。个人信息需要用户完善,例如用户的手机号码等,如果一次性更新信息量不是很大的话,建议采用最基本的方式:手动逐个更新用户信息。公用信息域管理员可以批量更新,例如在同一个办公室的用户。

2. "Active Directory 用户和计算机"批量更新

打开"Active Directory 用户和计算机"控制台,同时选择多个目标用户,右击目标用户,在弹出的快捷菜单中选择"属性"命令,打开用户属性对话框,如图 10-148、图 10-149、图 10-150、图 10-151 和图 10-152 所示。域管理员可以对属性对话框 5 个选项卡中的内容进行批量更新。

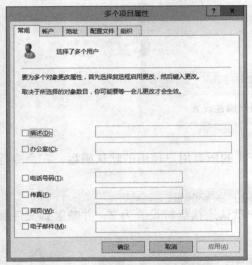

图 10-148　更新用户属性之一

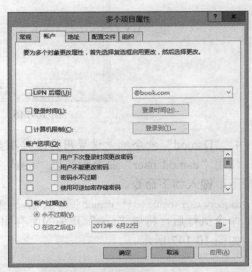

图 10-149　更新用户属性之二

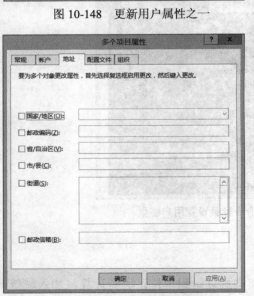

图 10-150　更新用户属性之三

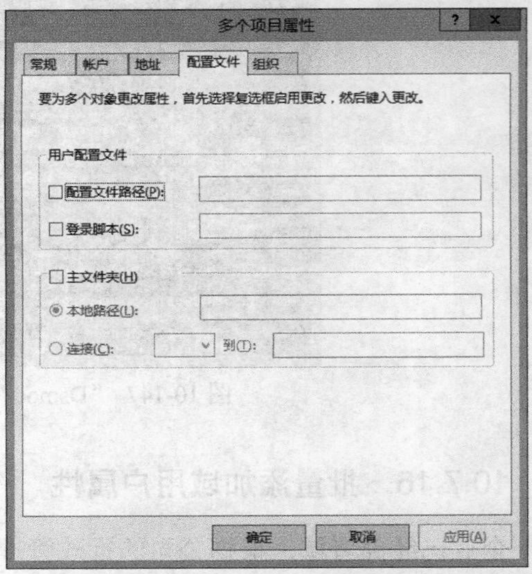

图 10-151　更新用户属性之四

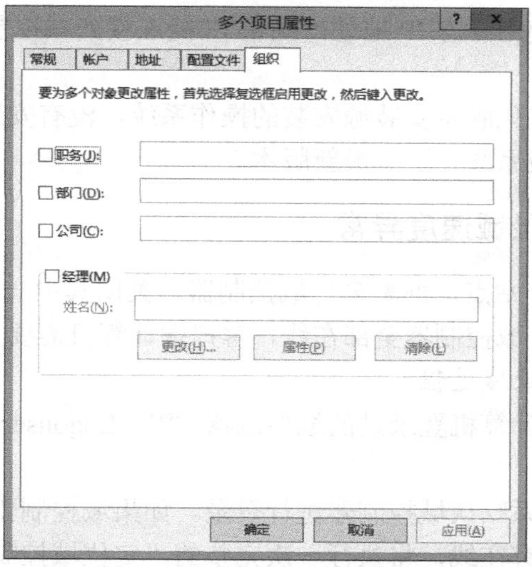

图 10-152　更新用户属性之五

3. "DS"命令组批量更新

使用"DS"命令组批量更新用户信息。例如，统一更新同一个组织单位中用户办公室信息。在命令行提示符下，键入如下命令。

```
dsquery user "ou=hr,dc=book,dc=com" | dsmod user –office 8 楼 818 房间
```

命令执行后，批量更新用户属性。

4. "ldifde"工具批量更新

域管理员得到用户详细信息后，脚本中使用"changetype: modify"更新方式，按照"ldifde"工具逐一标注用户信息，然后将用户信息导入域中。

10.7.17 拔掉网线才能登录域

部分用户无法登录到域，只有拔掉网线才能登录域。客户端计算机可以连通域控制器，联机登录过程中提示联系不上域控制器或者域控制器不可用。拔掉网线才能登录域，说明客户端计算机已经加入到域，使用本地缓存方式登录，用户距离上次认证时间在 30 天内。

1. 故障分析一

域用户登录域时，需要联系域控制器进行身份验证。如果域控制性性能不好，发生临时性宕机或者死机等现象，将会出现客户端登录不到域控制器的情况。

解决方法：验证域控制器的性能，根据需要确认是否要更新域控制器。

2. 故障分析二

客户端计算机时间与域时间不同步，超过默认 5 分钟间隔，导致 Kerberos 认证失败。

解决方法：如果时间不同步，运行"net time"命令强制和域控制器时间同步。

时间同步后故障继续，运行"nltest /sc_seset: dcname"重建客户端计算机与 DC 的安全通道。

3. 故障分析三

网络连接有问题。客户端计算机更改 IP 地址或者网络不通，联系不到域控制器。

解决方法：如果网络中部署 DHCP 服务器，确认客户端计算机得到正确的网络参数。

如果客户端计算机使用静态 IP 地址，确认 IP 能连接到域控制器。

4. 故障分析四

客户端计算机使用优化版本安装源安装的操作系统，没有安装补丁。

解决方法：建议升级系统补丁到最新版本。

10.7.18 用户登录域速度异常

网络环境中只有一个站点，部署多台域控制器，关闭其中一台域控制器，客户端计算机登录超过 1 分钟；所有域控制器全部在线，客户端计算机需要几秒钟就可以登录。

1. 客户端计算机登录域过程

- 首先确认客户端计算机登录过的域控制器，"Set Logonserver"命令显示默认登录过的域控制器。
- 客户端计算机联系默认域控制器进行登录。如果域控制器在线，登录速度很快。
- 如果域控制器没有在线，将执行一次完整的"定位域控制器"过程。
- 客户端计算机通过本机的"Netlogon"服务调用 DSgetdcName。
- 客户端计算机收集信息并将其返回给"Netlogon"服务。
- "Netlogon"服务使用收集信息检索指定域的域控制器。客户端计算机使用 LDAP方式检索 DNS 服务器，并查询所有域控制器 DNS 记录。
- 客户端计算机返回域控制器列表后，向所有域控制器发出一个验证数据包，等待域控制器响应。
- 客户端计算机收到响应后，"Netlogon"服务回复第一个响应域控制器，并将其保存在本地缓存。客户端计算机和域控制器验证并登录。

2. 故障分析

客户端登录域时需要查找域控制器，这个过程称为"定位域控制器"。

客户端计算机中可以使用"set logonserver"，查看当前客户端联系的域控制器，如图10-153 所示。

图 10-153　验证缓存的域控制器

同一个站点中有多台域控制器，不同域控制器发出响应有先后次序，而客户端响应的是第一个，所以不同客户端计算机可能会有不同登录域控制器或者相同的域控制器，响应是随机的。

　　根据故障描述信息，说明大部分客户端缓存的是同一个域控制器。当原域控制器下线后，客户端登录变慢但是依旧登录，登录成功后即使将原来的第一个域控制器下线，登录还是很快。因为新域控制器已经被缓存。

10.7.19　查看用户在哪台计算机中登录

　　域环境中，如果要查看登录用户是否已经登录域，并使用哪台计算机登录，一般是启用登录事件审核（事件 ID 为 4768、4769），然后再去安全日志中查找，这种方法耗时耗力。可以通过以下脚本（vbs），在域控制器上运行，输出文本文件，查看文本内容就可以了解详细的登录状态。

　　1．脚本内容

　　验证用户登录计算机脚本。

```
strDomainName = InputBox ("请输入内部网络使用的域名:","已经登录的用户","yourdomain.local")
arrDomLevels = Split(strDomainName, ".")
strADsPath = "dc=" & Join(arrDomLevels, ",dc=")

Const ADS_SCOPE_SUBTREE = 2
Set objConnection = CreateObject("ADODB.Connection")
Set objCommand =      CreateObject("ADODB.Command")
objConnection.Provider = "ADsDSOObject"
objConnection.Open "Active Directory Provider"'
Set objCOmmand.ActiveConnection = objConnection
objCommand.CommandText = _
    "Select Name, Location from 'LDAP://"&strADsPath&"' " _
        & "Where objectClass='computer'"
objCommand.Properties("Page Size") = 1000
objCommand.Properties("Searchscope") = ADS_SCOPE_SUBTREE
Set objRecordSet = objCommand.Execute
objRecordSet.MoveFirst
Set oFSO = CreateObject("Scripting.FileSystemObject")
Set of = oFSO.CreateTextFile("LoggedUser.txt", True, True)
Do Until objRecordSet.EOF
    On Error Resume Next
    sPC = objRecordSet.Fields("Name").Value
     of.writeline " "
     of.writeline "计算机名称: "&sPC
    Set objWMILocator = GetObject("winmgmts:" _
    & "{impersonationLevel=impersonate}!\\" & sPC & "\root\cimv2")
    If Err = 0 Then
    Set col =    objWMILocator.ExecQuery _
    ("Select * from win32_computersystem")
For Each item In col
of.writeline    "已登录用户: "&item.username
Next
Set col = Nothing
```

```
Else
        of.writeline "!!!没有用户在名称为："&sPC&" 的计算机中登录!!!"
End If
objRecordSet.MoveNext
Loop
of.close

MsgBox "用户信息输出完成，请验证!"
```

2. 运行脚本

脚本运行后，显示如图 10-154 所示的对话框，文本框中键入域名。单击"确定"按钮，输出名称为"LoggedUser.txt"文本文件。

脚本运行完成后，打开"LoggedUser.txt"文本文件，详细显示当前用户登录情况，如图 10-155 所示。

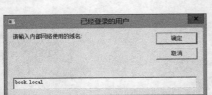

图 10-154　查询条件

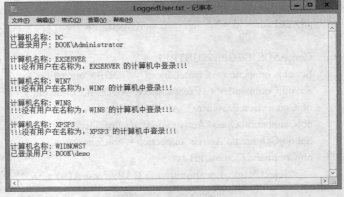

图 10-155　输出信息

10.7.20　提升域用户运行特定软件的权限

部署域服务后，默认域用户加入本地计算机的"Users"中，具备普通用户的权限。企业中某些软件正常运行时，需要具备本地管理员的权限。如果将本地管理员的密码告知用户，将不利于管理。域管理员可以将需要运行的应用程序通过脚本（wscript）二次封装，并使用工具"ScriptCryptor"编译为 exe 文件，域用户执行 exe 文件，后台完成域用户的权限提升操作，使得应用程序以管理员的身份运行。

1. 运行脚本

以管理员身份运行"记事本"为例。

第 1 步，编写脚本。脚本内容如下。

```
set sh=WScript.CreateObject("WScript.Shell")
WScript.Sleep    1000
sh.Run    ("runas    /user:administrator c:\Windows\notepad.exe" )
WScript.Sleep    1000
sh.SendKeys    " password {ENTER}"
```

```
WScript.Sleep      1000
sh.SendKeys      "{ENTER}"
```

第 2 步，保存为 VBS 格式文件后，使用工具"ScriptCryptor"将 VBS 脚本编译成 exe，如图 10-156 所示。

图 10-156　使用工具"ScriptCryptor"编译 VBS 脚本

第 3 步，权限提升前。当前登录用户为"book\demo"，打开"记事本"，通过"Windows 任务管理器"查看用户权限，如图 10-157 所示，显示的用户名为"demo"，"demo"为普通域用户。

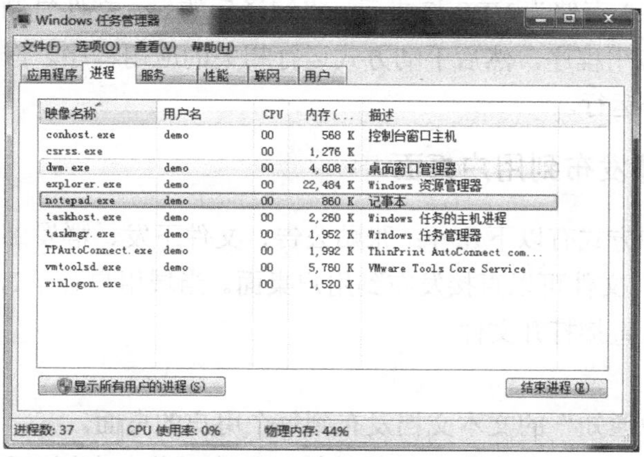

图 10-157　查看 demo 用户运行记事本权限之一

将 exe 可执行文件通过策略、移动设备、共享文件夹等复制到域用户所在的计算机。当前登录用户为"book\demo"，运行 exe 文件直接打开记事本，通过"Windows 任务管理器"查看用户权限，如图 10-158 所示，显示用户名为"administrator"，"administrator"为本地管理员。

图 10-158   查看 demo 用户运行记事本权限之二

2. 提升为管理员命令行窗口

默认情况下，命令行窗口以普通用户身份运行。执行以下脚本后将命令行窗口提升为
管理员模式。

```
set sh=WScript.CreateObject("WScript.Shell")
WScript.Sleep    1000
sh.Run    ("runas    /user:administrator cmd" )
WScript.Sleep    1000
sh.SendKeys    "password{ENTER}"
WScript.Sleep    1000
sh.SendKeys    "{ENTER}"
```

注意，将上述文本存储为 VBS 格式后，将编译后的 exe 文件复制到域用户所在的文件
夹，首先执行 exe 应用程序，然后手动方式运行相关的应用程序。应用程序将继承管理员
权限，以管理员身份运行。

10.7.21   文件发布到用户桌面

企业中发送通知方式有以下几种：张贴公告、文件下发、群发邮件、口头传达等。部
署 AD DS 域服务后，文件可以直接发布到用户桌面。当域用户登录时，可以直观地看到发
送到桌面的文件或者直接打开文件。

1. 部署策略

将名称为"紧急通知"的文本文档发布到每个用户的桌面。

打开"组策略管理器"控制台，选择目标组策略对象，本例以默认"Default Domain
Policy"为例说明。编辑该策略，选择"用户配置"→"首选项"→"Windows 设置"，选
择"文件"选项。

右侧空白处，单击鼠标右键，在弹出的快捷菜单中选择"新建"选项，在弹出的级联
菜单中选择"文件"命令，如图 10-159 所示。

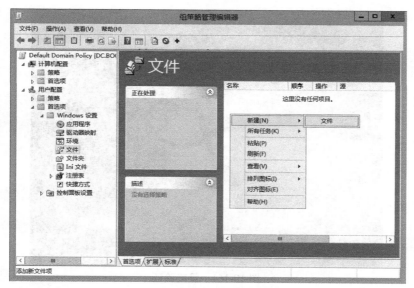

图 10-159　部署策略之一

命令执行后，打开"新建文件属性"对话框。"源文件"中设置发布文档的存储位置，建议存储到共享文件夹中，以绝对路径方式提供。"目标文件"文本框中设置用户计算机中文档的存储位置，本例中将文档存储到用户桌面，注意由于操作系统版本不同表示桌面参数也不同。单击"确定"按钮，完成策略设置，如图 10-160 所示。

图 10-160　部署策略之二

2．策略测试

策略生效后，用户重新登录计算机或者等待策略自动发布，用户登录后桌面已经显示发布的文档，如图 10-161 所示。

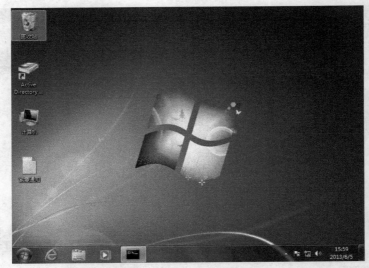

图 10-161　策略验证

第 11 章　管理站点

站点代表由高速网络（例如局域网）连接的一组域控制器。Active Directory 域服务中，站点对象代表物理站点中可以管理的介质，站点中的服务器指的是域控制器，在具有异地分支机构的网络中，站点将简化 AD DS 域服务的管理以及提高效率。

11.1　站点基本知识

站点中包含系列站点对象，分别为站点、子网、站点链接、站点链接桥、域控制器。域控制器通过子网组合在同一个站点中，站点之间通过站点链接进行通信，如果包含多个站点，则具有中继站点功能的站点将通过站点链接桥组组建一个新的站点链接，站点之间访问互通。站点和域不同：站点代表网络的物理结构，而域代表组织的逻辑结构。

11.1.1　名词解释

1. 默认站点

默认站点在企业部署第一台域控制器时自动创建。建立的第一个站点被命名为"Default-First-Site-Name"，站点名称支持重命名功能。默认站点中存储当前林中安装的所有域控制器，如图 11-1 所示。

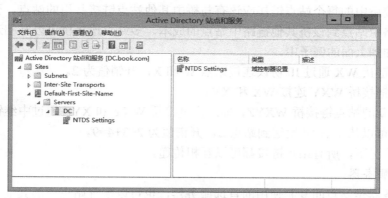

图 11-1　默认站点

2. 知识一致性检查器

Knowledge Consistency Checker（知识一致性检查器，简称 KCC），是域控制器内置拓扑生成器，用来创建森林的复制拓扑结构。

同一个站点内域控制器之间的复制称为站内复制，KCC 自动在站点内的域控制器之间创建连接对象，连接对象是跨站点连接域控制器的单向连接器，每个站点链接就像一条通道，从源域控制器到目的域控制器的入站链接。在同一个站点内域控制器之间复制链接通过默认"DEFAULTIPSITELINK"复制链接完成。

3．站点链接

站点间的连接用"站点链接"表示，通过两个或多个站点之间的低速率带宽或不可靠的网络连接进行互联。当有多个站点时，由站点链接连接的站点就变成复制拓扑的一部分。

默认情况下，站点链接是可传递的。一个站点中的域控制器可以与任何其他站点的域控制器进行复制链接。例如站点 A 与站点 B 相连，站点 B 与站点 C 相连，站点 A 的域控制器可以与站点 C 的域控制器进行通信。创建站点时，可以使用创建的站点链接，自定义连接这些站点的现有站点链接，可传递性就会生效。

4．站点链接桥

默认情况下，所有站点链接都是桥接或可传递的，允许未经明确定义的站点链接连接任意两个站点，通过一系列中间站点链接和目标站点进行通信。

默认已经启用自动站点链接桥接功能，可能用户希望在下列情况下禁用自动站点链接桥接，而只为特定站点链接手动创建站点链接桥。

- 网络不能直接通信，不是每个域控制器都能与其他所有域控制器直接通信。
- 网络路由或安全策略不允许每个域控制器与其他所有域控制器直接通信。
- **Active Directory** 设计包括大量站点。

站点链接桥代表一组站点链接，所有选择的站点链接都可以通过站点链接内的对象互相连接。站点链接桥必须使用至少 2 个站点链接，才能创建一个站点链接桥。例如：

- 站点链接 XY 通过 IP 协议连接站点 X 和 Y，开销值为 3。
- 站点链接 YZ 通过 IP 协议连接站点 Y 和 Z，开销值为 4。
- 站点链接桥 XYZ 连接 XY 和 YZ。
- 站点链接桥 XYZ 表示，一个 IP 消息可以从站点 X 发送到站点 Z，开销值为 3+4=7。

站点链接桥中的每个站点链接应该有与桥中其他站点链接共用的站点，否则该桥不能计算出从链路中站点到该桥其他链路中站点的成本。多站点连接桥可以互相连接，例如将以下对象添加到上面的例子中。

- 站点链接 WX 通过 IP 协议连接站点 W 和 X，开销值为 2。
- 站点链接桥 WXY 连接 WX 和 XY。
- 创建新的站点链接桥 WXYZ，即站点链接桥 WXY 和 XYZ 通过中继链接，一个 IP 消息可以从站点 W 发送到站点 Z，开销值为 2+3+4=9。

在默认情况下，所有站点链接都可以互相传递。

5．桥头服务器

桥头服务器是站点间复制使用的首选服务器，也可以配置站点中的其他域控制器来复制站点间的目录数据更新，更新数据由一个站点复制到另一个站点的桥头服务器后（站点间复制），可以通过站点内复制，把更新复制到站点内的其他域控制器。

11.1.2　站点规划原则

站点分为独立站点和多站点模式，对于站点的不同模式建议遵循以下原则。

- 明确企业的网络拓扑，然后规划站点、站点连结、站点链接桥，以达到复制拓扑的最佳路径。
- 评估站点之间广域网链接速度和拓扑结构，评估数据包括站点间流量，和所使用公共网络（Internet 或拨号连接）的实际网络可靠性、链路速率。
- 评估站点之间的链接成本（开销值），选择最优化网络路径。
- 站点的规划可以根据网络地理位置划分，同一区域的不同建筑物之间根据建筑物划分等。
- 站点规划和物理位置没有直接联系，可以将不同物理位置的域控制器放在一个站点中。

11.1.3　应用模式

1. 单站点

单站点是网络最常见的应用模式，就是只有一个站点。最初创建域时，将创建一个默认的站点（Default-Site-First-Name），代表整个网络，所有域控制器都将包含在默认站点中。单个站点的域执行效率非常高，因为该站点适用于同一个地理位置的高速局域网。

单站点优点：

- 简化复制管理。
- 所有域控制器之间目录快速更新。单站点设计还允许所有域控制器保持目录更改的最新状态，目录更新近乎实时模式完成。
- 单站点结构允许网络中所有复制以站点内复制的方式进行，不需要手动复制配置。

2. 多个站点

多个站点主要应用于分布于不同地理位置的网络，为网络上的每个物理位置创建单独的站点，可确保通过宽带网络连接进行通信的域控制器之间的站点间复制顺利完成。使用多个站点时，可通过几个可配置的站点间复制设置，更细致地控制复制行为。这些设置包括不同复制路径的相对开销、与每个站点相关的域控制器、与每个站点相关的子网、目录更新的传输频率，以及复制所用连接的可用性。

多站点优点：

- 有效利用宽带网络带宽进行复制。
- 控制复制行为。
- 控制时间间隔，降低身份验证滞后时间。

11.2　单域多站点部署任务

本例中将部署三站点的 Active Directory 架构。book.com 采用单域结构实现公司 IT 架构管理，公司办公地点分布在北京、上海和烟台，公司之间采用低速专线互联。为了便于三地员工在各自区域内访问活动目录资源，因此需要通过站点对站点内的域控制器合理规划，使域内客户端计算机在现有的带宽条件下能以最有效率的方式访问资源。

11.2.1　地理分布

Book.com 域在北京、上海以及烟台部署多台域控制器，各地的本地局域网都是千兆以太网，北京和上海、烟台之间通过 DDN 专线连接。

- 北京和上海之间：2MB DDN 专线连接。
- 北京和烟台之间：512KB DDN 专线连接。
- 上海和烟台之间：10MB 光纤连接。

11.2.2　遇到的问题

如果北京中的一台域控制器更改 Active Directory 信息，怎样才能用最有效率的方法把活动目录更新信息复制到其他所有域控制器中呢？

最佳方法：

- 首先，北京发生更改的域控制器先把更改信息复制到同一高速局域网内的域控制器；
- 然后再利用慢速的广域网链接复制到上海和烟台的一个域控制器上；
- 最后，上海和烟台的本地局域网再通过发生更改的域控制器复制到其他域控制器中。

如果所有域控制器都部署在同一个站点中，Active Directory 更改信息将通过慢速网络链路经过多次复制后才能最终同步。

用户每天登录到域进行身份验证，显然北京的用户应该登录到北京的域控制器，上海的用户应该登录到上海的域控制器，这样效率才会比较高。如果所有域控制器都部署在一个区域，北京用户每天都到上海域控制器进行身份验证，对慢速网络链路提出较高要求，链路压力和域控制器验证压力都会很高。

解决以上问题的最佳方法为各地分别部署各自的站点，将域控制器部署到站点中。

11.2.3　站点的作用

如果没有站点，上海用户登录域时，需要连接到北京域控制器（网络中第一台域控制器所在地）做验证，而上海用户通过比较低速的网络（2MB DDN 专线）连接到北京域控制器，对链路、域控制器造成极大压力。

微软提供的解决方法：Active Directory 站点。站点之间的物理连接速度并不快，站点内的用户需要在 Active Directory 中验证时连接到站点内的域控制器即可，站点体系架构慢速链路解决 Active Directory 环境中的物理连接问题。

站点的作用：优化 Active Directory 数据库同步复制，解决企业 Active Directory 架构中的慢速连接问题，使用户能够可靠、高速连接到域控制器验证，并访问发布的资源。

11.2.4　案例任务

案例任务：三地之间使用低速网络链路互联。北京、上海和烟台创建各自站点，站点中部署域控制器，实现站点内客户端计算机快速访问活动目录发布的资源以及身份验证。

本例中通过 VMWare 搭建实验环境，包括 5 台虚拟机。其中 4 台运行 Windows Server 2012 的域控制器，1 台模拟路由器且运行 Windows Server 2003 的虚拟机。

11.2.5 路由器规划

本例中部署一台名称为"Router"的虚拟机,通过"路由和远程访问服务"功能,实现三个网段之间的访问。虚拟机"Router"安装三块网卡,分别连接北京、上海以及烟台,如图 11-2 所示。

图 11-2 网络连接设置

1. 连接北京的网卡参数设置

连接北京的网卡参数设置如下。

- IP 地址:192.168.0.200。
- 子网掩码:255.255.255.0。
- 默认网关:空。
- 首选 DNS 服务器:空。

2. 连接上海的网卡参数设置

连接上海的网卡参数设置如下。

- IP 地址:172.16.0.200。
- 子网掩码:255.255.0.0。
- 默认网关:空。
- 首选 DNS 服务器:空。

3. 连接烟台的网卡参数设置

连接烟台的网卡参数设置如下。

- IP 地址:10.0.0.200。
- 子网掩码:255.0.0.0。
- 默认网关:空。
- 首选 DNS 服务器:空。

三块网卡参数设置完成后,通过"ipconfig"命令,查看网络设置参数,如图 11-3 所示。

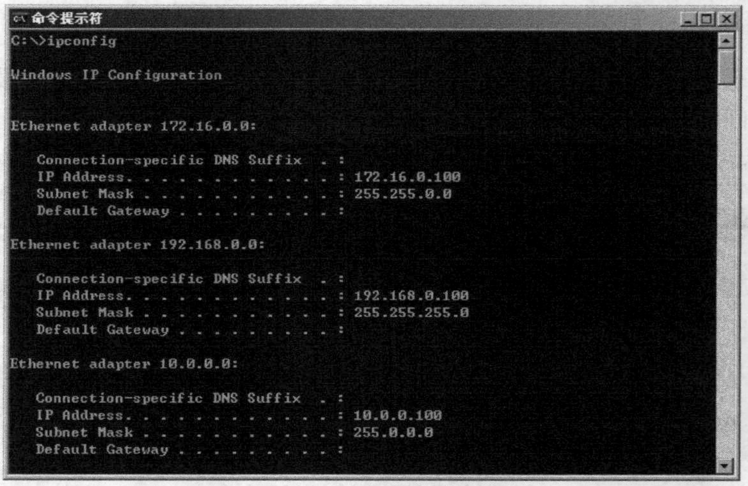

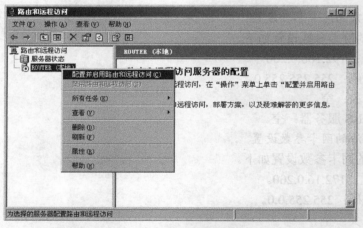

图 11-3　查看三块网卡参数

4. 启用"路由和远程访问服务"功能

以本地管理员身份登录虚拟机"Router"，"管理工具"中启动"路由和远程访问服务"组件，默认状态下"路由和远程访问服务"功能处于禁用状态。

第 1 步，右击计算机名称，在弹出的快捷菜单中选择"配置并启用路由和远程访问"命令，如图 11-4 所示。

图 11-4　启用"路由和远程访问服务"功能之一

第 2 步，命令执行后，启动"路由和远程访问服务器安装向导"，打开"欢迎使用路由和远程访问服务器安装向导"对话框，如图 11-5 所示。

第 3 步，单击"下一步"按钮，打开"配置"对话框。选择"自定义配置"选项，管理员通过手动方式配置网络之间的路由访问功能，如图 11-6 所示。

第 4 步，单击"下一步"按钮，打开"自定义配置"对话框。选择"LAN 路由"选项，如图 11-7 所示。

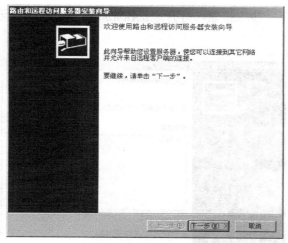

图 11-5　启用"路由和远程访问服务"功能之二

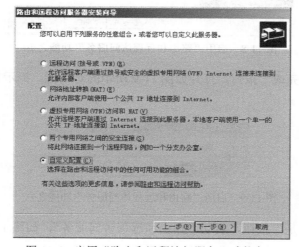

图 11-6　启用"路由和远程访问服务"功能之三

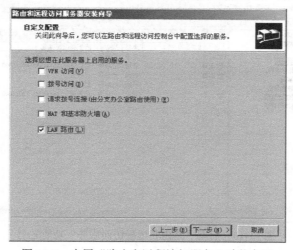

图 11-7　启用"路由和远程访问服务"功能之四

第 5 步，单击"下一步"按钮，打开"正在完成路由和远程访问服务器安装向导"对话框，如图 11-8 所示。

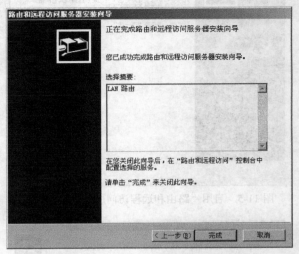

图 11-8　启用"路由和远程访问服务"功能之五

第 6 步，单击"完成"按钮，打开如图 11-9 所示的对话框。提示首先安装服务，然后启动该服务。

图 11-9　启用"路由和远程访问服务"功能之六

第 7 步，单击"是"按钮，启动"路由和远程访问服务"，如图 11-10 所示。

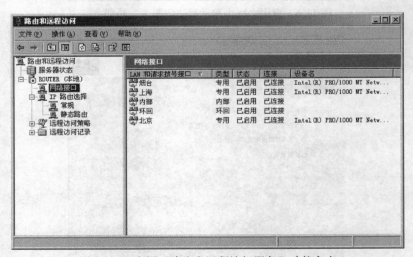

图 11-10　启用"路由和远程访问服务"功能之七

11.2.6　域控制器规划

book.com 域中有三台域控制器，分别是 dc-bj、dc-sh 以及 dc-yt，所有域控制器运行在 VMWare 虚拟机中。其中：

- dc-bj 位于北京，隶属于 192.168.0.0/24 网段。
- dc-sh 位于上海，隶属于 172.16.0.0/16 网段。
- dc-yt 位于烟台，隶属于 10.0.0.0/8 网段。

所有域控制器满足以下条件。

- 单域架构，域名为 book.com。
- 运行 Windows Server 2012 操作系统。
- 安装"集成区域 DNS 服务"。
- 安装全局编录服务（GC）。
- 首选 DNS 服务器为 192.168.0.1。
- 所有域控制器关闭 Windows 防火墙（为了测试方便，因此关闭防火墙）。

1. 北京域控制器

北京域控制器配置参数如下。

- 域名：book.com。
- 计算机名称：dc-bj.book.com。
- IP 地址：192.168.0.1。
- 子网掩码：255.255.255.0。
- 默认网关：192.168.0.100。
- 首选 DNS 服务器：192.168.0.1。
- 域管理员用户：book\administrator。
- DNS 服务器：安装。
- 全局编录服务：安装。

2. 上海域控制器

上海域控制器配置参数如下。

- 域名：book.com。
- 计算机名称：dc-sh.book.com。
- IP 地址：172.16.0.1。
- 子网掩码：255.255.0.0。
- 默认网关：172.16.0.100。
- 首选 DNS 服务器：192.168.0.1。
- 域管理员用户：book\administrator。
- DNS 服务器：安装。
- 全局编录服务：安装。

3. 烟台域控制器

烟台域控制器配置参数如下。

- 域名：book.com。
- 计算机名称：dc-yt.book.com。
- IP 地址：10.0.0.1。
- 子网掩码：255.0.0.0。
- 默认网关：10.0.0.100。
- 首选 DNS 服务器：192.168.0.1。
- 域管理员用户：book\administrator。
- DNS 服务器：安装。
- 全局编录服务：安装。

4. 测试三台域控制器之间连通性

登录计算机"dc-bj"，通过"ping"命令测试与"dc-sh"计算机之间连通性，如图 11-11 所示。

图 11-11　域控制器连通性测试之一

通过"ping"命令测试与"dc-yt"计算机之间连通性，如图 11-12 所示。

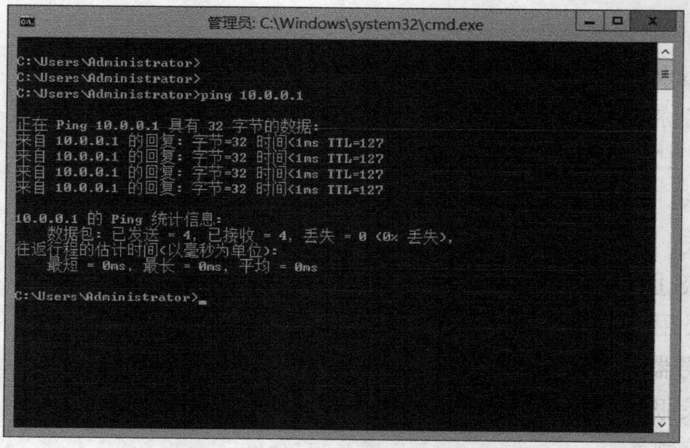

图 11-12　域控制器连通性测试之二

11.2.7　站点规划

本例中规划三个站点，分别为北京、上海以及烟台。每个站点部署一台域控制器，每个域控制器都可以根据"Active Directory 站点和服务"架构，判断客户端计算机属于哪一个站点为哪一个站点工作的（为所属站点的用户提供查询服务）。

本例中规划三个子网，分别是 192.168.0.0/24、172.16.0.0/16 以及 10.0.0.0/8。子网内的客户端计算机根据子网识别自己是属于哪一个站点，应该连接到哪一台域控制器上去做查询，无须到主域控制器中进行身份验证和访问发布的资源。

站点整体规划如图 11-13 所示。

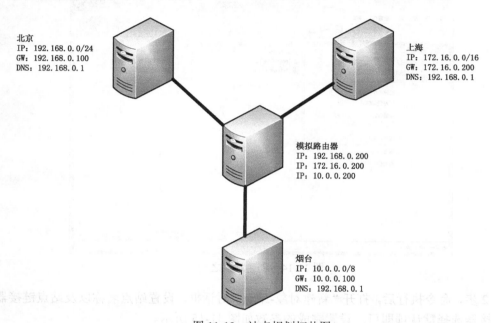

北京
IP：192.168.0.0/24
GW：192.168.0.100
DNS：192.168.0.1

上海
IP：172.16.0.0/16
GW：172.16.0.200
DNS：192.168.0.1

模拟路由器
IP：192.168.0.200
IP：172.16.0.200
IP：10.0.0.200

烟台
IP：10.0.0.0/8
GW：10.0.0.100
DNS：192.168.0.1

图 11-13　站点规划拓扑图

11.3　部署单域多站点

本例中参与测试的域控制器为 4 台，全部运行 Windows Server 2012 操作系统。其中北京站点部署 2 台域控制器，上海和烟台站点各部署 1 台域控制器。需要注意要保证站点之间 Active Directory 数据复制成功，除了保证物理连接正常之外，还必须创建逻辑连接，才能够进行 Active Directory 数据复制，二者缺一不可。

11.3.1　单域多站点部署流程

本例单域环境中，部署多站点建议遵循以下流程。
- 创建新站点。
- 创建站点子网。
- 定位域控制器，或者加入新域控制器。

- 创建站点链接。
- 创建站点链接桥。

11.3.2 创建新站点

1. "Active Directory 站点和服务"创建新站点

第 1 步，以域管理员身份登录 dc-bj.book.com 域控制器，打开"Active Directory 站点和服务"控制台。右击"Sites"，在弹出的快捷菜单中选择"新站点"命令，如图 11-14 所示。

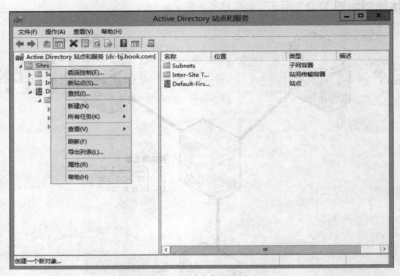

图 11-14　创建站点之一

第 2 步，命令执行后，打开"新建对象-站点"对话框。设置站点名称以及站点链接器，站点链接器选择默认项即可。设置完成的参数如图 11-15 所示。

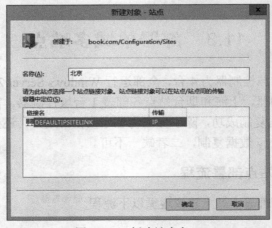

图 11-15　创建站点之二

第 3 步，单击"确定"按钮，打开"Active Directory 域服务"对话框，显示下一步需要完成的工作，如图 11-16 所示。

图 11-16　创建站点之三

第 4 步，单击"确定"按钮，成功创建新的站点，如图 11-17 所示。

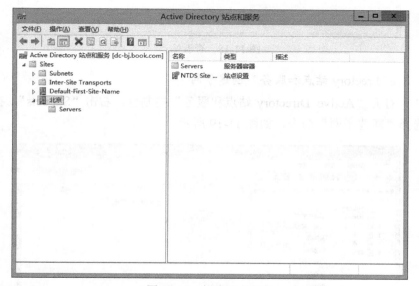

图 11-17　创建站点之四

2. Powershell 创建新站点

打开"用于 Windows PowerShell 的 Active Directory 模块"，键入以下命令：

`New-ADReplicationSite -Name 烟台`

命令执行后，创建目标站点。

3. 查看所有站点

"北京"、"上海"以及"烟台"三个站点全部创建成功后如图 11-18 所示。

11.3.3　创建站点子网

本例中不同的站点使用不同的 IP 子网，域控制器根据自己的 IP 地址就可以判断出自己应该隶属于哪个站点，域内的客户机登录到域时也会根据自己的 IP 地址来查询同一站点内的域控制器，定位并验证用户身份后登录。

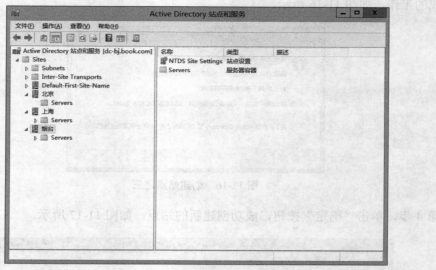

图 11-18　查看站点

1. "Active Directory 站点和服务" 创建子网

第 1 步，打开 "Active Directory 站点和服务" 控制台，右击 "Subnets"，在弹出的快捷菜单中选择 "新建子网" 命令，如图 11-19 所示。

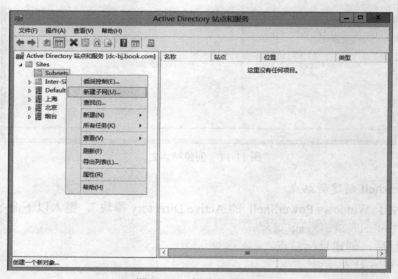

图 11-19　创建子网之一

第 2 步，命令执行后，打开 "新建对象-子网" 对话框。以北京站点为例，北京站点规划的子网为 "192.168.0.0/24"，因此 "前缀" 文本框中根据 "IPv4 示例" 输入子网名称，"站点名称" 选择 "北京" 站点，把子网 "192.168.0.0/24" 分配给 "北京" 站点。设置完成的参数如图 11-20 所示。

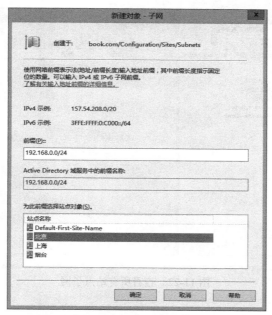

图 11-20 创建子网之二

第 3 步，单击"确定"按钮，创建目标子网，如图 11-21 所示。

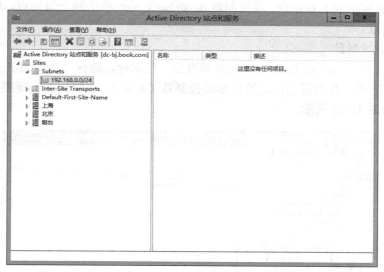

图 11-21 创建子网之三

2. Powershell 创建站点子网

打开"用于 Windows PowerShell 的 Active Directory 模块"，键入以下命令。

New-ADReplicationSubnet -Name 172.16.0.0/16 -Site 上海

命令执行后，为上海站点创建子网。

3. 查看所有站点子网

"北京"、"上海"以及"烟台"三个站点子网全部创建成功后如图 11-22 所示。

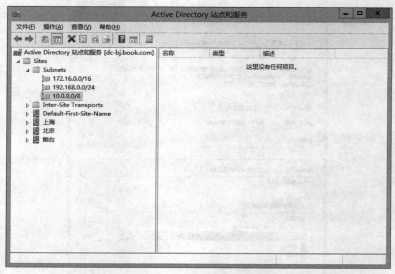

图 11-22 查看所有站点子网

11.3.4 定位域控制器

成功创建站点、子网之后，根据每个域控制器的 **IP** 地址移动到不同的站点。域控制器 dc-bj.book.com 移动到北京站点，域控制器 dc-sh.book.com 移动到上海站点，dc-yt.book.com 移动到烟台站点。

1. 移动域控制器

第 1 步，打开"Active Directory 站点和服务"控制台，选择"Default-First-Site-Name" →"Servers"选项，右击需要移动的目标域控制器（dc-bj），在弹出的快捷菜单中选择"移动"命令，如图 11-23 所示。

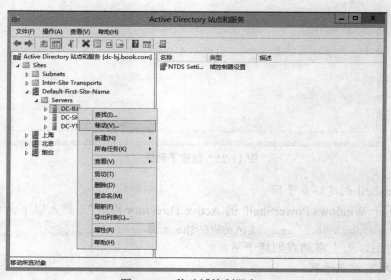

图 11-23 移动域控制器之一

第 2 步，命令执行后，打开"移动服务器"对话框。"站点名称"列表中选择目标站点（北京），如图 11-24 所示。

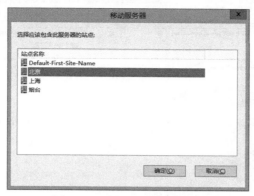

图 11-24　移动域控制器之二

第 3 步，单击"确定"按钮，目标域控制器移动到目标站点中，如图 11-25 所示，域控制器"dc-bj"移动到站点"北京"中。

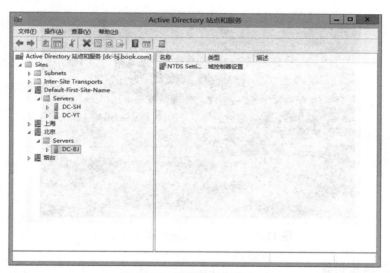

图 11-25　移动域控制器之三

2．Powershell 移动域控制器

打开"用于 Windows PowerShell 的 Active Directory 模块"，键入以下命令。

```
Get-ADDomainController dc-sh | Move-ADDirectoryServer -Site 上海
```

命令执行后，将域控制器"dc-sh"移动到站点"上海"中。

3．查看所有域控制器位置

域控制器 dc-bj.book.com 移动到北京站点，域控制器 dc-sh.book.com 移动到上海站点，dc-yt.book.com 移动到烟台站点，移动完成后的状态如图 11-26 所示。

打开"用于 Windows PowerShell 的 Active Directory 模块"，键入以下命令。

```
Get-ADDomainController -Filter * | FT Hostname,Site
```

命令执行后，显示 book.com 域中所有域控制器所在的站点，如图 11-27 所示。

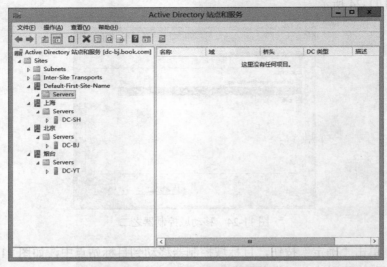

图 11-26　查看所有域控制器位置之一

图 11-27　查看所有域控制器位置之二

4. 添加新域控制器

新子网创建成功后，以"北京"子网为例，如果在"北京"网络内安装新的域控制器，域控制器计算机账户会自动放置到"北京"子网，同样其他网络内的域控制器也会根据子网信息，自动放置到目标站点内。

北京新增加一台域控制器，配置参数如下。

- 域名：book.com。
- 计算机名称：dc-bj-04.book.com。
- IP 地址：192.168.0.6。
- 子网掩码：255.255.255.0。
- 默认网关：192.168.0.100。
- 首选 DNS 服务器：192.168.0.1。

- 域管理员用户：book\administrator。
- DNS 服务器：安装。
- 全局编录服务：安装。

新计算机"dc-bj-04.book.com"提升为新域控制器，提升过程中打开"域控制器选项"对话框，"站点名称"自动设置为"北京"，因为"北京"站点子网设置为"192.168.0.0/24"，新计算机"dc-bj-04.book.com"的 IP 地址为"192.168.0.6/24"，属于"北京"站点子网范畴，"Active Directory 域服务配置向导"根据子网信息，自动将新计算机"dc-bj-04.book.com"部署到"北京"站点子网。设置完成的参数如图 11-28 所示。

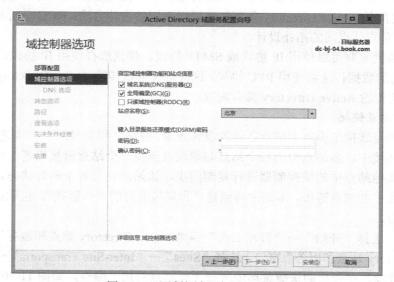

图 11-28 "域控制器选项"对话框

域控制器提升完成后，打开"Active Directory 站点和服务"，切换到"北京"站点，"Servers"中显示新添加的域控制器"dc-bj-04"，如图 11-29 所示。

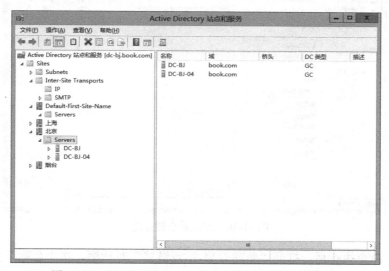

图 11-29 "Active Directory 站点和服务"查看域控制器

11.3.5　创建站点链接

站点链接器是一个逻辑控制单元，不负责域控制器之间的物理连接，链接器的作用是对不同站点间的数据传递进行控制，以便最大限度地利用好站点间的慢速链路。

部署多站点后，域控制器之间的 Active Directory 复制优先在本站点内进行，然后站点会选出一个"桥头服务器"代表所在的站点和其他站点的"桥头服务器"进行复制，Active Directory 复制通过两个站点间的"桥头服务器"进行跨越站点的传递。Active Directory 复制在站点内的域控制器之间传输采用不压缩传输机制，而跨站点时采用压缩传输机制。站点内、站点之间的 Active Directory 复制拓扑采用不同的设计方法：KCC 负责站点内的拓扑设计，ISTG 负责站点间的拓扑设计。

站点间数据复制可以使用 IP 协议或 SMTP 协议。建议选择使用 IP 协议。如果使用 IP 协议，站点间的数据传输将使用 RPC 协议，这种协议可以传输 Active Directory 全部内容而 SMTP 则只能传输 Active Directory 部分内容。

1．创建站点链接

站点链接是连接至少两个站点之间的逻辑通道，网络之间通过站点链接进行数据传输。多站点应用环境中，多站点中的每个站点必须通过至少一个站点链接相连，否则该站点将不能与任何其他站点中的域控制器进行复制同步，该站点也就处于断开状态。因此，必须配置多个站点中的站点链接。本例中将创建"北京与上海的站点链接"，也就是连接北京站点和上海站点。

第 1 步，选择"开始"→"管理工具"→"Active Directory 站点和服务"选项，打开"Active Directory 站点和服务"窗口。选择"Sites"→"Inter-Site Transports"→"IP"选项，右击"IP"选项，在弹出的快捷菜单中选择"新站点链接"命令，如图 11-30 所示。

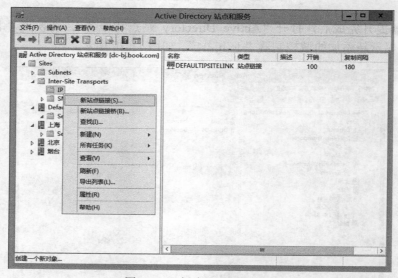

图 11-30　创建站点链接之一

第 2 步，命令执行后，打开"新建对象-站点链接"对话框，在"名称"文本框中键入新站点链接名称，在"不在此站点链接中的站点"列表中，选择要加入到新站点链接的站

点，单击"添加"按钮，将其移入"在此站点链接中的站点"列表中。注意，站点链接至
少有两个站点。本例中将北京和上海站点移入"在此站点链接中的站点"。设置完成的参数
如图 11-31 所示。

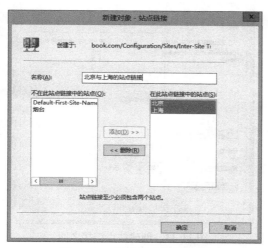

图 11-31　创建站点链接之二

第 3 步，单击"确定"按钮，创建新的站点链接，如图 11-32 所示。

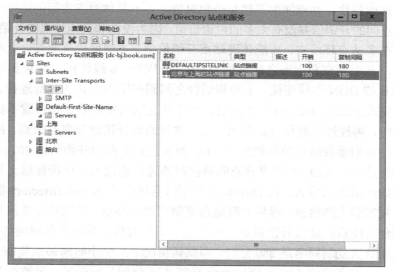

图 11-32　创建站点链接之三

第 4 步，设置开销值。新站点链接创建完毕后建议设置开销，设置开销以后，在站点
间进行复制过程中，ISTG 根据开销的设置，自动选择使用开销比较少的站点链接。右击要
设置开销的站点链接名称，在弹出的快捷菜单中选择"属性"命令，打开属性对话框。在
"开销"文本框中键入一个整数即可，该开销值与网络链路的速度相对应，速度越高，开销
值越小。开销值越小则使用时优先级就越高。默认开销为 100，复制频率 180 分钟（3 小时）
复制一次。设置完成的参数如图 11-33 所示。

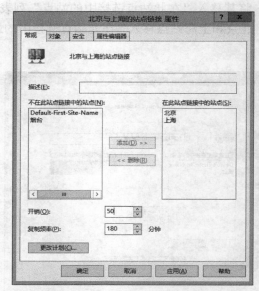

图 11-33　创建站点链接之四

参数说明如下。

- 站点链接器默认 "开销" 值是 100，开销反映了站点间连接速度的快慢，开销值越小，速度越快。站点间的开销是个相对值，并不具体对应实际的连接速度，因此两个站点间的开销值并没有太多的讨论价值，因为没法和其他站点的开销值进行比较。
- 只有在多站点环境中，才能体现站点开销价值。本例域中有北京、上海和烟台三个站点，其中北京和上海之间是用 2MB 的 DDN 专线连接，北京和烟台之间是用 512KB 的 DDN 专线连接，上海和烟台之间则使用 10MB 的光纤连接。当北京域控制器更改 Active Directory 信息后，如果从北京直接传输到烟台就不如先从北京传到上海，再经过上海传到烟台效率高。通过站点开销就很容易做到，例如可以设置北京站点到烟台站点的开销值是 100，而北京到上海的开销值是 20，上海到烟台的开销值是 10，KCC 在计算站点间链接时通过开销值的量化指标做出判断，北京站点和烟台站点间的 Active Directory 复制时会优先让 Active Directory 数据先从北京站点复制到上海站点，再从上海站点复制到烟台站点。最优站点链接是北京→上海→烟台。注意：站点开销值是一个宏观上的相对值，并不具体对应传输速率。
- 站点间默认复制频率是 180 分钟，即默认情况下三个小时跨站点复制一次，默认复制频率比站点内的 Active Directory 复制（15 分钟）低得多，显然是为了适应广域网上的低速链路。

第 5 步，单击 "更改计划" 按钮，打开站点链接复制计划对话框，设置站点间数据传输的时间段，允许管理员在适当的时机用适当的节奏进行站点间的数据传递。默认 7×24 小时都可以进行数据传递，建议使用默认值即可。单击 "确定" 按钮，完成站点链接设置。设置完成的参数如图 11-34 所示。

第 6 步，同样的方法，创建北京与烟台、烟台与上海之间的站点链接，设置完成的站点链接如图 11-35 所示。

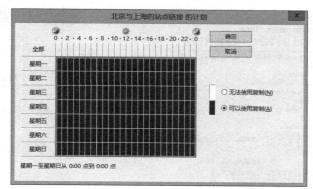

图 11-34 创建站点链接之五

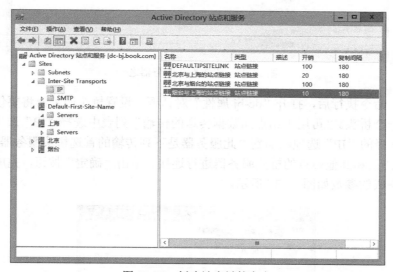

图 11-35 创建站点链接之六

2. PowerShell 创建站点链接

打开"用于 Windows PowerShell 的 Active Directory 模块",键入以下命令。

New-ADReplicationSiteLink '上海与烟台的站点链接' -SitesIncluded '上海',烟台

命令执行后,创建名称为"上海与烟台的站点链接"站点链接。

键入命令:

Set-ADReplicationSiteLink '上海与烟台的站点链接' -Cost 10 -ReplicationFrequencyInMinutes 15

命令执行后,设置"上海与烟台的站点链接"站点链接的开销值为 10,复制频率为 15 分钟。

11.3.6 设置桥头服务器

桥头服务器的作用为站点内和其他站点进行 Active Directory 数据库复制的域控制器,一个站点内设置一台桥头服务器即可。以北京站点中的"dc-bj"域控制器为例说明。

第 1 步,"北京"站点内选择作为桥头服务器的"dc-bj"域控制器。右击"dc-bj"域控制器,在弹出的快捷菜单中选择"属性"命令,如图 11-36 所示。

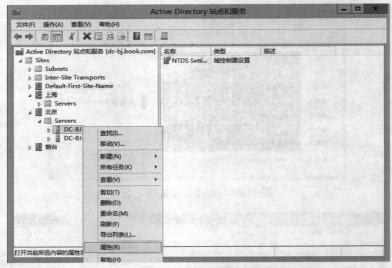

图 11-36　设置桥头服务器之一

第 2 步，命令执行后，打开"dc-bj 属性"对话框。设置桥头服务器将要使用哪一种协议来链接另一个桥头。"可用于站点间数据传送的传输"列表中选择"IP"选项，单击"添加"按钮，选择的"IP"选项添加到"此服务器是下列传输的首选桥头服务器"，即桥头服务器通过 IP 协议和其他站点的桥头服务器进行连接。单击"确定"按钮，完成桥头服务器设置。设置完成的参数如图 11-37 所示。

图 11-37　设置桥头服务器之二

11.3.7　创建站点链接桥

站点链接桥是通过站点进行中继的逻辑通道，通过站点链接桥可以将两个互不相干网络连接起来进行通信，保证活动目录数据的一致性。

　　当两个站点间有多条链接通道时，如何确定最佳的站点链接。仅从站点间的链接判断谁的开销值低并不精确，因为后面可能还有其他链接，所以要为站点之间判断一条最优的链接作为当前的复制路径，可以将多个链接合在一起，把链接的开销、周期等量化，使站点中的域控制器识别最优化复制路径。

　　本例中包括三个站点，最优站点链接是北京→上海→烟台。

　　第 1 步，选择"开始"→"管理工具"→"Active Directory 站点和服务"选项，打开"Active Directory 站点和服务"窗口。选择"Sites"→"Inter-Site Transports"→"IP"选项，右击"IP"选项，在弹出的快捷菜单中选择"新站点链接桥"命令，如图 11-38 所示。

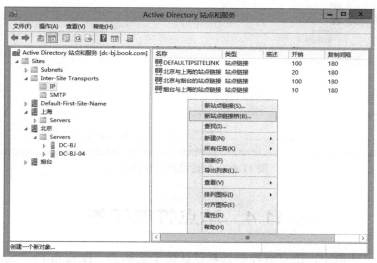

图 11-38　创建站点链接桥之一

　　第 2 步，命令执行后，打开"新建对象-站点链接桥"对话框，在"名称"文本框中键入新站点链接桥名称，在"不在此站点链接桥中的站点链接"列表中，选择要加入到新站点链接桥的站点链接，单击"添加"按钮，将其移入"在此站点链接桥中的站点链接"列表中。注意，站点链接桥至少有两个站点链接。设置完成的参数如图 11-39 所示。

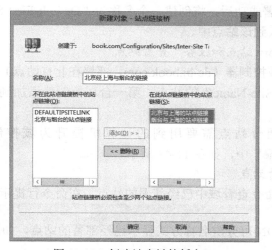

图 11-39　创建站点链接桥之二

第 3 步，单击"确定"按钮，创建新的站点链接桥，如图 11-40 所示。通过新建的站点链接桥可以更精确地计算出最快的北京和烟台站点之间的最佳复制路径。

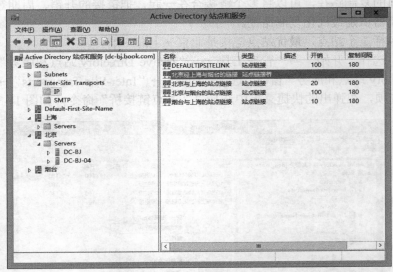

图 11-40　创建站点链接桥之三

11.4　站点管理任务

在单一站点环境中，所有域控制器都默认位于名称为"Default-First-Site-Name"的站点中，同时所有域控制器都位于同一个高速网络中，域控制器之间的复制采用没有压缩的数据传递方式。在多站点环境中，站点之间的数据链路通常是低速链路，管理好站点能提高用户登录速度以及数据访问速度。

11.4.1　查看站点

AD DS 域服务部署成功后，将创建一个名称为"Default-First-Site-Name"的站点，默认所有域控制器都加入到该站点中。

1. "Active Directory 站点和服务"查看站点

网络中的第一台域控制器（dc-bj.book.com，部署在北京站点）部署完成后，默认创建名称为"Default-First-Site-Name"的站点，第一台域控制器添加到该站点中，如图 11-41 所示。

将上海站点和烟台站点需要用到的计算机提升为域控制器后，默认添加到"Default-First-Site-Name"中，如图 11-42 所示。

2. DS 命令组查看站点

使用"dsquery"命令查看域中已经部署的站点。在命令行提示符下，键入如下命令。

```
Dsquery site
```

命令执行后，以 DN 可分辨名称方式显示已经部署的站点，如图 11-43 所示。

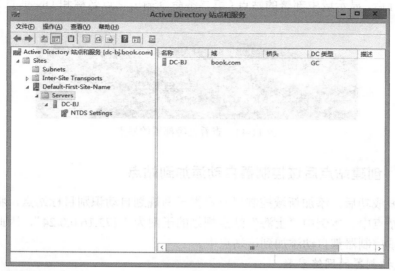

图 11-41　查看默认站点之一

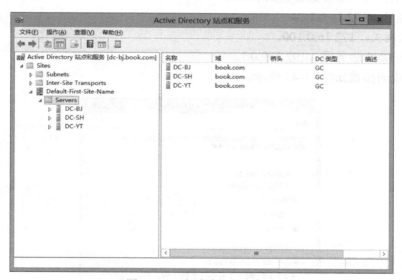

图 11-42　查看默认站点之二

图 11-43　查看已经部署的站点

3. PowerShell 命令

使用 PowerShell 命令查看已经部署的站点。键入以下命令。

```
Get-ADReplicationSite -Filter *
Get-ADReplicationSite -Filter * | Select Name,DistinguishedName
```

命令执行后,显示域中部署的站点(第二条命令输出站点名称和 DN 信息),如图 11-44 所示。

图 11-44　查看已经部署的站点

11.4.2　创建站点后域控制器自动添加到站点

站点部署成功后,添加新域控制器时根据子网规划自动识别目标站点,将新域控制器添加到目标站点中。本例中"上海"站点规划的子网为"172.16.0.0/24",因此只要是该网段新加入的域控制器都自动添加到该站点中。

1. 新域控制器的网络参数

新域控制器的网络参数设置如下。

- IP 地址:172.16.0.1/24。
- 默认网关:172.16.0.100。
- 首选 DNS 服务器:192.168.0.1。

设置完成的参数如图 11-45 所示。

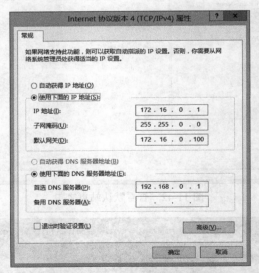

图 11-45　服务器网络参数设置

2. 提升为域控制器

首先将该服务器添加到域中,以域管理员登录,启动"Active Directory 域服务向导"后开始提升过程,打开"域控制器选项"对话框,"站点名称"文本框中默认站点自动设置为"上海",而不是"Default-First-Site-Name",其他操作根据向导提示完成即可。设置完成的参数如图 11-46 所示。

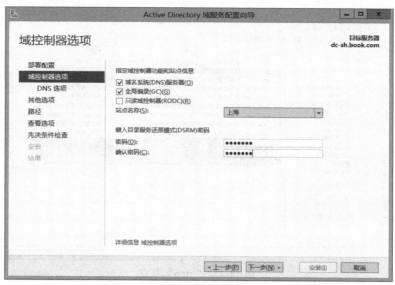

图 11-46 "域控制器选项"对话框

3. 验证站点中的域控制器

服务器提升为域控制器，自动将域控制器部署到"上海"站点中。使用 "Get-ADDomainController"命令查看每台域控制器所在的站点。键入以下命令。

```
Get-ADDomainController -Filter * | Select name,site
```

命令执行后，显示域控制器所在的站点，如图 11-47 所示。

图 11-47 查询站点

11.4.3 提升用户登录速度

当客户端需要定位一台域控制器登录时，默认情况随机找一台域控制器登录。如果部署了站点，站点和子网一起绑定，同一个站点中的计算机属于一个高速连接的物理网络，计算机之间相互访问的速度将快于站点之间的访问速度。

1. 无站点用户登录

如果没有部署任何新站点（默认站点为 Default-First-Site-Name），用户从客户端登录域时使用 DNS 服务器"_tcp"节点下的"_ldap"记录定位域控制器（ldap 使用 389 端口）。本例中包括三台域控制器（DC_bj/DC_sh/DC-yt），分别对应三条"_ldap"记录，如图 11-48 所示。

图 11-48 "_tcp" 节点

默认状态下:

- 没有做过站点设置。
- 没有做过 DNS 中 SRV 记录设置。

用户在客户端登录域时会随机联系一台域控制器,本例中用户有 33%概率选择一台较远的或者性能较差的域控制器登录,因此用户登录域的速度效率将比较低下。

2. 站点用户登录

域中部署站点后,域中将创建名称为"_sites"节点,该节点下可以看到创建的所有站点名称,本例中包含 4 个:默认站点(Default-First-Site-Name,没有任何域控制器)、北京(一台域控制器 dc_bj.book.com)、上海(一台域控制器 dc_sh.book.com)和烟台(一台域控制器 dc_yt.book.com),如图 11-49 所示。

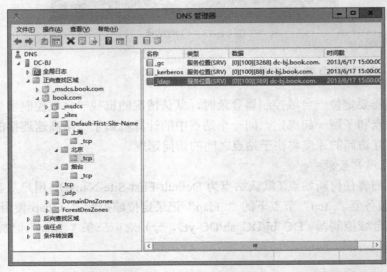

图 11-49 "_sites" 节点

北京站点属于 192.168.0.0/24 这个子网，该子网中的客户端计算机通过 DNS 查询子域找到名称为"_ldap"的 SRV 记录，通过该记录子网中的客户端计算机能够从该站点中的域控制器登录，而不需要到别的站点登录。

本例中域名为"book.com"，为客户端计算机运行 Windows 操作系统，"DNS 管理器"中包括名称为"_msdcs.book.com"的子域。该域下有个名为"dc"的子域（dc 指的是域控制器），节点下面包含名称为"_sites"的子域，该子域中同样包括创建的四个站点。例如，北京站点，"北京"→"_tcp"同样保存"_ldap"SRV 资源记录（如图 11-50 所示）。

为什么站点域控制器的 ldap 的记录会保存在该位置？因为在设置站点时，域控制器被移动到该站点中，在注册 DNS 资料时自动动态更新，所以客户端在定位域控制器时通过 DNS 资源记录找到比较靠近自己的域控制器。

图 11-50 "_msdcs.book.com"子域

如果域控制器的性能不同，可以通过设置"_ldap"记录的优先级和权重帮助用户选择一台高性能的域控制器登录。当一个站点中有多台域控制器时，客户端会选择优先级较高的域控制器登录。

优先级和权重的关系如下。

- 优先级（默认 0）：数字越小，优先级越高；如果优先数字相同，则参照权重值。
- 权重（默认 100）：数字越大，优先级越高。

右击任何一台域控制器的"_ldap"记录，在弹出的快捷菜单中选择"属性"命令，命令执行后，打开"_ldap 属性"对话框，该对话框可以设置优先级和权重，如图 11-51 所示。

11.4.4 用户指定域控制器登录

网络中用户数量较多，为了提高用户的登录和验证速度，希望用户在指定域控制器中登录，以分担域控制器的压力。用户在指定域控制器中登录，最佳做法是划分站点，将目标域控制器移到站点中，如果用户和域控制器在一个 IP 子网中，则会自动到站点的域控制器中验证。

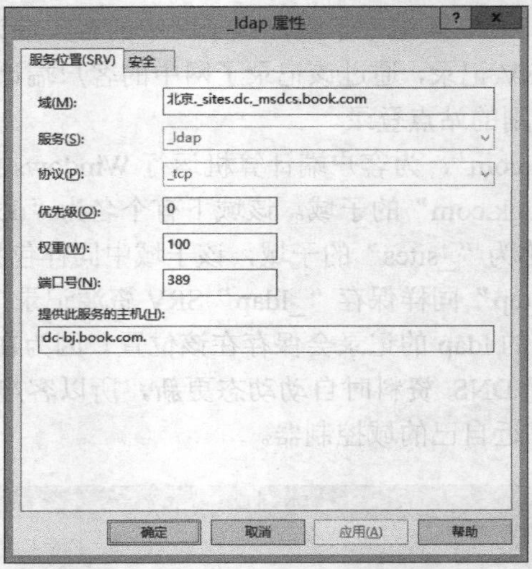

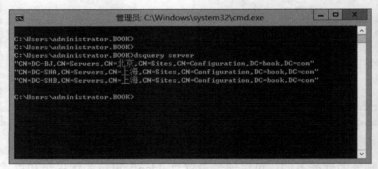

图 11-51 "_ldap 属性"对话框

例如，本例中包括 2 个站点：北京和上海。林根域控制器部署在"北京站点"。"上海"站点中包括 2 台域控制器，使用"172.16.0.0/24"IP 子网。域中部署的所有域控制器如图 11-52 所示。

图 11-52 域中所有域控制器

客户端计算机运行 Windows XP 操作系统，网络参数如图 11-53 所示。

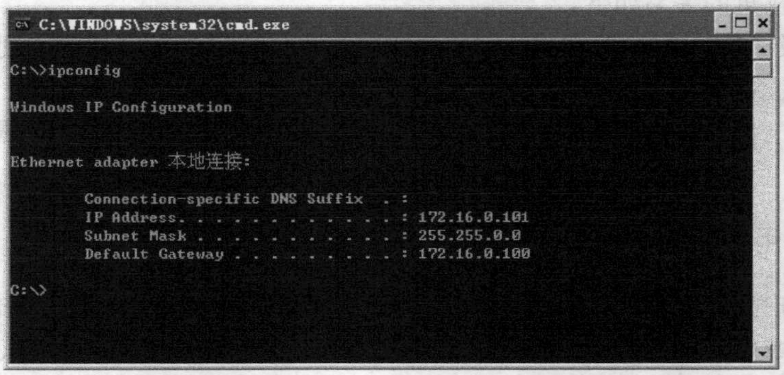

图 11-53 客户端计算机网络参数

客户端计算机加域后，通过"Set LogonServer"命令验证其连接到的域控制器，如图 11-54 所示。客户端计算机连接到名称为"DC-SHA"的域控制器做验证，而不是连接到主域控制器。

图 11-54 验证客户端计算机验证域控制器

第 12 章　管理站点复制

本章中复制指的是活动目录数据库复制，同一个站点内和不同站点之间域控制器之间的数据库复制。同一个站点中，域控制器处于一个高速网络环境中，复制效率较高。当域控制器处于不同的站点之间，由于网络速度限制，复制效率、时间需要域管理员仔细规划才能达到最佳效果。

12.1　复制概述

复制仅发生在多域控制器环境中，如果域中只有一台域控制器，将不会产生复制。复制分为站点内复制和站点间复制。站点内复制通过 KCC（Knowledge Consistency Checker）自动创建最佳的复制拓扑，站点间通过 ISTG（站点间拓扑发生器）创建站点间的复制链接。

12.1.1　复制方式

1. 单主复制

Windows NT 环境中域控制器被分为两类：PDC 和 BDC。PDC 指的是主域控制器，BDC指的是备份域控制器。每个域中只能有一个 PDC，BDC 可以有多个，BDC 中的活动目录数据库从 PDC 复制，只有 PDC 才可以创建、修改、删除域中的用户账号、计算机账号、打印机等域对象数据，BDC 活动目录数据库是只读数据库。这种复制模型称之为单主复制。

单主复制架构如图 12-1 所示。

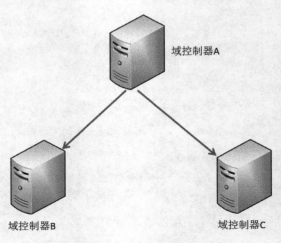

图 12-1　单主复制架构

2. 多主复制

从 Windows Server 2000 开始，活动目录使用多主复制架构，即每个域控制器都可以自主地修改域对象，域中不再有主域控制器和备份域控制器的区别（实质上还是有区别），任何一个域控制器都可以修改 Active Directory 的内容。为了维护活动目录的权威性，所有域控制器上的活动目录数据库内容应该都相同。

AD DS 域服务采用多主机复制方式，多主机复制在对等域控制器之间复制活动目录数据库，每个域控制器对活动目录数据库具备完全控制的权限。采用多主复制的域控制器使用 KCC 自动创建域控制器之间的复制链接（最大约点数不超过 3 台域控制器），每个域控制器会根据站点的带宽，自动地计算出最佳复制拓扑。管理员也可以特定用户环境以手动方式配置复制拓扑。

多主复制架构模式下，林内任何域控制器都可处理和更新复制，所以只要一台或多台服务器仍维持运作，管理员和应用程序便可以更新数据并如往常一样持续工作，但是要注意 FSMO 角色的位置。

域控制器采用多主复制优点是高效，缺点是将产生大量网络流量。AD DS 域服务自动创建复制拓扑，当任何域控制器信息变更时，会通知域控制器的复制伙伴，然后复制伙伴初始化。初始化成功后，数据库之间开始复制，直到所有的域控制器同步。

在 Active Directory 数据库中，少部分数据采用单主复制方式完成复制。当删除域对象时，首先由一台域控制器（包含 FSMO 角色）负责接收和处理请求，处理完成后将数据同步到其他域控制器。

多主复制架构如图 12-2 所示。

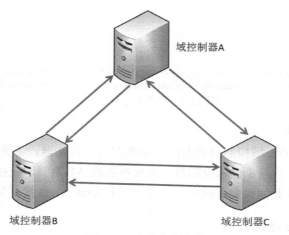

图 12-2　多主复制架构

12.1.2　复制协议

域控制器之间复制数据时，将采用以下协议。

- IP 协议。站点内或者站点间都可以使用该协议复制数据，数据复制时将使用加密和身份验证机制。
- SMTP 协议。该协议只能在站点间使用。

12.1.3 复制伙伴

复制伙伴分为直接复制伙伴和间接复制伙伴。

1. 直接复制伙伴

源域控制器（发生数据更新的域控制器）不会将更新数据复制给同一个站点内的所有域控制器，而是复制给该域控制器的直接复制伙伴。直接复制伙伴由 KCC 自动创建，源域控制器和直接复制伙伴之间的复制效率最高，同时决定哪一台域控制器是该域控制器的直接复制伙伴。复制时，首先复制给直接复制伙伴，再由直接复制伙伴把更新复制到其他域控制器。

打开"Active Directory 站点和服务"，左侧窗格中选择"Sites" → "北京" → "Servers" → "DC-BJ" → "NTDS Settings" 选项，右侧窗格中显示由 KCC 自动生成的直接复制伙伴，如图 12-3 所示。注意，名称有"自动生成"字样说明是 KCC 自动创建的直接复制伙伴。

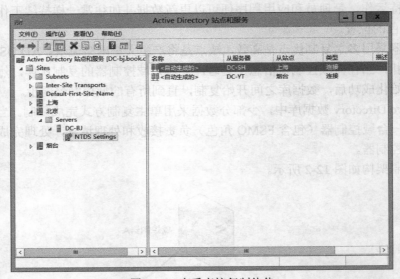

图 12-3   查看直接复制伙伴

2. 间接复制伙伴

间接复制伙伴，通过域控制器转发而更新数据的域控制器，不是从源域控制器直接复制数据。例如图 12-4 中有 8 台域控制器，以域控制器 A1 为例，域控制器 A1 的直接复制伙伴是 A2 和 A8，A4 是间接复制伙伴，不是由域控制器 A1 直接复制。

12.1.4 目录分区同步

域控制器中划分为多个不同的分区，每个分区完成不同的功能。

- 架构目录分区。架构目录分区存储所有对象和属性的定义，以及建立和控制的规则。整个林内所有域共享一份相同的架构目录分区，该分区会被复制到林中所有域内的所有域控制器。
- 配置目录分区。配置目录分区存储整个活动目录结构的信息。包括域、站点、域控制器。整个林内所有域共享一份相同的配置分区，该分区会被复制到林中所有域内的所有域控制器。

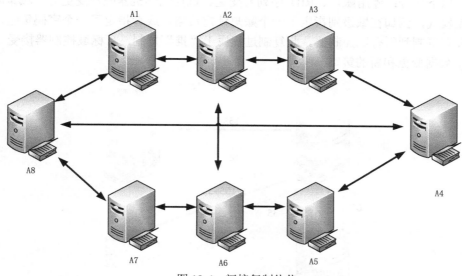

图 12-4　间接复制伙伴

- 域目录分区。每一个域各有一个域目录分区，存储与该域有关的对象，例如用户、组、计算机、组织单位等。每个域各自拥有一份域目录分区，值能被复制到该域内的所有域控制器，并不会被复制到其他域的域控制器。
- 应用程序目录分区。一般来说，应用程序目录分区由应用程序创建，其内存储着与该应用程序有关的数据。应用程序目录分区会被复制到林中的特定域控制器，而不是所有的域控制器。

12.1.5　复制机制

站点复制采用如下机制完成复制的更新。

- 通知更新复制。
- 紧急复制。
- 定时检查复制。

1. 通知更新复制

域控制器 A 建立一个用户账号，新建账号属于初始更新。在更新完成以后，域控制器 A 服务器在 15 秒之后发出更新通知。此更新通知并非同时通知所有域内的域控制器，通过复制拓扑通知第一个域控制器 B，域控制器 B 接受到复制信息后，将新的账号复制到域控制器 B 数据库中，仅复制发生改变的数据，属于增量更新，此复制过程属于"拉"复制。3 秒钟后，再通知域控制器 C。以此类推，将更新的数据复制到其他域控制器。

通知更新复制原理如图 12-5 所示。粗箭头代表时间，细箭头代表接收到更新通知后立即从服务器"拉"数据，不需要延迟。

2. 紧急复制

紧急复制以一种"推"的机制强制立即更新域控制器上的 Active Directory 数据，紧急复制运作模式会立刻传递变更通知给所有的复制伙伴，而不会等到暂停时间结束。紧急复制应用于以下场合：停用账户、RID 序列号变更、域控制器机器账户变更等。域策略支持紧急复制模式，例如在域级别指定了一个账户锁定策略，或者指定了一个密码策略，立即连接并发布复制到所有域控制器。此复制过程属于"推"复制，目标域控制器接受 Active Directory 数据变更和新的策略。

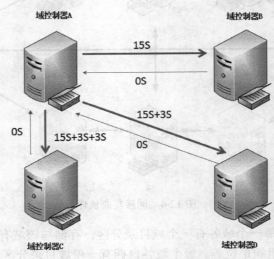

图 12-5　通知更新原理

紧急更新原理如图 12-6 所示。粗箭头代表"推"数据。

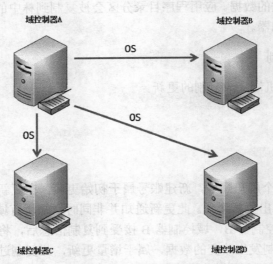

图 12-6　紧急更新原理

3. 定时检查复制

定时检查复制，以计划方式在指定时间执行复制。默认（站点内每个小时、站点间每 3 个小时）每个小时检查 1 次复制状态，包括更新通知复制和紧急复制，检测通知更新和紧急复制后的数据是否同步、丢失数据或者复制没有完成等状态，如果出现上述状况，将通知初始域控制器，以"拉"的方式复制没有更新的数据，复制将立即执行。

定时检查复制原理如图 12-7 所示。粗箭头代表时间，细箭头代表接收到更新通知后立即从服务器"拉"数据，不需要延迟。

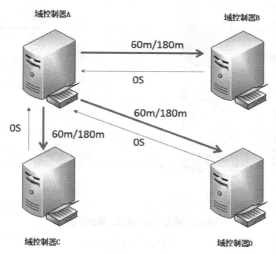

图 12-7　定时检查复制

12.1.6　复制拓扑

活动目录复制拓扑为环形，通过 KCC 自动创建拓扑。KCC 进程在每个域控制器上运行，帮助域控制器建立到其他域控制器的复制链接对象。如果域控制器和域控制器之间没有创建链接对象，域控制器之间将不能复制。链接对象创建成功后，在复制伙伴前面有一个标识为"<自动生成>"。

1. 自动拓扑

域控制器之间的拓扑结构建议由 KCC 自动完成。本例中（如图 12-8 所示），域控制器 A2 和域控制器 A3 是 A1 的直接复制对象，域控制器 A4 是域控制器 A1 的间接对象，域控制器 A1 的数据间接地由其他域控制器复制到目标的域控制器。在如图所示的复制拓扑中，有 3 路拓扑流程。

- 森林复制架构分区和目录分区数据在森林中的所有域控制器上复制。
- 域 A 复制域分区数据仅在 A1～A4 的域控制器上复制的数据。
- 域 B 复制域分区数据仅在 B1～B3 的域控制器上复制的数据。

复制允许的跃点数不能超过 3 个。即原始域控制器和目标控制器之间的域控制器不能超过 2 个，或者原始域控制器到目标控制器之间的域控制器数量不能超过 2 个，从第一个域控制器开始到最后一个域控制器的数量总数为 4。在如图 12-4 所示的单域复制拓扑中，域控制器 A8 的数据直接复制给域控制器 A1，间接复制给域控制器 A2、A3，但是不能间接复制给域控制器 A4，如果间接复制可以成功，那么复制的执行时间可能会很长，导致网络效率低下。根据复制原则，期间经过的域控制器不能超过 2 个。如果 KCC 检测 2 个域控制器之间的跃点数量超过 3，则会在起始域控制器和目标域控制器之间建立直接复制。从图中可以看出，域控制器 A8 和域控制器 A4 之间，KCC 建立直接复制。

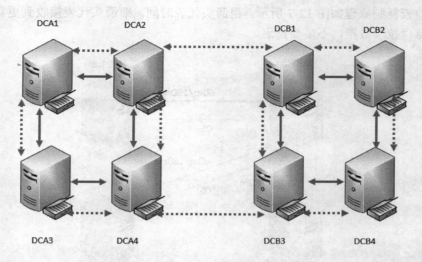

实线：域内复制；虚线：森林复制

图 12-8　复制拓扑

2. 父子域复制拓扑

如果是父子域的复制拓扑，复制可以正常运行，仅是复制的数据不同，从父域接受架构分区和配置分区的数据，子域内接受子域域分区的数据，父域内的域控制器接受父域内的域控制器的数据。

3. GC 复制拓扑

如图 12-9 所示，如果域控制器 A1 是全局编录服务器，其除了正常复制（复制架构分区、配置分区和域分区数据）以外，还需要从另一个域（域控制器 B1，桥头堡服务器）中复制域分区的数据。

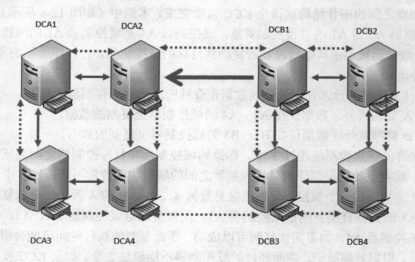

实线：域内复制；虚线：森林复制；超粗线：GC复制

图 12-9　GC 复制

12.1.7　站点内复制

同一个站点内的域控制器一般都是通过高速网络连接在一起，复制时不以压缩方式传输数据。站点内复制如图 12-10 所示。

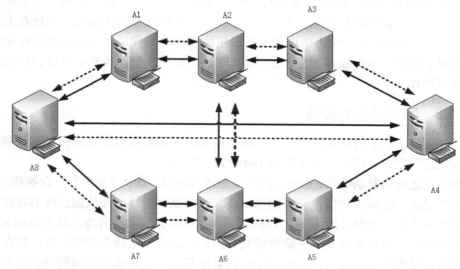

图 12-10　同一站点内域控制器复制

1. 复制链接

站点内复制指的是同一个站点中的域控制器。当域中的域控制器数量发生变化，例如增加或减少域控制器，每台域控制器上的 KCC 进程就会重新计算复制拓扑。KCC 能够自动计算出域控制器进行复制时所使用的复制链接，当域控制器数量较少时，KCC 倾向于在域中使用环形拓扑进行数据库复制。当域控制器的活动目录数据库内容发生变化时，这个更改不会同时传递给其他所有的域控制器，而是沿着 KCC 设计的环形拓扑一一传递下去。KCC 自动生成的拓扑是双环拓扑，每个域控制器都有两个复制伙伴，Active Directory 的复制沿着顺时针和逆时针两个方向同时进行。

2. 复制方式

域控制器复制数据库时，一般会使用"带通知的拉复制"实现复制。

当在某个域控制器上执行数据更新后，站内复制在 15 秒后自动开始，然后将更新通知发送给最近的复制伙伴。如果源域控制器有多个复制伙伴，在默认情况下将以 3 秒为间隔向每个伙伴相继发出通知。当接收到更新通知后，伙伴域控制器将向源域控制器发送目录更新请求。源域控制器以复制操作响应该请求。3 秒钟的通知间隔可避免来自复制伙伴的更新请求同时到达而使源域控制器应接不暇。

对于站点内的某些目录更新，并不使用 15 秒钟的等待时间，复制会立即发生。这种立即复制称为紧急复制，应用于重要的目录更新，包括账户锁定的指派以及账户锁定策略、域密码策略或域控制器账户上密码的更改。

3. 复制限制

在域控制器较多环境中，标准的环形拓扑不太适合。域控制器有个严格的限制，从源域控制器到目标域控制器之间的间隔不能超过三个域控制器。例如，如果 DC1 活动目录数据库发生了变化，那么 DC1 可以复制给 DC2，DC2 可以接着复制给 DC3，但 DC3 就不能再复制给 DC4！因为从 DC1 到 DC4 中间间隔的域控制器已经超过了 2 个。这种限制，是为了避免在大型网络中进行复制时环形拓扑导致的延迟问题。例如，如果大型网络中有 100 台域控制器，域控制器复制的平均间隔为 5 分钟，那么从第一个域控制器复制到最后一个域控制器可能需要大约 500 分钟！这种延迟不能被接受。因此在大型网络中 KCC 会使用网状拓扑，网状拓扑不像环形拓扑那样有规律，每个域控制器可能会有多个复制伙伴。因此，域控制器的复制拓扑最好由 KCC 来规划，当然也可以自己指定域控制器的复制伙伴。

12.1.8 不同站点间复制

不同站点间，由于网络速度的限制，站点间复制采用数据压缩方式传输，数据复制采用"计划任务"完成。默认复制间隔为 180 分钟（3 小时）。

不同站点之间的复制链接，和站点内的复制链接不同。每个站点内有一台被称之为"站点间拓扑生成器"的域控制器，负责创建站点之间的复制拓扑，并从站点内的域控制器选择一台域控制器作为复制（源/目标）域控制器，也称为桥头堡服务器。站点数据复制时，由站点内的桥头堡服务器负责将更新数据复制到目标站点内的桥头堡服务器，站点内的桥头堡服务器接受到更新数据后，再使用站点内数据复制方式将数据复制到站点内的域控制器。站点间复制架构如图 12-11 所示。

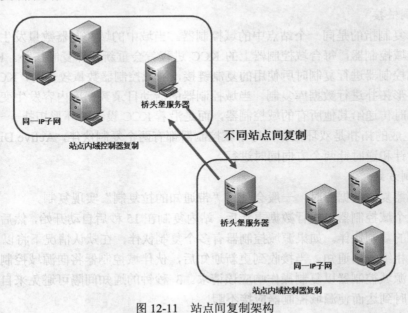

图 12-11 站点间复制架构

12.2 日常管理复制

站点内域控制器之间的复制拓扑由 KCC 自动生成，站点间域控制器复制拓扑由 ISTG

自动生成。如果域控制器数量较少且在一个站点内，建议由 KCC 自动管理复制拓扑。如果多站点管理，建议站点中使用一台高性能的桥头堡服务器和其他站点连接，或者由 ISTG 自动生成，复制环节中尽量减少域管理员手动参与，并保证网络环节畅通。复制建议通过"Active Directory 站点和服务"管理。

12.2.1　站点常用查询

1．DS 命令组查看站点

使用"dsquery site"命令查看域中已经部署的站点。在命令行提示符下，键入如下命令：

```
dsquery site
```

命令执行后，以 DN 可分辨名称方式显示已经部署的站点，如图 12-12 所示。

```
C:\>dsquery site
"CN=北京,CN=Sites,CN=Configuration,DC=book,DC=com"
"CN=Default-First-Site-Name,CN=Sites,CN=Configuration,DC=book,DC=com"
"CN=上海,CN=Sites,CN=Configuration,DC=book,DC=com"

C:\>
C:\>
```

图 12-12　查询站点信息

2．查看站点中的域控制器

使用"dsquery server"命令查看站点中的域控制器。在命令行提示符下，键入如下命令。

```
dsquery server –site 上海
```

命令执行后，以 DN 可分辨名称方式显示站点中的域控制器，如图 12-13 所示。名称为"上海"的站点中包含 2 台域控制器。

```
C:\>
C:\>dsquery server -site 上海
"CN=DC-SHA,CN=Servers,CN=上海,CN=Sites,CN=Configuration,DC=book,DC=com"
"CN=DC-SHB,CN=Servers,CN=上海,CN=Sites,CN=Configuration,DC=book,DC=com"

C:\>
```

图 12-13　查询站点中的域控制器

3．查询站点间拓扑生成器使用的域控制器

站点间的复制拓扑通过 ISTG 产生，使用"repadmin /istg"命令查询每个站点间拓扑生成器所在的域控制器。在命令行提示符下，键入如下命令。

```
repadmin /istg
```

命令执行后，显示域中所有拓扑生成器所在的域控制器，如图 12-14 所示。

图 12-14　查询 ISTG 所在的域控制器

4. 两台域控制器之间复制同步

使用以下命令"repadmin /replicate"强制两台域控制器之间同步复制。在命令行提示符下，键入如下命令。

```
repadmin /replicate dc-sha dc-shb dc=book,dc=com /force
```

命令执行后，两台域控制器之间执行复制。

5. 查询域控制器之间的复制信息

使用以下命令"repadmin /showrepl"显示域控制器的复制信息。在命令行提示符下，键入如下命令。

```
repadmin /showrepl dc-shb
```

命令执行后，显示指定的目标域控制器复制信息（包括错误信息）。如果不指定目标域控制器，输出当前域控制器下的所有复制信息。输出内容如下。

```
上海\DC-SHB
DSA 选项: IS_GC
站点选项: (none)
DSA 对象 GUID: bbdb02bd-3a9e-4a02-97dc-bea05fdfc6af
DSA 调用 ID: 88f6926c-a93d-4fb5-96c3-5d3748370e9b
==== 入站邻居 ================================
DC=book,DC=com
    上海\DC-SHA 通过 RPC
        DSA 对象 GUID: db12672d-18c5-4bc6-9409-62131663e6b5
        上次在 2013-06-25 09:57:18 的尝试成功。
CN=Configuration,DC=book,DC=com
    上海\DC-SHA 通过 RPC
        DSA 对象 GUID: db12672d-18c5-4bc6-9409-62131663e6b5
        上次在 2013-06-25 10:18:26 的尝试成功。
CN=Schema,CN=Configuration,DC=book,DC=com
    上海\DC-SHA 通过 RPC
        DSA 对象 GUID: db12672d-18c5-4bc6-9409-62131663e6b5
        上次在 2013-06-25 09:57:18 的尝试成功。
DC=DomainDnsZones,DC=book,DC=com
    上海\DC-SHA 通过 RPC
        DSA 对象 GUID: db12672d-18c5-4bc6-9409-62131663e6b5
        上次在 2013-06-25 09:57:18 的尝试成功。
DC=ForestDnsZones,DC=book,DC=com
    上海\DC-SHA 通过 RPC
        DSA 对象 GUID: db12672d-18c5-4bc6-9409-62131663e6b5
        上次在 2013-06-25 09:57:18 的尝试成功。
```

6. 同步所有域控制器

使用命令"Repadmin /syncall"同步所有域控制器。在命令行提示符下，键入如下命令。

```
Repadmin /syncall
```

命令执行后，同步所有域控制器。

7. 同步直接复制伙伴

使用命令"Repadmin /syncall 命令同步站点内指定域控制器的直接复制伙伴（域控制

器）。在命令行提示符下，键入如下命令。

Repadmin /syncall /j

命令执行后，同步当前域控制器的所有直接复制伙伴，如图 12-15 所示。

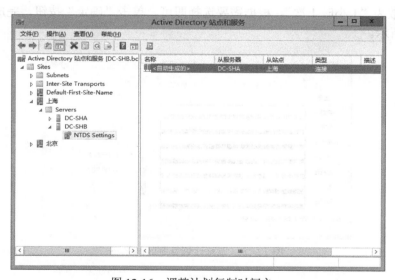

图 12-15　同步直接复制伙伴

12.2.2　调整复制时间

站点内域控制器之间的复制默认为每小时 1 次，管理员根据需要调整复制的时间。例如设置为"每小时复制 4 次"，注意复制将产生大量的网络流量建议。

第 1 步，打开"Active Directory 站点和服务"控制台，选择"Sites"→"上海（站点名称）"→"Servers"→"DC-SHB（域控制器名称）"→"NTDS Settings"选项，如图 12-16 所示，右侧窗口显示当前域控制器的直接复制伙伴域控制器。如果"名称"列表中显示"自动生成的"值，说明该复制链接由 KCC 自动生成。

图 12-16　调整计划复制时间之一

第 2 步，右击"<自动生成的>"，在弹出的快捷菜单中选择"属性"命令，打开"<自动生成的>属性"对话框。显示当前域控制器复制源是"DC-SHA"，隶属于"上海"站点，如图 12-17 所示。

第 3 步，单击"更改计划"按钮，打开"<自动生成的>的计划"对话框。在此对话框中，设置复制时间。可选参数包括：

● 无。

图 12-17　调整计划复制时间之二

- 1 小时 1 次。
- 1 小时 2 次。
- 1 小时 4 次。

默认参数为"1 小时 1 次"，根据需要选择即可。单击"确定"按钮，完成时间设置，如图 12-18 所示。

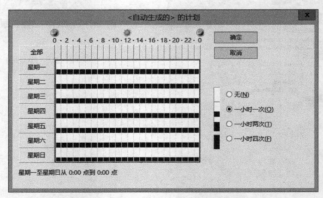

图 12-18　调整计划复制时间之三

12.2.3　手动创建复制链接

站点内部署多台域控制器，域控制器之间复制链接建议通过 KCC 自动生成。除了 KCC 自动生成之外，域管理员也可以通过手动方式创建域控制器之间的复制链接。

第 1 步，打开"Active Directory 站点和服务"控制台，选择需要手动创建复制链接的域控制器，右击"NTDS Settings"，在弹出的快捷菜单中选择"新建 Active Directory 域服务链接"命令，如图 12-19 所示。

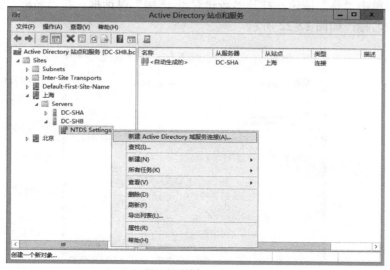

图 12-19　手动创建复制链接之一

第 2 步，命令执行后，打开"查找 Active Directory 域控制器"对话框，在"搜索结果"
列表中显示可用的域控制器，如图 12-20 所示。

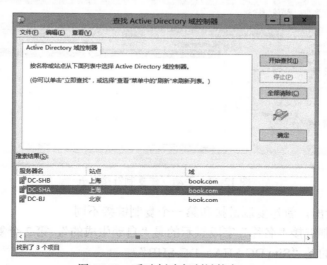

图 12-20　手动创建复制链接之二

第 3 步，选择目标域控制器，单击"确定"按钮，如果复制链接中已经存在一个同样
的链接，显示如图 12-21 所示的"Active Directory 域服务"对话框。

图 12-21　手动创建复制链接之三

第 4 步，单击"是"按钮，打开"新建对象-链接"对话框。在"名称"文本框中，键入复制拓扑的名称，如图 12-22 所示。

图 12-22　手动创建复制链接之四

第 5 步，单击"确定"按钮，成功创建新的复制拓扑，如图 12-23 所示。

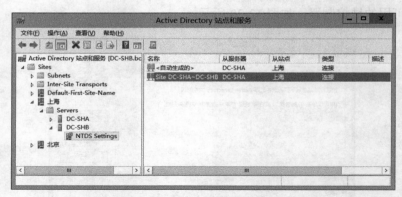

图 12-23　手动创建复制链接之五

从图中可以看出，新建复制链接和第一个复制链接不同。

- 第 1 个复制链接"名称"字段显示的是"自动生成的"，第 2 个复制链接的"名称"字段显示的是"Site DC-SHA～DC-SHB"。
- 第 1 个复制链接是 KCC 自动生成的，第 2 个复制链接是管理员手工创建的。

12.2.4　站点链接开销

站点链接开销，决定活动目录复制拓扑环节中使用站点链接的相对优先权。

1. 创建站点链接

本例中创建从北京站点到上海站点的链接。

第 1 步，打开"Active Directory 站点和服务"控制台，选择"Sites"→"Inter-Site Transports"→"IP"选项，鼠标右击"IP"，在弹出的快捷菜单中选择"新站点链接"命令，如图 12-24 所示。

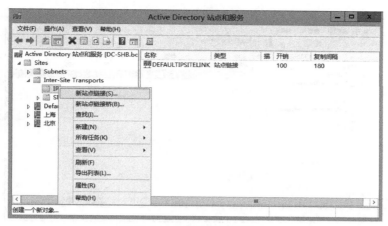

图 12-24　创建站点链接之一

第 2 步，命令执行后，打开 "新建对象-站点链接" 对话框。设置站点链接名称，从 "不在此站点链接中的站点" 选择目标站点，单击 "添加" 按钮，添加到 "在此站点链接中的站点"，设置完成的参数如图 12-25 所示。本例中设置北京站点和上海站点之间的复制链接。

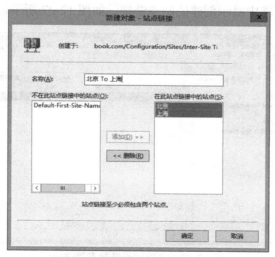

图 12-25　创建站点链接之二

第 3 步，单击 "确定" 按钮，创建新的站点链接，如图 12-26 所示。新建站点的开销值默认设置为 "100"，复制间隔设置为 "180" 分钟。

2. 调整站点链接参数

站点链接的开销越高，KCC 对使用该站点链接的优先权越低。例如，A 站点链接和 B 站点链接，将 A 站点链接的开销设置为 150，而将 B 站点链接的开销设置为 200，那么 KCC 将在复制拓扑中首选使用 A 站点链接。在默认情况下，新创建的站点链接的开销值为 100。

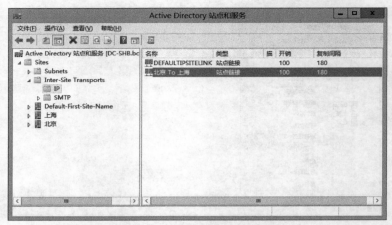

图 12-26　创建站点链接之三

默认情况下，站点之间的链接 180 分钟执行一次，如果站点之间同步要求较高，可以根据需要调整站点之间的复制频率，例如 30 分钟同步一次。注意，复制频率越高，对网络要求越高。复制频率设置区间为 15 分钟到 10080 分钟（一周）。

第 1 步，打开"Active Directory 站点和服务"控制台，选择"Sites"→"Inter-Site Transports"→"IP"选项，右侧窗格中显示创建的站点链接，如图 12-27 所示。

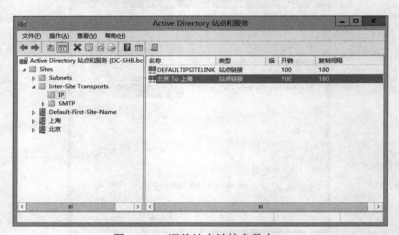

图 12-27　调整站点链接参数之一

第 2 步，右击目标站点链接，在弹出的快捷菜单中选择"属性"命令，命令执行后，打开站点链接属性对话框，根据需要调整"开销"和"复制频率"中的参数，设置完成的参数如图 12-28 所示。单击"确定"按钮，完成站点链接属性设置。

12.2.5　配置桥头服务器

当 KCC 建立站点间复制拓扑时，自动为每个站点指派一个或多个桥头服务器，以确保在站点链接上只需要将目录更改复制一次。建议使用 KCC 自动指派桥头服务器。通过"Active Directory 站点和服务"，可以手动指派桥头服务器。

图 12-28　调整站点链接参数之二

1. 查询站点中的桥头堡服务器

使用"repadmin /bridgeheads"命令查询站点中的桥头堡服务器（站点间复制的服务器）。在命令行提示符下，键入如下命令。

```
repadmin /bridgeheads dc-sha
```

命令执行后，显示目标域控制器所在域所有站点桥头堡服务器，如图 12-29 所示。该图使用上述命令"repadmin /bridgeheads dc-sha >c:\1.txt"输出到文本文件中，重新格式化后输出结果。

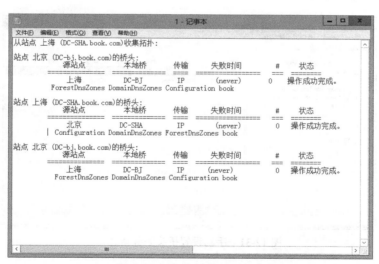

图 12-29　查询桥头堡服务器

本例输出结果显示，"上海"站点中的桥头堡服务器为"DC-SHA"。

2. 手动设置桥头堡服务器

第 1 步，打开"Active Directory 站点和服务"控制台，打开"Active Directory 站点和

服务"窗口。选择"Sites" → "上海" → "Servers 选项，右侧窗口中显示站点中的所有域控制器。右击名称为"DC-SHA"域控制器，在弹出的快捷菜单中选择"属性"命令。命令执行后，打开"DC-SHA 属性"对话框，显示域控制器基本信息。

第 2 步，在"可用于站点间数据传送的传输"列表中，选择数据传输协议，建议使用"IP"协议的方式，单击"添加"按钮，将"IP"链接协议添加到"此服务器是下列传输的首选桥头服务器"列表中。设置完成的参数如图 12-30 所示。

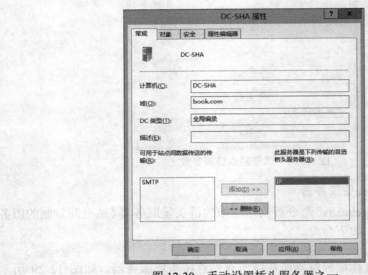

图 12-30　手动设置桥头服务器之一

第 3 步，单击"确定"按钮，完成桥头服务器的设置，如图 12-31 所示。

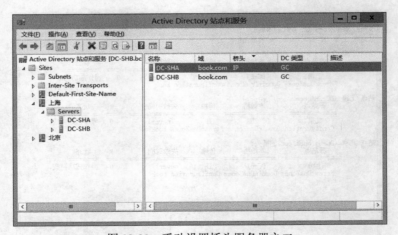

图 12-31　手动设置桥头服务器之二

12.3　复制管理任务

多站点多域控制器环境中，活动目录数据库之间的复制十分重要，出现错误将影响用户的身份验证和登录速度。

12.3.1 监控域控制器的复制状态

部署多域控制器环境中，可以通过命令 "repadmin" 监控域控制器之间的复制状态。

1. 查看当前域控制器的复制状态

在命令行提示符下，键入如下命令。

`repadmin.exe /showrepl`

命令执行后，显示当前域控制器的复制状态，如图 12-32 所示。

图 12-32　查看域控制器的复制状态

2. 查看目标域控制器的复制状态

在命令行提示符下，键入如下命令。

`repadmin.exe /showrepl dc-sh`

命令执行后，查看名称为 "dc-sh" 域控制器活动目录复制状态，如图 12-33 所示。

图 12-33　查看目标域控制器的复制状态

3. 查看目标域控制器复制队列

在命令行提示符下，键入如下命令。

repadmin.exe /queue dc-sh

命令执行后，查看名称为"dc-sh"域控制器复制队列。

4. 查看复制报告

在命令行提示符下，键入如下命令。

repadmin.exe /replsummary

命令执行后，显示一个总结性质的复制状态报告，如图 12-34 所示。

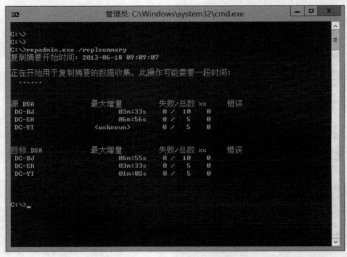

图 12-34　查看复制报告

12.3.2　站点间复制出错

部署多域控制器环境中，域控制器之间复制出现以下错误："没有足够的站点连接信息用于 KCC 创建跨越树复制拓扑，或者具有此目录分区的一个或多个目录服务器无法复制目录分区信息，这可能缘于目录服务无法访问"。

1. 故障分析

使用以下命令确认域控制器之间的复制链接是否正常。在命令行提示符下，键入如下命令。

Repadmin /showconn

命令执行后，验证当前域控制器和其他域控制器之间是否成功创建复制链接。输出结果如图 12-35 所示。

在命令行提示符下，键入如下命令。

Repadmin /showrepl

命令执行后，显示当前域控制器的复制状态，如图 12-36 所示。输出信息显示"由于 DNS 查找故障，DSA 操作无法进行"。上述信息可以推测目标服务器不在线或者 DNS 注册错误。

图 12-35　查看复制链接

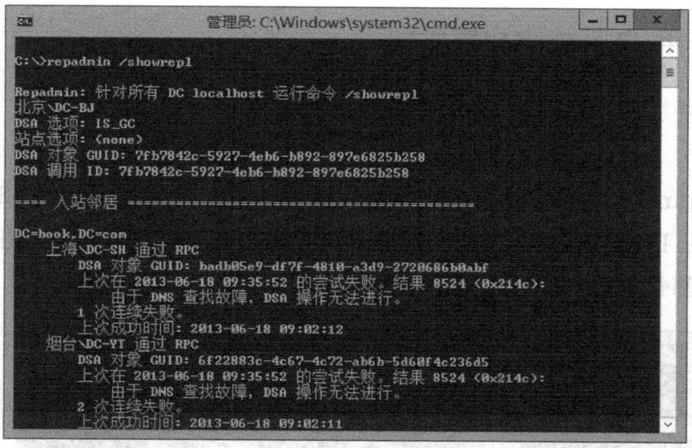

图 12-36　查看复制状态

使用以下命令强制当前域控制器和目标域控制器之间进行复制，键入如下命令。

repadmin /syncall dc-sh /force

命令执行后，显示目标出现 RPC 错误，如图 12-37 所示。

图 12-37　强制域控制器之间复制

使用 ping 命令查看，当前域控制器和目标域控制器之间能否连通，如图 12-38 所示。输出信息显示 DNS 能够正常解析目标主机，但域控制器之间不能正常连通。

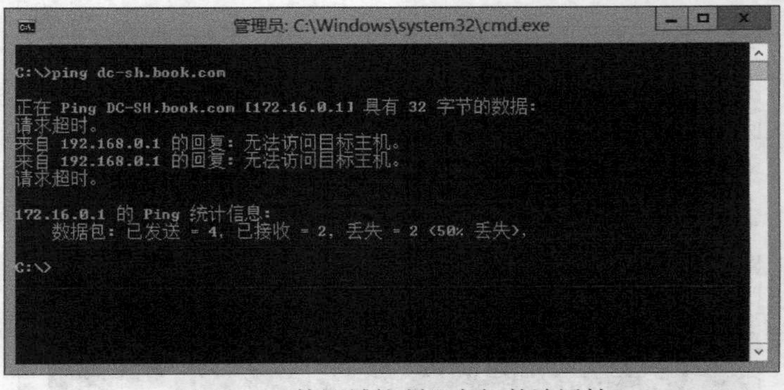

图 12-38　检测域控制器之间的连通性

2. 解决方法

经过确认，目标域控制器和当前域控制器之间的网络连接出现问题，更换网线强制同步后，两台域控制器之间复制成功。

12.3.3　禁用/启用域控制器复制

多域控制器环境中，域控制器 **dc-bj** 和其他域控制器之间复制失败。

1. 故障分析

使用"repadmin /showrepl"命令检测复制状态，DSA 值为 IS_GC DISABLE_INBOUND_REPL DISABLE_OUTBOUND_REPL，如图 12-39 所示，输出结果显示出站和入站的复制状态都是"Disabled"，即域控制器 **dc-bj** 复制失败的原因是被禁用复制。

图 12-39　复制错误信息

2. 启用域控制器复制

在命令行提示符下，键入如下命令。

```
repadmin /options dc-bj -DISABLE_INBOUND_REPL
repadmin /options dc-bj -DISABLE_OUTBOUND_REPL
```

命令执行后，启用域控制器复制功能。启用后的标识：DSA 选项中只有 IS_GC 选项，如图 12-40 所示。

```
C:\>repadmin /options dc-bj -DISABLE_INBOUND_REPL
当前 DSA 选项: IS_GC DISABLE_INBOUND_REPL
新的 DSA 选项: IS_GC

C:\>
C:\>repadmin /options dc-bj -DISABLE_OUTBOUND_REPL
当前 DSA 选项: IS_GC
新的 DSA 选项: IS_GC
```

图 12-40　启用域控制器复制

启用域控制器复制功能后，该域控制器和其他域控制器之间的复制正常。

3．禁用域控制器复制

在命令行提示符下，键入如下命令。

```
repadmin /options dc-bj +DISABLE_INBOUND_REPL
repadmin /options dc-bj +DISABLE_OUTBOUND_REPL
```

命令执行后，禁用域控制器复制功能。启用后的标识 DSA 选项中包括 IS_GC DISABLE_INBOUND_REPL DISABLE_OUTBOUND_REPL 选项，如图 12-41 所示。

```
C:\>
C:\>repadmin /options dc-bj +DISABLE_INBOUND_REPL
当前 DSA 选项: IS_GC
新的 DSA 选项: IS_GC DISABLE_INBOUND_REPL

C:\>repadmin /options dc-bj +DISABLE_OUTBOUND_REPL
当前 DSA 选项: IS_GC DISABLE_INBOUND_REPL
新的 DSA 选项: IS_GC DISABLE_INBOUND_REPL DISABLE_OUTBOUND_REPL
```

图 12-41　禁用域控制器复制

12.3.4　站点间强制复制

域中部署多站点时，域控制器之间跨站点复制出现如图 12-42 所示的提示，提示内容"在不同站点中的域控制器之间有一个或多个 Active Directory 域服务的连接"。

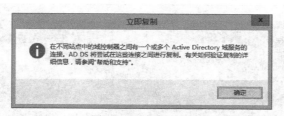

图 12-42　提示信息

1．解决方法之一

打开"Active Directory 站点和服务"，左侧窗格中选择"sites"→"站点名称"→"Servers"→"域控制器名称"→"NTDS Settings"选项，右侧窗格中选择由 KCC 自动生成的复制链接，单击鼠标右键，在弹出的快捷菜单中选择"立即复制"命令，如图 12-43 所示。

命令执行后，显示如图 12-44 所示的"立即复制"对话框。单击"确定"按钮，强制在选定的域控制器之间立即启动复制。该信息仅是提示信息。

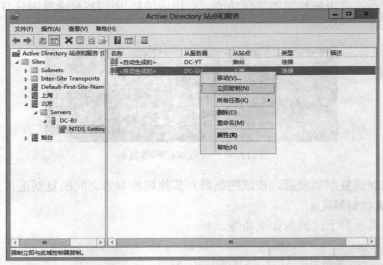

图 12-43 "Active Directory 站点和服务"立即复制之一

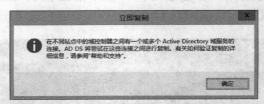

图 12-44 "Active Directory 站点和服务"立即复制之二

2. 解决方法之二

使用 "repadmin" 命令强制在域控制器之间启用复制。在命令行提示符下，键入如下命令。

```
Repadmin /replicate dc-bj dc-sh dc=book,dc=com /force
```

命令执行后，强制在域控制器之间启用复制。执行结果如图 12-45 所示。

图 12-45 Repadmin 命令行立即复制

12.3.5 禁止活动目录复制自动生成拓扑

多域控制器环境中，域控制器之间的复制由 KCC 自动生成，在特定应用环境中，域管理员需要手动配置域控制器之间的复制，需要禁用 KCC 在域控制器之间自动创建拓扑功能。

1. **解决方法**

域管理员可以通过"Repadmin"命令禁用站内 KCC 自动生成拓扑。

在命令行提示符下，键入如下命令。

repadmin /siteoptions

命令执行后，显示当前域控制器的拓扑方式为"当前 站点选项: (none)"，默认情况下 KCC 自动生成复制拓扑。

键入如下命令。

repadmin /siteoptions /site:北京 +IS_AUTO_TOPOLOGY_DISABLED

命令执行后，"北京"站点中的所有域控制器将禁用 KCC 自动生成拓扑功能，如图 12-46 所示。

图 12-46　禁用自动创建拓扑

2. **验证禁用 KCC 功能是否生效**

使用"dcdiag"命令验证，是否成功禁用站内 KCC 自动生成拓扑。

在命令行提示符下，键入如下命令。

dcdiag /test:topology

命令执行后，显示站点内已经禁用自动生成拓扑功能，如图 12-47 所示。注意，只对站点内的域控制器生效。

图 12-47　禁用自动创建拓扑后测试

第 13 章 管理 SYSVOL 文件夹

SYSVOL 文件夹是一个共享文件夹，主要用来存储和域相关的数据，包括组策略设置、脚本等。如果域内部署多台域控制器，所有域控制器之间通过 FRS 或 DFS-R 服务相互复制，最终所有域控制器之间完成同步。NETLOGON 共享文件夹是 SYSVOL 目录中一个文件夹 Scripts 的共享名，顾名思义是保存脚本文件。企业管理中部署的管理脚本需要存储在 SYSVOL 文件夹中，因此 SYSVOL 文件夹对企业管理的重要性不言而喻。

13.1　SYSVOL 文件夹简介

13.1.1　SYSVOL 文件夹的由来

在使用"添加角色和功能"向导部署域控制器和额外域控制器过程中，设置到"路径"对话框时，需要管理员设置三个参数，分别是 Active Directory 数据库、日志以及 SYSVOL 文件夹的位置，SYSVOL 文件夹默认位置"%systemroot%\SYSVOL"，默认参数设置如图 13-1 所示。

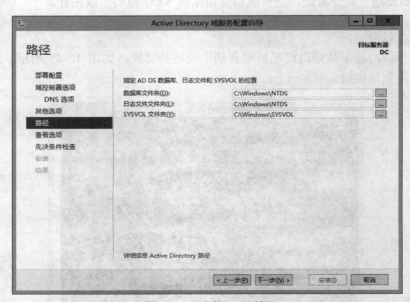

图 13-1　"路径"对话框

13.1.2　验证 SYSVOL 文件夹

域控制器部署成功后，将创建名称为 NETLOGON 和 SYSVOL 的共享。SYSVOL 文件夹被共享，域内通过安全认证的计算机都可以访问该文件夹。

1. 访问 NETLOGON 和 SYSVOL 共享

例如通过域控制器 DNS 名称访问，结果如图 13-2 所示。

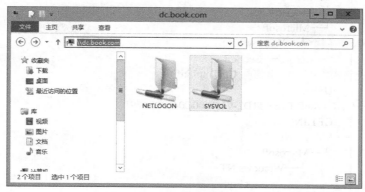

图 13-2　访问域控制器

登录域控制器后，通过"Net share"命令访问，访问结果如图 13-3 所示。通过该命令可以查看 NETLOGON 和 SYSVOL 文件夹的位置，从而验证 NETLOGON 共享是 SYSVOL 目录中文件夹 Scripts 的共享名。

- NETLOGON 共享文件夹原始位置："C:\Windows\SYSVOL\sysvol\book.com\SCRIPTS"。
- SYSVOL 共享文件夹原始位置："C:\Windows\SYSVOL\sysvol"。

图 13-3　命令行访问

2. SYSVOL 文件夹结构

登录域控制器后，管理员可以通过"tree c:\windows\sysvol /f"命令查看 SYSVOL 文件夹的结构，该命令执行后输出结果如下所示。

```
文件夹 PATH 列表
C:.
├─domain
│  ├─Policies
│  │  ├─{31B2F340-016D-11D2-945F-00C04FB984F9}
│  │  │  │  GPT.INI
│  │  │  ├─MACHINE
│  │  │  │  │  Registry.pol
│  │  │  │  └─Microsoft
│  │  │  │     └─Windows NT
│  │  │  │        └─SecEdit
│  │  │  │           GptTmpl.inf
│  │  │  └─USER
│  │  └─{6AC1786C-016F-11D2-945F-00C04fB984F9}
│  │     │  GPT.INI
│  │     ├─MACHINE
│  │     │  └─Microsoft
│  │     │     └─Windows NT
│  │     │        └─SecEdit
│  │     │           GptTmpl.inf
│  │     └─USER
│  └─scripts
├─staging
│  └─domain
│        └─ContentSet{8B55104C-24AF-40B2-BAA0-14DE53275637}-{972F289E-5EEA-4647-896E-0C3B34ADA8A0}
├─staging areas
│  └─book.com
│        └─ContentSet{8B55104C-24AF-40B2-BAA0-14DE53275637}-{972F289E-5EEA-4647-896E-0C3B34ADA8A0}
└─sysvol
   └─book.com
      ├─Policies
      │  ├─{31B2F340-016D-11D2-945F-00C04FB984F9}
      │  │  │  GPT.INI
      │  │  ├─MACHINE
      │  │  │  │  Registry.pol
      │  │  │  └─Microsoft
      │  │  │     └─Windows NT
      │  │  │        └─SecEdit
      │  │  │           GptTmpl.inf
      │  │  └─USER
      │  └─{6AC1786C-016F-11D2-945F-00C04fB984F9}
      │     │  GPT.INI
      │     ├─MACHINE
      │     │  └─Microsoft
      │     │     └─Windows NT
      │     │        └─SecEdit
      │     │           GptTmpl.inf
      │     └─USER
      └─scripts
```

打开 "%systemroot%\sysvol" 后，显示 SYSVOL 文件夹包含的项目，如图 13-4 所示。

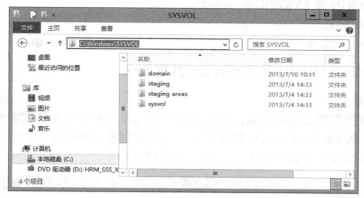

图 13-4　SYSVOL 文件夹结构

其中：

- domain 文件夹：存储策略实体、策略和脚本存储位置。
- staging areas：交换区域，临时存放多台域控制器之间需要同步的数据。域控制器中的数据（GPO）首先复制该文件夹，然后在域控制器之间相互复制。
- staging areas 和 sysvol 是两个挂节点，链接到对应的实体文件夹。同时系统会将 "%systemroot%\Sysvol" 建立名为 "SYSVOL" 的共享，"%systemroot%\sysvol\book.com\Scripts" 建立名为 "NETLOGON" 的共享。

13.1.3　SYSVOL 日常管理

在日常管理中，SYSVOL 主要存储组策略使用的策略和脚本。因此需要域管理员在更新策略、脚本时备份该文件夹，确保 SYSVOL 异常时的完整恢复。

> **提示**
> 不同域环境中，SYSVOL 文件夹的复制服务不同。
> Windows Server 2003 环境中，默认使用"文件复制服务"。全新的 Windows Server 2008 以上版本的域环境中，默认使用 "分布式文件系统复制服务"。

最简单的备份方法如下。

第 1 步，停止 DFS-R 分布式文件服务，执行以下命令。

```
Net Stop DFSR
```

第 2 步，复制 SYSVOL 文件夹。

第 3 步，复制成功后，重新启动 DFS-R 分布式文件服务，执行以下命令。

```
Net Start DFSR
```

13.2　SYSVOL 管理实践

SYSVOL 主要应用是组策略相关应用，如果 SYSVOL 出现问题，组策略将受到影响，组策略又是 Active Directory 管理客户端计算机的管理中枢，因此规划、管理好 SYSVOL

是域管理员的重要工作。常见的 SYSVOL 故障主要包括：

- NETLOGON 和 SYSVOL 共享丢失。
- 移动 SYSVOL 文件夹。
- 删除 SYSVOL 文件夹。

13.2.1 NETLOGON 和 SYSVOL 共享丢失

1. 故障现象

网络中部署的管理策略不生效，例如为每个部门映射的共享文件夹丢失等。客户端计算机访问域控制器（dc.book.com），默认应该显示域控制器发布的 SYSVOL 和 NETLOGON 共享文件夹，该故障中不显示共享文件夹，如图 13-5 所示。

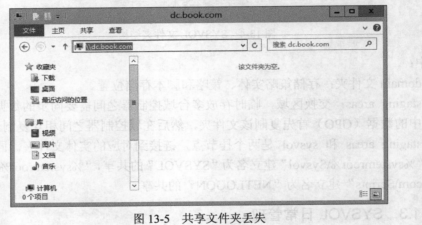

图 13-5　共享文件夹丢失

2. 故障分析

登录域控制器，通过 Net Share 命令查看域控制器中的共享文件夹，命令执行后，发现 SYSVOL 和 NETLOGON 共享文件夹丢失，如图 13-6 所示。

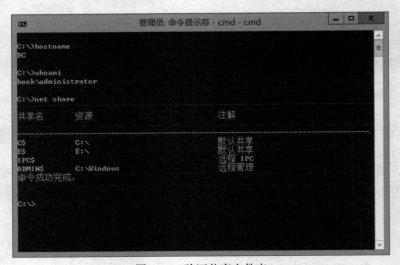

图 13-6　验证共享文件夹

查看"%systemroot%\sysvol"文件夹中的内容，确认文件夹中的数据没有丢失，不是由于删除 SYSVOL 共享原因造成的故障，如图 13-7 所示。

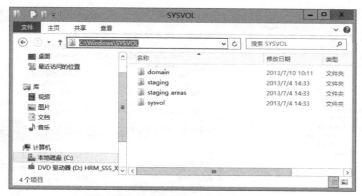

图 13-7　验证 SYSVOL 文件夹中的文件结构

3．解决方法

Windows Server 2012 中域控制器之间的复制使用 DFS-R 机制，不使用 FRS 文件复制机制。因此，NETLOGON 和 SYSVOL 共享丢失后，通过停止和启用 NETLOGON 服务即可重建 NETLOGON 和 SYSVOL 共享。

以域管理员登录域控制器，在命令行提示符下，键入如下命令。

```
Net stop netlogon
Net start netlogon
```

命令执行后，将重建 NETLOGON 和 SYSVOL 共享。

建议重启 NETLOGON 服务后，重新启动 DFS Replication 复制服务，因为 Windows Server 2012 环境中域控制器之间的同步使用 DFS-R 复制服务。在命令行提示符下，键入如下命令。

```
net stop "DFS Replication"
net start "DFS Replication"
```

13.2.2　移动 SYSVOL 文件夹

部署 Active Directory 前没有仔细规划或者忽略 SYSVOL（默认部署在"%systemroot%\sysvol"文件夹），在应用时出现磁盘空间已满等问题，需要将 SYSVOL 迁移到其他位置。

1．内容复制

默认情况下 SYSVOL 文件夹位于"%systemroot%\sysvol\"文件夹中，首先将该文件夹复制到目标文件夹中，例如本例中复制到"e:\sysvol"文件夹。

首先停止 DFSR 服务。在命令行提示符下，键入如下命令。

```
Net stop DFSR
```

命令执行后，停止 DFSR 分布式复制服务。

然后将"%systemroot%\sysvol\"文件夹复制到"e:\sysvol"文件夹。

2．修改注册表 Sysvol 键值

打开注册表，定位键 HKEY_LOCAL_MACHINE\SYSTEM\CurrentControlSet\ Services\

Netlogon\Parameters，右侧列表中打开"Sysvol"键。默认位置"C:\Windows\SYSVOL\ sysvol"，如图 13-8 所示。

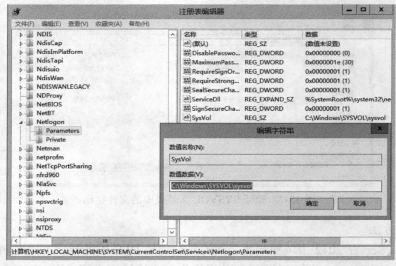

图 13-8　修改注册表 Sysvol 键值

　　将该键值设置为新目标文件夹，设置完成的参数如图 13-9 所示。单击"确定"按钮，完成注册表设置。NETLOGON 服务通过该键值作为识别路径，创建 Netlogon 和 Sysvol 共享文件夹。

图 13-9　更改键值

3. 配置 DFS 复制路径

　　运行 Adsiedit.msc 编辑器，修改 DFS-R 分布式服务复制使用的路径，主要更新两个参数：msDFSR-RootPath 和 msDFSR-StagingPath。

　　第 1 步，打开 Adsiedit.msc 编辑器后，选择"默认命名上下文"→"dc=book,dc=com"→"OU=Domain Controllers"→"CN=DC（域控制器名称）"→"CN=DFSR-LocalSettings"→"CN=Domain System Volume"→"CN=SYSVOL Subscription"选项，如图 13-10 所示。

　　第 2 步，右击"CN=SYSVOL Subscription"，在弹出的快捷菜单中选择"属性"命令，打开"CN=SYSVOL Subscription 属性"对话框，查看 msDFSR-RootPath 和 msDFSR-StagingPath 属性值，如图 13-11 所示。

　　msDFSR-RootPath 的属性默认值为"C:\Windows\SYSVOL\domain"，如图 13-12 所示。新属性设置为"E:\SYSVOL\domain"，设置完成的参数如图 13-13 所示，单击"确定"按钮，完成属性值设置。

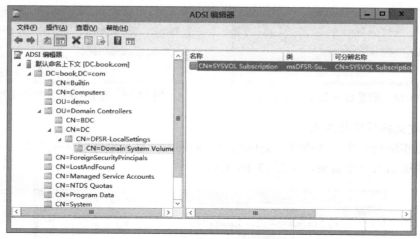

图 13-10　配置 DFS 复制路径之一

图 13-11　配置 DFS 复制路径之二

图 13-12　配置 DFS 复制路径之三

图 13-13　配置 DFS 复制路径之四

msDFSR-StagingPath 的属性默认值为 "C:\Windows\SYSVOL\staging areas\ book.com"，如图 13-14 所示。新属性设置为 "E:\SYSVOL\staging areas\book.com"，设置完成的参数如图 13-15 所示，单击 "确定" 按钮，完成属性值设置。

图 13-14 配置 DFS 复制路径之五　　　　　　图 13-15 配置 DFS 复制路径之六

4. 创建交换区域挂载点

挂载点实际是一个链接指针，完成的功能如同为文件夹创建的快捷方式，创建成功后文件夹中图标加入一个箭头，如图 13-16 所示。

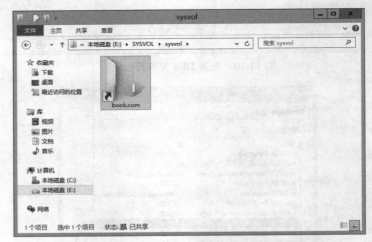

图 13-16 挂载点示例

进入"E:\SYSVOL\staging areas"目录，执行如下命令。

```
mklink /j book.com E:\SYSVOL\staging\domain
```

命令执行后，如果显示如图 13-17 所示的错误，表示复制 Sysvol 文件夹时，已经将"book.com"文件夹复制过来，需要管理员手动删除该文件夹，然后新建挂载点。

图 13-17 新建挂载点错误信息

删除"E:\SYSVOL\staging areas\book.com"文件夹，重新执行命令：

```
mklink /j book.com E:\SYSVOL\staging\domain
```

命令执行后，成功创建挂载点，如图 13-18 所示。

图 13-18　命令行创建交换区域挂载点

5. 创建 Sysvol 挂载点

> **提示**
>
> 如果 SYSVOL 已从 FRS（文件复制服务）迁移到 DFS（分布式复制服务）复制，不要执行以下过程，因为不存在挂载点。在这种情况下，暂存区域目录的值为"%systemroot%\SYSVOL_DFSR\staging\domain"。

进入"E:\sysvol\sysvol"目录，执行如下命令。

Dir

命令执行后，确认当前目录中是否已经创建挂载点。

执行如下命令。

Rd book.com

命令执行后，如果已经创建挂载点，删除已经创建的挂载点。

执行如下命令。

mklink /j book.com E:\SYSVOL\domain

命令执行后，创建新的挂载点，执行过程如图 13-19 所示。

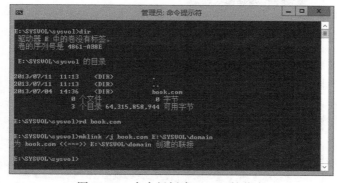

图 13-19　命令行创建 Sysvol 挂载点

6. 重新启动 NETLOGON 和 DFSR 服务

上述参数更改完成后，执行以下命令重新启动 NETLOGON 和 DFSR 服务。

```
Nets stop NETLOGON
Net start NETLOGON
Net stop DFSR
Net start DFSR
```

命令执行后，使用"Net share"命令查看 SYSVOL 和 NETLOGON 共享文件夹是否迁移成功，如图 13-20 所示。

图 13-20　命令行重新启动相关服务

13.2.3　删除 SYSVOL 文件夹

管理员误操作时偶尔会遇到有意或无意地删除整个或部分 SYSVOL 目录或者目录中的文件，或者 SYSVOL 迁移到其他磁盘，然后误操作将目标磁盘格式化，彻底删除 SYSVOL 文件夹。

本例中 SYSVOL 文件夹迁移到了"E:\SYSVOL"文件夹，管理员由于误操作格式化了 E 盘，管理员没有备份 SYSVOL 文件夹。

1．格式化磁盘

以域管理员身份登录域控制器，格式化 E 盘，如图 13-21 所示。

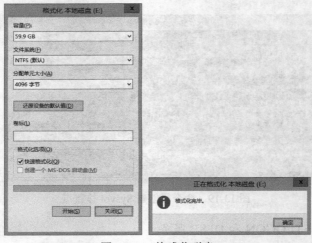

图 13-21　格式化磁盘

格式化完成后，E 盘默认没有任何文件夹和文件，执行 Dir 命令查看 E 盘中的数据，如图 13-22 所示。

图 13-22 验证格式化后数据

2．关闭 DFSR 服务

在命令行提示符下，键入如下命令。

```
Net stop dfsr
```

命令执行后，关闭分布式复制服务。

3．重建 SYSVOL 文件夹结构

第 1 步，E 盘根目录下新建名称为 SYSVOL 的文件夹。在命令行提示符下，键入如下命令。

```
md E:\SYSVOL
```

第 2 步，"e:\sysvol"目录下新建文件夹 Domain、Staging、Staging areas 以及 Sysvol。在命令行提示符下，键入如下命令。

```
cd SYSVOL
Md E:\SYSVOL\Domain
Md E:\SYSVOL\Staging
Md E:\SYSVOL\staging areas
Md E:\SYSVOL\sysvol
```

命令执行后，通过 dir 命令查看创建的文件夹结构，如图 13-23 所示。

图 13-23 创建 SYSVOL 文件夹结构之一

第 3 步，"E:\SYSVOL\domain" 目录下新建两个文件夹：Policies 和 Scripts。

Md E:\SYSVOL\domain\Policies
Md E:\SYSVOL\domain\Scripts

命令执行后，通过 "dir E:\SYSVOL\domain" 命令查看创建的文件夹结构，如图 13-24 所示。

图 13-24　创建 SYSVOL 文件夹结构之二

第 4 步，"E:\SYSVOL\staging" 目录下新建一个文件夹 "domain"。在命令行提示符下，键入如下命令。

Md E:\SYSVOL\staging\domain

命令执行后，通过 "dir E:\SYSVOL\staging" 命令查看创建的文件夹结构，如图 13-25 所示。

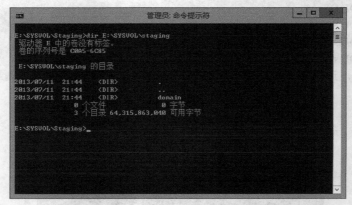

图 13-25　创建 SYSVOL 文件夹结构之三

4. 创建交换区域挂载点

进入 "E:\SYSVOL\staging areas" 目录，执行如下命令。

mklink /j book.com E:\SYSVOL\staging\domain

命令执行后，成功创建新的交换区域挂载点，如图 13-26 所示。

图 13-26　命令行创建交换区域挂载点

5. 创建 Sysvol 挂载点

进入 "E:\sysvol\sysvol" 目录，执行如下命令。

mklink /j book.com E:\SYSVOL\domain

命令执行后，创建新的挂载点，执行过程如图 13-27 所示。

图 13-27　命令行创建 Sysvol 挂载点

6. 启动 DFSR 服务

在命令行提示符下，键入如下命令。

Net start dfsr

命令执行后，启动分布式复制服务，并完善 "e:\sysvol" 文件结构。

7. 验证共享文件夹是否创建成功

上述操作完成后，在命令行提示符下，键入如下命令。

Net share

命令执行后，显示成功创建名称为 SYSVOL 和 NETLOGON 的共享文件夹，如图 13-28

所示。

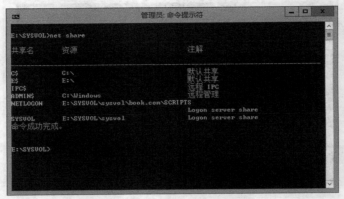

图 13-28 验证共享文件夹

8. 组策略测试

共享文件夹创建成功后，通过"组策略管理器"编辑默认策略"Default Domain Policy"时，出现如图 13-29 所示的错误。

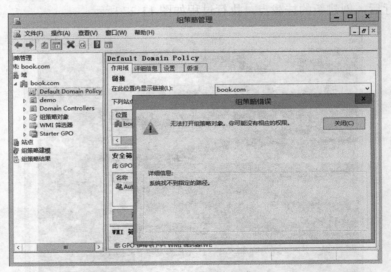

图 13-29 组策略编辑错误

解决方法如下。

（1）从其他域控制器中策略文件拷贝到该域控制器的"E:\SYSVOL\sysvol\book.com\ Policies"文件夹，其中：

{31B2F340-016D-11D2-945F-00C04FB984F9}是"域安全策略"策略文件；
{6AC1786C-016F-11D2-945F-00C04FB984F9}是"域控制器安全策略"策略文件。

（2）从备份中还原策略。

（3）重建默认策略。执行"dcgpofix"命令重建默认策略，执行后自定义策略将全部丢失。"dcgpofix"执行过程如下。

E:\SYSVOL>dcgpofix

Microsoft(R) Windows(R) 操作系统默认组策略还原工具 v5.1
版权所有 (C) Microsoft Corporation. 1981-2003
描述: 重新创建一个域的默认组策略对象(GPO)
语法: DcGPOFix [/ignoreschema] [/Target: Domain | DC | BOTH]

此实用程序可以将默认域策略或默认域控制器策略
还原为刚刚完成域创建时
的状态。你必须是域管理员才能执行此操作。

警告: 你将丢失对这些 GPO 所做的任何更改。此实用程序只应
用于灾难恢复。

你将要为以下域还原默认域策略和默认域控制器策略
book.com
你要继续吗: <Y/N>? y
警告: 此操作将替换在选定 GPO 中设置的所有"用户权限分配"。这可能导致一些服务器
应用程序失败。 你要继续吗: <Y/N>? y
警告: 此工具无法在 Default Domain Policy GPO 中重新创建 EFS 证书。 已成功还原默
认域策略
注意: 仅还原了默认域策略的内容。没有修改指向此组策略对象的组策略链接。
默认情况下, 默认域策略链接到域上。

已成功还原默认域控制器策略
注意: 仅还原了默认域控制器策略的内容。没有修改指向此组策略对象的组策略链接。
默认情况下, 默认域控制器策略链接到域控制器 OU 上。

进入"E:\SYSVOL\Domain\Policies"文件夹, 使用"tree /f"命令查看默认策略是否创建成功, 如图 13-30 所示。

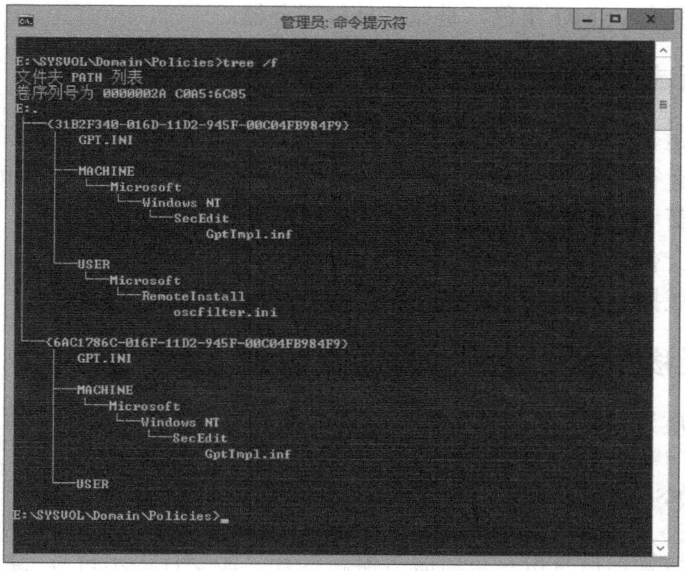

图 13-30 查看策略结构

13.3 迁移 Sysvol 文件夹复制方式为 DFS-R

如果将 Windows Server 2003 域控制器升级到 Windows Server 2012，迁移后的域控制器之间复制仍然使用文件复制服务（FRS）方式，因此需要将"FRS"服务升级为"DFS-R"服务。

13.3.1 复制机制

Windows Server 2012 中提供 DFS-R 复制（分布式文件复制）服务。

DFS-R 机制以数据块为单位进行复制，仅复制文件的更改内容，而不是复制整个文件。例如，SYSVOL 文件夹中有个 1GB 的文件，如果更改其中 50MB 的内容，在 Windows Server 2003 环境中 FRS 将复制整个文件（1GB）。而 DFS-R 仅复制 50MB 的增量内容，这样能够改善网络和磁盘性能，以及提高效率。需要注意 DFS-R 只能在 Windows Server 2008 和 Windows Server 2012 中复制 SYSVOL 数据。

迁移到 DFS-R 前，建议所有域控制器需要注意以下事项。

1．使用相同的操作系统。

2．需要提升 DFS-R 复制服务的域控制器在线。

3．域功能级别和林功能级别提升为至少是 Windows Server 2008。

4．在具备 PDC 角色所在的域控制器中完成 DFS-R 复制服务切换。

5．切换过程时间较长，耐心等待。

13.3.2 原域控制器

原域控制器运行 Windows Server 2003 R2 操作系统，部署 Active Directory 服务。Windows Server 2003 环境中，域控制器之间的复制默认通过 FRS（文件复制服务）完成。该域控制器部署所有 FSMO 角色，是域的林根服务器。

13.3.3 新域控制器

新域控制器运行 Windows Server 2012 操作系统，成功提升为当前域的额外域控制器，由于原域控制器运行 Windows Server 2003 操作系统，两台域控制器之间的复制通过 FRS 服务完成，因此新域控制器中自动启用文件复制服务。

以域管理员身份登录域控制器，将 FSMO 角色迁移到新域控制器。原域控制器将成为成员服务器。将域控制器功能级别提升为至少 Windows Server 2008。

13.3.4 迁移服务

迁移过程实质为状态切换，分为 4 个状态，其中第 2 步和第 3 步中两种服务状态并存。

状态更新：	"开始" →	"准备就绪" →	"已重定向" →	"已消除"。
对应服务：	FRS（主）→	DFS-R	→ DFS-R（主）→	DFS-R（主）
		FRS（主）	FRS	

第 1 步，以域管理员身份登录新服务器。打开"命令行提示符"，键入如下命令。

repadmin /ReplSum

命令执行后，检查域控制器在线和复制状态，如果出现错误以及复制失败的提示，排除错误后才能开始迁移，如图 13-31 所示。"启动"状态下，FRS 复制服务负责域控制器之间的 SYSVOL 共享复制，每个域控制器上的 SYSVOL 共享主复制引擎是 FRS。

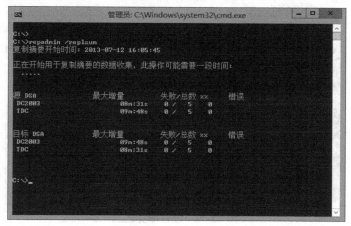

图 13-31　迁移服务之一

第 2 步，更改复制状态，将复制状态从"开始"更新为"准备就绪"状态。键入如下命令。

dfsrmig /SetGlobalState 1

命令执行后，更新服务器 DFS-R 的状态为"准备就绪"。

"准备就绪"状态下，将服务更新状态作为副本迁移到其他域控制器中 SYSVOL 文件夹。在此阶段，每个域中的域控制器上的 SYSVOL 共享主复制引擎仍然是 FRS 复制服务，启动 DFS-R 复制服务，如图 13-32 所示。

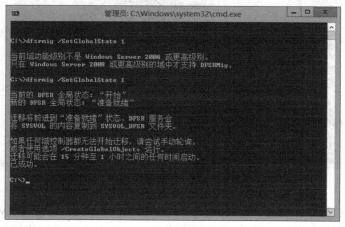

图 13-32　迁移服务之二

第 3 步，继续更新状态，将复制状态从"准备就绪"更新为"已重定向"状态。

dfsrmig /SetGlobalState 2

命令执行后，更新服务器"DFS-R"的更新状态为"已重定向"状态。

"已重定向"状态，将 FRS 复制服务转移到 DFS-R 复制服务。在此阶段，每个域中的域控制器的主复制引擎是 DFS 复制服务，FRS 复制服务仍然运行，如图 13-33 所示。

图 13-33　迁移服务之三

第 4 步，将复制状态从"已重定向"更新为"已消除"状态。

dfsrmig /SetGlobalState 3

命令执行后，更新 DFS-R 的更新状态为"已消除"状态。在该阶段，FRS 复制服务停止运行，DFS-R 复制服务作为唯一的复制服务存在，FRS 复制服务的状态为"已停止"并且"已禁用"，如图 13-34 所示。

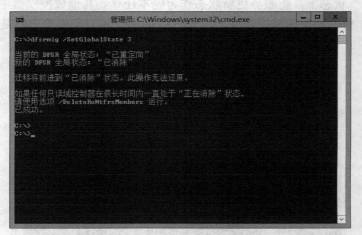

图 13-34　迁移服务之四

在状态切换过程中，使用"dfsrmig /getglobalstate"和"dfsrmig /GetMigrationState"命令检查所有域控制器的状态是否全部更新完成，由于状态更新受网络影响，时间可能会较长。复制成功的状态如图 13-35 所示。

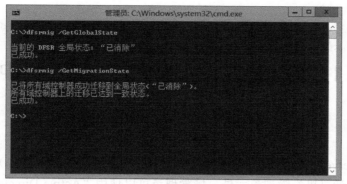

图 13-35　迁移服务之五

至此，域控制器迁移过程完成。在迁移过程中，客户端计算机可以正常登录、接收邮件以及运行业务系统，所有用户没有受到任何影响。

第 14 章 Active Directory 管理中心

Windows Server 2008 R2 之后的版本（包括 Windows Server 2012）中，除"Active Directory 用户和计算机"管理单元外，域管理员可以使用"Active Directory 管理中心（简称管理中心）"管理。"管理中心"不能完成域中所有的管理工作，主要完成组织单位、组、用户以及计算机方面的管理。本章主要介绍如何使用"Active Directory 管理中心"。

14.1 "管理中心"概述

"Active Directory 用户和计算机"、"Active Directory 站点和服务"、"Active Directory 域和信任关系"在 Windows Server 2008 R2 AD DS 域服务之前版本的域环境中一直存在，是 Active Directory 的管理中枢，分别完成不同的域管理任务。

14.1.1 管理单元

Windows Server 2012 AD DS 域服务部署成功后，默认安装以下几个域管理单元。

- Active Directory 管理中心。
- 用于 Windows PowerShell 的 Active Directory 模块。
- Active Directory 用户和计算机。
- Active Directory 站点和服务。
- Active Directory 域和信任关系。
- ADSI 编辑器。
- Windows PowerShell。
- Windows PowerShell ISE 多个版本。

新的管理方式"管理中心"构建在 Windows PowerShell 技术之上，域管理员管理域的每个操作都可以通过"Windows PowerShell 历史记录"显示出详细的处理过程。

14.1.2 启动"Active Directory 管理中心"

以域管理员身份登录域控制器，默认打开"服务器管理器"，选择"工具"→"Active Directory 管理中心"选项，即可打开"管理中心"，如图 14-1 所示。默认以列表视图方式打开"概述"页面。

"导航窗格"区域提供"列表视图"和"树视图"两种显示模式。两种显示模式提供相同的访问内容，管理员根据需要选择即可。提供概述、域、动态访问控制以及全局搜索四个选项。根据导航区域的选项，"欢迎磁贴"区域和"常用管理任务"区域显示不同的管理任务。

图 14-1　"Active Directory 管理中心"管理界面

14.1.3　"概述"面板

"导航窗格"选择"概述"选项，右侧显示"欢迎磁贴"和"重置密码"、"全局搜索"两个管理任务。

1. 设置管理任务

单击"欢迎磁贴"区域上方的"内容"按钮，在弹出的下拉菜单中设置概述页面打开的管理任务，如图 14-2 所示。

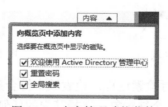

图 14-2　内容管理功能菜单

根据需要选择显示在"概述"页面中的管理任务。默认提供 3 个管理任务，全部显示在窗口右侧。如果取消任务左侧的复选框，"概述"页面中将不显示取消的管理任务，例如取消"欢迎使用 Active Directory 管理中心"复选框，概述页面显示信息如图 14-3 所示。

2. 重置密码

该功能用来重置目标用户的密码，新密码必须符合域密码策略。其中：

● "用户名"文本框中键入目标域用户名称。

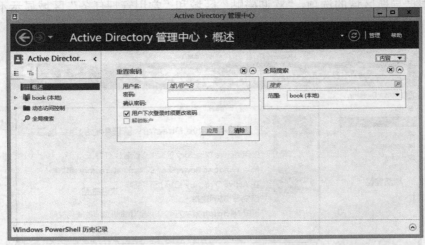

图 14-3 更改功能后的页面效果

- "密码"和"确认密码"文本框中设置新密码。
- 如果选择"用户下次登录时须更改密码"选项，用户下次登录时需要更改密码。

参数设置完成后，单击"应用"按钮，重置用户密码，重置成功后显示"已成功重置'域用户'的密码"，如图 14-4 所示。

3. 全局搜索

搜索目标域对象。例如检索名称为 demo 的所有域对象：

- "全局检索"区域的"搜索"文本框中键入需要检索的域对象，例如"demo"。
- "范围"文本框中选择检索的范围，如图 14-5 所示。

图 14-4 重置密码功能区域

图 14-5 全局搜索功能区域

参数设置完成后，回车执行检索过程。检索域中符合条件的所有域对象，检索结果如图 14-6 所示。本例中检索到 2 个域对象，选择其中的任何一个域对象，"任务"窗格列表中显示可以执行的管理操作。

14.1.4 Windows PowerShell 历史记录

"管理中心"构建在 Windows PowerShell 技术之上，通过"管理中心"执行管理过程中，后台实质上执行 Windows PowerShell 命令。执行每一个操作，"Windows PowerShell 历史记录"功能都会详细地记录该过程，管理界面如图 14-7 所示。窗口下方"Windows PowerShell 历史记录"显示详细的命令执行过程。单击"全部清除"链接，删除已有的

PowerShell 命令。

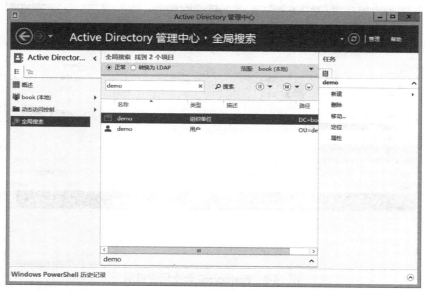

图 14-6　全局检索结果

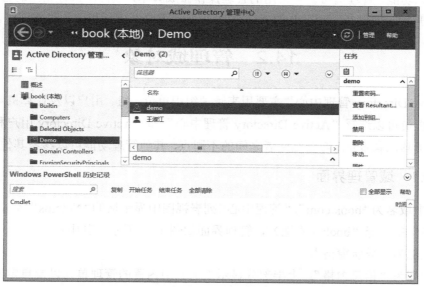

图 14-7　Windows PowerShell 历史记录功能区域

本例中，使用"管理中心"删除域用户"demo"，通过"Windows PowerShell 历史记录"查看详细的执行过程。

删除"demo"用户后，"Windows PowerShell 历史记录"区域显示详细的 PowerShell 删除命令，如图 14-8 所示。完整命令如下。

```
Remove-ADObject  -Confirm:$false  -Identity:"CN=demo,OU=Demo,DC=book,DC=com"  -Server:"DC.book.com"
```

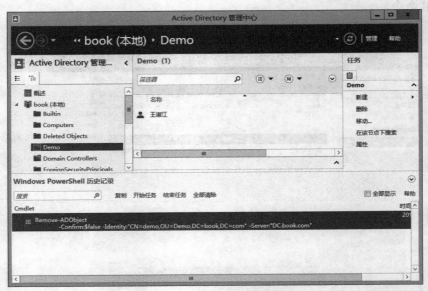

图 14-8 Powershell 命令同步显示

通过该功能，管理员可以将常用的管理操作做成脚本，当再次执行相同的管理任务时，使用"用于 Windows PowerShell 的 Active Directory 模块"执行相关的脚本即可。

14.2 管理域对象

"Active Directory 管理中心"主要用来管理组织单位、组、用户以及计算机等方面的域对象，管理员可以选择"Active Directory 管理中心"和"Active Directory 用户和计算机"作为管理工具，本部分内容介绍两者之间的不同点，其他管理功能可以参考其他章节内容。

14.2.1 域管理界面

本例中域名为"book.com"，"管理中心"列表视图中显示域的"Netbios"名称为"book"。"导航窗格"中选择"book（本地）"，管理界面如图 14-9 所示。其中：

- 左侧为"导航窗格"。
- 中间为"信息窗格"。上半部分显示当前域中内置的管理单元以及自定义的组织单位。选择组织单位或者内置的管理单元后，下方显示管理单元属性信息。
- 右侧为"任务窗格"。"信息窗格"选择目标管理单元后，"任务窗格"中显示与管理单元相关管理任务，以及域级别的管理任务（提升域功能级别、提升林功能级别、更改域控制器、启用回收站）等。
- 窗口下方为"Windows PowerShell 历史记录"历史命令显示区域。

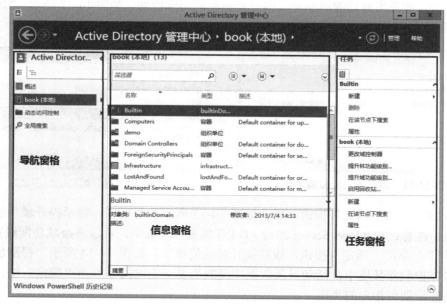

图 14-9　域管理界面

14.2.2　域管理功能

1. 更改域控制器

"导航窗格"中选择"book（本地）"，"任务列表"中单击"更改域控制器"，命令执行后，打开"更改域控制器"对话框，如图 14-10 所示。选择目标域控制器后，单击"更改"按钮，"管理中心"将连接到新域控制器。

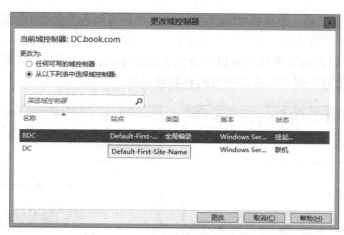

图 14-10　"更改域控制器"对话框

2. 提升域功能级别

第 1 步，"导航窗格"中选择"book（本地）"，"任务列表"中单击"提升域功能级别"，命令执行后，打开"提升域功能级别"对话框，显示当前域功能级别，如图 14-11 所示。

第 2 步，如果当前功能级别可以提升到更高的功能级别，如图 14-12 所示，"选择可用的域功能级别"列表中选择可用的功能级别。

图 14-11　提升域功能级别之一

图 14-12　提升域功能级别之二

第 3 步，单击"确定"按钮，显示如图 14-13 所示的对话框，提示提升域功能级别后不能还原。注意：Windows Server 2012 AD DS 域服务环境中，可以降级域功能级别。

第 4 步，单击"确定"按钮，成功提升域功能级别，如图 14-14 所示。提醒域管理员注意，多域控制器环境中，活动目录数据库复制需要一定时间。单击"确定"按钮，成功提升域功能级别到指定的类别。

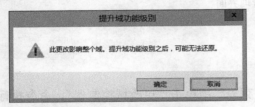

图 14-13　提升域功能级别之三

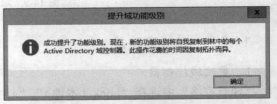

图 14-14　域功能级别之四

3. 提升林功能级别

第 1 步，"导航窗格"中选择"book（本地）"，"任务列表"中单击"提升林功能级别"，命令执行后，打开"提升林功能级别"对话框，显示当前林的功能级别，如图 14-15 所示。

第 2 步，如果当前林功能级别可以提升到更高级别，显示如图 14-16 所示的对话框。"选择可用的林功能级别"列表中选择可用的林功能级别。

图 14-15　提升林功能级别之一

图 14-16　提升林功能级别之二

第 3 步，单击"确定"按钮显示如图 14-17 所示的对话框，提示提升林功能级别后不能还原。注意：Windows Server 2012 AD DS 域服务环境中，可以降级林功能级别。

第 4 步，单击"确定"按钮，成功提升林功能级别，如图 14-18 所示。提醒域管理员注意，多域控制器环境中，活动目录数据库复制需要一定时间。单击"确定"按钮，成功提升林功能级别到指定的类别。

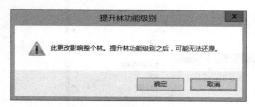

图 14-17　提升林功能级别之三

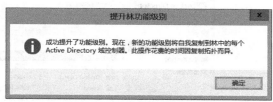

图 14-18　提升林功能级别之四

4. 启用回收站

"回收站"指的是域对象删除后存放的位置，只有 Windows Server 2008 R2 之后的域环境中才提供该功能。以前版本域环境中，域对象删除后如果要恢复被删除的域对象，比较繁琐。启用"回收站"功能，删除的域对象首先被存放到"回收站"中，当域管理员发现误操作后，可以从回收站中恢复删除的域对象。

第 1 步，"导航窗格"中选择"book（本地）"，"任务列表"中单击"启用回收站"，命令执行后，打开"启用回收站确认"对话框，如图 14-19 所示。注意，该过程不可逆，启用该功能后，不能再次关闭该功能，默认该功能处于关闭状态。

第 2 步，单击"确定"按钮，显示如图 14-20 所示的对话框。提醒管理员注意，已经启用回收站功能，如果域中包含多台域控制器，必须所有域控制器完成同步后，"回收站"功能才生效。

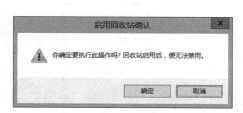

图 14-19　启用"回收站"之一

图 14-20　启用"回收站"之二

第 3 步，单击"确定"按钮，返回到"管理中心"，刷新后"启用回收站"功能更新为灰色不可编辑状态，如图 14-21 所示。

第 4 步，"回收站"功能启用后，删除用户"demo"测试该功能是否正常启用。

"导航窗格"中选择"book（本地）"→"Deleted Objects"节点，删除的用户"demo"存储在该节点中。右击需要还原的用户"demo"，在弹出的快捷菜单中选择"还原"命令，如图 14-22 所示。命令执行后，立即还原删除的用户，被删除的用户还原到原始位置。

右击需要还原的用户"demo"，在弹出的快捷菜单中选择"还原为"命令，命令执行后，显示如图 14-23 示的"还原为"对话框。选择目标组织单位后，被删除的用户将被还原到新的组织单位中。

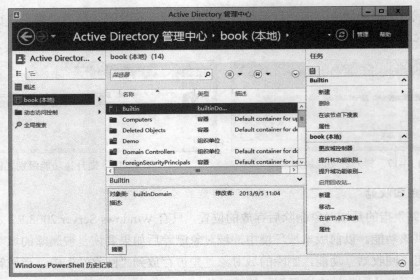

图 14-21　启用"回收站"之三

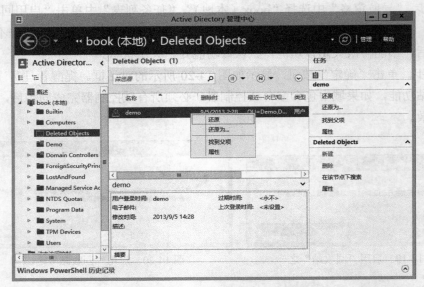

图 14-22　启用"回收站"之四

图 14-23　启用"回收站"之五

5. 域级别管理功能

"任务窗格"区域的功能选项根据"信息窗格"中的选项，自动关联相关的管理菜单。例如："导航窗格"中选择"book"，"信息窗格"中选择内置的"Users"组织单位，"任务窗格"中，显示对应的管理菜单。

"任务窗格"中选择"book（本地）"→"新建"选项，在弹出的快捷菜单中选择在域级别可以新建的域对象：组、用户、计算机、InetOrgPerson 以及组织单位，如图 14-24 所示。

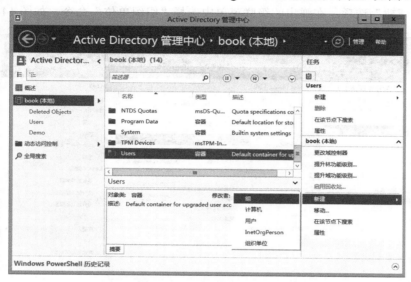

图 14-24　域级别管理界面

6. 组织单位级别管理功能

"任务窗格"中选择"Users"→"新建"选项，在弹出的快捷菜单中选择在该组织单位中可以新建的域对象：组、用户、计算机、InetOrgPerson，如图 14-25 所示。

图 14-25　组织单位级别管理界面

14.2.3 管理组织单位

本例中创建一个名称为"测试组"的组织单位。注意，通过"管理中心"创建组织单位时，可用的属性信息多于通过"Active Directory 用户和计算机"方式。

1. 新建组织单位

第 1 步，"导航窗格"中选择"book（本地）"，右击"book（本地）"，在弹出的快捷菜单中选择"新建"选项，在弹出的级联菜单中选择"组织单位"命令，如图 14-26 所示。

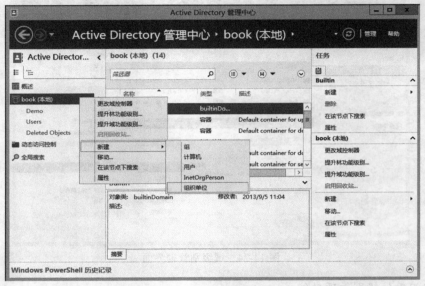

图 14-26　新建组织单位之一

第 2 步，命令执行后，打开"创建 组织单位"对话框，如图 14-27 所示。注意，红色星号表示必填项，不能为空。选择左侧列表中的"组织单位"选项，右侧设置组织单位相关的参数，其中：

- 名称为必填项。
- "创建位置"右侧的"更改"链接，可以更改存储新建组织单位的目标位置。
- "防止意外删除"选项，选择该选项后管理员删除组织单位将会显示提示信息，需要通过系列设置才能删除组织单位。

图 14-27　新建组织单位之二

第 3 步，选择左侧列表中的"管理者"选项，右侧设置管理者相关参数，如图 14-28 所示。

图 14-28　新建组织单位之三

第 4 步，设置完成后，单击"确定"按钮，创建新的组织单位。新建的组织单位如图 14-29 所示。

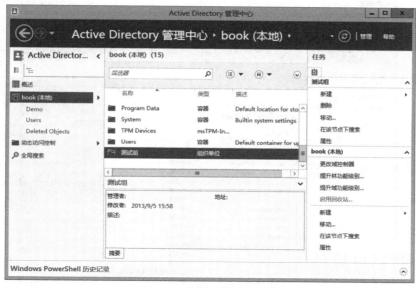

图 14-29　新建组织单位之四

2. 其他管理任务

选择新建的组织单位后，"任务面板"中上部区域显示新建组织单位的管理任务，可以执行"删除"、"移动"、"在该节点下搜索"以及查看当前组织单位"属性"等管理任务。其中，选择"属性"功能后，打开当前组织单位属性对话框，左侧列表中显示"扩展"选项，如图 14-30 所示。切换到"安全"选项卡，可以设置目标域用户、组对该组织单位的管理权限。

切换到"属性编辑器"选项卡，管理员可以直接编辑设置活动目录数据库中的属性对象信息。注意，Windows Server 2008 R2 之前的版本中只能通过"ADSI 编辑器"查看、修改上述属性信息，通过"管理中心"管理员可以直接编辑域对象属性。

参数设置完成后，单击"确定"按钮，完成属性设置，如图14-31所示。

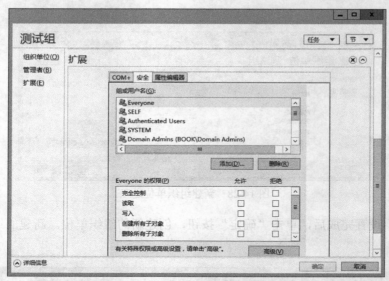

图 14-30 "安全"选项卡

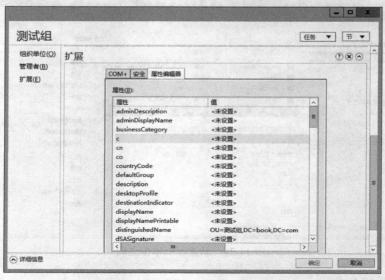

图 14-31 "属性编辑器"选项卡

14.2.4 管理用户

本例中在"测试组"组织单位下创建一个名称为"test"的用户。注意，通过"管理中心"创建用户时，可用的属性信息多于通过"Active Directory用户和计算机"提供的信息。

1. 新建用户

第1步，"导航窗格"中选择"book（本地）"，"信息窗格"选择组织单位"测试组"，右击"测试组"，在弹出的快捷菜单中选择"新建"选项，在弹出的级联菜单中选择"用户"命令，如图14-32所示。

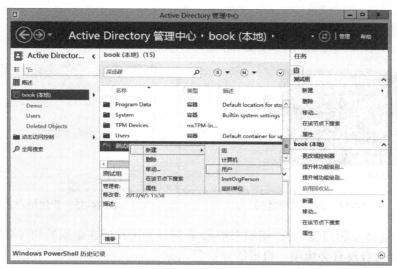

图 14-32　新建用户之一

第 2 步，命令执行后，打开"创建 用户"对话框，如图 14-33 所示。注意，红色星号表示必填项，不能为空。

选择左侧列表中的"账户"选项，右侧设置用户相关参数如图所示。其中：

- 全名、用户 Sam SamAccount 为必填项，其他参数根据需要选择。

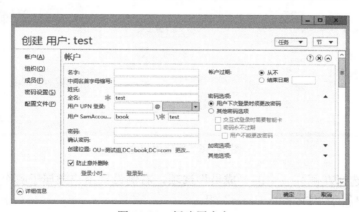

图 14-33　新建用户之二

- 如果需要用户设置密码，键入的密码必须符合域密码策略。
- "创建位置"右侧的"更改"链接，更改用户在域中组织单位位置。
- "账户过期"选项，设置账户有效时间。
- "防止意外删除"选项，选择该选项后，管理员删除用户将会显示提示信息，需要通过系列设置才能删除用户。
- "密码选项"，设置用户密码管理方式。
- "登录小时"选项，设置用户有效登录时间，如图 14-34 示。
- "登录到"选项，设置允许用户在域中哪一台计算机中登录，默认允许在网络中的所有计算机中登录，如图 14-35 所示。

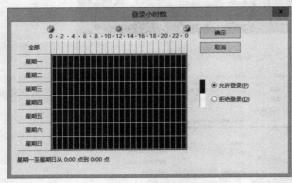

图 14-34 新建用户之三

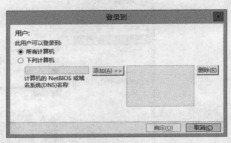

图 14-35 新建用户之四

第 3 步，选择左侧列表中的"组织"选项，右侧设置用户所在组织的相关参数如图 14-36 所示。该部分内容没有必填项，根据需要设置。

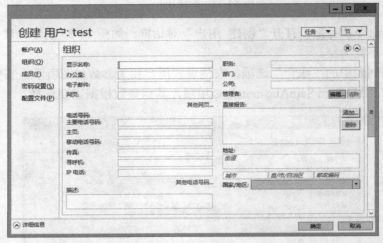

图 14-36 新建用户之五

第 4 步，选择左侧列表中的"成员"选项，右侧设置用户隶属于哪个组，如图 14-37 所示。默认用户属于"Domain Users"组。

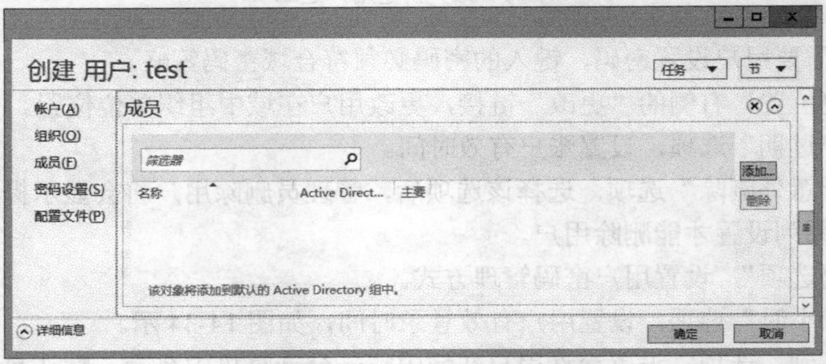

图 14-37 新建用户之六

如果需要将用户添加到目标组中，单击"添加"按钮，打开"选择组"对话框。键入目标组名称，如图 14-38 所示。单击"确定"按钮，将用户添加到目标组中。

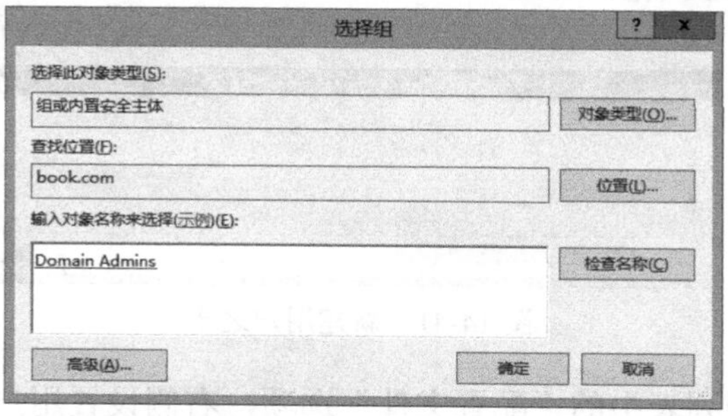

图 14-38　新建用户之七

第 5 步，选择左侧列表中的"密码设置"选项，右侧设置用户使用的密码策略（如图 14-39 所示），默认使用"Default Domain Policy"默认密码策略。

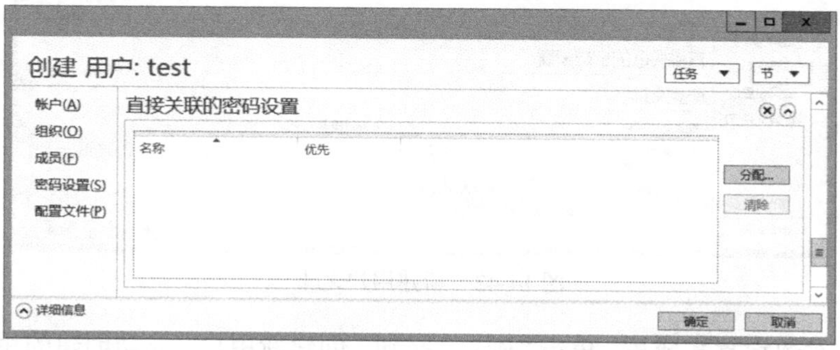

图 14-39　新建用户之八

如果要为用户分配一个新的密码策略，单击"分配"按钮，打开"选择密码设置对象"对话框。在"输入要选择的对象名称"文本框中键入需要添加的密码策略名称，单击"检查名称"按钮，检查是否为合法的密码策略。验证通过后，密码策略名称以下划线标注，如图 14-40 所示。注意，密码策略需要提前创建。

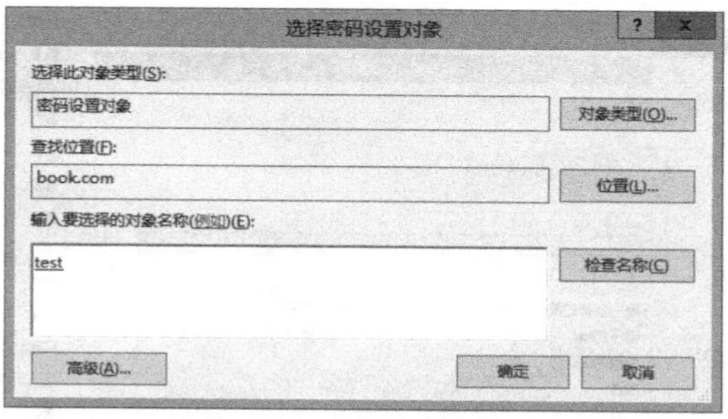

图 14-40　新建用户之九

第 6 步，单击"确定"按钮，返回到"密码设置"对话框，新的密码策略添加到策略列表中，如图 14-41 所示。当用户创建成功后，可以根据新策略密码需求为用户分配密码。

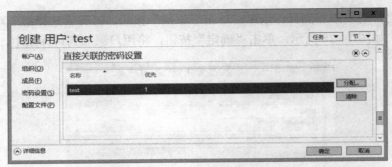

图 14-41 新建用户之十

第 7 步，选择左侧列表中的"配置文件"选项，右侧设置用户配置文件相关信息（如图 14-42 所示）。该属性区域没有必填项。根据需要设置。

图 14-42 新建用户之十一

第 8 步，参数设置完成后，单击"确定"按钮，创建新用户。成功创建的用户如图 14-43 所示。

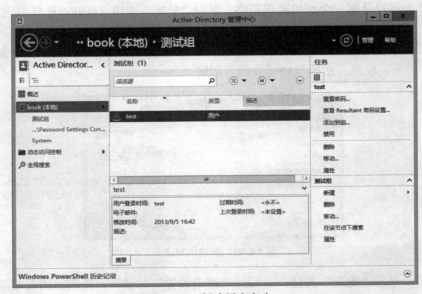

图 14-43 新建用户之十二

2. 查看密码策略

新用户创建成功后，"信息窗格"中选择新建的用户，"任务窗格"显示用户的相关管理操作，包括重置密码、查看 Resultant 密码设置、添加到组、禁用、删除、移动、属性等管理任务。

为用户设置特殊的密码策略后，通过"查看 Resultant 密码设置"功能，查看当前用户绑定的密码策略。单击"查看 Resultant 密码设置"链接，显示如图 14-44 所示的对话框。左侧列表中选择"密码设置"选项，显示当前密码策略的详细设置。注意，红色星号表示必填项。本例中由于策略设置，该策略中多个选项设置为空。

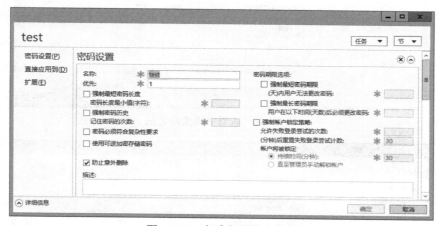

图 14-44　查看密码策略之一

左侧列表中选择"直接应用到"选项，显示当前策略已经绑定的目标用户或者组，本例中已经绑定到用户"test"，如图 14-45 所示。

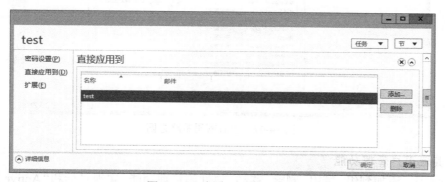

图 14-45　查看密码策略之二

左侧列表中选择"扩展"选项，显示密码策略安全设置信息。切换到"安全"选项卡，管理员可以赋予目标用户或者组对密码策略的管理权限，如图 14-46 所示。

切换到"属性编辑器"选项卡，显示用户"test"的属性信息，管理员可以直接编辑用户的所有属性，设置完成后单击"确定"按钮，完成属性设置，如图 14-47 所示。

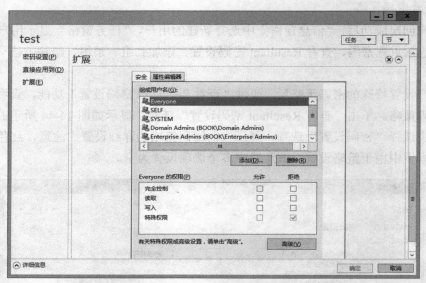

图 14-46 查看密码策略之三

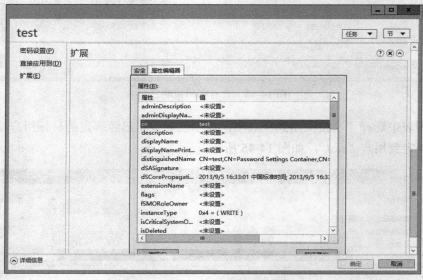

图 14-47 查看密码策略之四

3. 其他用户管理功能

重置密码、添加到组、禁用、删除、移动、属性等管理功能,实现目标和"Active Directory 用户和计算机"中的用户管理基本相同,不再赘述。

14.2.5 管理计算机

本例中在"测试组"组织单位下创建一个名称为"pc01"的计算机账户。注意,通过"管理中心"创建计算机账户时,可用的属性信息多于通过"Active Directory 用户和计算机"提供的信息。

1．创建计算机账户

第 1 步，"导航窗格"中选择"book（本地）"，"信息窗格"选择组织单位"测试组"，右击"测试组"，在弹出的快捷菜单中选择"新建"选项，在弹出的级联菜单中选择"计算机"命令。

第 2 步，命令执行后，打开"创建 计算机"对话框。注意，红色星号表示必填项，不能为空。选择左侧列表中的"计算机"选项，右侧设置计算机账户相关参数，如图 14-48 所示。其中：

- "计算机名"和"计算机（NetBIOS）名称"是必填项。
- "创建位置"右侧的"更改"链接，可以更改存储新建账户的目标位置。
- "防止意外删除"选项，选择该选项后管理员删除计算机账户将会显示提示信息，需要通过系列设置才能删除计算机账户。

图 14-48　创建计算机账户之一

第 3 步，选择左侧列表中的"管理者"选项，右侧设置计算机账户相关参数，如图 14-49 所示。该设置没有必填项，根据管理需求设置即可。

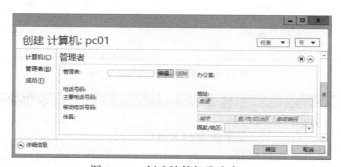

图 14-49　创建计算机账户之二

第 4 步，选择左侧列表中的"成员"选项，将新建的计算机账户添加到目标组中，如图 14-50 所示。

第 5 步，单击"确定"按钮，创建新的计算机账户，成功创建的计算机账户如图 14-51 所示。

2．其他管理任务

"信息窗格"中选择计算机账户后，"任务窗格"显示相关的管理任务：重置账户、添加到组、禁用、删除、移动、属性。实现目标和"**Active Directory** 用户和计算机"中的计算机账户管理基本相同。其中"属性"功能中，管理员可以使用"属性编辑器"修改计算机账户属性信息，如图 14-52 所示。

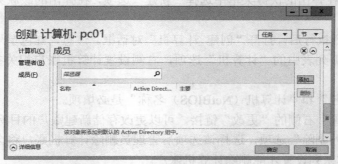

图 14-50　创建计算机账户之三

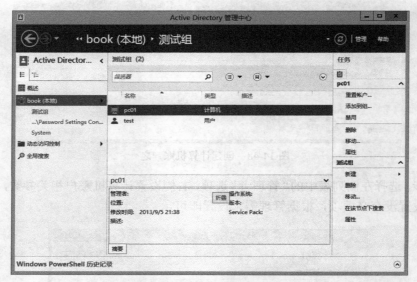

图 14-51　创建计算机账户之四

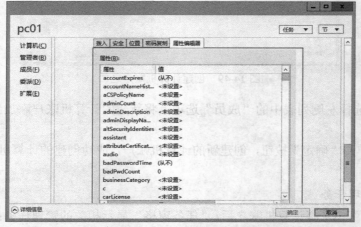

图 14-52　"属性编辑器"对话框

14.2.6　管理组

本例中在"测试组"组织单位下创建一个名称为"信息共享组"的组。注意，通过"管理中心"创建组时，可用的属性信息多于通过"Active Directory 用户和计算机"提供的信息。

1. 创建组

第 1 步，"导航窗格"中选择"book（本地）"，"信息窗格"选择组织单位"测试组"，右击"测试组"，在弹出的快捷菜单中选择"新建"选项，在弹出的级联菜单中选择"组"命令。

第 2 步，命令执行后，打开"创建 组"对话框。注意，红色星号表示必填项，不能为空。选择左侧列表中的"组"选项，右侧设置组相关参数，如图 14-53 所示。其中：

- 组名和组（Sam...）为必填项。
- 组类型也是必选项，默认设置"全局安全"组，根据需要设置组类型。
- "防止意外删除"选项，选择该选项后管理员删除组将会显示提示提示，需要通过系列设置才能删除组。
- "创建位置"右侧的"更改"链接，可以更改组的目标位置。

第 3 步，选择左侧列表中的"管理者"选项，右侧设置组相关参数（如图 14-54 所示），设置该组的管理者信息，选择"管理员可以更新成员列表后"，管理者具备添加、删除组成员的权限。其他参数根据需要选择。

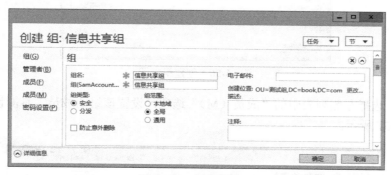

图 14-53　创建组之一

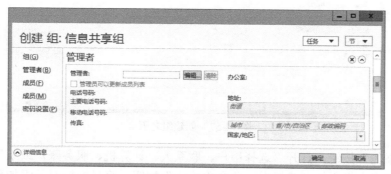

图 14-54　创建组之二

第 4 步，选择左侧列表中的"成员（F）"选项，设置允许嵌套的组，右侧设置组相关参数，如 14-55 所示。

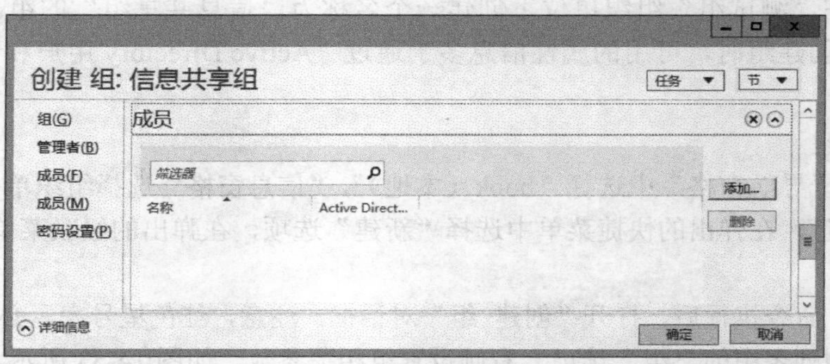

图 14-55　创建组之三

单击"添加"按钮，打开"选择组"对话框。例如，将"Domain Users"组添加到该组中。单击"确定"按钮，将目标组添加到该组中，如图 14-56 所示。

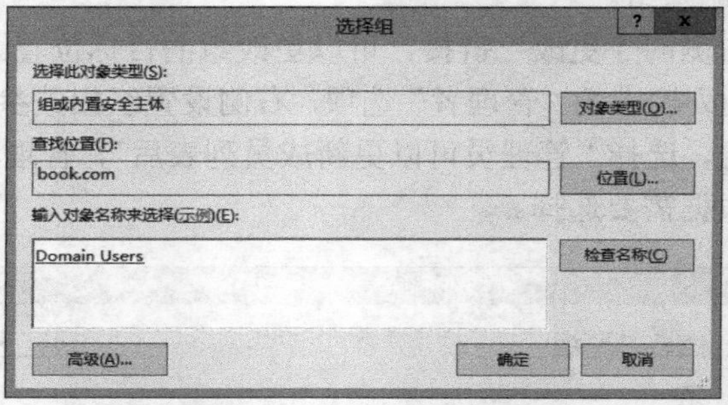

图 14-56　创建组之四

第 5 步，选择左侧列表中的"成员（M）"选项，设置该组的成员，右侧设置组相关参数，如图 14-57 所示。

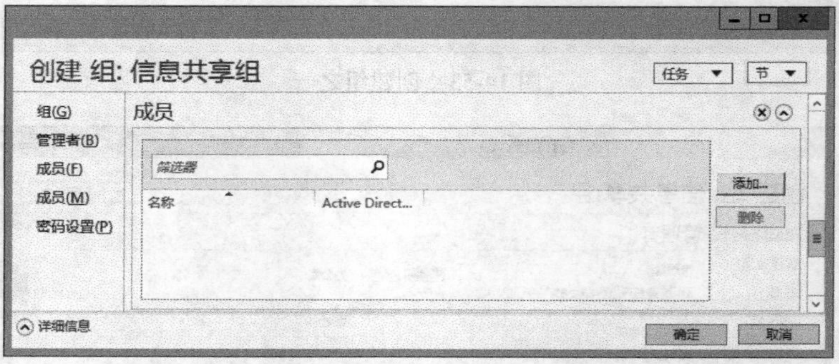

图 14-57　创建组之五

单击"添加"按钮，打开"选择用户、联系人、计算机、服务账户或组"对话框。例如，将几个域用户组添加到该组中。单击"确定"按钮，将目标域对象添加到该组中，如图 14-58 所示。

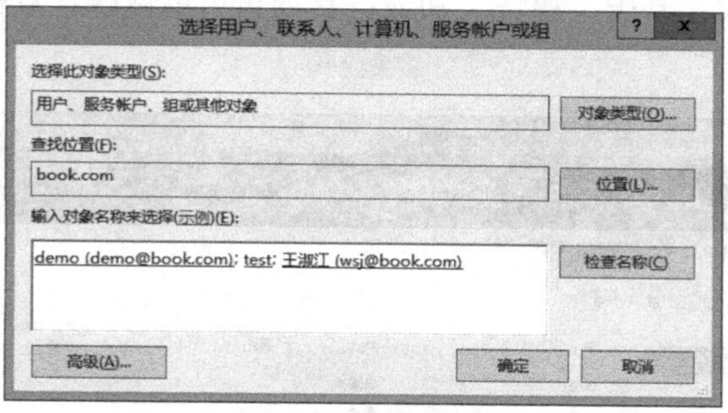

图 14-58　创建组之六

第 6 步，选择左侧列表中的"密码设置"选项，设置该组所有成员使用的密码策略，如图 14-59 所示。组默认使用密码策略为"Default Domain Policy"策略。

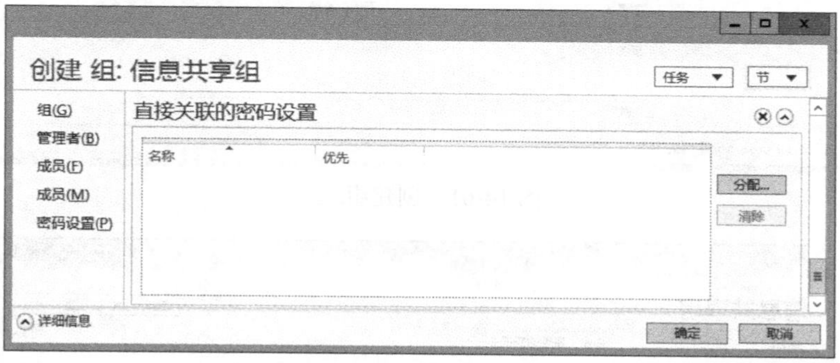

图 14-59　创建组之七

如果要为该组分配新的密码策略，单击"分配"按钮，显示如图 14-60 所示的"选择密码设置对象"对话框。例如，设置新的密码策略。单击"确定"按钮，为该组分配新的密码策略，该组中的用户将使用指定的密码策略而丢弃默认的密码策略。

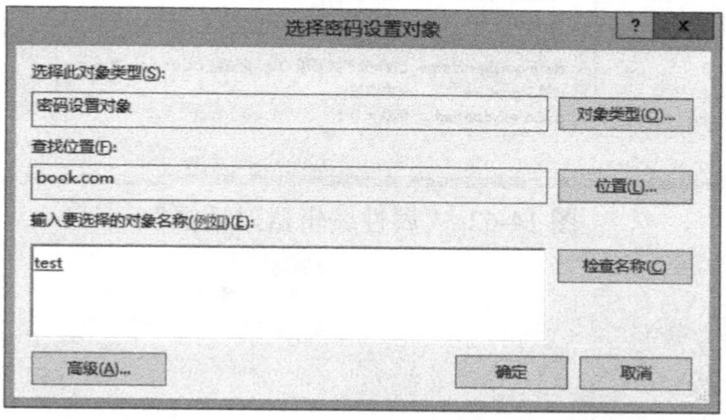

图 14-60　创建组之八

第 7 步，单击"确定"按钮，创建新组。创建的新组如图 14-61 所示。

2. 其他管理任务

添加到其他组、删除、属性等管理功能，实现目标和"Active Directory 用户和计算机"

中的用户管理基本相同。其中"属性"功能，管理员可以修改计算机账户的属性信息，如图 14-62 所示。

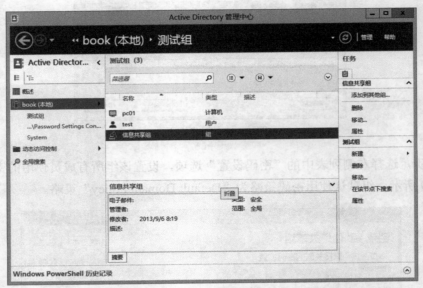

图 14-61 创建组之九

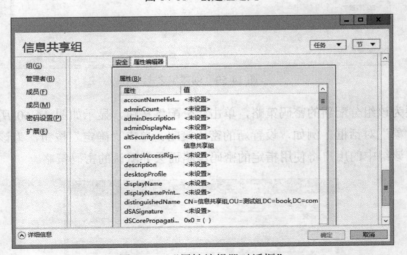

图 14-62 "属性编辑器对话框"

第 15 章　管理只读域控制器

只读域控制器是 Windows Server 2008 AD DS 域服务之后提供的新域控制器类型，只读域控制器同样是域控制器，但是 Active Directory 数据库具备"只读"属性，只能读取不能写入。只读域控制器主要用在企业分支机构，例如企业在外的办事机构，当用户数量不是很多时，可以首先在中心域控制器中创建用户以及规划计算机信息，然后将用户账户和计算机账户复制到位于分支机构的 RODC 中。当分支机构和中心之间的网络断开时，用户可以通过分支机构的 RODC 验证并登录。

15.1　只读域控制器基本知识

只读域控制器，英文全称 Read Only Domain Controller（简称 RODC），是 Windows Server 2008 之后版本提供的新域控制器类型，"Read Only"字面意思是"只读"，因此 RODC 只能读取不能写入。

15.1.1　活动目录数据库复制方向

1. 普通域控制器复制

普通域控制器之间的复制是双向的，复制机制如图 15-1 所示。

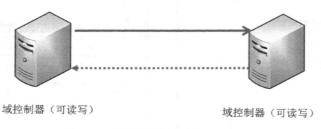

域控制器（可读写）　　　　　　　域控制器（可读写）

图 15-1　普通域控制器之间的复制机制

2. RODC 复制

RODC 是可读写域控制器的一个副本域控制器，只能将可读写域控制器中 Active Directory 数据库创建的域对象复制到 RODC，RODC 管理员没有权限对 RODC 中的 Active Directory 数据库进行更改，如果 RODC 需要更改 Active Directory 数据库中的数据，更改的数据首先在可读写域控制器上更改完成，然后复制到 RODC 中。RODC 支持从可读写域控制器到 RODC 的单项数据复制。可读写域控制器不会从 RODC 主动"拉"数据，只能被动的接受数据。复制机制如图 15-2 所示。

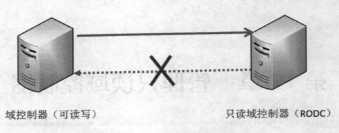

域控制器（可读写）　　　　　　　　　　　　只读域控制器（RODC）

图 15-2　RODC 复制机制

15.1.2　密码复制策略

密码复制策略决定可写域控制器中的用户密码是否被缓存到 RODC 中。密码复制策略列出允许缓存的账户以及明确拒绝缓存的账户。允许缓存的用户和计算机账户列表并不表示 RODC 一定缓存了这些账户的密码。例如，管理员可以事先指定 RODC 缓存的任何账户。这样即使和中心站点的广域网链接脱机，RODC 也可以对已经缓存的账户进行身份验证。

1．密码复制策略允许列表和拒绝列表

AD DS 域服务中设置两个新组：允许的 RODC 密码复制组和拒绝的 RODC 密码复制组。这两个组包含 RODC 密码复制策略的默认允许列表和拒绝列表。拒绝列表的优先权高于允许列表。

默认情况下，"允许组"列表不包含任何成员，如图 15-3 所示。

"拒绝组列表"包含企业域控制器，企业只读域控制器，组策略创建者所有者，Domain Admins，证书发行者，Enterprise Admins，Schema Admins，域范围 krbtgt 账户等成员，如图 15-4 所示。

图 15-3　允许组成员列表

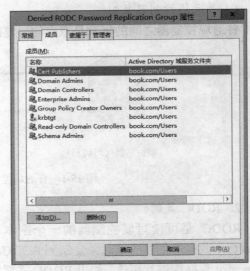

图 15-4　拒绝组列表

密码复制策略支持以下 3 个缓存模式。

- 不缓存任何账户。此模式提供最安全的配置，没有密码被缓存到 RODC，除 RODC

计算机账户及其特殊 krbtgt 账户之外。此模式的优点是需要很少或者不需要对默认设置进行额外的管理配置。用户可以选择将自己的安全敏感用户组添加到默认的拒绝用户列表中。这样可以防止这些用户组意外包含在允许的用户列表中，而且还可以防止之后将其密码缓存在 RODC 上。

- 缓存大多数账户。此模式提供最简单的管理模式并且允许脱机操作。所有 RODC 的"允许列表"都用添加大部分用户或者组。"拒绝列表"不允许安全敏感的用户组，例如 Domain Admins。大多数用户都可以根据需要缓存其密码。此配置最适合于 RODC 的物理安全没有危险的环境。
- 缓存很少账户。此模式限制可以缓存的账户。管理员为特定物理位置 RODC 进行严格定义，即每个 RODC 都有其允许缓存的一组不同的用户和计算机账户。此模式的优点是万一出现广域网链路故障，缓存用户将从 RODC 中直接登录。同时，可以有效地控制密码泄露。

2. 缓存密码过期

RODC 缓存密码之后，密码将保留在 RODC 的 Active Directory 数据库中，如果出现下列条件之一，缓存的密码将过期。

- 用户更改密码。在此情况下，不从缓存中清除密码，但该密码不再有效。
- 相关的 RODC 的密码复制策略发生变化，因此不再缓存用户的密码。

15.1.3　RODC 优点

RODC 是一个只读的域控制器，但本质上还是域控制器，具备域控制器的功能和优点，同时具备以下特点。

1. 只读 Active Directory 数据库

RODC 上包含所有 AD DS 域服务的对象和属性，但是和可读写的域控制器不一样的是，只能读取可读写域控制器中的数据，无法对 RODC 的 Active Directory 数据库进行更改，更改数据必须在可读写域控制器上进行然后复制到 RODC 中。默认情况下，RODC 中不存储账户的密码。在不能保证域控制器安全性的情况下，可以通过 RODC 保证分支机构域安全性。

2. 单向复制

可读写域控制器之间是双向复制，RODC 和可读写域控制器之间的复制是单向复制，RODC 通过分布式文件系统从可读写域控制器复制数据，但是 RODC 不能对缓存自本地的 Active Directory 数据库进行更改。只能从读写域控制器"拉"数据，而不能向读写域控制器"推"数据。

3. 密码缓存

RODC 可以存储用户、计算机和组的密码。密码缓存策略在可读写域控制器中设置。默认情况下，RODC 上只存储自己的计算机账户和一个用于 RODC 特殊的 Kerberos 票据授权（KRBTGT）账户，此账户被可读写 DC 用来验证 RODC 身份。如果在 RODC 上启用密码缓存，只会影响缓存到本地计算机和用户账户。

4. 只读 DNS

RODC 上可以安装 DNS 服务，RODC 可以复制 DNS 所使用的所有应用程序目录分区中的数据，包括 ForestDNSZones 和 DomainDNSZones，RODC 支持客户端 DNS 请求，并完成 DNS 解析功能。在 RODC 上的 DNS 不支持客户端直接进行更新 DNS 纪录，因此 RODC 不会在所拥有的活动目录集成区域里面注册任何名称纪录。

5. RODC 管理

在可读写域控制器中，服务器本地管理员和域管理员相同，都可以管理域控制器。RODC 允许一个普通的域用户成为 RODC 的本地管理员，设置的域用户可以在 RODC 所在的区域执行管理任务，此用户在域中或者任何可读写的域控制器上没有管理权利，仅管理区域分支机构的权限，不会影响 Active Directory 整体安全性。

6. GC 支持

RODC 可以做 GC（全局编录）服务器，但是 RODC 不能安装操作主控角色。

15.1.4　RODC 缺点

RODC 的缺点很明显，对可读写域控制器的依赖性很强，如果可读写域控制器出现故障将直接影响 RODC 的使用。如果 RODC 不缓存用户密码，一旦可读写域控制器出现故障，基于 Active Directory 数据库的用户验证将出现错误。

15.1.5　部署前提

只读域控制器是一个特殊的域控制器，部署 RODC 必须满足以下条件。

1. 域控制器需求

同一个域中，至少有一个运行 Windows Server 2012 的可写域控制器，该域控制器作为 RODC 的复制伙伴。如果域内没有运行 Windows Server 2012 可写域控制器，将不能部署 RODC。该可写域控制器必须包含"PDC 操作主机"角色。

2. 功能级别需求

部署只读域控制器，Windows Server 201 AD DS 域服务林功能级别至少是 Windows Server 2003，建议使用更高版本的功能级别。默认状态下，如果要部署 Windows Server 2012 AD DS 域服务，最低级别是 Windows Server 2003 级别。

15.2　部署 RODC 域控制器

部署 RODC 域控制器与部署可读写域控制器完全相同，部署过程中注意选择不同的选项即可。

15.2.1　部署流程

部署只读域控制器之前，建议遵循以下流程。

- 服务器安装 Windows Server 2012 操作系统并安装最新的系统更新程序。
- 服务器加入域，提升为成员服务器。
- 以域管理员身份登录成员服务器，通过"添加角色和功能"向导安装域服务，安装过程中选择域控制器类型为"只读"。
- 安装完成后，验证只读域控制器是否安装成功。

15.2.2　安装过程

根据安装流程，通过"添加角色和功能"向导安装域服务过程中打开如图 15-5 所示的"域控制器选项"对话框，本例中只读域控制器名称为"tdc.book.com"。选择"只读域控制器（RODC）"选项。设置目录还原模式密码。

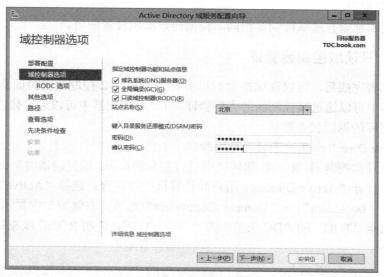

图 15-5　只读域控制器设置之一

单击"下一步"按钮，显示如图 15-6 所示的"RODC"对话框。该对话框中可以设置：

- RODC 的管理员账户。默认没有设置，用户被委派权限后，对只读域控制器具备本地系统管理员（完全控制）的权限。如果没有明确设置管理用户，只有"Domain Admins"和"Enterprise Admins"组内的用户具备管理的权限。

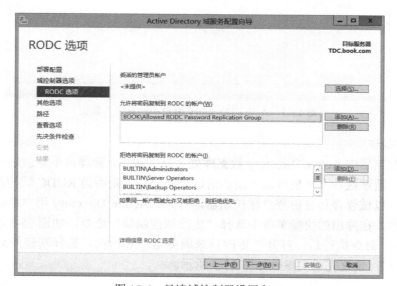

图 15-6　只读域控制器设置之二

- "拒绝将密码复制到 RODC 的账户"列表中显示拒绝复制到只读域控制器的密码账户，从列表中可以看出禁止复制到只读域控制器都是具备高级别管理权限的用户。
- "允许将密码复制到 RODC 的账户"列表中显示的"Allowed RODC Password Replication Group"组内用户密码可以被复制到只读域控制器，默认情况下该组没有任何成员。

其他设置和部署普通域控制器相同，根据向导提示设置即可。

15.2.3 只读域控制器验证

RODC 部署完成后，可以在域控制器和新安装的 RODC 控制器上验证是否成功安装。可写域控制器中可以通过域控制器的类型验证，只读域控制器中可以通过修改、创建 Active Directory 数据库的返回状态确认。

1. "Active Directory 用户和计算机"验证

RODC 是只读控制器，RODC 部署完成后有明显的标识，域控制器类型标识为"只读"。

第 1 步，打开"Active Directory 用户和计算机"控制台，选择"Active Directory 用户和计算机"→"book.com"→"Domain Controllers"选项，右侧窗口中显示所有域控制器列表，域控制器"TDC"的"DC 类型"为"只读，GC"，说明 RODC 域控制器安装成功，如图 15-7 所示。

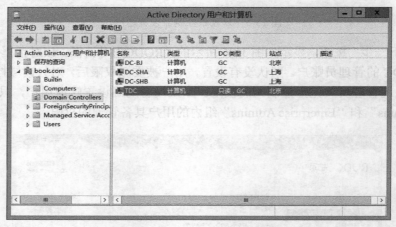

图 15-7　Active Directory 用户和计算机"验证

2. 操作验证

只读域控制器中 Active Directory 数据库处于只读状态，管理员不能创建任何对象和修改任何属性，通过这种方法也可以判断当前运行的控制器是否为 RODC 域控制器。

第 1 步，以域管理员身份登录域控制器，打开"Active Directory 用户和计算机"控制台，右击域名，在弹出的快捷菜单中选择"更改域控制器"命令，如图 15-8 所示。

第 2 步，命令执行后，打开"更改目录服务器"对话框。选择新建的只读域控制器"tdc.book.com"，设置完成的参数如图 15-9 所示。

图 15-8　操作验证之一

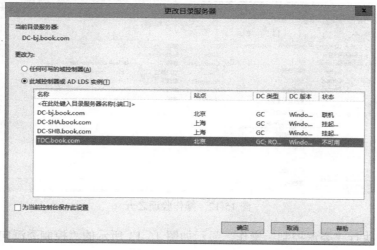

图 15-9　操作验证之二

第 3 步，单击"确定"按钮，显示如图 15-10 所示的对话框。提醒连接的目标域控制器不能执行任何写入操作。

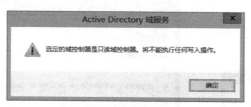

图 15-10　操作验证之三

第 4 步，单击"确定"按钮，连接到目标只读域控制器，打开"Active Directory 用户和计算机"控制台后，工具栏中的新建用户等快捷菜单处于禁用状态，如图 15-11 所示。

右击"book.com"，弹出的快捷菜单中没有"新建"命令。

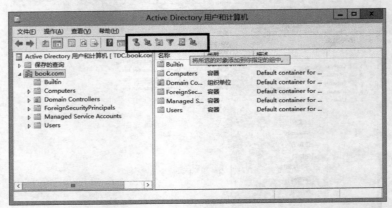

图 15-11　操作验证之四

第 5 步，右击"book.com"，弹出的快捷菜单中没有"新建"命令，如图 15-12 所示。

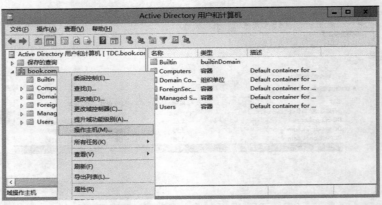

图 15-12　操作验证之五

第 6 步，执行"委派控制"操作，显示如图 15-13 所示的"控制委派向导"对话框，提示没有写入对象的权限。

第 7 步，执行"提升域功能级别"操作，显示如图 15-14 所示的"提升域功能级别"对话框，提示连接到 RODC 无法提升域功能级别。

图 15-13　操作验证之六

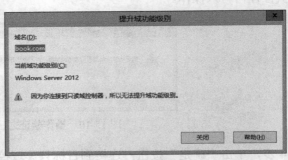

图 15-14　操作验证之七

第 8 步，执行"操作主机"操作，显示如图 15-15 所示的"操作主机"对话框，"更改"按钮为灰色，处于禁用状态，无法更改操作主机到目标服务器。

图 15-15　操作验证之八

第 9 步，右击"Users"选项，弹出的快捷菜单中没有"新建"命令，如图 15-16 所示，不能在 RODC 域控制器上创建用户以及组。

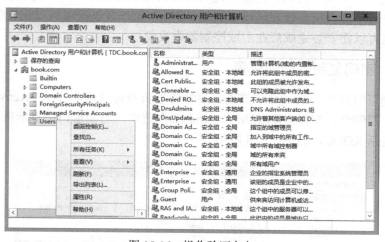

图 15-16　操作验证之九

3. DNS 验证

以域管理员身份登录到 RODC 中，打开"DNS 控制台"，右击"book.com"，在弹出的快捷菜单中选择"属性"命令，打开"book.com 属性"对话框，该对话框的所有按钮处于禁用状态，如图 15-17 所示。

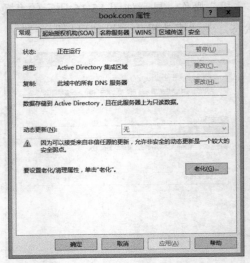

图 15-17　验证

15.3　只读域控制器管理任务

　　RODC 域控制器默认复制到本地的 Active Directory 数据库为只读模式，不存储 Active Directory 数据库中的用户密码。网络管理员可以根据企业实际需要，为部署在分支机构的 RODC 域控制器中缓存所在管理区域中的用户密码。密码复制策略可以在安装 RODC 的过程中设置，也可以在安装完成后在主域控制器中设置。

15.3.1　密码复制策略的位置

　　密码复制策略只能从 RODC 中查看。以域管理员身份登录，打开"Active Directory 用户和计算机"控制台，选择"Domain Controllers"选项，右侧窗口中显示所有已经部署的域控制器，包括 RODC，如图 15-18 所示。

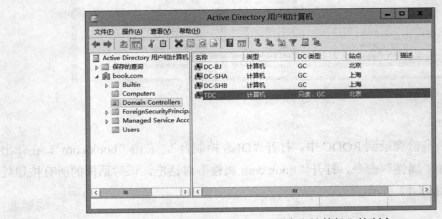

图 15-18　"Active Directory 用户和计算机"控制台

右击 RODC，在弹出的快捷菜单中选择"属性"命令，打开域控制器属性对话框，切换到"密码复制策略"选项卡，显示默认创建的策略信息，如图 15-19 所示。

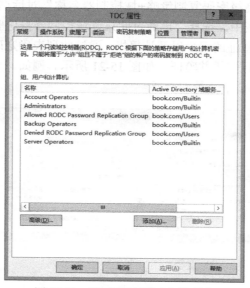

图 15-19　"密码复制策略"选项卡

15.3.2　查看已经发布到 RODC 的用户

打开"密码复制策略"选项卡，单击"高级"按钮，打开"以下项目的高级密码复制策略+域控制器名称"对话框。切换到"策略使用率"选项卡，在"显示满足下列条件的用户和计算机"下拉列表中，选择"其密码已存储在只读域控制器中的账户"选项，显示已经发布的用户，如图 15-20 所示。

图 15-20　查看缓存用户之一

15.3.3　查看已经通过 RODC 进行身份验证的用户

打开"以下项目的高级密码复制策略+域控制器名称"对话框，"显示满足下列条件的用户和计算机"下拉列表中，选择"已通过此只读域控制器身份验证的账户"选项，显示在 RODC 已经通过身份验证的用户以及计算机，通过此列表确定确定哪些账户的密码允许此 RODC 域控制器中进行登录并验证，如图 15-21 所示。例如，用户"王淑江"和计算机"XPSP3"已经在该 RODC 中登录并验证。

图 15-21　查看缓存用户之二

15.3.4　用户发布到 RODC

由于 RODC 不能创建用户，当域管理员创建用户后，可以将用户发布到目标 RODC，用户通过 RODC 登录并验证。本例中以发布用户"demo"为例说明如何发布用户。

1. 发布新用户

第 1 步，打开"密码复制策略"选项卡，单击"添加"按钮，打开"添加组、用户和计算机"对话框，选择"允许该账户的密码复制到 RODC 中"选项，如图 15-22 所示。

图 15-22　发布用户之一

第 2 步，单击"确定"按钮，显示如图 15-23 所示的"选择用户、计算机服务账户或组"对话框。在"输入对象名称来选择"文本框中键入需要添加的目标用户名称，单击"检查名称"按钮，检查键入的用户是否为合法的用户。验证通过后，用户名称以下划线标注。

第 3 步，单击"确定"按钮，关闭"选择用户、计算机或组"对话框，返回到"密码复制策略"选项卡，单击"应用"按钮，设置生效，如图 15-24 所示。

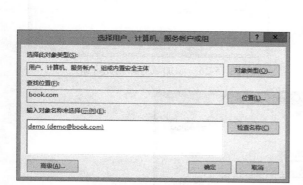

图 15-23　发布用户之二

图 15-24　发布用户之三

第 4 步，如果要从 RODC 中删除目标域对象，列表中选择目标对象后，单击"删除"按钮，单击"确定"或者"应用"按钮，策略生效后即可从 RODC 中删除目标域对象。

2. 添加到允许组

RODC 部署完成后，默认创建名称为"Allowed RODC Password Replication Group"的组，该组的用户密码被复制到 RODC 中，因此域管理员可以将需要缓存到 RODC 用户直接添加到该组中。

第 1 步，打开"密码复制策略"选项卡，列表中"Allowed RODC Password Replication Group"组，鼠标双击打开该组属性对话框，如图 15-25 所示，该组的描述信息"允许将此组中成员的密码复制到域中的所有只读域控制器"，组性质是全局安全组。

第 2 步，切换到"成员"选项卡，默认该组没有任何用户、组或者计算机，如图 15-26 所示。

第 3 步，单击"添加"按钮，打开如图所示的"选择用户、联系人、计算机、服务账户或组"对话框，在"输入对象名称来选择"文本框中键入需要添加的目标名称，单击"检查名称"按钮，检查键入的名称是否为合法的域对象。验证通过后，组名称以下划线标注。单击"确定"按钮，选择的与对象添加到"Allowed RODC Password Replication Group"组属性对话框的"成员"列表中，策略生效后将目标域对象复制到 RODC 中，如图 15-27 所示。

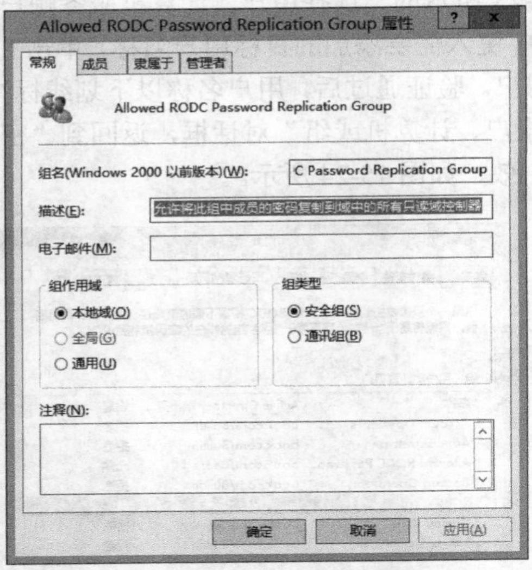

图 15-25　添加域对象到允许组之一　　　　图 15-26　添加域对象到允许组之二

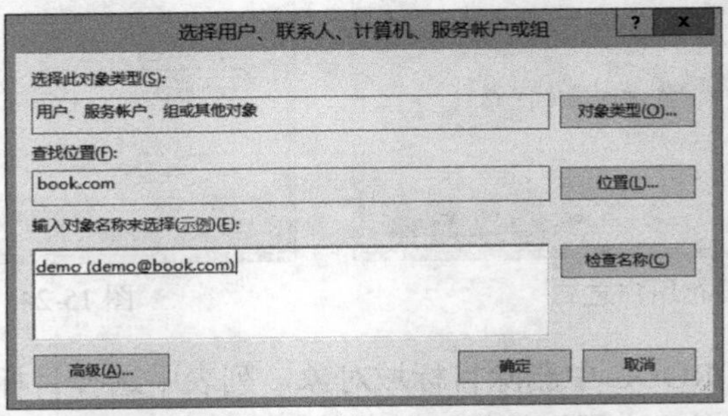

图 15-27　添加域对象到允许组之三

第 4 步，如果要删除"Allowed RODC Password Replication Group"组中的成员，成员列表中选择目标与对象后，单击"删除"按钮，根据提示操作即可。然后，单击"确定"或者"应用"按钮，策略生效后即可从 RODC 中删除目标域对象。

15.3.5　预设密码

预设密码，指的是将用户密码信息强制缓存到 RODC 中，当 RODC 和可读写域控制器之间网络连接断开的情况下，用户能够通过 RODC 登录并验证身份。因此，建议将用户账户和用户使用的计算机账户信息全部复制到 RODC 中。预设密码的前提条件：必须将预设密码的用户设置为允许缓存到 RODC 中，否则在设置过程中拒绝设置。本例将用户"王淑江"及其使用的计算机"XPSP3"一起设置。

第 1 步，打开只读域控制器属性对话框，单击"高级"按钮，打开"以下项目的高级密码复制策略+域控制器名称"对话框。

第 2 步，单击"预设密码"按钮，打开"选择用户或计算机"对话框。在"输入对象名称来选择"编辑框中，键入需要预设密码的用户账户以及计算机账户。设置完成的参数如图 15-28 所示。

第 3 步，单击"确定"按钮，显示如图 15-29 所示的"预填充密码"对话框。

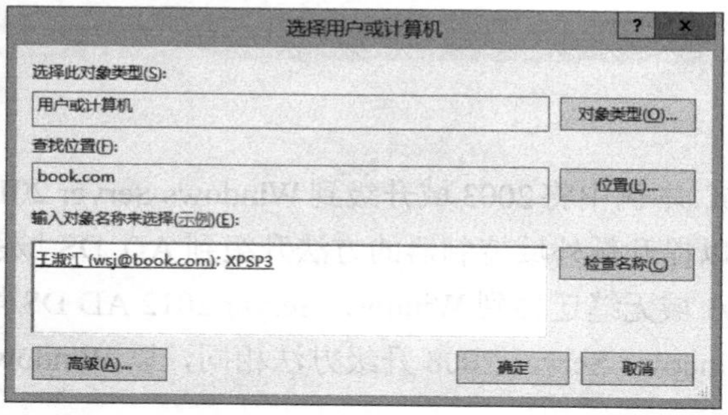

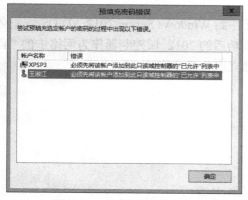

图 15-28　预设密码之一

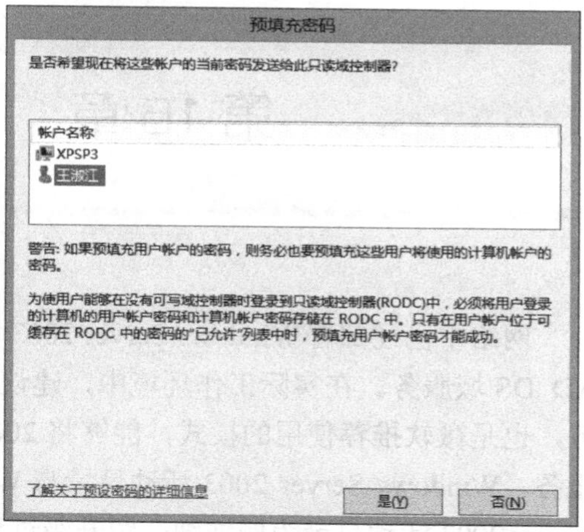

图 15-29　预设密码之二

第 4 步，单击"是"按钮。如果用户账户以及计算机账户没有提前设置到允许列表中，将显示如图 15-30 所示的对话框。如果已经添加到允许列表中，显示如图 15-31 所示的"已成功预填充密码"对话框。单击"确定"按钮，完成用户密码缓存。

图 15-30　预设密码之三

图 15-31　预设密码之四

第 5 步，设置完成后，当可对域控制器和 RODC 之间的联系中断后，用户通过 RODC 继续登录并验证身份。

第16章　升级域控制器

网络中已经部署 Windows Server 2003 域,本例中将 2003 域升级到 Windows Server 2012 AD DS 域服务。在实际工作环境中,建议以提升额外域控制器的方法升级到 AD DS 域服务,也是微软推荐使用的模式,能够将 2003 域无缝迁移到 Windows Server 2012 AD DS 域服务。Windows Server 2003 活动目录与 Windows Server 2008 升级方法相同,以 Windows Server 2003 活动目录为例详细介绍升级过程。

16.1　案例任务

16.1.1　案例任务

案例任务:将 Windows Server 2003 域无缝迁移到 Windows Server 2012 AD DS 域服务环境中,同时迁移"集成区域 DNS 服务"。迁移成功后的 2012 域控制器作为网络中的"首选 DNS 服务器"。原 2003 域控制器脱域后作为独立服务器使用。

16.1.2　迁移过程

升级过程分为三部分。

- 拓展 2003 活动目录功能级别。
- 独立服务器提升为额外域控制器。
- 2003 域控制器降级为成员服务器或者独立服务器。

16.1.3　参与升级的服务器

本例中参与升级的服务器,包括两服务器:Windows Server 2003 域控制器和 Windows Server 2012 域控制器。

1. Windows Server 2003 域控制器

Windows Server 2003 域控制器(本例中称为 2003 域控制器)同时作为 DNS 服务器,网络配置如下。

- 域名:book.com。
- 计算机名称:dc2003.book.com。
- IP 地址:192.168.0.1/24。

- 子网掩码：255.255.255.0。
- 默认网关：空。
- 首选 DNS 服务器：192.168.0.1。
- 域管理员用户：book\administrator。
- DNS 服务器：安装。

2. Windows Server 2012 域控制器

Windows Server 2012 域控制器（本例中称之为 2012bdc 域控制器）同时作为 DNS 服务器，网络配置如下。

- 域名：book.com。
- 计算机名称：2012bdc.book.com。
- IP 地址：192.168.0.10/24。
- 子网掩码：255.255.255.0。
- 默认网关：空。
- 首选 DNS 服务器：192.168.0.1。
- 域管理员用户：book\administrator。
- DNS 服务器：安装。

16.1.4 其他注意事项

如果原域控制器运行的操作系统是 Windows Server 2008 /2008 R2，部署 2008 活动目录的林功能级别最低要求是"Windows Server 2003"模式，因此不需要单独提升活动目录功能级别。

16.2 拓展 2003 活动目录功能级别

在将新服务器提升为额外域控制器之前，首先需要将 2003 域控制器的域和林功能级别全部提升为"Windows Server 2003"模式，才能将运行 Windows Server 2012 的服务器提升为额外域控制器。该环境中，不需要管理员首先拓展活动目录架构。

16.2.1 2003 域控制器配置

1. IP 地址配置

Windows Server 2003 域控制器的网络配置信息，可以通过"ipconfig"命令查询域控制器的 IP 地址以及 DNS 信息，查询结果如图 16-1 所示。

2. 确认 FSMO 角色位置

在没有安装"Windows Support Tools"组件的 2003 域控制器中，通过"dsquery"命令查询 FSMO 角色所在的域控制器，查询结果如图 16-2 所示。

安装"Windows Support Tools"组件的 2003 域控制器中，使用"Netdom"命令查询 FSMO 角色所在的域控制器，如图 16-3 所示。

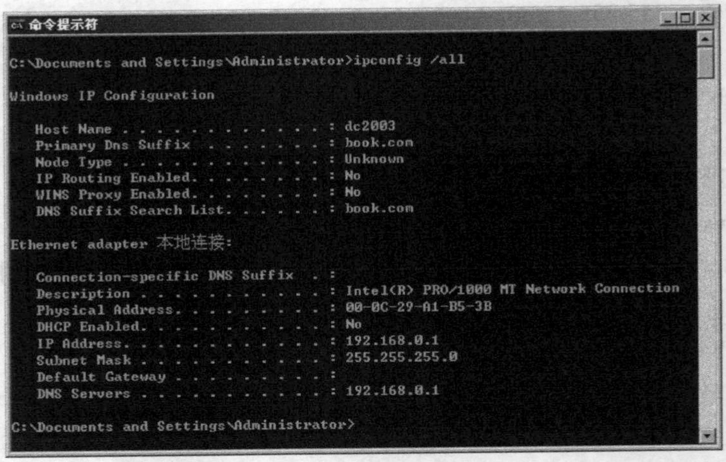

图 16-1　额外域控制器网络配置信息

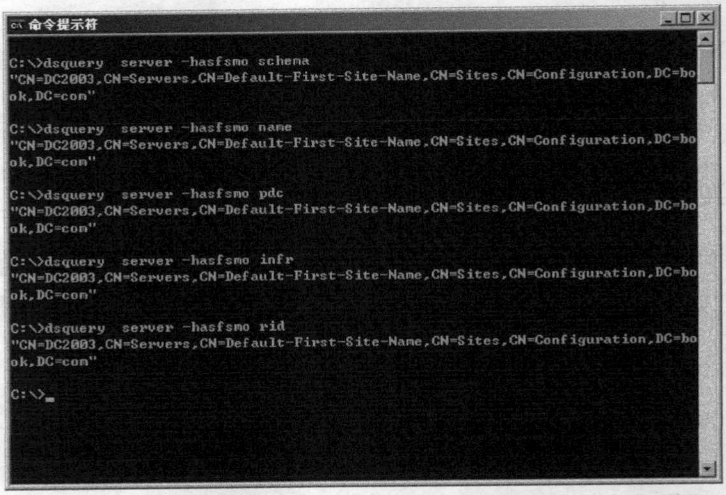

图 16-2　确认 FSMO 角色所在的位置之一

图 16-3　确认 FSMO 角色所在的位置之二

3. 确认域控制器"计算机角色"

部署 2003 活动目录的域控制器，也是根域服务器，所以该域控制器的"计算机角色"应该为"PRIMARY"。

打开"MSDOS 命令行"窗口，键入以下命令查看第一台域控制器的计算机角色。

net accounts

命令执行后，显示当前域控制器的计算机角色为"PRIMARY"，如图 16-4 所示。

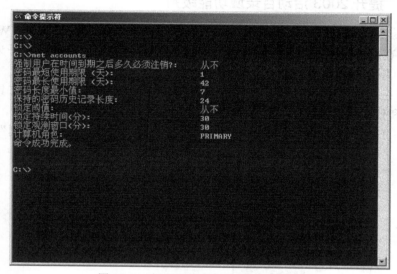

图 16-4　确认域控制器"计算机角色"

4. 验证主域控制器

键入以下命令查看当前域中的主域控制器。

Netdom query PDC

命令执行后，显示当前域中的主域控制器，如图 16-5 所示。

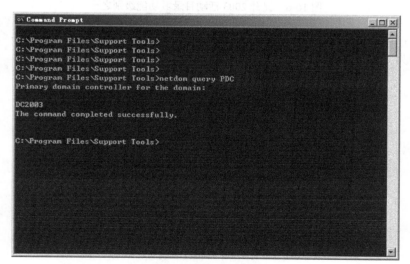

图 16-5　确认主域控制器

16.2.2 部署流程

拓展 2003 活动目录功能分为以下几部分。

- 提升 Windows Server 2003 活动目录域功能级别。
- 提升 Windows Server 2003 活动目录林功能级别。

16.2.3 提升 2003 活动目录域功能级别

Windows Server 2003 域控制器安装完成后，默认设置的域功能级别为"Windows 2000 混合模式"，在准备迁移到 Windows Server 2012 AD DS 域服务之前需要提升为"Windows Server 2003"域功能级别。

第 1 步，在运行 Windows Server 2003 域控制器中，选择"开始"→"管理工具"→"Active Directory 域和信任关系"选项，打开"Active Directory 域和信任关系"窗口。

第 2 步，右击"book.com"，在弹出的快捷菜单中选择"提升域功能级别"命令，如图 16-6 所示。

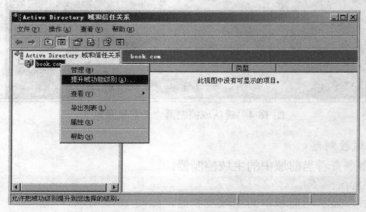

图 16-6 提升 2003 活动目录域功能级别之一

第 3 步，命令执行后，显示如图 16-7 所示的"提升域功能级别"对话框，显示当前的域功能级别为"Windows 2000 混合模式"。

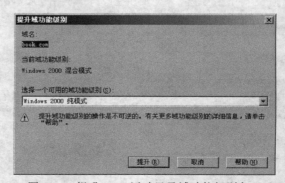

图 16-7 提升 2003 活动目录域功能级别之二

第 4 步，在"选择一个可用的域功能级别"列表中，选择"Windows Server 2003"选项,如图 16-8 所示。

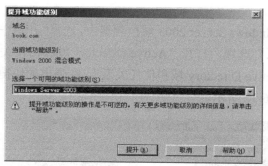

图 16-8 提升 2003 活动目录域功能级别之三

第 5 步,单击"提升"按钮,显示如图 16-9 所示的"提升域功能级别"对话框,提示管理员在提升为"Windows Server 2003"功能级别,将不能还原,即该操作过程不可逆。

图 16-9 提升 2003 活动目录域功能级别之四

第 6 步,单击"确定"按钮,显示如图 16-10 所示的"提升域功能级别"对话框,提示域功能级别提升成功。

图 16-10 提升 2003 活动目录域功能级别之五

第 7 步,单击"确定"按钮,完成域功能级别的提升,提升后的域功能级别如图 16-11 所示。

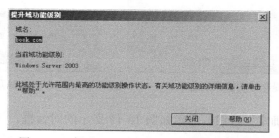

图 16-11 提升 2003 活动目录域功能级别之六

16.2.4 提升 2003 活动目录林功能级别

Windows Server 2003 域控制器安装完成后,默认林功能级别为"Windows 2000",在准备迁移到 Windows Server 2012 AD DS 域服务之前需要提升为 "Windows Server 2003" 林功能级别。

第 1 步，在运行 Windows Server 2003 域控制器中，选择 "开始" → "管理工具" → "Active Directory 域和信任关系" 选项，打开 "Active Directory 域和信任关系" 窗口。

第 2 步，右击 "Active Directory 域和信任关系"，在弹出的快捷菜单中选择 "提升林功能级别" 命令，如图 16-12 所示。

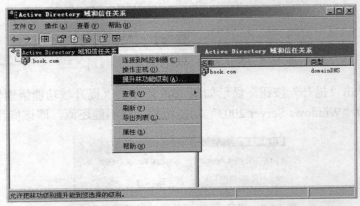

图 16-12　提升林功能级别之一

第 3 步，命令执行后，显示如图 16-13 所示的 "提升林功能级别" 对话框，显示当前林功能级别为 "Windows 2000" 模式。

第 4 步，在 "选择一个可用的林功能级别" 列表中，选择 "Windows Server 2003" 林功能级别，单击 "提升" 按钮，显示如图 16-14 所示的 "提升林功能级别" 对话框。

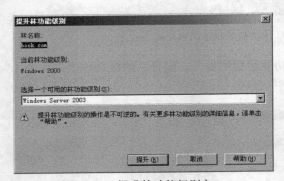

图 16-13　提升林功能级别之二

图 16-14　提升林功能级别之三

第 5 步，单击 "确定" 按钮，显示如图 16-15 所示的对话框。

图 16-15　提升林功能级别之四

第 6 步，单击"确定"按钮，完成林功能级别的提升。提升完成后如图 16-16 所示。

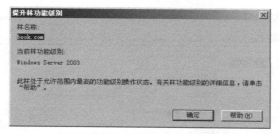

图 16-16 提升林功能级别之五

16.3 提升 2012 服务器为额外域控制器

即将提升为额外域控制器的计算机运行 Windows Server 2012 操作系统，Windows Server 2003 活动目录架构提升完成后，即可将运行 Windows Server 2012 的服务器提升为额外域控制器。提升过程参考"部署网络中第二台域控制器"，部署过程中需要注意以下问题。

16.3.1 提升过程中需要注意的问题

即将提升为额外域控制器的计算机名称、登录用户以及 IP 配置信息如图 16-17 所示。当前登录用户为域管理员身份。

图 16-17 计算机配置参数

使用"添加角色和功能向导"提升额外域控制器过程中，打开"域控制器选项"对话框（如图 16-18 所示），由于 Windows Server 2003 活动目录不支持 RODC 类型的域控制器，对话框上方显示提示信息。

单击"显示详细信息"超链接，打开"域控制器选项"信息提示对话框，显示当前域中没有 Windows Server 2008 系列域控制器，如图 16-19 所示。

打开"准备选项"对话框后，提示向导要进行"林和架构准备"和"域准备"操作，如图 16-20 所示。其他操作根据向导操作即可。

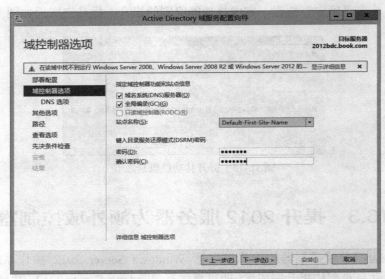

图 16-18 "域控制器选项"对话框

图 16-19 "域控制器选项"对话框提示信息

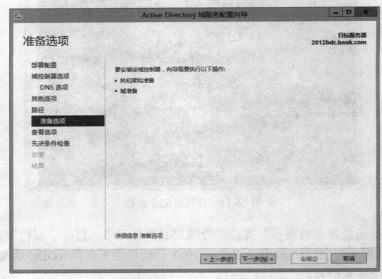

图 16-20 "准备选项"对话框

16.3.2 额外域控制器提升成功后验证

额外域控制器提升成功后，以管理员身份登录额外域控制器，验证安装额外域控制器过程中，全局编录（GC）角色、FSMO 角色、主域控制器是否同步升级到 Windows Server 2012 域控制器中。

打开"MSDOS 命令行"窗口，键入以下命令验证验证 FSMO 角色所在的域控制器。

Netdom server FSMO

命令执行后，显示 FSMO 仍然在 2003 域控制器中。

键入以下命令验证全局编录（GC）角色所在的域控制器。

Dsquery server –isGC

命令执行后，显示 2003 域控制器和 2012 域控制器都部署全局编录（GC）角色。

键入以下命令验证主域控制器所在的域控制器。

Netdom query PDC

命令执行后，显示主域控制器仍然在 2003 域控制器中。上述三行命令执行结果如图 16-21 所示。

图 16-21　命令验证结果

16.3.3　额外域控制器占用 FSMO 角色

所有的操作主机角色运行在 2003 域控制器，只有将所有的操作主机角色迁移到 2012 额外域控制器中，额外域控制器才能提升为主域控制器。操作主机角色分为 5 种，分别为架构主机角色、域命名主机角色、RID 主机角色、结构主机角色和 PDC 主机角色。在角色迁移的过程中，必须使用"占用"模式，如果使用"传送"模式，将不能正常传送架构主机角色和域命名主机角色。在角色"占用"之前，将自动检测是否可以"传送"，如果可以"传送"，将使用"传送"功能。**占用主机角色在 2012 域控制器中完成。**

1．链接域控制器

打开"命令提示符"窗口。在命令提示符下，键入如下命令。

ntdsutil

在 ntdsutil 命令提示符下，键入：

ntdsutil :roles

回车，命令成功执行，显示命令提示符 fsmo maintenance。

在 fsmo maintenance 命令提示符下，键入：

> fsmo maintenance:Connections

回车，命令成功执行，显示命令提示符 fsmo maintenance。

在 server connections 命令提示符下，键入：

> fsmo maintenance:connect to domain book.com

回车，命令成功执行，链接到 book.com 域中，如图 16-22 所示。

在 server connections 提示符下，键入：

> Quit

图 16-22　连接目标域

2. 占用"架构"主机角色

在 fsmo maintenance 命令提示符下，键入：

> fsmo maintenance:Seize schema master

命令执行后，显示如图 16-23 所示的"**角色占用确认对话**"对话框，提示管理员 2012bdc 域控制器将占用原域控制器中的主机角色。

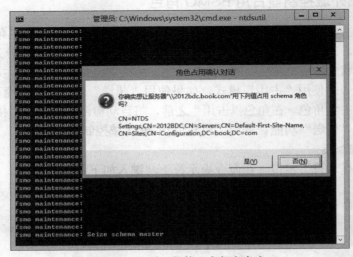

图 16-23　占用"架构"主机角色之一

单击"是"按钮，2012bdc 域控制器将占用架构主机角色，如图 16-24 所示。

图 16-24　占用"架构"主机角色之二

3. 占用"域命名"主机角色

在 fsmo maintenance 命令提示符下，键入：

fsmo maintenance:Seize naming master

命令执行后，显示如图 16-25 所示的"角色占用确认对话"对话框，提示管理员 2012bdc 域控制器将占用原域控制器中的域命名主机角色。

图 16-25　占用"域命名"主机角色之一

单击"是"按钮，2012bdc 域控制器将占用域命名主机角色，如图 16-26 所示。

4. 占用"RID"主机角色

在 fsmo maintenance 命令提示符下，键入：

fsmo maintenance:Seize RID master

命令执行后，显示如图 16-27 所示的"角色占用确认对话"对话框，提示管理员 2012bdc

域控制器将占用原域控制器中的 RID 主机角色。

图 16-26　占用"域命名"主机角色之二

图 16-27　占用"RID"主机角色之一

单击"是"按钮，2012bdc 域控制器将占用 RID 主机角色，如图 16-28 所示。

图 16-28　占用"RID"主机角色之二

5．占用"结构"主机角色

在 fsmo maintenance 命令提示符下，键入：

fsmo maintenance:Seize infrastructure master

命令执行后，显示如图 16-29 所示的"角色占用确认对话"对话框，提示管理员 2012bdc 域控制器将占用原域控制器中的结构主机角色。

图 16-29　占用"结构"主机角色之一

单击"是"按钮，2012bdc 域控制器将占用结构主机角色，如图 16-30 所示。

图 16-30　占用"结构"主机角色之二

6．占用"PDC"主机角色

在 fsmo maintenance 命令提示符下，键入：

fsmo maintenance:Seize PDC

命令执行后，显示如图 16-31 所示的"角色占用确认对话"对话框，提示管理员 2012bdc 域控制器将占用原域控制器中的 PDC 主机角色。

单击"是"按钮，2012bdc 域控制器将占用 PDC 主机角色，如图 16-32 所示。

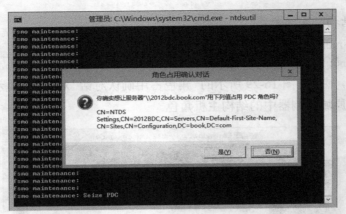

图 16-31　占用"PDC"主机角色之一

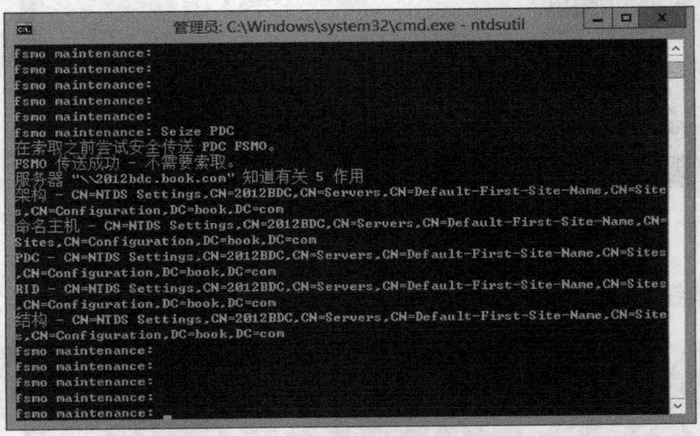

图 16-32　占用"PDC"主机角色之二

16.3.4　FSMO 角色迁移后验证

1. 验证 FEMO 角色所在的域控制器

在命令行提示符下，键入如下命令查询 FSMO 角色所在的域控制器。

```
netdom query fsmo
```

回车，命令成功执行，显示 FSMO 角色所在的域控制器，如图 16-33 所示。

图 16-33　查看 FSMO 角色所在的域控制器

2．验证主域控制器位置

键入以下命令验证主域控制器所在的域控制器。

Netdom query PDC

命令执行后，显示主域控制器位于 2012 域控制器中，如图 16-34 所示。

图 16-34　验证主域控制器位置

16.3.5　小结

经过以上迁移过程，2012 额外域控制器成为域中主域控制器，包括：

- 安装 5 种 FSMO 角色。
- 域中的全局编录服务器（GC）。
- 安装"集成区域 DNS 服务"。
- 2012 域控制器的"首选 DNS 服务器"指向 2012 域控制器。

后续操作包括：

- 如果网络中通过 DHCP 服务器为所有客户端计算机分配网络参数，需要更改 DNS 服务器相关参数。
- 验证 DNS 服务器中相关 SRV 资源记录是否创建成功。
- 2003 域控制器如果不在需要，可以考虑降级为成员服务器，或者脱域成为独立服务器，甚至离线不再使用。

16.4　2003 域控制器降级

2012 主域控制器成功上线后，2003 域控制器根据需要降级为独立服务器或成员服务器，降级前，需要注意以下事项。

- 如果该域内还有其他域控制器，域控制器被降级为该域的成员服务器。
- 如果域控制器是该域的最后一个域控制器，被降级后，该域内将不存在任何域控制器，会被降级为独立服务器。
- 如果域控制器是"全局编录"服务器，被降级后，不具备"全局编录"角色，因此降级之前先确定网络上是否还有其他的"全局编录"。如果没有其他的"全局编录"服务器，则先指派一台域控制器扮演"全局编录"角色，否则将影响用户的登录操作。

16.4.1 域控制器降级为成员服务器

本例中将 2003 域控制器降级为成员服务器。2012 域控制器是域中的主域控制器。

第 1 步，打开"MSDOS 命令行"窗口，键入"dcpromo"命令，命令执行后，启动"Active Directory 安装向导"，显示如图 16-35 所示的"欢迎使用 Active Directory 安装向导"对话框。

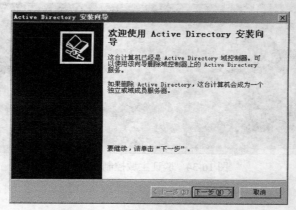

图 16-35　域控制器降级之一

第 2 步，单击"下一步"按钮，显示如图 16-36 所示的"Active Directory 安装向导"对话框，提示管理员该域控制器是全局编录服务器。

图 16-36　域控制器降级之二

第 3 步，单击"确定"按钮，显示如图 16-37 所示的"删除 Active Directory"对话框。如果这台服务器是域中的最后一个域控制器，选择"这个服务器是域中的最后一个域控制器"选项，则降级以后，该计算机将变成独立服务器，否则，将降级为域成员服务器。

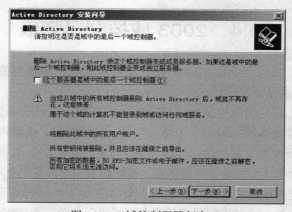

图 16-37　域控制器降级之三

第 4 步，单击"下一步"按钮，显示如图 16-38 所示的"管理员密码"对话框，设置本机管理员账户的密码，必须符合 Windows Server 2012 发布的强密码策略。

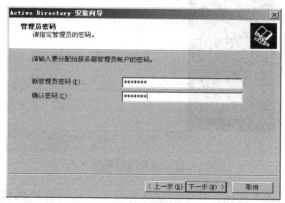

图 16-38 域控制器降级之四

第 5 步，单击"下一步"按钮，显示如图 16-39 所示的"摘要"对话框。

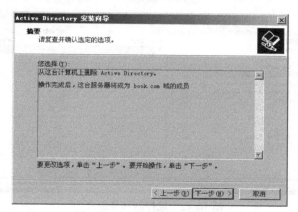

图 16-39 域控制器降级之五

第 6 步，单击"下一步"按钮，开始执行降级过程，如图 16-40 所示。

图 16-40 域控制器降级之六

第 7 步，降级完成后，显示如图 16-41 所示的正在完成 Active Directory 安装向导对话框，提示管理员已经从该计算机中删除 Active Directory。

图 16-41 域控制器降级之七

第 8 步，单击"完成"按钮，重新启动计算机后，该计算机降级成功，降级前 2003 域控制器位于"Domain Controllers"组中，如图 16-42 所示。

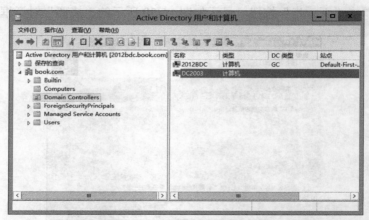

图 16-42 域控制器降级之八

降级后的计算机被移动到的"Computers"组中，如图 16-43 所示。

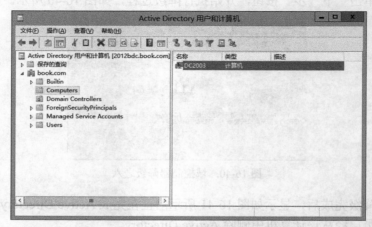

图 16-43 域控制器降级之九

16.4.2　成员服务器降级为独立服务器（俗称脱域）

如果确认被降级的成员服务器将继续使用，该服务器作为 Windows Server 2012 AD DS 域服务的一个普通域成员服务器。如果确认该服务器不再使用，则可以将该服务器脱离域，使之成为独立服务器，另作他用。

第 1 步，以管理员身份登录到原 2003 域控制器，右击"我的电脑"，在弹出的快捷菜单中选择"属性"命令，命令执行后，打开"系统属性"对话框。切换到"计算机名"选项卡，显示原域控制器的计算机信息，如图 16-44 所示。

第 2 步，单击"更改"按钮，显示如图 16-45 所示的"计算机名称更改"对话框。"隶属于"区域中选择"工作组"选项，文本框中键入目标工作组名称。

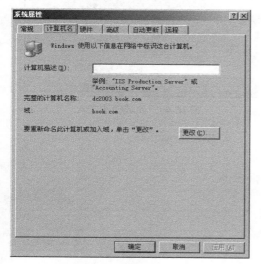

图 16-44　脱域操作之一

图 16-45　脱域操作之二

第 3 步，单击"确定"按钮，显示如图 16-46 所示的"计算机名更改"对话框。设置具备将计算机脱域的用户名称和密码。

第 4 步，单击"确定"按钮，将计算机从域中删除并加入到目标工作组中，如图 16-47 所示。

图 16-46　脱域操作之三

图 16-47　脱域操作之四

第 5 步，单击"确定"按钮，显示如图 16-48 所示的对话框。提示重新启动计算机后生效。

　　第 6 步，计算机重新启动后，成为独立服务器，计算机系统属性如图 16-49 所示。

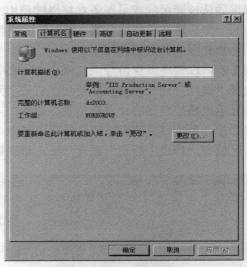

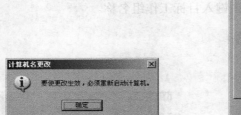

图 16-48　脱域操作之五　　　　　　　图 16-49　脱域操作之六

第17章　管理活动目录数据库

活动目录数据库包含大量核心基础数据，应该妥善保护，及时备份。活动目录数据库是 "dit" 格式的数据库，和 Exchange Server 使用的数据库格式相同。Windows Server 2012 中维护活动目录数据库，只要停止 AD DS 域服务即可维护数据库。

17.1　维护活动目录数据库

17.1.1　活动目录数据库文件

Active Directory 数据库是一个事务处理数据库系统，通过日志文件支持回滚操作，从而确保将事务提交到数据库中。与 Active Directory 关联的文件包括：

- Ntds.dit，Active Directory 数据库文件；
- Edbxxxxx.log，事务日志文件；
- Edb.chk，检查点文件；
- Res1.log 和 Res2.log，预留的日志文件；
- Temp.edb，临时数据库维护文件；
- Edbtmp.log，日志暂存文件。

1. Ntds.dit

Ntds.dit 随着数据库的填充而不断增大，日志的大小是固定的 10 MB。对数据库进行的任何更改都会被首先写到当前日志文件中，然后写入 Active Directory 数据库文件。

2. Edb.log

Edb.log 是当前的日志文件。对数据库进行更改后，会将该更改写入到 Edb.log 文件中。当 Edb.log 文件充满事务之后，被重新命名为 Edbxxxxx.log。（从 00001 开始，并使用十六进制累加）。由于 Active Directory 使用循环记录，所以日志文件写入数据库之后，旧日志文件会被及时删除。任何时刻都可以查看 edb.log 文件，而且还可能有一个或多个 Edbxxxxx.log 文件。

3. Res1.log 和 Res2.log

Res1.log 和 Res2.log 是预留日志空间文件，确保在此驱动器上预留（在此情况下）最后的 20MB 磁盘空间。采取这种做法的原因：为了给日志文件提供足够的空间，以便在其他所有磁盘空间都已使用的情况下可以正常关机。

4. Edb.chk

Edb.chk 是数据库检查点文件，检查点是标识数据库引擎需要重复播放日志的点，通常在恢复或初始化时验证数据库的一致性。出于性能考虑，日志文件应该位于数据库所在磁盘以外的其他磁盘上，以减少磁盘争用情况。进行备份时，会创建新的日志文件。

5. Temp.edb

Temp.edb 文件是数据库维护时使用的临时文件，用于存储当前进程中处理的信息。

6. Edbtmp.log

Edbtmp.log 日志文件是当前日志文件（Edb.log）填满时的暂时日志填充文件。Edbtmp.log 文件被创建后，已有的 Edb.log 文件被重命名为下一个日志文件，然后 Edbtmp.log 文件被重名为 Edb.log。因为该文件名的使用很短暂，通常都看不到。

7. 文件位置

默认状态下，活动目录数据库文件位于"C:\Windows\NTDS"目录中，如图 17-1 所示。

图 17-1　活动目录数据库文件位置

17.1.2　停止 AD DS 域服务

维护活动目录数据库前，域管理员需要停止 AD DS 域服务，域管理员可以通过多种方式停止 AD DS 域服务。

1. Net 命令

以域管理员身份打开"命令提示符"窗口，在命令行提示符下，键入如下命令。

Net stop NTDS

命令执行后，首先停止 AD DS 域服务相关的其他服务，然后停止 AD DS 域服务。停止过程内容如下。

下面的服务依赖于 Active Directory Domain Services 服务。
停止 Active Directory Domain Services 服务也会停止这些服务。

　　DNS Server
　　Kerberos Key Distribution Center
　　Intersite Messaging
　　DFS Replication

你想继续此操作吗? (Y/N) [N]: y
DNS Server 服务正在停止.

DNS Server 服务已成功停止。

Kerberos Key Distribution Center 服务已成功停止。

Intersite Messaging 服务正在停止.
Intersite Messaging 服务已成功停止。

DFS Replication 服务已成功停止。

Active Directory Domain Services 服务正在停止.
Active Directory Domain Services 服务已成功停止。

启动 AD DS 域服务，键入以下命令。

`Net start NTDS`

命令执行后，启动 AD DS 域服务。

2. "服务"控制台

打开"服务"控制台，选择"Active Directory Domain Services"服务，服务处于运行状态，如图 17-2 所示。

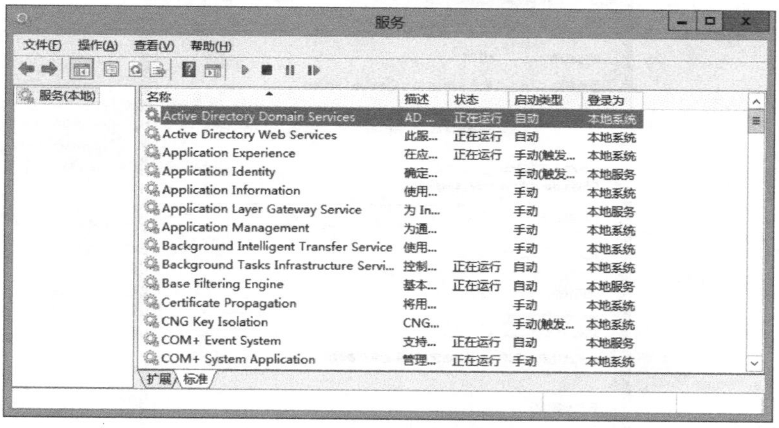

图 17-2　"服务"控制台操作之一

打开"Active Directory Domain Services"属性对话框，显示当前服务信息，如图 17-3 所示。单击"停止"按钮，显示如图 17-4 所示的"停止其他服务"对话框，显示停止 AD DS 域服务之前首先需要停止的其他服务。单击"是"按钮，依次停止相关服务，最后停止 AD DS 域服务。

停止成功后的状态如图 17-5 所示。如果要启动 AD DS 域服务单击"启动"按钮，即可启动 AD DS 域服务。

17.1.3　重定向活动目录数据库

活动目录数据库的默认位置是"c:\windows\ntds"目录，如果在部署 AD DS 初期计划分配的磁盘空间不足，或者担心活动目录数据库安全，可以将其重定向到其他磁盘或者文件夹中。重定向活动目录数据库需要停止 AD DS 服务。

图 17-3 "服务"控制台操作之二   图 17-4 "服务"控制台操作之三

图 17-5 "服务"控制台操作之四

1. 查看活动目录数据库的当前位置

以域管理员身份登录可读写的域控制器。打开 MSDOS 命令行模式。

C:\ntdsutil
ntdsutil: Activate Instance NTDS
活动实例设置为"NTDS"。
命令执行后，激活 NTDS 实例。
ntdsutil: Files
服务"NTDS"正在运行。绑定到该 Active Directory 数据库之前停止该服务。
命令执行后，如果 AD DS 域服务处于运行状态，提示管理员需要首先停止服务。
ntdsutil: Files

命令执行后，切换到文件维护模式。

file maintenance: info

命令执行后，显示活动目录数据库的基本信息，

驱动器信息：

　　　　　　C:\ NTFS (硬盘)　空白(85.8 Gb)　总共(99.6 Gb)

　　　　　　E:\ NTFS (硬盘)　空白(59.8 Gb)　总共(59.9 Gb)

DS 路径信息：

　　　　数据库　　　: C:\Windows\NTDS\ntds.dit - 20.1 Mb

　　　　备份目录 : C:\Windows\NTDS\dsadata.bak

　　　　工作目录: C:\Windows\NTDS

　　　　Log dir　　　: C:\Windows\NTDS - 50.0 Mb total

　　　　　　　　　　edbtmp.log - 10.0 Mb

　　　　　　　　　　edbres00002.jrs - 10.0 Mb

　　　　　　　　　　edbres00001.jrs - 10.0 Mb

　　　　　　　　　　edb00002.log - 10.0 Mb

　　　　　　　　　　edb.log - 10.0 Mb

2．重定向活动目录数据库

在 file maintenance 命令提示符下，键入以下命令。

file maintenance :move db to e:\ntds

回车，将活动目录数据库移动到"e:\Ntds"目录下，移动信息如下。

已成功更新备份排除项。

正在从 C:\Windows\NTDS 拷贝 NTFS 安全性到 e:\ntds...

上一个 NTDS 数据库位置 C:\Windows\NTDS\dsadata.bak 不可用。将应用默认的 NTFS 安全性到 NTDS 文件夹。

重新启动时将在 NTDS 文件夹上设置默认 NTFS 安全性。

正在从 C:\Windows\NTDS 拷贝 NTFS 安全性到 e:\ntds...

驱动器信息：

　　　　　　C:\ NTFS (硬盘)　空白(85.8 Gb)　总共(99.6 Gb)

　　　　　　E:\ NTFS (硬盘)　空白(59.8 Gb)　总共(59.9 Gb)

DS 路径信息：

　　　　数据库　　　: e:\ntds\ntds.dit - 20.1 Mb

　　　　备份目录 : e:\ntds\DSADATA.BAK

　　　　工作目录: e:\ntds

　　　　Log dir　　　: C:\Windows\NTDS - 50.0 Mb total

　　　　　　　　　　edbtmp.log - 10.0 Mb

　　　　　　　　　　edbres00002.jrs - 10.0 Mb

　　　　　　　　　　edbres00001.jrs - 10.0 Mb

　　　　　　　　　　edb00002.log - 10.0 Mb

　　　　　　　　　　edb.log - 10.0 Mb

移动数据库成功。

请立即进行备份，否则将无法还原新文件位置。

file maintenance 命令提示符下，键入以下命令。

```
file maintenance :info
```

命令执行后，显示活动目录数据库的基本信息。

驱动器信息：

```
        C:\ NTFS (硬盘) 空白(85.8 Gb) 总共(99.6 Gb)
        E:\ NTFS (硬盘) 空白(59.8 Gb) 总共(59.9 Gb)

-----------------------------------------------------------------------------
DS 路径信息:
        数据库    : e:\ntds\ntds.dit - 20.1 Mb
        备份目录  : e:\ntds\DSADATA.BAK
        工作目录: e:\ntds
        Log dir      : C:\Windows\NTDS - 50.0 Mb total
                        edbtmp.log - 10.0 Mb
                        edbres00002.jrs - 10.0 Mb
                        edbres00001.jrs - 10.0 Mb
                        edb00002.log - 10.0 Mb
                        edb.log - 10.0 Mb
```

以上信息显示，活动目录数据库文件已经由默认安装位置重定向到"e:\Ntds"目录下。

17.1.4 离线整理活动目录数据库

维护活动目录数据库过程中，除了定期对活动目录数据库进行监控、排错、分析、空间监控等工作之外，还需要对活动目录数据库进行整理。

1. 活动目录数据库整理方式：在线整理

在线整理，是活动目录数据库的默认操作，每隔 12 个小时自动整理一次，这个过程被称之为 Active Directory 的在线碎片整理过程。虽然在线整理不需要系统管理员手工参与，但是在线整理对缩小数据库的大小毫无用处，相反却增大活动目录数据库的空间。要减小活动目录数据库的大小，需要对活动目录数据库进行离线整理。

2. 活动目录数据库整理方式：离线整理

离线整理：需要域管理员首先停止 AD DS 域服务，然后对活动目录数据库进行整理。离线整理前，需要确认目标磁盘必须具备足够的磁盘空间，空闲磁盘至少需要 2 倍的活动目录数据库空间。

离线整理过程：

第 1 步，首先停止 AD DS 域服务。

```
Net stop ntds
```

第 2 步，在命令提示符下，键入如下命令。

```
ntdsutil
ntdsutil :Activate Instance NTDS
ntdsutil Files
file maintenance :compact to e:\temp
```

回车，命令执行后，压缩并整理当前的活动目录数据库。

```
正在启动碎片整理模式...
        源数据库: e:\ntds\ntds.dit
        目标数据库: e:\temp\ntds.dit
```

```
-------------------------------------------------------------------
              Defragmentation    Status (% complete)
-------------------------------------------------------------------

    0    10   20   30   40   50   60   70   80   90  100
    |----|----|----|----|----|----|----|----|----|----|
-------------------------------------------------------------------
```

建议你立即执行该数据库的完整
备份。如果你先恢复备份，然后
才进行碎片整理，则会将数据库
回滚到备份时其所处的状态。

压缩成功。你需要执行下列操作：
　　复制　"e:\temp\ntds.dit" "e:\ntds\ntds.dit"
　　并删除旧的日志文件：
　　del C:\Windows\NTDS*.log

键入两次"Quit"，退出 ntdsutil 命令。

第 3 步，在"MSDOS"命令提示符下，键入如下命令。

```
copy "e:\temp\ntds.dit" "e:\ntds\ntds.dit"
```

命令执行后，使用压缩过的活动目录数据库文件覆盖默认位置的活动目录数据库文件。
在"MSDOS"命令提示符下，键入如下命令。

```
del c:\ntds\*.log
```

删除默认活动目录数据库目录下的日志文件。

第 4 步，重新启动 AD DS 域服务。

```
Net start ntds
```

17.1.5　修复活动目录数据库

根据系统出错信息、系统日志或者应用程序的报错，确认是否为活动目录数据库出现
问题，如果确认出现问题可以使用"Ntdsutil"工具进行修复，对活动目录数据库的修复可
能不会达到预期的效果。如果活动目录数据库真的损坏，使用修复操作也不可能恢复成正
常数据库，反而会丢失更多的数据。在活动目录数据库修复前，需要将出现故障的域控制
器脱离网络，以免影响其他域控制器正常运行，确认域控制器完全正常后再接入网络。

> **提示**
> 　　修复数据库的方法仅作为最后解决活动目录数据库故障的手段，如果有有效备份，
> 建议使用恢复备份的方法来恢复活动目录数据库。

第 1 步，停止 AD DS 域服务。

```
Net stop ntds
```

第 2 步，在命令提示符下，键入如下命令。

```
ntdsutil
ntdsutil :Activate Instance NTDS
ntdsutil :Files
file maintenance :recover
```

命令执行后，执行数据库故障修复。

```
正在启动恢复模式...
        日志文件: C:\Windows\NTDS。
        系统文件: e:\ntds。
正在执行软恢复...
成功恢复数据库。
此外，建议你运行语义数据库分析
以确保语义数据库的一致性。
```

继续键入命令：

```
file maintenance :checksum
```

回车，命令执行后，检测数据库的完整性。

```
正在对数据库执行校验和验证: e:\ntds\ntds.dit.
File: e:\ntds\ntds.dit

-------------------------------------------------------------------------

                    Checksum Status (% complete)

-------------------------------------------------------------------------

    0    10   20   30   40   50   60   70   80   90  100
    |----|----|----|----|----|----|----|----|----|----|

-------------------------------------------------------------------------

显示 4354 页。
0 个校验和错误。
0 可更正的校验和
2764 个页面未初始化。
0 个页码错误。
0x12881 最高 dbtime (pgno 0x914)

-------------------------------------------------------------------------

已执行 545 个读取操作。
已读取 34 MB。
已花费 1 秒。
34 MB/s。
已使用 61272 毫秒。
每次读取使用 112 毫秒。
最慢读取使用 172 毫秒。
最快读取使用 62 毫秒。
```

第 3 步，重新启动域服务，完成活动目录数据库的修复。

```
Net start ntds
```

17.1.6　重置目录服务还原模式管理员密码

目录服务还原模式管理员账户密码是在提升域控制器的过程中设置的密码，如果长时间没有使用，管理员可能会遗忘该密码。如果确实遗忘密码，可以通过"ntdsutil"工具重置密码。

在命令提示符下，键入如下命令。

```
Ntdsutil
```

```
ntdsutil: set DSRM password
重置 DSRM 管理员密码:reset password on server DC-bj.book.com
```

命令执行后，提示"请键入 DS 还原模式 Administrator 账户的密码"，键入新的密码，该密码必须符合强密码策略。

详细信息如下。

```
请键入 DS 还原模式 Administrator 账户的密码: ***
请确认新密码: ***
密码设置失败。
        WIN32 错误代码: 0x8c5
        错误信息: 密码不满足密码策略的要求。检查最小密码长度、密码复杂性和密码历
史的要求。
重置 DSRM 管理员密码: reset password on server DC-bj.book.com
请键入 DS 还原模式 Administrator 账户的密码: *******
请确认新密码: *******
密码设置成功。
```

17.1.7　查找和清理重复的安全标识符

使用"Ntdsutil"工具可以检查，在活动目录数据库中是否存在重复的安全标识符（SID），如果网络中使用 Ghost 等系统还原工具还原系统，将会出现重复的 SID。

第 1 步，在命令提示符下，键入如下命令。

```
C:\>ntdsutil
ntdsutil:
ntdsutil: security account management
```

命令执行后，切换到"安全策略账户维护"命令提示符。

```
安全策略账户维护: connect to server dc-bj.book.com
安全策略账户维护: check duplicate sid
```

命令执行后，检查当前活动目录数据库中是否存在重复的 SID，结果输出在 dupsid.log 文件中。

```
安全策略账户维护: cleanup duplicate sid
```

命令执行后，清除当前活动目录数据库中重复的 SID，结果输出在 dupsid.log 文件中。

17.1.8　自动管理活动目录数据库

"Ntdsutil"是一个命令行工具，管理员可以使用它来管理和修复 Active Directory。该工具是一个菜单驱动工具，设计模式为交互式使用，同时支持脚本方式，完成管理功能自动化。

脚本内容：

```
net stop ntds /y
ntdsutil "activate instance ntds" "files" "info" quit quit
```

将脚本内容保存为 Dsplay.bat 批处理文件，该脚本将显示活动目录数据库信息。

在命令行提示符下，执行 Dsplay.bat 批处理文件，第一行代码停止 ADDS 域服务，如图 17-6 所示。

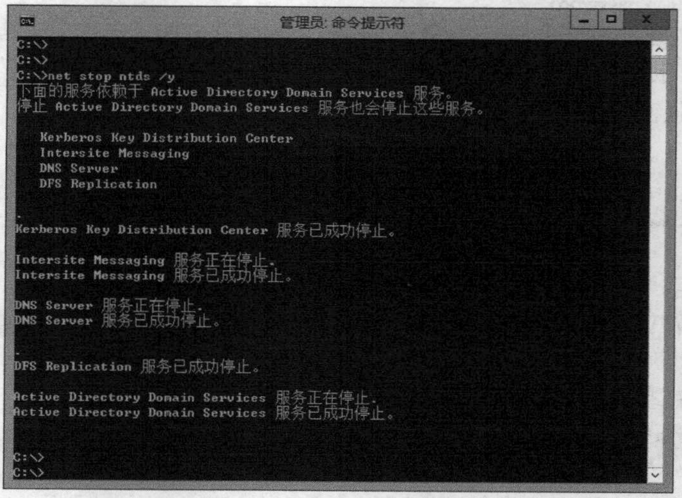

图 17-6　自动管理活动目录数据库之一

第二行脚本显示活动目录数据库信息，如图 17-7 所示。

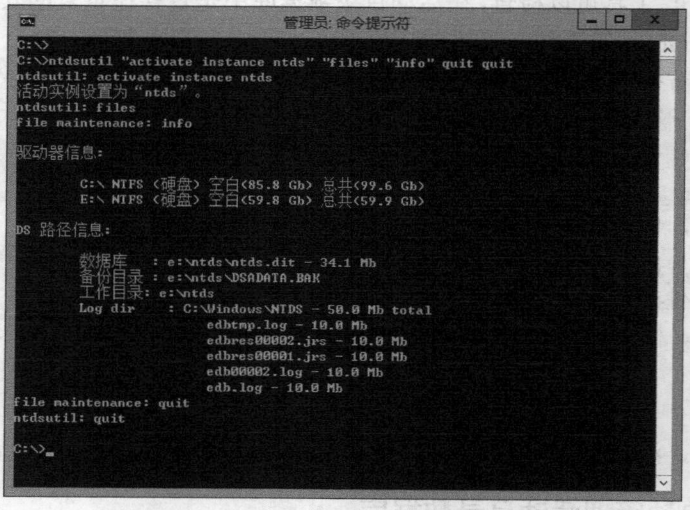

图 17-7　自动管理活动目录数据库之二

17.1.9　清理域控制器源数据

活动目录管理过程中，非正常卸载子域、域控制器以及域控制器或者额外域控制器硬件损坏等突发故障，将在活动目录数据库中留下"垃圾"数据，虽然保留这些信息对整个 AD DS 域服务没有坏处，但是在站点复制的过程中，将经常出现错误提示，为了避免这种情况的发生，建议清除无效的 Active Directory 源数据。

1. 清理无效的域控制器数据

本例中，将模拟一台额外域控制器突然损坏的状况，从活动目录数据库中删除损坏的域控制器信息。

第 1 步，打开 "ntdsutil" 工具，连接到目标域控制器。

```
C:\>ntdsutil
ntdsutil: metadata cleanup
metadata cleanup: select operation target
select operation target: connections
server connections: connect to server dc-bj.book.com
```

连接过程中如果出现如下错误提示，可能选择的目标域控制器中的 AD DS 域服务处于停滞状态，启动 AD DS 域服务即可。错误信息：

绑定到 dc-bj.book.com ...

DsBindWithSpnExW 错误 0x6d9（终结点映射器中没有更多的终结点可用。）

```
server connections: connect to server dc-bj.book.com
绑定到 dc-bj.book.com ...
用本登录的用户的凭证连接 dc-bj.book.com。
server connections: quit
```

第 2 步，连接目标站点。如果域中部署多个站点，站点中分配数量不一的域控制器，需要首先设置站点信息。

```
select operation target:    list site
```

命令执行后，显示当前域中可用的站点。

```
找到 3 站点
0 - CN=Default-First-Site-Name,CN=Sites,CN=Configuration,DC=book,DC=com
1 - CN=北京,CN=Sites,CN=Configuration,DC=book,DC=com
2 - CN=上海,CN=Sites,CN=Configuration,DC=book,DC=com
select operation target: select site 1
站点  - CN=北京,CN=Sites,CN=Configuration,DC=book,DC=com
没有当前域
没有当前服务器
当前的命名上下文
select operation target: list domains
找到 1 域
0 - DC=book,DC=com
select operation target: select domain 0
站点  - CN=北京,CN=Sites,CN=Configuration,DC=book,DC=com
域  - DC=book,DC=com
没有当前服务器
当前的命名上下文
```

第 3 步，查找站点中可用的域控制器。

```
select operation target:    list servers for domain in site
找到 2 服务器
0 - CN=DC-BJ,CN=Servers,CN=北京,CN=Sites,CN=Configuration,DC=book,DC=com
1 - CN=TDC,CN=Servers,CN=北京,CN=Sites,CN=Configuration,DC=book,DC=com
select operation target: select server 1
```

命令执行后，选择需要删除原数据的域控制器。

```
站点  - CN=北京,CN=Sites,CN=Configuration,DC=book,DC=com
```

域 - DC=book,DC=com
服务器 - CN=TDC,CN=Servers,CN=北京,CN=Sites,CN=Configuration,DC=book,DC=com
      DSA 对象 - CN=NTDS Settings,CN=TDC,CN=Servers,CN=北京,CN=Sites,CN=Config
uration,DC=book,DC=com
      DNS 主机名称 - TDC.book.com
      计算机对象 - CN=TDC,OU=Domain Controllers,DC=book,DC=com
当前的命名上下文

select operation target: quit

第 4 步，删除遗留的域控制器数据。

metadata cleanup: remove select server

命令执行后，显示如图 17-8 所示的"服务器删除确认对话框"。

图 17-8 删除信息对话框

单击"是"按钮，执行故障域控制器源数据清理过程，清理完成，输出以下信息，成功删除无效的数据。

正在从所选服务器传送/获取 FSMO 角色。
正在删除所选服务器中的 FRS 元数据。
正在搜索"CN=TDC,OU=Domain Controllers,DC=book,DC=com"下的 FRS 成员。
正在删除"CN=TDC,OU=Domain Controllers,DC=book,DC=com"下的子树。
尝试删除 CN=TDC,CN=Servers,CN=北京,CN=Sites,CN=Configuration,DC=book,DC=com 上的 FRS 设置失败，原因是 "找不到元素"。
继续清除元数据。
"CN=TDC,CN=Servers,CN=北京,CN=Sites,CN=Configuration,DC=book,DC=com"删除了，从服务器"dc-bj.book.com"。

2. 注意事项

在实际操作中，必须先做元数据清理，然后再到相应的管理工具中删除相应的对象。若是直接到管理工具中去删，系统将不允许删除。

如果清理的是 Server 对象，源数据清理完成后，需要完成以下操作。

- 打开"Active Directory 站点和服务"，展开适当站点，删除相应 Server 对象。
- 打开"Active Directory 用户和计算机"，打开 Domain Controllers 组织单位，删除相应的域控制器对象。

如果清理的是 Domain 对象，源数据清理完成后，需要完成以下操作。

- 打开"Active Directory 域和信任关系"，删除相应的已经无效信任关系。否则该域名将出现登录的域列表中。

17.2　备份活动目录数据库

备份与恢复是保证信息系统安全可靠不可或缺的基础。对信息系统来说，可靠性和可用性是最基本的要求。因此，域管理员要经常备份活动目录数据库，当域控制器出现故障时，确保活动目录数据库的可用性。相比之前的 AD DS 域服务（Windows Server 2012 之前的所有版本），进一步简化了活动目录数据库还原的难度，将"授权还原"和"非授权还原"集成到恢复向导中，通过该向导完成两种模式中域对象的恢复。同时，也支持通过"Ntdsutil"工具还原删除的域对象。

17.2.1　安装 Windows Server Backup 组件

Windows Server 2012 操作系统安装成后，默认没有安装 Windows Server Backup 组件，需要管理员通过"服务器管理器"的"添加角色和功能"向导安装该组件。

启动"添加角色和功能"向导后，打开"选择功能"对话框，选择"Windows Server Backup"选项，设置完成的参数如图 17-9 所示。其他过程按照默认提示安装即可。

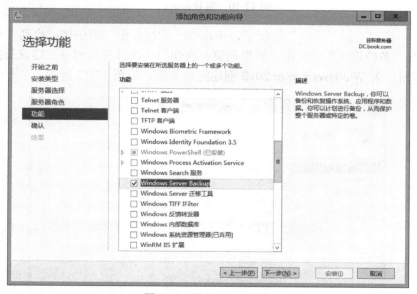

图 17-9　设置 WSB 组件

17.2.2　向导备份活动目录数据库

1．向导一次性备份

在第一次备份 Active Directory 服务器时，建议使用完整备份的方法，在以后备份过程，可以使用增量备份的方法。

第 1 步，以域管理员身份登录域控制器。选择"计算机管理"→"存储"→"Windows

Server Backup" 选项，如图 17-10 所示。

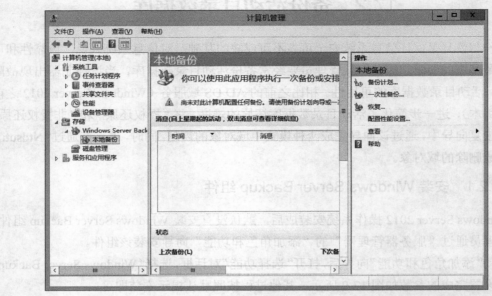

图 17-10　向导备份之一

第 2 步，窗口右侧 "操作" 面板中，单击 "一次性备份" 超链接，启动 "一次性备份向导"，打开 "备份选项" 对话框。如果是第一次使用一次性备份向导，建议选择 "其他选项" 单选按钮，为 Windows Server 2012 创建完整备份，如图 17-11 所示。

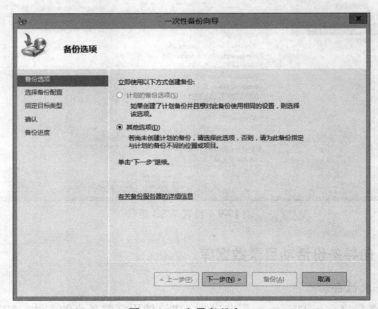

图 17-11　向导备份之二

第 3 步，单击 "下一步" 按钮，打开 "选择备份配置" 对话框。如果选择 "整个服务器（推荐）" 选项，则备份当前服务器所有磁盘；如果选择 "自定义" 选项，允许管理员定制备份内容。本例中选择后者，如图 17-12 所示。

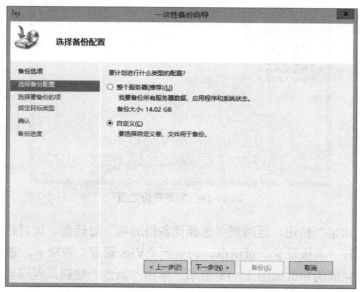

图 17-12　向导备份之三

第 4 步，单击"下一步"按钮，显示如图 17-13 所示的"选择要备份的项"对话框。选择自定义选项后，默认没有设置任何需要备份的目标。

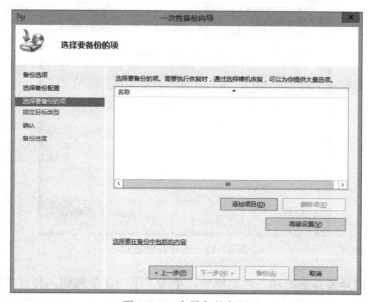

图 17-13　向导备份之四

（1）单击"添加项目"按钮，打开如图 17-14 所示的"选择项"对话框。选择需要备份的内容。

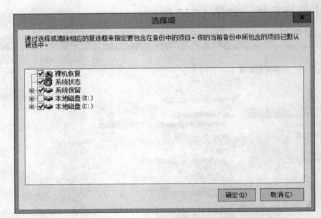

图 17-14　向导备份之五

（2）单击"确定"按钮，返回到"选择要备份的项"对话框。该对话框中单击"高级设置"按钮，打开"高级设置"对话框。切换到"VSS 设置"选项卡，选择"VSS 完整备份"选项，设置完成的参数如图 17-15 所示。单击"确定"按钮，返回到"选择要备份的项"对话框。

图 17-15　向导备份之六

第 5 步，"选择要备份的项"对话框中，单击"下一步"按钮，打开"指定目标类型"对话框。一次性备份向导支持本地和网络 UNC 模式存储数据，同时支持本地 DVD 驱动器，可以将备份直接写到 DVD 备份设备中。本例中，选择目标类型为"本地驱动器"，如图 17-16所示。

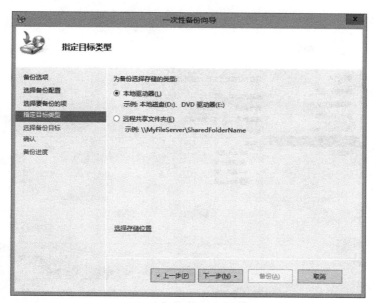

图 17-16　向导备份之七

第 6 步，单击"下一步"按钮，打开"选择备份目标"对话框。选择用于备份的卷，本例中包含 C 和 E 两块磁盘，C 盘安装 Windows Server 2012 操作系统，E 盘作为备份设备，因此在"备份目标"下拉列表框中，选择"本地磁盘（E）"选项，如图 17-17 所示。

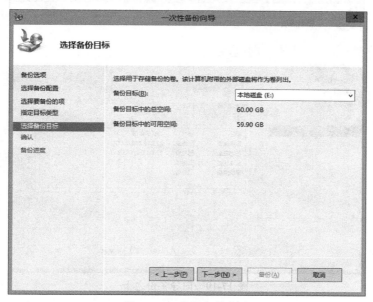

图 17-17　向导备份之八

第 7 步，单击"下一步"按钮，显示如图 17-18 所示的"确认"对话框，显示备份设置参数。

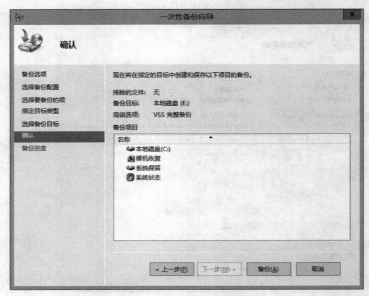

图 17-18 向导备份之九

第 8 步，单击"备份"按钮，开始备份 Windows Server 2012，显示如图 17-19 所示的"备份进度"对话框。

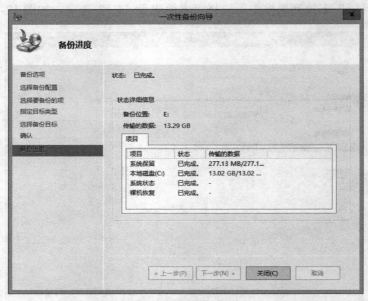

图 17-19 向导备份之十

第 9 步，备份完成后，通过 Windows Server Backup 控制台查看备份状态，如图 17-20 所示。

2. 向导计划备份

Windows Server 2012 提供计划备份向导，帮助管理员自动完成 Active Directory 数据库的自动备份。

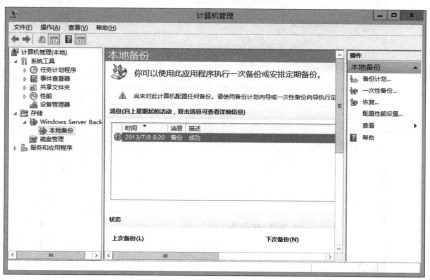

图 17-20　向导备份之十一

第 1 步，打开"计算机管理，选择"Windows Server Backup"→"本地备份"选项，右侧"操作窗格"中选择"备份计划"选项。命令执行后，启动备份计划向导，显示如图 17-21 所示的"开始"对话框。提示管理员在创建备份计划过程中需要注意的问题。

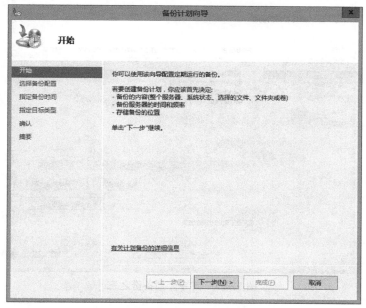

图 17-21　向导计划备份之一

第 2 步，单击"下一步"按钮，显示如图 17-22 所示的"选择备份配置"对话框。选择需要备份的设备类型。本例中选择"自定义"选项。

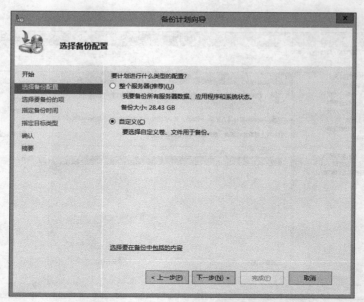

图 17-22　向导计划备份之二

第 3 步，单击"下一步"按钮，打开"选择要备份的项"对话框。设置完成的参数如图 17-23 所示。设置过程中选择"高级设置"中的"VSS 完整备份"选项。

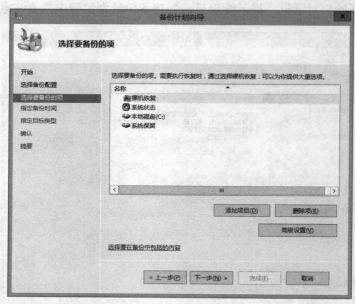

图 17-23　向导计划备份之三

第 5 步，单击"下一步"按钮，显示如图 17-24 所示的"指定备份时间"对话框。设置备份计划的执行周期。计划提供每日一次和每日多次两种模式。每日一次每天仅执行一次指定的备份，每日多次在每天的不同时刻执行多次系统备份。

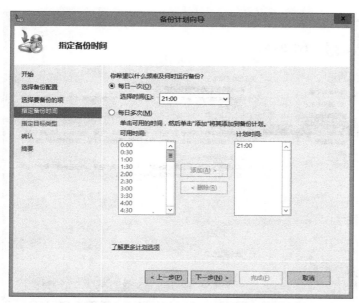

图 17-24　向导计划备份之四

选择"每日多次"单选按钮，在"可用时间"列表中，选择需要执行备份的时间。单击"添加"按钮，将选择的时间添加到"计划时间"列表中，重复以上操作，设置备份周期。设置完成的参数如图 17-25 所示。

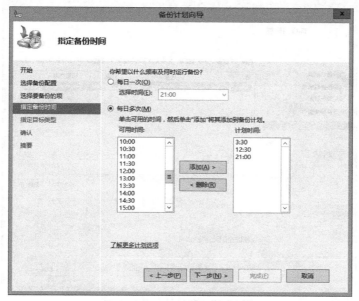

图 17-25　向导计划备份之五

第 6 步，单击"下一步"按钮，显示如图 17-26 所示的"指定目标类型"对话框。备份向导提供三种存储机制，本例中选择存储到本地卷中，选择"备份到卷"选项。

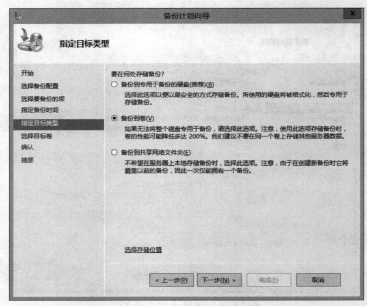

图 17-26　向导计划备份之六

第 7 步，单击"下一步"按钮，显示如图 17-27 所示的"选择目标卷"对话框。设置存储备份数据的目标磁盘。

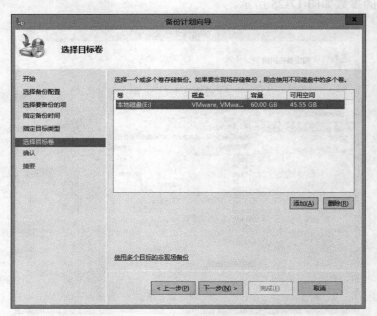

图 17-27　向导计划备份之七

第 8 步，单击"下一步"按钮，显示如图 17-28 所示的"确认"对话框。单击"完成"按钮，创建新的备份计划。

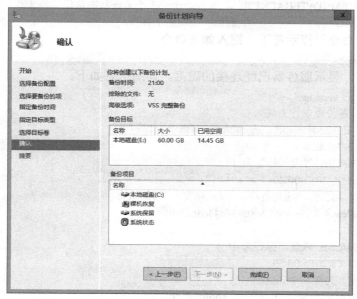

图 17-28   向导计划备份之八

17.2.3   命令行备份活动目录数据库

1. 命令行一次性备份

命令行备份为管理员提供灵活的备份模式，同样可以完成系统的备份。

第 1 步，在命令行提示符下，键入"wbadmin"命令，显示"wbadmin"命令使用信息。

```
C:\>wbadmin
wbadmin 1.0 - 备份命令行工具
(C) 版权所有 2012 Microsoft Corporation。保留所有权利。
错误 - 命令不完整。请参阅以下列表。
若要获得有关此命令的帮助信息，请键入 WBADMIN <command> /?。
---- 支持的命令 ----
ENABLE BACKUP              -- 创建或修改每日备份计划。
DISABLE BACKUP            -- 禁用计划备份。
START BACKUP              -- 运行一次性备份。
STOP JOB                 -- 停止当前正在运行的备份或恢复
                            操作。
GET VERSIONS             -- 列出可从指定位置中恢复的
                            备份的详细信息。
GET ITEMS               -- 列出备份中包含的项目。
START RECOVERY           -- 运行恢复。
GET STATUS              -- 报告当前正在运行的
                            操作状态。
GET DISKS              -- 列出当前联机的磁盘。
GET VIRTUALMACHINES       -- 列出当前的 Hyper-V 虚拟机。
START SYSTEMSTATERECOVERY -- 运行系统状态恢复。
START SYSTEMSTATEBACKUP    -- 运行系统状态备份。
```

DELETE SYSTEMSTATEBACKUP　　-- 删除一个或多个系统状态备份。
DELETE BACKUP　　　　　　　　-- 删除一个或多个备份。
第 2 步，在命令行提示符下，键入如下命令。

Wbadmin get disks
命令执行后，显示服务器已经连接的磁盘，详细信息如下。

C:\>wbadmin get versions
wbadmin 1.0 - 备份命令行工具
(C) 版权所有 2012 Microsoft Corporation。保留所有权利。
备份时间: 2013/7/8 8:20
备份目标: 1394/USB 磁盘，标签为 E:
版本标识符: 07/08/2013-00:20
可以恢复: 卷，　文件，　应用程序，　裸机恢复，　系统状态
快照 ID: {72e7ead4-85db-4ccd-8005-34a43c4b2f00}
备份时间: 2013/7/8 8:59
备份目标: 1394/USB 磁盘，标签为 (E:)
版本标识符: 07/08/2013-00:59
可以恢复: 卷，　文件，　应用程序
快照 ID: {d76141fc-555c-4191-856c-0eeb6fd1d81c}
第 3 步，在命令行提示符下，键入如下命令。

Wbadmin Start Backup -backupTarget:e: -include:c:
命令执行后，提示将磁盘 C 备份到 E 盘。键入 "Y" 键，开始备份 "C" 盘，详细信息如下。

C:\>Wbadmin Start Backup -backupTarget:e: -include:c:
wbadmin 1.0 - 备份命令行工具
(C) 版权所有 2012 Microsoft Corporation。保留所有权利。

正在检索卷信息...
这样会将 (C:) 备份到 e:。
是否要开始备份操作?
[Y] 是 [N] 否 y

注意: 为备份包括的卷列表不包括所有包含操作
系统组件的卷。此备份不能用于执行系统恢复。
但是，如果目标媒体类型支持，则可以恢复其他
项目。

开始对 E: 进行备份操作。
为指定要备份的卷创建卷影副本...
为指定要备份的卷创建卷影副本...
为指定要备份的卷创建卷影副本...
为指定要备份的卷创建卷影副本...
正在创建卷 (C:) 的备份，已复制(0%)。
正在创建卷 (C:) 的备份，已复制(2%)。
……
正在创建卷 (C:) 的备份，已复制(99%)。

正在创建卷 (C:) 的备份，已复制(100%)。

备份操作摘要：

成功完成备份操作。

已成功完成卷 (C:) 的备份。

备份成功的文件日志：

C:\Windows\Logs\WindowsServerBackup\Backup-08-07-2013_00-59-52.log

第 4 步，在命令行提示符下，键入如下命令。

wbadmin get versions

命令执行后，查看备份信息，包括备份介质中可以恢复的组件。详细内容如下。

C:\>wbadmin get versions

wbadmin 1.0 - 备份命令行工具

(C) 版权所有 2012 Microsoft Corporation。保留所有权利。

备份时间: 2013/7/8 8:20

备份目标: 1394/USB 磁盘，标签为 E:

版本标识符: 07/08/2013-00:20

可以恢复: 卷，　文件，　应用程序，　裸机恢复，　系统状态

快照 ID: {72e7ead4-85db-4ccd-8005-34a43c4b2f00}

备份时间: 2013/7/8 8:59

备份目标: 1394/USB 磁盘，标签为 (E:)

版本标识符: 07/08/2013-00:59

可以恢复: 卷，　文件，　应用程序

快照 ID: {d76141fc-555c-4191-856c-0eeb6fd1d81c}

2. 备份系统状态

在命令行提示符下，键入如下命令。

wbadmin START SYSTEMSTATEBACKUP -backuptarget:e:

命令执行后，开始备份系统状态，备份目标为 E 盘。备份完成后通过"wbadmin get versions"查看备份信息。

17.3　恢复活动目录数据库

Active Directory 运维过程中，域管理员可能会遇到误删除域对象的错误操作。

17.3.1　域对象删除

1. 还原过程

当域对象被删除后，如果网络部署多台域控制器（也是建议的做法），域控制器通过"非权威还原"模式还原后重启，成功启动域控制器后，域控制器之间开始复制。如果执行这个还原过程，域控制器从复制伙伴接收到域对象已被删除的信息，当打开"Active Directory 用户和计算机"管理控制台时，发现域对象会再次被删除。

因此，域管理员必须使用权威还原确保被还原的域对象被复制到其他域控制器。执行权威还原时，首先需要还原一个数据还未被删除的 Active Directory 数据库备份版本，然后

强制将数据复制到所有其他域控制器。

2. 还原机制

强制复制实际上通过修改域对象的 USN 完成。默认情形下，如果执行权威还原，还原域对象上 USN 增加值为"100000"，使还原对象成为整个域的授权版本。在 Active Directory 数据库中，以域对象 USN 版本作为标志，每修改一次域对象信息，用户的 USN 属性值增加"1"，。因此执行授权还原操作后，用户 USN 值一次增加"100000"。微软认为在 24 小时之内，任何一个域对象的修改频率也不会超过这个数值，因此还原后的域对象将成为该对象的授权版本，因此域控制器之间复制后不会删除刚被还原的域对象。

3. 还原可能引发的问题

权威还原可能破坏域和计算机账号之间的信任关系。当运行计算机添加到域，客户端计算机的域验证票据被创建，该票据用于维护计算机和域之间的信任关系。默认情形下，该密码每 30 天变更一次。

当执行权威还原后，还原备份时使用的信任密码。如果客户端计算机已经更改不同的信任票据，域和成员计算机之间的信任关系就会失效。最简单的处理方法，客户端计算机重新执行降域、加域操作，重建信任票据。

17.3.2 向导还原活动目录数据库

1. 误删用户

域中新建名称为"王淑江"的用户，由于误操作删除了该用户，因此域管理员决定使用备份还原该用户。通过命令行删除用户，如图 17-29 所示。

图 17-29 误删用户

2. 向导还原

第 1 步，进入"目录服务修复"模式。重新启动计算机，在进入 Windows Server 2012 的初始窗口前，按 F8 键进入"高级启动选项"菜单界面。通过键盘上的方向键选择"目录服务修复模式"选项，如图 17-30 所示。

第 2 步，加载操作系统文件，出现 Windows Server 2012 登录窗口，在"用户名"文本框中，键入".\Administrator"登录到本机，在"密码"文本框中，键入目录还原模式密码，如图 17-31 所示。

第 3 步，启动完成，Windows Server 2012 系统处于安全模式，显示如图 17-32 所示的窗口。

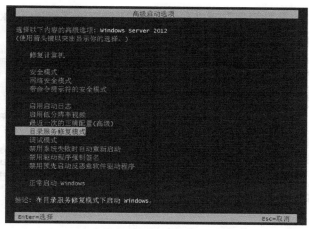

图 17-30 还原之一

图 17-31 还原之二

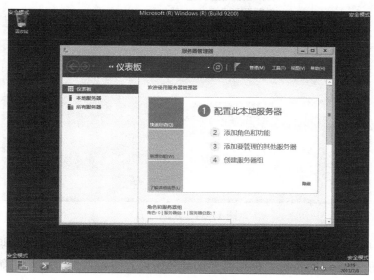

图 17-32 还原之三

第 4 步，选择"计算机管理"→"存储"→"Windows Server Backup"→"本地备份"选项，如图 17-33 所示。

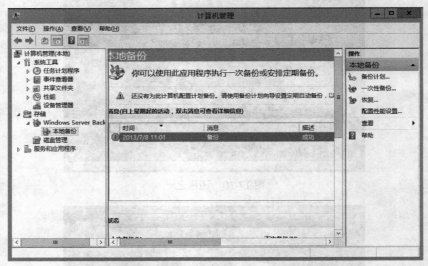

图 17-33　还原之四

第 5 步，窗口右侧"操作"面板中，单击"恢复"超链接，启动"恢复向导"，显示如图 17-34 所示的"开始"对话框。选择需要存储备份的目标服务器，本例选择"此服务器"选项。

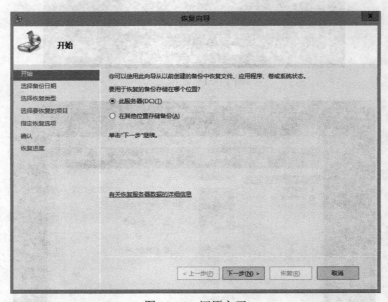

图 17-34　还原之五

第 6 步，单击"下一步"按钮，显示如图 17-35 所示的"选择备份日期"对话框，对话框右侧显示所有可用的备份，根据需要选择备份内容以及备份时间。注意，备份状态一定为"联机时可用"。

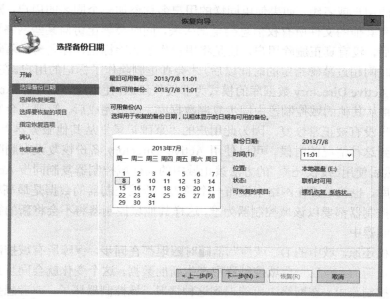

图 17-35　还原之六

　　第 7 步，单击"下一步"按钮，显示如图 17-36 所示的"选择恢复类型"对话框，恢复向导提供"文件和文件夹"、"卷"、"应用恢复"以及"系统状态"选项，本例中需要恢复已经删除的用户，选择"系统状态"选项。

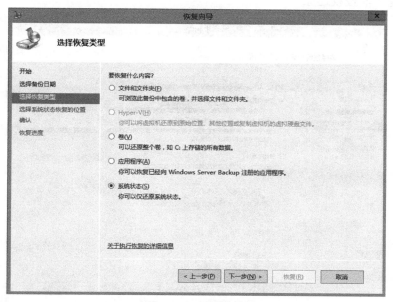

图 17-36　还原之七

　　第 8 步，单击"下一步"按钮，显示如图 17-37 所示的"选择系统状态恢复的位置"对话框。

　　● 授权还原。管理 Active Directory 时，管理员可能不小心错误地删除了一个不应该删除的用户或者组，如果使用同样的用户名称添加一个同名的用户，则以前的账户信息和其他的文件所有权信息会全部丢失，同时会禁止访问某些网络资源。删除用户之后，没有真正删除用户，仅是将用户作了删除标记，称之为"墓碑生存记录"。只有时间超过墓碑指定的时间以后，才会真正删除作了标记的用户。在默认情况下，还原 Active Directory 数据库的模式为非授权还原，使用此方式还原 Active Directory 后，将从其他的域控制器中同步复制数据库。同步完成后，管理员会发现已经删除的用户没有被正常恢复，因为此用户的"墓碑记录"从其他服务器上被复制成功。当遇到这种情况的时候，可以使用 Active Directory 备份恢复没有删除用户的数据库，然后使用"授权还原"的方法禁止域中的其他域控制器复制同步 Active Directory 数据库，也就是说在网络中发布一个通告，新域控制器的数据是最高标准，其他所有域控制器都要以该域控制器为准，这样其他域控制器将不会将新的数据同步到该域控制器中。

- 非授权还原。域中的 DC 域控制器随时随地都在同步，保障所有域控制器中的数据都是最新的，一旦一台域控制器中产生新的数据，这个变化就会同步到域中其他所有域控制器中。在网络中可能遇到这种情况，域控制器坏了，或者想要重新安装域控制器，可以先安装操作系统，然后恢复之前备份的数据库。恢复完成后，将自动和域中的其他域控制器同步，如果新域控制器的数据比较旧，其他域控制器自动将数据复制到新域控制器中，这种"自然"恢复，称之为"非授权还原"。

该对话框中，如果选择"对 Active Directory 文件执行授权还原"则执行授权还原操作，否则执行的是"非授权还原"。

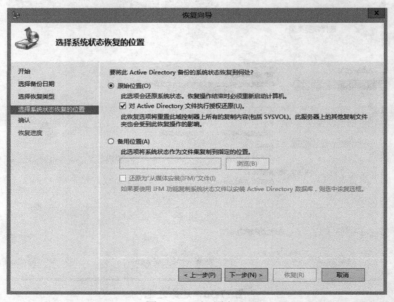

图 17-37　还原之八

第 9 步，单击"下一步"按钮，显示如图 17-38 所示的对话框。提醒域管理员注意执行该操作后，域控制器之间要执行同步操作。

图 17-38　还原之九

第 10 步，单击"确定"按钮，显示如图 17-39 所示的"确认"对话框。显示设置的恢复信息。

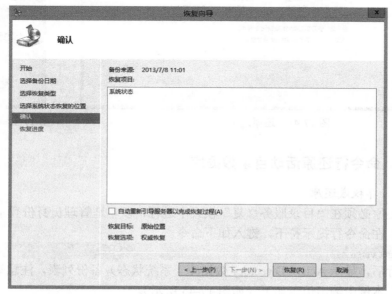

图 17-39　还原之十

第 11 步，单击"恢复"按钮，显示如图 17-40 所示的对话框。提示域管理员重新启动服务器后才能完成系统状态恢复。

图 17-40　还原之十一

第 12 步，单击"是"按钮，开始恢复系统状态，恢复过程如图 17-41 所示。

第 13 步，恢复完成后，显示如图 17-42 所示的对话框，提示管理员需要重新启动目标计算机。单击"重新启动"按钮，重新启动计算机完成域对象恢复。

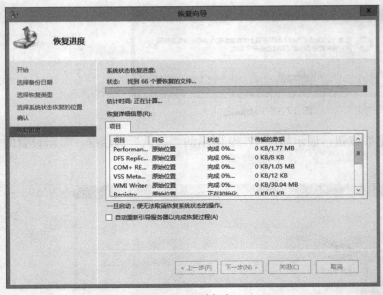

图 17-41　还原之十二

图 17-42　还原之十三

17.3.3　命令行还原活动目录数据库

1．命令行非权威还原

非权威还原必须在"目录服务修复"模式中进行，以本地管理员身份登录域控制器。

第 1 步，在命令行提示符下，键入如下命令。

wbadmin get versions

命令执行后，显示 Active Directory 数据库（系统状态）备份列表，注意每次备份中的版本标识符。本例中输出信息如下（如图 17-43 所示）。

图 17-43　命令行非权威还原之一

第 2 步，在命令行提示符下，键入如下命令。

WBADMIN START SYSTEMSTATERECOVERY -version:07/08/2013-03:01

命令执行后，提示管理员是否要执行系统状态恢复。键入"Y"后，开始执行恢复操作，如图 17-44 所示。

第 3 步，还原完成显示如图 17-45 所示的信息。按照提示键入"Y"键，重新启动服务器。

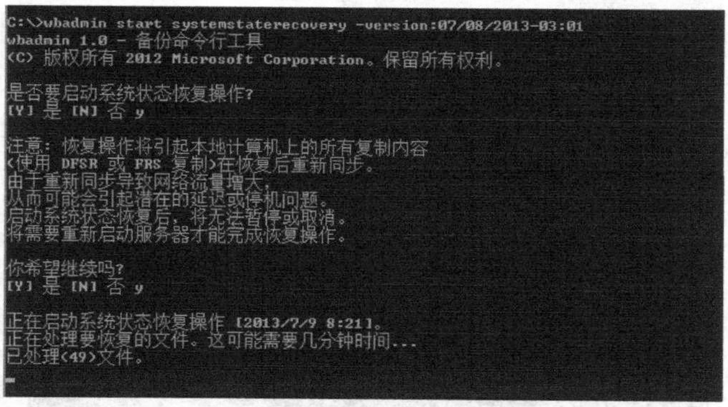

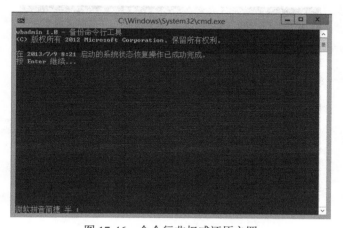

图 17-44　命令行非权威还原之二

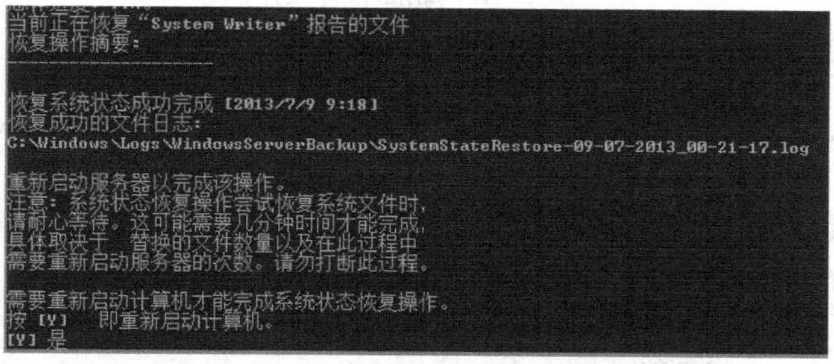

图 17-45　命令行非权威还原之三

第 4 步，服务器重新启动后，以域管理员身份登录域控制器，显示如图 17-46 所示的对话框，回车后完成 Active Directory 数据库还原。

图 17-46　命令行非权威还原之四

2．权威还原

管理员在维护 Active Directory 用户时，删除组织单位"demo"中的用户"test"（如图 17-47 所示），本例以"权威还原"模式恢复该用户。还原过程分为 2 个环节。

- 首先执行非权威还原。
- 然后执行权威还原。

图 17-47 删除目标用户

（1）非权威还原

非权威还原执行过程同"命令行非权威还原"。非权威还原执行完成后，不要重新启动服务器。继续以下操作。

（2）权威还原

第 1 步，在命令行提示符下，键入如下命令。

```
C:\>ntdsutil
ntdsutil :Activate Instance NTDS
ntdsutil :Authoritative restore
Authoritative restore :Restore object CN=test,OU=demo,DC=book,DC=com
```

命令执行后，显示如图 17-48 所示"授权还原确认"对话框。

图 17-48 命令行恢复之一

第 2 步，单击"是"按钮，开始执行恢复过程，如图 17-49 所示。目标域对象的属性值增加了"100000"，域对象被成功恢复，可以通过日志文件查看。

第 3 步，退出"ntdsutil"工具，打开生成的日志文件，显示处理的 Active Directory 对象，如图 17-50 所示。

3．查看与对象的 USN

删除的域对象恢复后，用户 USN 的属性值增加"100000"，通过"repadmin"命令查看当前用户的 USN 值。在命令行提示符下，键入如下命令。

```
Repadmin /showmeta CN=test,OU=demo,DC=book,DC=com
```

authoritative restore: Restore object CN=test,OU=demo,DC=book,DC=com

正在打开 DIT 数据库... 完成现在时间是 07-10-13 10:05.14。
最近的数据库更新发生在 07-10-13 08:14.54。
增加属性版本号 100000。

计算需要更新的记录...
找到的记录: 0000000001
完成
找到 1 要更新的记录。

更新记录...
所剩记录: 0000000000
完成
成功的更新了 1 个记录。

已在当前工作目录中创建带有授权还原对象列表的下列文本文件:
ar_20130710-100514_objects.txt
指定的对象均不具有此域中的返回链接。未创建任何链接还原文件。

Authoritative Restore 成功完成。

authoritative restore:

图 17-49　命令行恢复之二

94cfe8dc-65f0-44d7-8d5a-96da971e238e;CN=test,OU=Demo,DC=book,DC=com

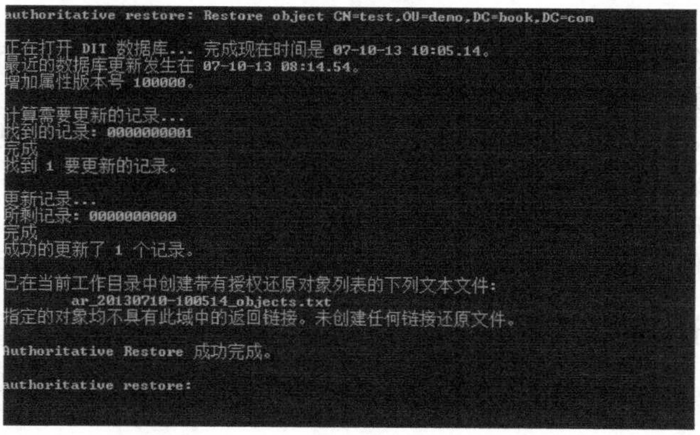

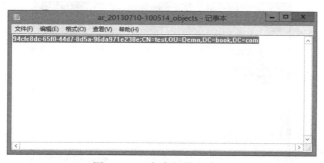

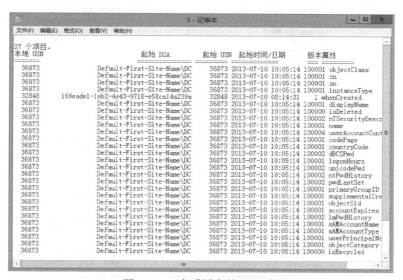

图 17-50　命令行恢复之三

命令执行后，显示用户的 USN 值，如图 17-51 所示。图中信息通过上述命令输出到文本文件中，重新格式化的结果。

27 个项目。

本地 USN	起始 DSA	起始 USN	起始时间/日期	版本	属性
36873	Default-First-Site-Name\DC	36873	2013-07-10 10:05:14	100001	objectClass
36873	Default-First-Site-Name\DC	36873	2013-07-10 10:05:14	100001	cn
36873	Default-First-Site-Name\DC	36873	2013-07-10 10:05:14	100001	sn
36873	Default-First-Site-Name\DC	36873	2013-07-10 10:05:14	100001	instanceType
32848	169eade1-1eb2-4e43-9718-e58ca14a239a	32848	2013-07-10 08:14:31	1	whenCreated
36873	Default-First-Site-Name\DC	36873	2013-07-10 10:05:14	100001	displayName
36873	Default-First-Site-Name\DC	36873	2013-07-10 10:05:14	100000	isDeleted
36873	Default-First-Site-Name\DC	36873	2013-07-10 10:05:14	100002	nTSecurityDescr
36873	Default-First-Site-Name\DC	36873	2013-07-10 10:05:14	100001	name
36873	Default-First-Site-Name\DC	36873	2013-07-10 10:05:14	100004	userAccountCont
36873	Default-First-Site-Name\DC	36873	2013-07-10 10:05:14	100001	codePage
36873	Default-First-Site-Name\DC	36873	2013-07-10 10:05:14	100001	countryCode
36873	Default-First-Site-Name\DC	36873	2013-07-10 10:05:14	100002	dBCSPwd
36873	Default-First-Site-Name\DC	36873	2013-07-10 10:05:14	100001	logonHours
36873	Default-First-Site-Name\DC	36873	2013-07-10 10:05:14	100002	unicodePwd
36873	Default-First-Site-Name\DC	36873	2013-07-10 10:05:14	100002	ntPwdHistory
36873	Default-First-Site-Name\DC	36873	2013-07-10 10:05:14	100002	pwdLastSet
36873	Default-First-Site-Name\DC	36873	2013-07-10 10:05:14	100001	primaryGroupID
36873	Default-First-Site-Name\DC	36873	2013-07-10 10:05:14	100001	supplementalCre
36873	Default-First-Site-Name\DC	36873	2013-07-10 10:05:14	100001	objectSid
36873	Default-First-Site-Name\DC	36873	2013-07-10 10:05:14	100001	accountExpires
36873	Default-First-Site-Name\DC	36873	2013-07-10 10:05:14	100002	lmPwdHistory
36873	Default-First-Site-Name\DC	36873	2013-07-10 10:05:14	100001	sAMAccountName
36873	Default-First-Site-Name\DC	36873	2013-07-10 10:05:14	100001	sAMAccountType
36873	Default-First-Site-Name\DC	36873	2013-07-10 10:05:14	100001	userPrincipalNa
36873	Default-First-Site-Name\DC	36873	2013-07-10 10:05:14	100001	objectCategory
36873	Default-First-Site-Name\DC	36873	2013-07-10 10:05:14	100000	isRecycled

图 17-51　查看用户的 USN 值

17.4 通过备份还原域控制器

域控制器的完全恢复也是一种活动目录非授权还原，还原过程同时包括了操作系统和其他数据的完全还原。该方法适用于磁盘分区损坏或者操作系统故障，前提是必须有一个完整的服务器备份。完全恢复过程中服务器操作系统不能运行，需要使用"Windows RE"执行还原过程，建议使用 Windows Server 2012 DVD 安装介质中搭配的 Windows 恢复环境（WindowsRE），完成域控制器的恢复。

本例中模拟操作系统损坏，通过 DVD 安装光盘启动 Windows RE 环境恢复域控制器。

17.4.1 备份域控制器

备份过程中需要选择"裸机恢复"、"系统保留"、"系统状态"选项，设置参数如图 17-52 所示。

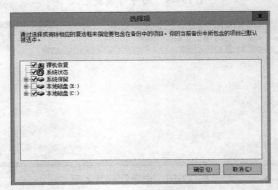

图 17-52 选择备份目标

成功备份后的信息，如图 17-53 所示。

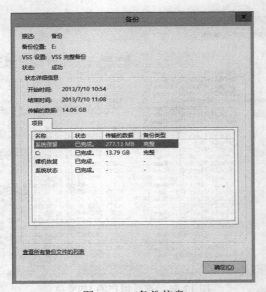

图 17-53 备份信息

17.4.2 还原域控制器

第 1 步，通过 DVD 光盘驱动器引导安装 Windows Server 2012，启动"Windows 安装程序"，设置语言、时间、键盘等信息，如图 17-54 所示。

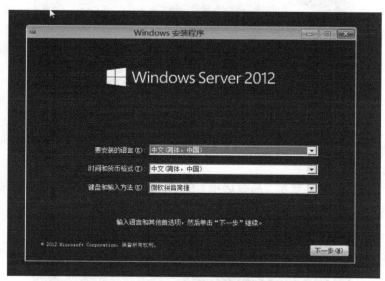

图 17-54 还原域控制器之一

第 2 步，单击"下一步"按钮，显示如图 17-55 所示的对话框，选择"修复计算机"选项。

图 17-55 还原域控制器之二

第 3 步，命令执行后，打开"选择一个选项"窗口，选择"疑难解答"选项，如图 17-56 所示。

图 17-56　还原域控制器之三

第 4 步，命令执行后，显示"高级选项"窗口，选择"系统映像恢复"选项，如图 17-57 所示。

图 17-57　还原域控制器之四

第 5 步，命令执行后，选择"系统映像恢复"窗口，选择目标操作系统是 Windows Server 2012，如图 17-58 所示。

图 17-58　还原域控制器之五

第 6 步，命令执行后，启动"对计算机进行重镜像"向导，显示如图 17-59 所示的"选择系统镜像备份"对话框。向导默认选择"使用最新的可用系统镜像"选项，并在"位置"、"日期和时间"、"计算机"中显示备份相关信息。

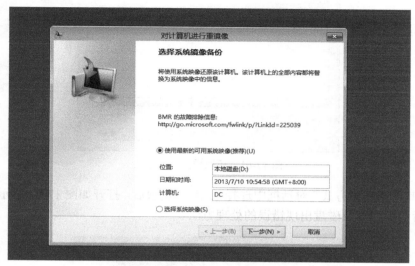

图 17-59　还原域控制器之六

第 7 步，单击"下一步"按钮，显示如图 17-60 所示的"选择其他的还原方式"对话框。该对话框中设置当前计算机中的系统分区。

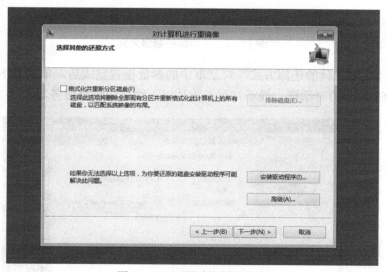

图 17-60　还原域控制器之七

"选择其他的还原方式"对话框中选择"格式化并重新分区磁盘"选项后，单击"排除磁盘"按钮，打开磁盘选择对话框，本例中备份存储在服务器的第二块磁盘中，并且默认排除包含备份的磁盘。选择"磁盘"列表中的磁盘后，重镜像向导将不会对目标磁盘进行重新分区操作，如图 17-61 所示。

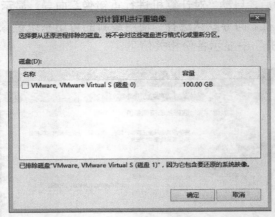

图 17-61　还原域控制器之八

　　"选择其他的还原方式"对话框中选择"高级"选项后，打开如图 17-62 所示的对话框，选择还原后的操作以及磁盘出现错误的处理方法。

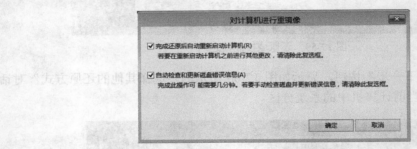

图 17-62　还原域控制器之九

　　第 8 步，"选择其他的还原方式"对话框中的参数设置完成后，单击"下一步"按钮，显示如图 17-63 所示的对话框。提示管理员将从以下镜像中恢复服务器。

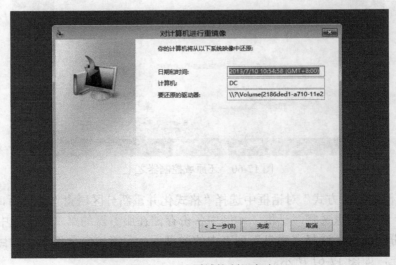

图 17-63　还原域控制器之十

第 9 步，单击"完成"按钮，显示如图 17-64 所示的对话框，提醒管理员要对选择的目标磁盘进行分区并格式化。

图 17-64　还原域控制器之十一

第 10 步，单击"是"按钮，开始还原服务器，还原进程如图 17-65 所示。

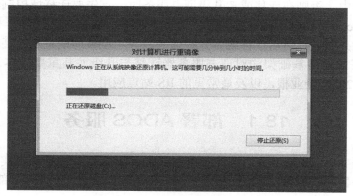

图 17-65　还原域控制器之十二

还原完成后，显示如图 17-66 所示的对话框。提醒管理员还原操作已经完成，需要重新启动服务器。重新启动后完成域控制器恢复。

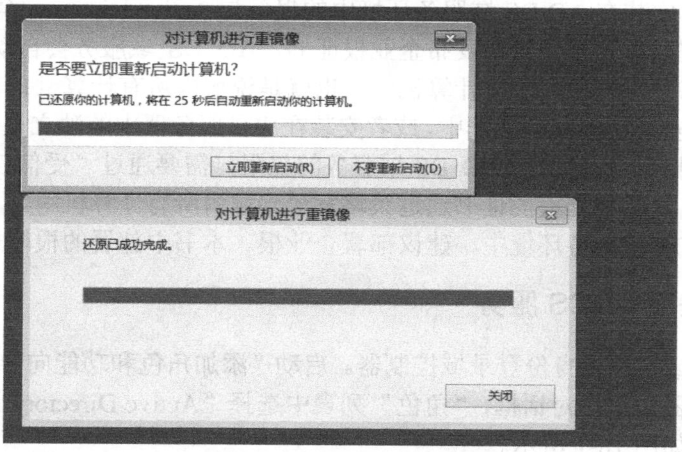

图 17-66　还原域控制器之十三

第 18 章　ADCS 证书服务

证书服务器是 Windows 网络基础架构中重要组成部分，因为证书服务特性（不能更改计算机名称、网络参数等），因此在部署证书服务器时建议独立部署，不要和域控制器部署在同一台服务器中。否则在迁移或者升级证书服务时，首先要迁移域控制器以及相关的服务（Active Directory 集成区域 DNS 服务、DHCP 服务、WINS 服务等），还要通过策略更改已经部署的系列服务，然后迁移或者升级证书服务，迁移周期将延长甚至影响网络的正常运行。所以好的网络基础架构对证书服务器迁移与升级尤其重要。本章将在域中部署 Windows Server 2012 企业根，以及最常见的 IIS 站点应用。

18.1　部署 ADCS 服务

网络中部署 AD DS 域服务，域控制器中部署 ADCS 证书服务。在实际应用环境中，建议将证书服务器独立部署，不建议和域控制器部署在同一台服务器中。部署 ADCS 服务，需要域管理员权限。

18.1.1　根类型

Windows Server 2012 中提供两种根：企业根和独立根。
- 企业根：安装在 AD DS 域服务环境中的根，与 Active Directory 集成。部署企业根后，不需要单独配置策略发布企业根证书，AD DS 域服务会自动通过组策略将企业根证书发送到域内所有计算机中，也就是说域内所有计算机自动信任企业根。
- 独立根：安装在独立服务器中，或者安装在成员服务器中的独立根，执行安装 ADCS 服务的用户不具备访问 AD DS 域服务的权限，需要通过"受信任的根证书颁发机构"策略，将独立根的证书通过策略发送到域内所有计算机中。

在部署 AD DS 域服务环境中，建议部署企业根。本书中部署的根模式为企业根。

18.1.2　安装 ADCS 服务

第 1 步，以域管理员身份登录域控制器。启动"添加角色和功能向导"，根据向导提示打开"选择服务器角色"对话框，"角色"列表中选择"Active Directory 证书服务"选项，设置完成的参数如图 18-1 所示。

第 2 步，单击"下一步"按钮，显示如图 18-2 所示的对话框。提醒管理员安装 ADCS 服务同时需要安装的管理组件。单击"添加功能"按钮，返回到"选择服务器角色"对话框。

第 3 步，单击"下一步"按钮，显示如图 18-3 所示的"选择功能"对话框。"功能"列表中根据需要选择需要安装的功能。

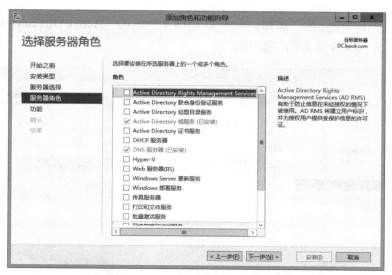

图 18-1　安装 ADCS 服务之一

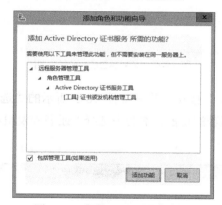

图 18-2　安装 ADCS 服务之二

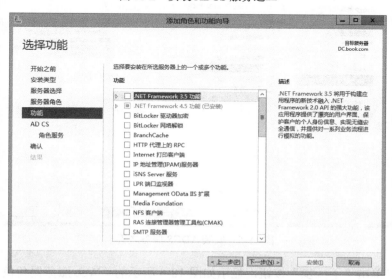

图 18-3　安装 ADCS 服务之三

第 4 步，单击"下一步"按钮，显示如图 18-4 所示的"Active Directory 证书服务"对话框。显示部署 ADCS 服务的注意事项。

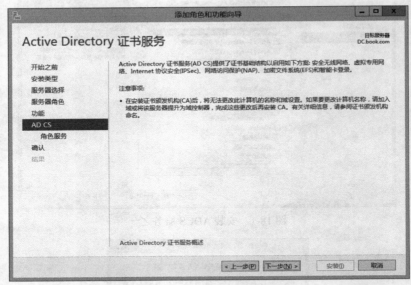

图 18-4　安装 ADCS 服务之四

第 5 步，单击"下一步"按钮，显示如图 18-5 所示的"选择角色服务"对话框。"角色服务"列表中选择需要部署的功能，本例中选择"证书颁发机构"和"证书颁发机构 Web 注册"选项。

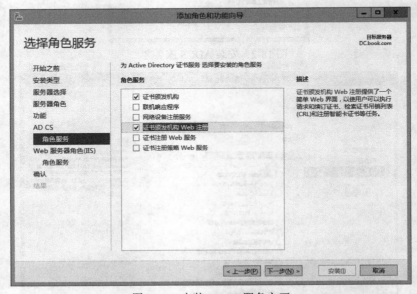

图 18-5　安装 ADCS 服务之五

第 6 步，单击"下一步"按钮，显示如图 18-6 所示的"Web 服务器角色（IIS）"对话框。显示部署 ADCS 服务同时需要安装 IIS Web 服务角色，并启用相应的功能。

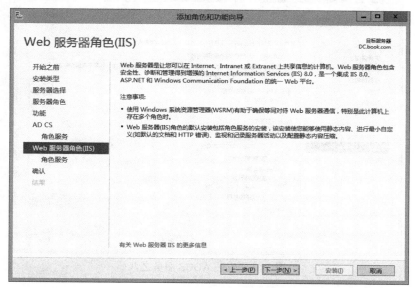

图 18-6　安装 ADCS 服务之六

　　第 7 步，单击"下一步"按钮，显示如图 18-7 所示的"选择角色服务"对话框。设置 Web 服务器需要的功能列表，建议使用默认值即可。

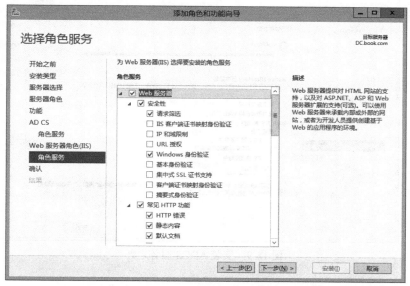

图 18-7　安装 ADCS 服务之七

　　第 8 步，单击"下一步"按钮，显示如图 18-8 所示的"确认安装所选内容"对话框。显示安装 ADCS 服务组件列表。选择"如果需要，自动重新启动目标服务器"选项。

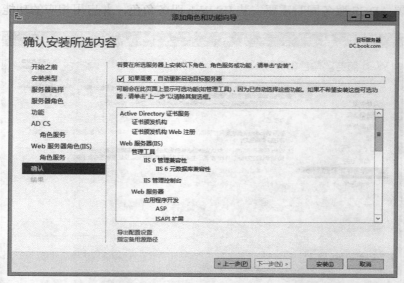

图 18-8　安装 ADCS 服务之八

第 9 步，单击"安装"按钮，开始安装 Active Directory 证书服务，安装完成后显示如图 18-9 所示的"安装进度"对话框。

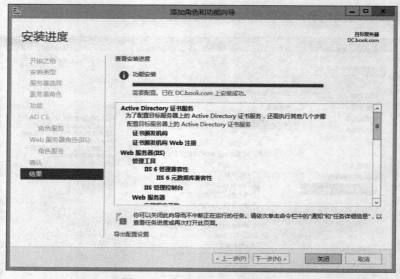

图 18-9　安装 ADCS 服务之九

18.1.3　配置 ADCS 服务

接图 18-9。

第 1 步，单击"配置目标服务器上的 Active Directory 证书服务"超链接，启动"AD CS 配置"向导，显示如图 18-10 所示的"凭据"对话框。默认使用当前登录用户作为管理者。

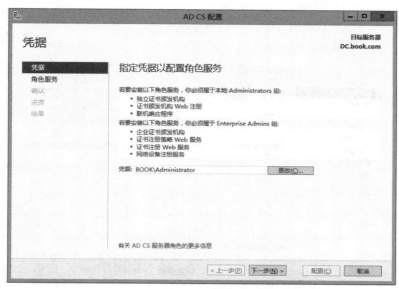

图 18-10 配置 ADCS 服务之一

第 2 步，单击"下一步"按钮，显示如图 18-11 所示的"角色服务"对话框。"选择要配置的角色服务"列表中，选择需要配置的证书功能，本例中选择"证书颁发机构"和"证书颁发机构 Web 注册"功能选项。

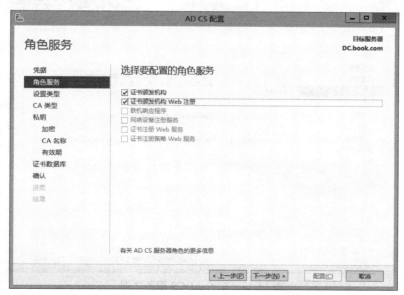

图 18-11 配置 ADCS 服务之二

第 3 步，单击"下一步"按钮，显示如图 18-12 所示的"设置类型"对话框。设置部署 CA 类型。本例中选择"企业 CA"选项，部署为企业根模式。注意企业根模式必须和 Active Directory 绑定。证书服务器至少是域成员服务器。

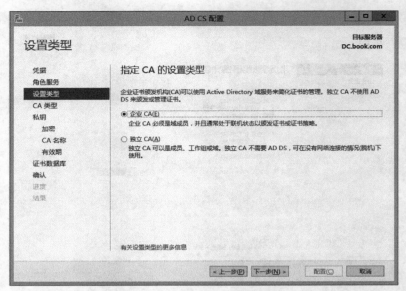

图 18-12　配置 ADCS 服务之三

第 4 步，单击"下一步"按钮，显示如图 18-13 所示的"CA 类型"对话框。设置企业根类型，本例中部署为"根"，不是从属 CA。

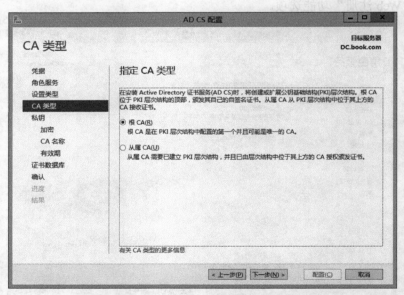

图 18-13　配置 ADCS 服务之四

第 5 步，单击"下一步"按钮，显示如图 18-14 所示的"私钥"对话框。如果没有私钥，选择"创建新的私钥"选项；如果已有私钥，可以选择"使用现有私钥"选项。本例中选择前者。

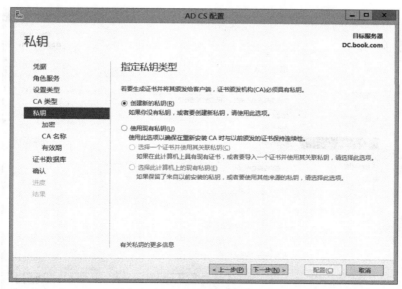

图 18-14　配置 ADCS 服务之五

　　第 6 步，单击"下一步"按钮，显示如图 18-15 所示的"CA 的加密"对话框。设置证书加密使用的程序、密钥长度以及使用的算法。建议使用默认值即可。

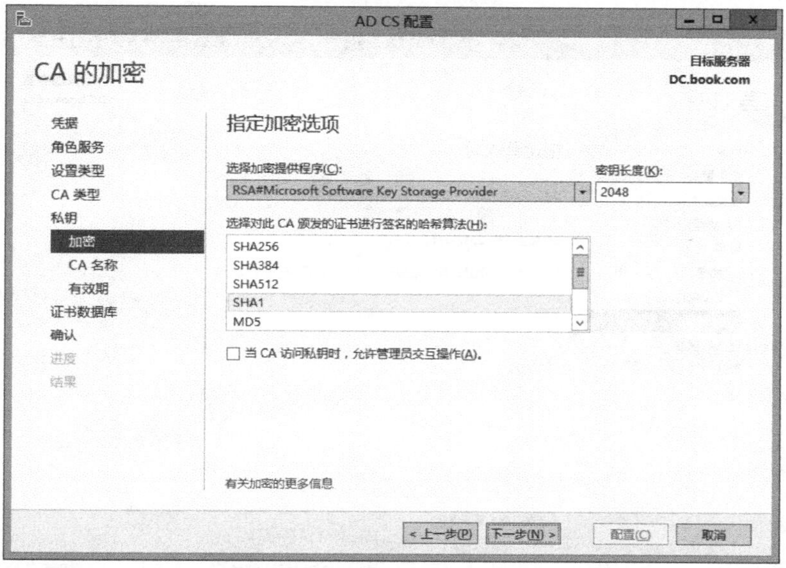

图 18-15　配置 ADCS 服务之六

　　第 7 步，单击"下一步"按钮，显示如图 18-16 所示的"CA 名称"对话框。设置 CA 服务器的公用名称，注意该名称必须是唯一的。"可分辨名称后缀"文本框中，默认使用当前域的 DN 名称，"此 CA 的公用名称"和"可分辨名称后缀"组成证书服务器的完整可分辨名称。

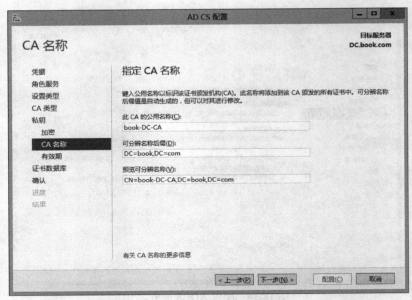

图 18-16　配置 ADCS 服务之七

第 8 步，单击"下一步"按钮，显示如图 18-17 所示的"有效期"对话框。默认设置为 5 年，根据需要调整发布证书的有效期。

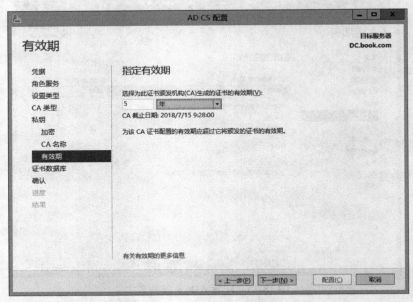

图 18-17　配置 ADCS 服务之八

第 9 步，单击"下一步"按钮，显示如图 18-18 所示的"CA 数据库"对话框。设置证书数据库以及日志文件的存储位置。

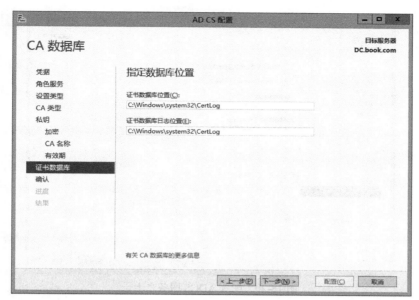

图 18-18　配置 ADCS 服务之九

第 10 步，单击"下一步"按钮，显示如图 18-19 所示的"确认"对话框。显示设置的证书服务器信息。

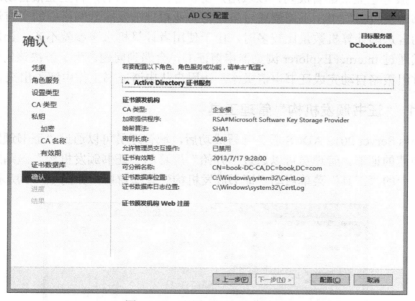

图 18-19　配置 ADCS 服务之十

第 11 步，单击"配置"按钮，开始配置证书服务，配置成功后显示如图 18-20 所示的"结果"对话框。单击"关闭"按钮，完成证书服务设置。

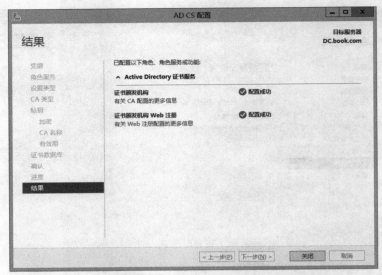

图 18-20　配置 ADCS 服务之十一

18.2　证书日常管理

ADCS 服务企业根部署成功，以域用户身份登录计算机后，将企业根自动添加到"受信任的证书颁发机构"中，不需要通过策略将企业根证书发布到网络中的所有计算机中。当网络中的客户端计算机数量比较多时，由于使用者计算机水平参差不齐，让每个用户通过手动方式通过 Internet Explorer 浏览器申请证书，会遇到问题。为了解决该问题，域管理员可以通过组策略自动完成证书申请操作，让用户从申请证书工作中解脱出来。

18.2.1　"证书颁发机构"管理工具

Windows Server 2012 ADCS 服务部署成功后，域管理员可以通过"证书颁发机构"管理域用户申请的证书。管理员可以通过"开始"屏幕的"证书颁发机构"磁贴或者"服务器管理器"中的"工具"菜单启动"证书颁发机构"管理窗口，如图 18-21 所示。

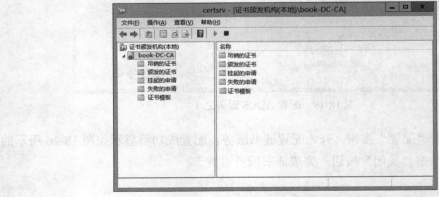

图 18-21　"证书颁发机构"管理控制台

1. 吊销的证书

选择"吊销的证书"选项后，右侧列表中显示 CA 服务器已经吊销的证书，如图 18-22 所示。"吊销原因"列表中显示证书被吊销的原因。

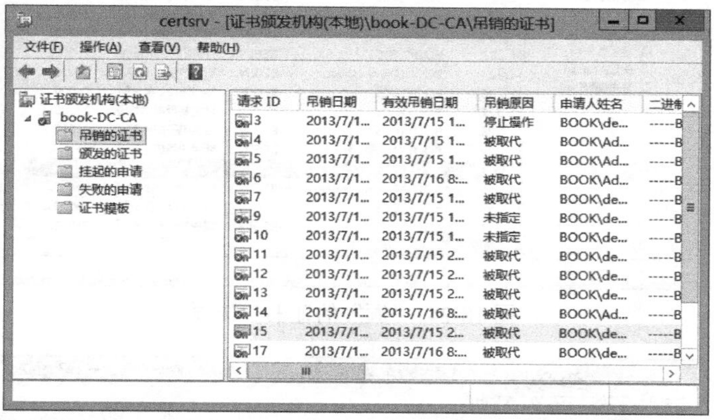

图 18-22　"吊销的证书"选项

如果确认证书吊销错误，右击处于"证书待定"状态的证书，在弹出的快捷菜单中选择"所有任务"选项，在弹出的级联菜单中选择"解除吊销证书"命令，如图 18-23 所示。命令执行后，重新发布证书，证书被转移到"颁发的证书"列表中。

图 18-23　功能菜单

2. 颁发的证书

选择"颁发的证书"选项后，右侧列表中显示 CA 服务器已经颁发的证书，如图 18-24 所示。已经颁发的证书包括用户证书、服务器证书以及客户端计算机证书，用户可以通过 Web 方式申请证书，也可以通过组策略自动发布证书，对于特殊应用的服务器（IIS 服务器），可以通过"Internet 信息服务（IIS）管理器"内置的证书申请、续订功能完成证书申请。

如果已经颁发的证书过期或者其他原因申请新的证书，CA 管理员需要吊销已经发布的证书，使证书无效。例如用户"demo"证书由于申请新证书，需要禁用已有的证书。右击目标证书，在弹出的快捷菜单中选择"所有任务"选项，在弹出的级联菜单中选择"吊销证书"命令，如图 18-25 所示。

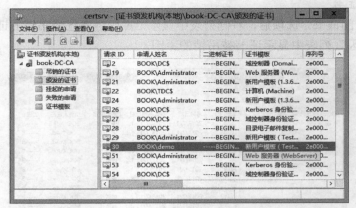

图 18-24 "颁发的证书"选项

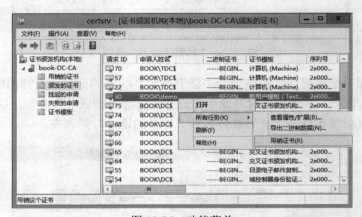

图 18-25 功能菜单

命令执行后，显示如图 18-26 所示的"证书吊销"对话框。在"理由码"列表中选择证书被吊销的原因，"日期和时间"列表中设置吊销证书生效时间。设置完成的参数如图 18-27 所示。

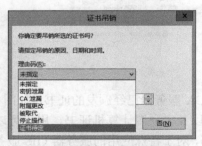

图 18-26 "证书吊销"对话框之一

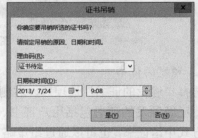

图 18-27 "证书吊销"对话框之二

参数设置完成后，单击"是"按钮，禁用选择的证书，证书转移到"吊销的证书"列表中，如图 18-28 所示。

3. 挂起的申请

选择"挂起的申请"选项后，右侧列表中显示用户正在申请的证书，如图 18-29 所示。

该页面中 CA 管理员可以对申请的证书进行批复：拒绝或者同意。

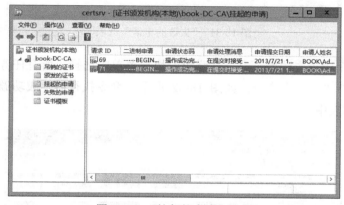

图 18-28 "吊销的证书"选项

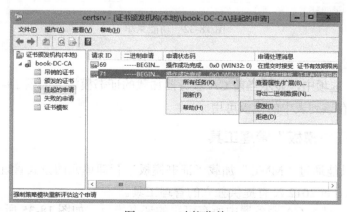

图 18-29 "挂起的申请"选项

本例中有 2 个正在申请的证书，右击任何一个正在申请的证书，在弹出的快捷菜单中选择"所有任务"选项，在弹出的级联菜单中选择"颁发"或者"拒绝"命令，如图 18-30 所示。命令执行后，成功颁发的证书转移到"颁发的证书"列表中，拒绝的证书转移到"吊销的证书"列表中。

图 18-30 功能菜单

4. 失败的申请

选择"失败的申请"选项后，右侧列表中显示用户申请失败的证书，如图 18-31 所示。该页面中 CA 管理员可以对失败的证书进行手动批复。

图 18-31　"失败的申请"选项

右击任何一个申请失败的证书，在弹出的快捷菜单中选择"所有任务"选项，在弹出的级联菜单中选择"颁发"命令，如图 18-32 所示。命令执行后，成功颁发的证书转移到"颁发的证书"列表中。

图 18-32　功能菜单

5. 证书模板

"证书模板"选项中，显示当前 CA 服务器加载的证书模板，如图 18-33 所示。用户在申请证书时，只有该列表中的模板可用。

18.2.2　"证书模板"管理工具

CA 管理员只能通过"MMC"加载"证书模板"管理单元的方式管理（如图 18-34 所示），Windows Server 2012 没有提供独立的管理工具。

加载成功后，显示 CA 服务器中所有可用的证书模板，如图 18-35 所示。

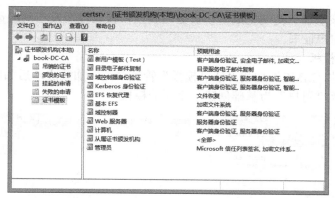

图 18-33　"证书模板"选项

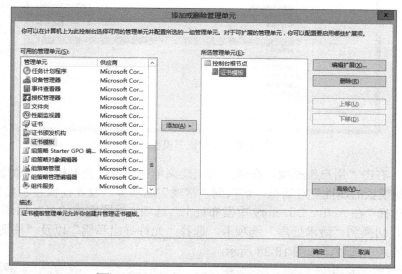

图 18-34　"添加/删除管理单元"对话框

图 18-35　证书模板列表

本例中发布一个全新的用户模板，由于证书颁发机构中已经存在一个名称为"用户"

的证书模板，在该基础上复制生成新模板更改属性模板属性后发布到组策略环境中，使用户能够自动注册用户证书。

1. 制作证书模板

第 1 步，通过"MMC"加载"证书模板"管理单元，加载成功后如图 18-36 所示。本例中以已有的模板"用户"为基础创建一个新的模板。

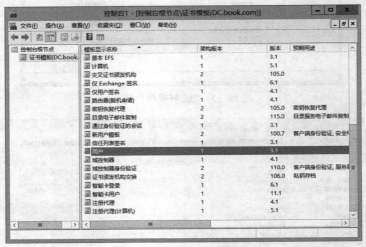

图 18-36　制作证书模板之一

第 2 步，右击"用户"模板，在弹出的快捷菜单中选择"复制模板"命令，命令执行后，打开"新模板的属性"对话框。切换到"常规"选项卡，设置模板显示名称、有效期、续订期以及选择"在 Active Directory 中发布证书"选项，设置完成的参数如图 18-37 所示。

第 3 步，切换到"请求处理"选项卡，选择"允许导出私钥"以及"注册证书使用者时无须用户输入"选项，如图 18-38 所示。

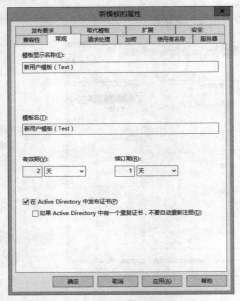

图 18-37　制作证书模板之二

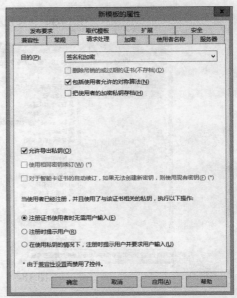

图 18-38　制作证书模板之三

　　第 4 步，切换到"使用者名称"选项卡，选择"用 Active Directory 中的信息生成"选项，根据需要设置电子邮件名、DNS 名、用户主体名称以及服务的主体名称选项。本例设置完成的参数如图 18-39 所示。

　　第 5 步，切换到"安全"选项卡，"组或用户名"列表中选择"Authenticated Users"组，"Authenticated Users 的权限"列表中选择"读取"、"写入"、"注册"、"自动注册"选项，设置完成的参数如图 18-40 所示。单击"确定"按钮，完成新用户模板设置。

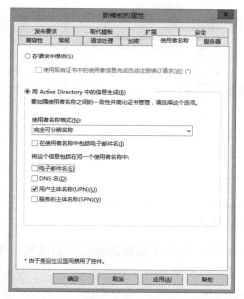

图 18-39　制作证书模板之四

图 18-40　制作证书模板之五

2. 启用新证书模板

　　打开"证书颁发机构"控制台，左侧导航窗格中选择"证书模板"选项，右侧窗格中显示当前已经启用的所有证书模板，如图 18-41 所示。本例中使用新建的模板为用户分配证书，因此需要删除正在使用的证书模板"用户"。

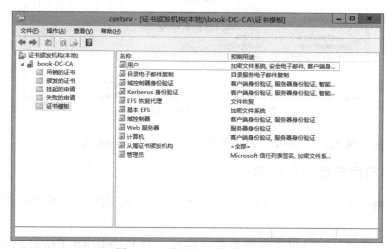

图 18-41　启用新证书模板之一

右击名称为"用户"的模板，在弹出的快捷菜单中选择"删除"命令，命令执行后，根据提示删除已有的"用户"模板。

右击"证书模板"，在弹出的快捷菜单中选择"新建"选项，在弹出的级联菜单中选择"要颁发的证书模板"命令，如图 18-42 所示。

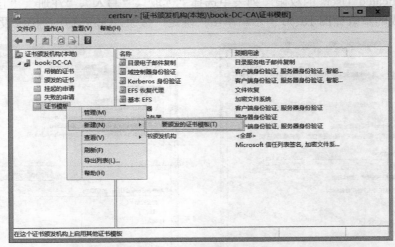

图 18-42　启用新证书模板之二

命令执行后，打开"启用证书模板"对话框，模板列表中选择需要启用的模板，如图 18-43 所示。

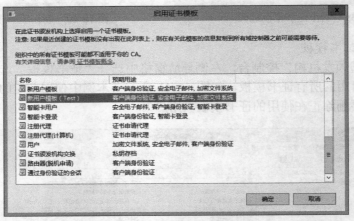

图 18-43　启用新证书模板之三

单击"确定"按钮，新模板添加到控制台中，如图 18-44 所示。

18.2.3　用户手动申请证书

申请前，将证书服务器的 IP 地址添加到"受信任的站点"中，并启用所有"ActiveX"控件功能。

第 1 步，以域用户身份登录客户端计算机。打开 Internet Explorer 浏览器，键入

"http://192.168.0.1/certsrv" 地址（192.168.0.1 是证书服务器 IP 地址），显示如图 18-45 所示的 "Windows 安全" 对话框，输入用户名称和密码。

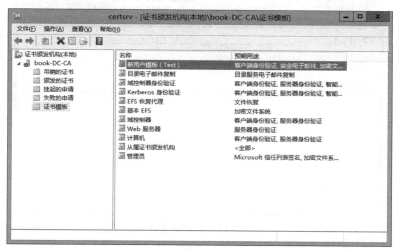

图 18-44　启用新证书模板之四

图 18-45　申请证书之一

第 2 步，单击 "确定" 按钮，访问成功后打开 "欢迎使用" 网页，如图 18-46 所示。

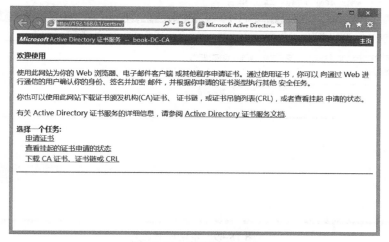

图 18-46　申请证书之二

第 3 步，单击"申请证书"超链接，打开"申请一个证书"网页，如图 18-47 所示。

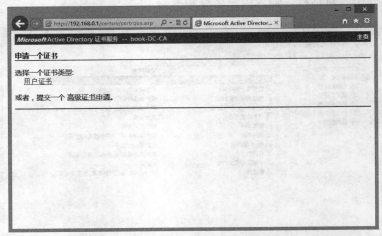

图 18-47　申请证书之三

第 4 步，单击"用户证书"超链接，显示如图 18-48 所示的"Web 访问确认"对话框。

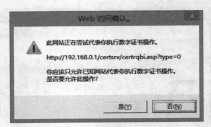

图 18-48　申请证书之四

第 5 步，单击"是"按钮，打开"用户证书-识别信息"网页，如图 18-49 所示。

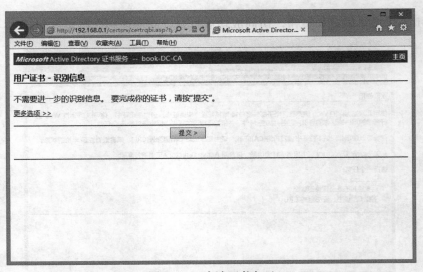

图 18-49　申请证书之五

第 6 步，单击"提交"按钮，开始申请证书，申请相应通过后，证书颁发机构颁发一张证书给当前客户端计算机，如图 18-50 所示。

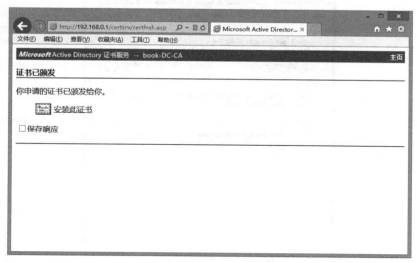

图 18-50　申请证书之六

第 7 步，单击"安装此证书"超链接，在当前计算机中安装证书，安装成功如图 18-51 所示。

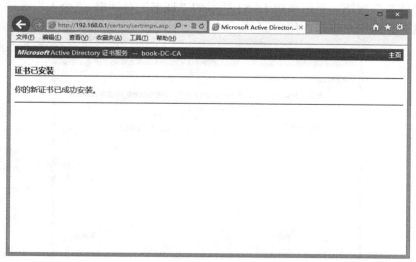

图 18-51　申请证书之七

18.2.4　查看已经颁发的证书

管理员或者用户可以通过 MMC 或者浏览器查看当前计算机中安装的证书。注意，如果当前登录用户是非管理员用户，只能查看用户证书，不能查看计算机证书。

1. 查看证书之一：浏览器查看

证书安装成功后，打开 Internet Explorer 浏览器，选择"工具"→"Internet 选项"打开"Internet 选项"对话框，切换到"内容"选项卡，如图 18-52 所示。

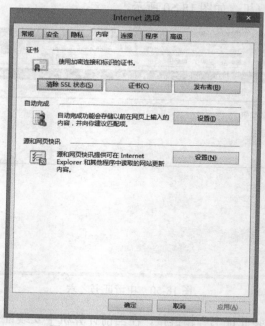

图 18-52　浏览器查看证书之一

单击"证书"按钮，显示如图 18-53 所示的"证书"对话框。"个人"选项卡中，显示当前计算机中登录用户申请的用户证书。

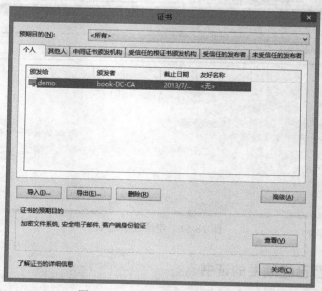

图 18-53　浏览器查看证书之二

2. 查看证书之二：MMC 查看

"运行"对话框中键入"MMC"，命令执行后，打开"控制台"窗口，单击菜单栏的"文件"菜单,下拉菜单列表中选择"添加/删除管理单元"命令,如图 18-54 所示。

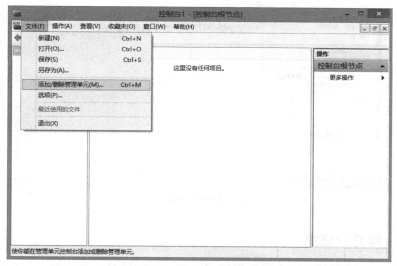

图 18-54　MMC 查看证书之一

命令执行后,打开"添加或删除管理单元"对话框。"可用的管理单元"列表中选择"证书"选项,单击"添加"按钮,选择项添加到"所选管理单元"列表中,设置完成的参数如图 18-55 所示。注意,选择"证书"选项:

- 当前登录计算机的是普通用户,只能查看用户证书。
- 登录计算机的是管理员,不仅可以查看用户证书,还可以查看计算机证书。

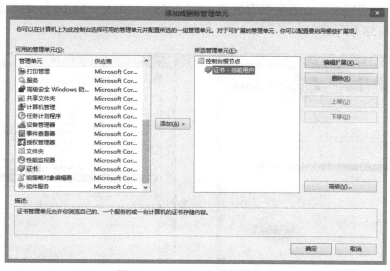

图 18-55　MMC 查看证书之二

单击"确定"按钮,返回到"控制台"窗口,左侧导航窗格中选择"证书-当前用户"→"个人"→"证书"选项,右侧窗口中显示用户成功申请的证书,如图 18-56 所示。

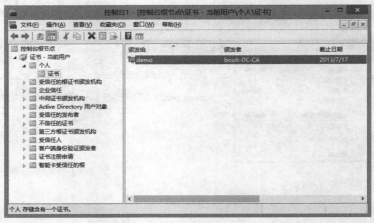

图 18-56 MMC 查看证书之三

18.2.5 续订根证书

企业管理中，管理员可能会遇到根证书即将过期的状况。企业根证书服务器中，以域管理员身份打开"证书颁发机构"，通过续订证书的方法完成根证书延期。

1. 查看根证书

以域管理员身份打开证书颁发机构，右击证书服务器名称，在弹出的快捷菜单中选择"属性"命令，命令执行后，打开证书服务器属性对话框，切换到"常规"选项卡，"CA证书"列表中显示所有可用的证书，如图 18-57 所示。

选择名称为"证书#3"的证书，单击"查看证书"按钮，打开"证书"对话框，切换到"详细信息"选项卡，查看证书有效期。该证书到"2013/7/ 23 14:15:43"这个时间点后过期，如图 18-58 所示。

图 18-57 证书服务器属性对话框

图 18-58 "证书"对话框

2．续订根证书

第 1 步，以域管理员身份打开证书颁发机构，右击证书服务器名称，在弹出的快捷菜单中选择"所有任务"选项，在弹出的级联菜单中选择"续订 CA 证书"命令，如图 18-59 所示。

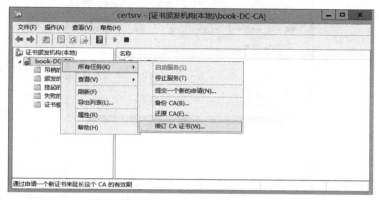

图 18-59　续订根证书之一

第 2 步，命令执行后，显示如图 18-60 所示的"安装 CA 证书"对话框。

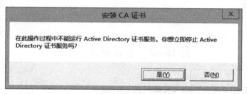

图 18-60　续订根证书之二

第 3 步，单击"是"按钮，打开如图 18-61 所示的"续订 CA 证书"对话框，选择"是"选项。

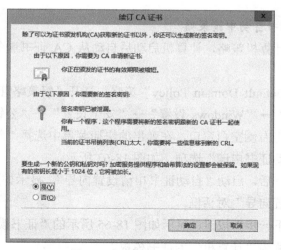

图 18-61　续订根证书之三

第 4 步，单击"确定"按钮，关闭"续订 CA 证书"对话框，启动 ADCS 服务，重新加载证书颁发机构，打开证书服务器属性对话框后，切换到"常规"选项卡，"CA 证书"列表中显示已经续订成功的证书，新证书名称为"证书#4"，如图 18-62 所示。

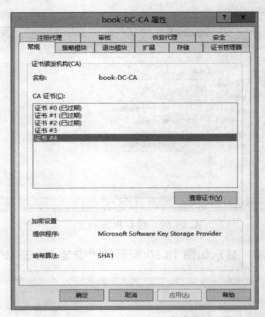

图 18-62　续订根证书之四

18.2.6　发布计算机证书自动申请策略

以域管理员身份登录域控制器，打开"组策略管理"控制台，选择默认的"Default Domain Policy"策略，注意在实际应用环境中，不建议在该策略中部署策略，应该创建新的域对象后发布策略。

1. 部署计算机证书自动申请策略

通过组策略部署计算机策略，计算机启动后自动从 CA 证书服务器申请证书，注意证书的颁发设置。

第 1 步，编辑"Default Domain Policy"策略，打开"组策略管理编辑器"，选择"计算机配置"→"策略"→"Windows 设置"→"安全设置"→"公钥策略"→"自动证书申请设置"选项，右击右侧空白窗口，在弹出的快捷菜单中选择"新建"选项，在弹出的级联菜单中选择"自动证书申请"选项，如图 18-63 所示。

第 2 步，命令执行后，启动"自动证书申请设置向导"，显示如图 18-64 所示的"欢迎使用自动证书申请设置向导"对话框。

第 3 步，单击"下一步"按钮，显示如图 18-65 所示的"证书模板"对话框。"证书模板"列表中，选择名称为"计算机"的证书模板。

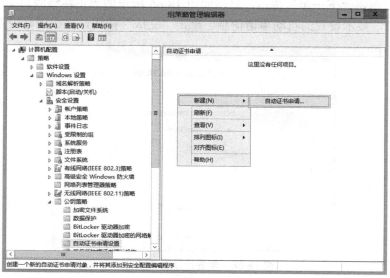

图 18-63 部署计算机策略之一

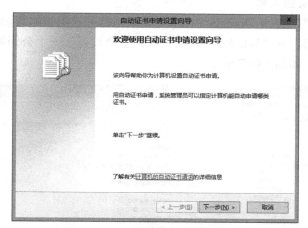

图 18-64 部署计算机策略之二

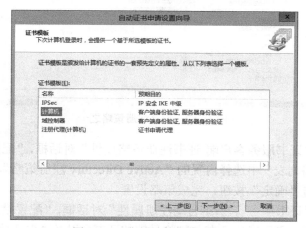

图 18-65 部署计算机策略之三

第 4 步，单击"下一步"按钮，显示如图 18-66 所示的"正在完成自动证书申请设置向导"对话框，显示设置的自动申请信息。单击"完成"按钮，完成策略设置。

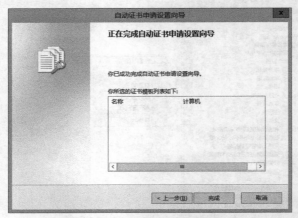

图 18-66 部署计算机策略之四

2. 部署注册相关组策略

第 1 步，编辑"Default Domain Policy"策略，打开"组策略管理编辑器"，选择"计算机配置"→"策略"→"Windows 设置"→"安全设置"→"公钥策略"选项，右侧列表显示预置的策略，如图 18-67 所示。

图 18-67 部署注册策略之一

第 2 步，打开"证书服务客户端-证书注册策略属性"对话框，"配置模式"设置为"启用"，"证书注册策略列表"中选择内置的"Active Directory 注册策略"，设置完成的参数如图 18-68 所示。单击"确定"按钮，完成策略设置。

第 3 步，打开"证书服务客户端-自动注册属性"对话框，"配置模式"设置为"启用"，选择"续订过期证书、更新未决证书并删除吊销的证书"以及"更新使用证书模板的证书"

选项，设置证书预定以及过期的处理方式。设置完成的参数如图 18-69 所示。

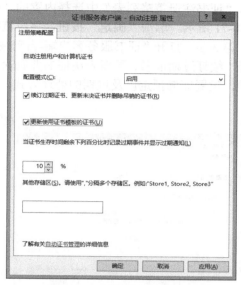

图 18-68　部署注册策略之二　　　　　　　　图 18-69　部署注册策略之三

策略生效后，客户端计算机重新启动，登录成功后即可自动注册证书。

18.2.7　发布用户证书自动申请策略

通过组策略部署用户策略，用户登录后自动从 CA 证书服务器申请证书，注意证书的颁发设置。

第 1 步，编辑"Default Domain Policy"策略，打开"组策略管理编辑器"，选择"用户配置"→"策略"→"Windows 设置"→"安全设置"→"公钥策略"选项，右侧列表显示预置的策略，如图 18-70 所示。

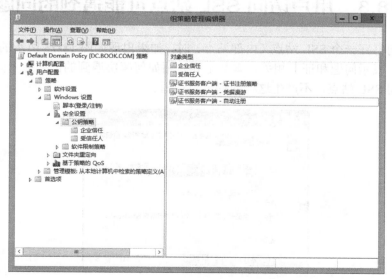

图 18-70　部署用户策略之一

第 2 步，打开"证书服务客户端-证书注册策略属性"对话框，"配置模式"设置为"启用"，"证书注册策略列表"中选择内置的"Active Directory 注册策略"，设置完成的参数如图 18-71 所示。单击"确定"按钮，完成策略设置。

第 3 步，打开"证书服务客户端-自动注册属性"对话框，"配置模式"设置为"启用"，选择"续订过期证书、更新未决证书并删除吊销的证书"以及"更新使用证书模板的证书"选项，设置证书预定以及过期的处理方式。设置完成的参数如图 18-72 所示。

图 18-71　部署用户策略之二

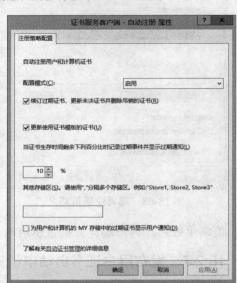

图 18-72　部署用户策略之三

参数设置完成后，单击"确定"按钮，完成策略设置。组策略生效后，客户端计算机重新启动将自动完成注册、申请、颁发用户证书。

18.3　用户访问 SSL 站点可能遇到的问题

用户访问打开一个 SSL 站点（内部站点）时，如果出现如图 18-73 所示的"安全警报"提示对话框，表示问题和证书相关。本节主要介绍如何解决遇到的证书提示问题，使用户可以顺利访问 SSL 站点，不产生这样的提示对话框。

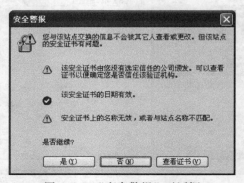

图 18-73　"安全警报"对话框

18.3.1　提示信息解析

图 18-72 信息解析如下。

- 第一个提示：此证书是否由受信任的证书颁发机构颁发。如果是，则为绿色"√"，否则就会出现黄色叹号。
- 第二个提示：此证书是否在有效期内。如果是，则为绿色"√"，否则就会出现黄色叹号。
- 第三个提示：证书上的名称与站点名称是否匹配。如果是，则为绿色"√"，否则就会出现黄色叹号。

如果三个提示的结果均为绿色"√"，直接解析目标网页，将不会有任何提示。任何一个条件不满足，将出现上述的提示。

18.3.2　第一个提示：关于证书颁发机构

Windows 安装完成后，默认内置 N 个证书，这些证书都是世界知名公司、企业或机构的根证书，访问由内置证书颁发机构颁发证书加密网站时，不会出现第一个提示错误的情况。因为本机中"受信任根证书颁发机构"里已有这些根证书，也就相当于本机信任这些根证书机构颁发的证书。以 Windows XP 操作系统为例。

打开 Internet Explorer 浏览器，通过菜单栏的"工具"→"Internet 选项"→"内容"→"证书"选项，打开"证书"对话框，切换到"受信任的根证书颁发机构"选项卡，显示内置的根证书，如图 18-74 所示。

图 18-74　"证书"对话框

当浏览器检测到一个新证书时，检查证书颁发者是否在信任机构内，如果是则信任该证书，否则就不信任，不信任时弹出这样的提示，提示浏览器检测到的这份证书并不是受信任的根证书颁发机构颁发的证书。解决该问题的方法是，此证书添加至本地的受信任证书机构内。

解决方法：安装证书链，并验证证书链。

第 1 步，打开证书服务器申请地址"http://192.168.0.1/certsrv"，打开欢迎网页，如图 18-75 所示。

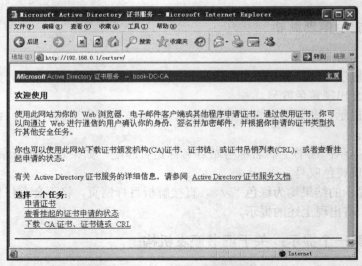

图 18-75 "欢迎使用"窗口

第 2 步，单击"下载 CA 证书、证书链或 CRL"超链接，打开"下载 CA 证书、证书链或 CRL"网页，如图 18-76 所示。

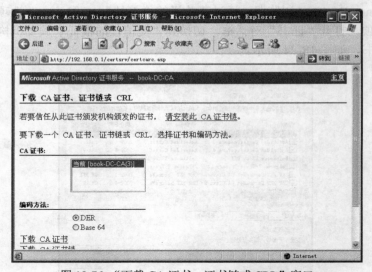

图 18-76 "下载 CA 证书、证书链或 CRL"窗口

第 3 步，单击"请安装此 CA 证书链"超链接，显示如图 18-77 所示的"潜在的脚本冲突"对话框。提示是否将目标站点添加到信任列表中。

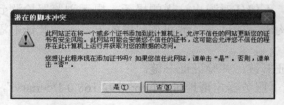

图 18-77 "潜在的脚本冲突"对话框

第 4 步，单击"是"按钮，显示如图 18-78 所示的"安全警告"对话框。注意指纹信息。

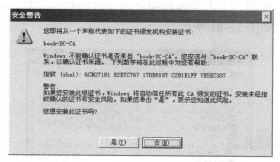

图 18-78　"安全警告"对话框

第 5 步，单击"是"按钮，在当前计算机中安装证书。安装成功后显示如图 18-79 所示的网页。

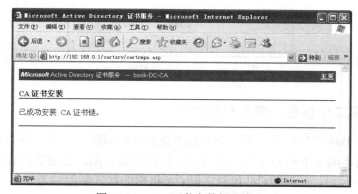

图 18-79　CA 证书安装提示窗口

第 6 步，通过"mmc"打开证书管理器，左侧导航窗格中选择"受信任的根证书颁发机构"→"证书"选项，右侧列表中查找刚导入的证书颁发机构，本例中为"book-DC-CA"，如图 18-80 所示。

图 18-80　"证书"管理窗口

第 7 步，双击打开该证书，打开"证书"属性对话框，切换到"详细信息"选项卡，列表中选择"微缩图"选项，下方文本框中显示详细的指纹信息，和上一步中的指纹信息比对，确认是否相同，如图 18-81 所示。

图 18-81 "证书"属性对话框

18.3.3 第二个信息：关于日期时间

如果当前证书在有效期内，第二个信息不会有任何问题。注意，证书颁发机构的有效期和证书有效期是两个不同的概念。证书颁发机构的有效期，在安装过程中设置默认为 5 年（如图 18-82 所示），企业根 CA 和独立根 CA 机构的默认期限均为 5 年。但颁发的证书，企业根默认为 2 年，独立根默认为 1 年。

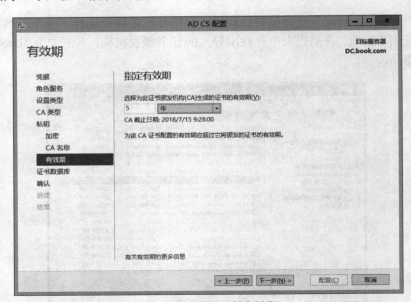

图 18-82 设置证书有效期

18.3.4　第三个提示：名称无效

"安全警报"对话框中第三个提示信息为"安全证书上的名称无效，或者与站点名称不匹配"。单击"查看证书"按钮，显示证书状态以及证书的可用性，如图 18-83 所示。证书信息以红色叉号标识，表示当前计算机中的证书无法到指定的证书颁发机构验证，证书无效。

图 18-83　"证书"对话框

证书信息显示"颁发给：TDC.book.com"，指的是在证书申请过程中设置的通用名称为"TDC.book.com"，访问该网站时地址栏中键入的信息是"https://192.168.0.151"，显而易见证书通用名称设置的是"TDC.book.com"，计算机的 IP 地址为"192.168.0.151"，通用名称和 IP 都有效，只是没有正确匹配。

解决方法：站点服务器新申请一张证书，将证书的通用名称设置为计算机的 IP 地址，设置参数如图 18-84 所示。其他步骤和申请证书相同。

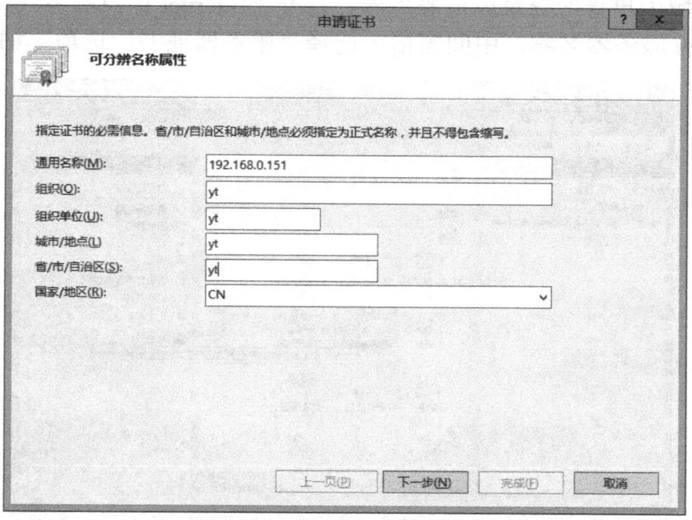

图 18-84　"可分辨名称属性"对话框

18.4 证书典型应用：SSL 站点

证书最常见的应用是部署 SSL 站点。默认情况下部署的站点使用 HTTP 协议，端口为 80。通过证书部署的站点使用 HTTPS 协议，端口为 445，在安全性要求较高的环境中建议部署 SSL 站点。本例中，在企业内部部署 SSL 站点，网络中已经部署 AD DS 域服务，证书服务方式为"企业根"。

18.4.1 基本信息

1. 默认站点

本例中名称为"tdc.book.com"服务器运行 Windows Server 2012 操作系统，是 book.com 域的成员服务器，已经安装 IIS 服务以及必需的组件（部署过程略）。通过"http://tdc.book.com"打开站点后（默认 80 端口），网页内容如图 18-85 所示。

图 18-85 查看站点

2. 案例任务

案例任务：将站点"http://tdc.book.com"部署为 SSL 类型的站点。

18.4.2 申请证书配置文件

第 1 步，以域用户身份登录成员服务器，打开"Internet 信息服务（IIS）管理器"，左侧导航窗格中选择服务器名称，中间窗格中选择"服务器证书"选项，如图 18-86 所示。

图 18-86 申请证书配置文件之一

第 2 步，命令执行后，打开"服务器证书"窗口，默认该服务器中没有安装任何证书，如图 18-87 所示。

图 18-87　申请证书配置文件之二

第 3 步，右侧"操作"窗格中选择"创建证书申请"超链接，命令执行后，启动"申请证书"向导，打开"可分辨名称属性"对话框，设置证书相关信息。注意通用名称设置，通用名称要设置成客户端计算机访问的站点名称，本例中客户端计算机通过"http://tdc.book.com"形式访问，因此通用名称设置为"tdc.book.com"。设置完成的参数如图 18-88 所示。

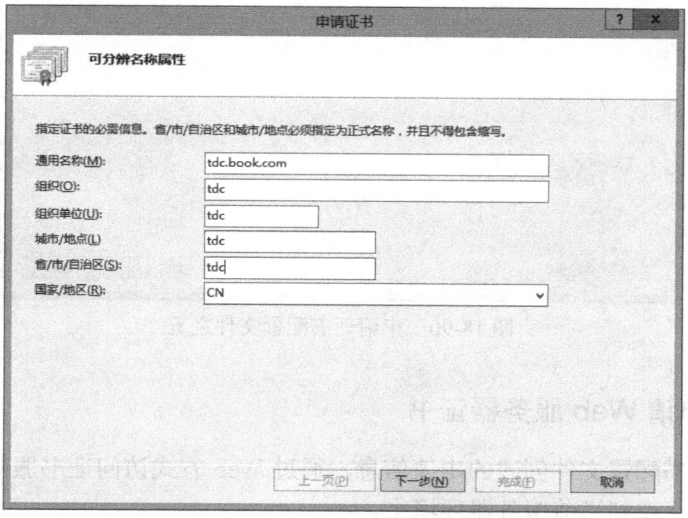

图 18-88　申请证书配置文件之三

第 4 步，单击"下一步"按钮，打开"加密服务提供程序属性"对话框。设置加密服务提供程序以及密钥的长度，本例中使用默认值。设置完成的参数如图 18-89 所示。

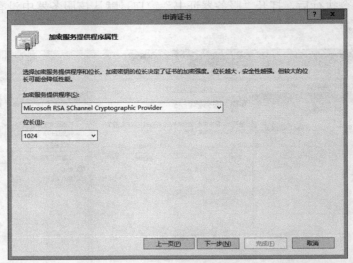

图 18-89　申请证书配置文件之四

第 5 步，单击"下一步"按钮，打开"文件名"对话框。设置申请文件的文件名以及存储位置。设置完成的参数如图 18-90 所示。单击"完成"按钮，完成证书申请设置。

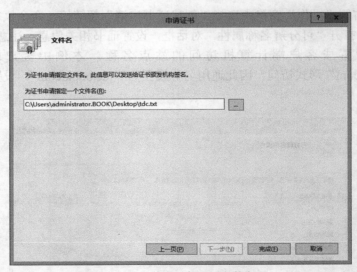

图 18-90　申请证书配置文件之五

18.4.3　申请 Web 服务器证书

用户根据证书配置文件创建的申请信息，通过 Web 方式访问证书服务器并申请证书，证书申请成功后下载到当前服务器环境中。

第 1 步，成员服务器中打开 Internet Explorer 浏览器，键入证书服务器地址，开始为 IIS 服务器申请证书，如图 18-91 所示。

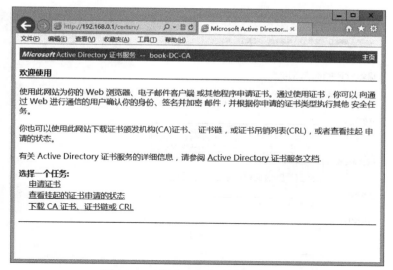

图 18-91　申请 Web 服务器证书之一

第 2 步，单击"申请证书"超链接，命令执行后，打开"高级证书申请"页面，如图 18-92 所示。

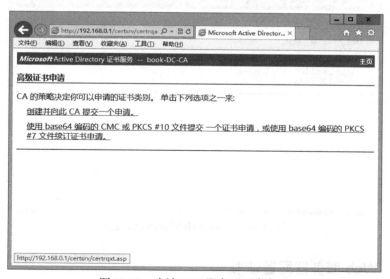

图 18-92　申请 Web 服务器证书之二

第 3 步，选择"使用 base64 编码的 CMC 或 PKCS #10 文件提交一个证书申请，或使用 base64 编码的 PKCS #7 文件续订证书申请"超链接，命令执行后，打开"提交一个证书申请或续订申请"，打开上一步骤中申请成功的证书配置文件，将所有内容复制到"保存的申请"文本框中，证书模板设置为"Web 服务器"选项，设置完成的参数如图 18-93 所示。

第 4 步，单击"提交"按钮，开始申请，申请成功后打开"证书已颁发"页面，如图 18-94 所示。单击"下载证书"和"下载证书链"超链接，将证书保存到指定位置。

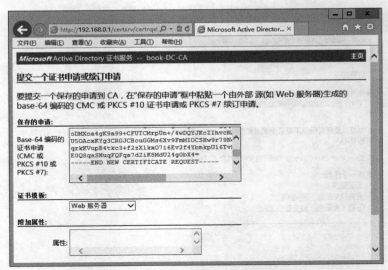

图 18-93　申请 Web 服务器证书之三

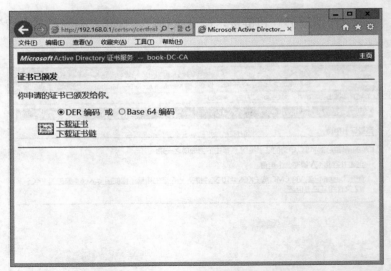

图 18-94　申请 Web 服务器证书之四

18.4.4　Web 服务器配置证书

打开 "Internet 信息服务（IIS）管理器"，打开 "服务器证书" 窗口，右侧 "操作" 窗格中选择 "完成证书申请" 超链接，命令执行后，打开 "指定证书颁发机构响应" 对话框，设置以下参数。

- "包含证书颁发机构响应的文件名" 文本框中，选择上一步操作下载的证书。
- "好记名称" 文本框中设置证书标记。
- "为新证书选择证书存储" 文本框中设置证书存储位置，本例中选择 "个人" 选项。设置完成的参数如图 18-95 所示。

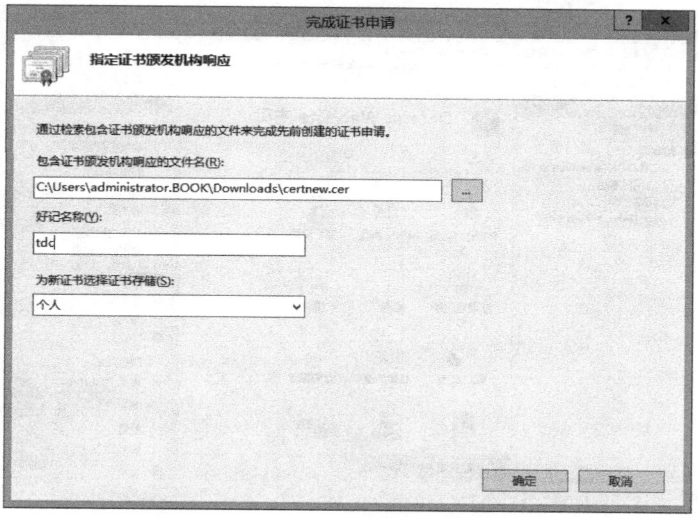

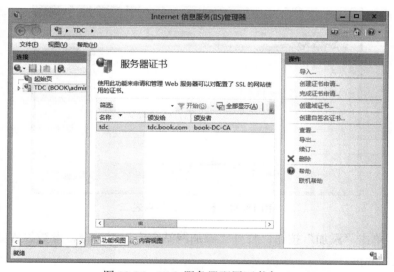

图 18-95　Web 服务器配置证书之一

单击"确定"按钮，完成证书设置，成功导入的证书显示在中间窗格列表中，如图 18-96 所示。

图 18-96　Web 服务器配置证书之二

18.4.5　设置 SSL 站点

选择需要绑定证书的 Web 站点，本例以默认站点为例。

第 1 步，选择"服务器名称"→"网站"→"Default Web Site"选项，打开"Default Web Site 主页"设置窗口，右侧"操作"窗格中选择"绑定"超链接，如图 18-97 所示。

图 18-97　设置 SSL 站点之一

第 2 步，命令执行后，打开如图 18-98 所示的"网站绑定"对话框。默认该站点使用"HTTP"协议访问，默认端口是 80。

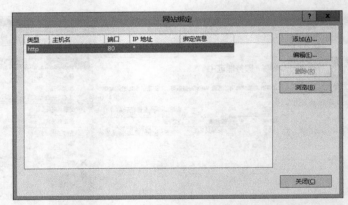

图 18-98　设置 SSL 站点之二

第 3 步，单击"添加"按钮，打开"添加网站绑定"对话框，参数设置如下。

- 类型：https。
- IP 地址：全部未分配。
- 端口：443。
- SSL 证书：tdc（新导入的证书）。

设置完成的参数如图 18-99 所示。

第 4 步，单击"确定"按钮，返回到"网站绑定"对话框，如图 18-100 所示。选择端口为"80"的站点设置，单击"删除"按钮，删除使用"http"协议的默认站点，仅保留新添加的 https 站点。单击"关闭"按钮，完成站点设置。

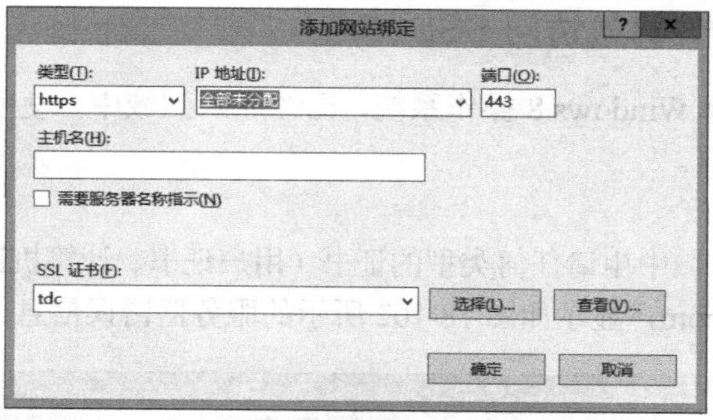

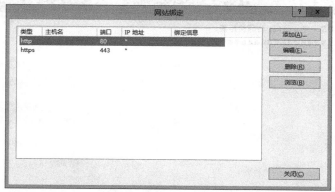

图 18-99　设置 SSL 站点之三

图 18-100　设置 SSL 站点之四

第 5 步，"Default Web Site 主页"设置窗口中，选择"SSL 设置"，打开"SSL 设置"页面，选择"要求 SSL"选项，客户证书设置为"必需"，设置完成的参数如图 18-101 所示。单击"应用"超链接，完成站点整体设置。

图 18-101　设置 SSL 站点之五

18.4.6 客户端计算机访问 SSL 站点

客户端计算机运行 Windows 8 操作系统，已经加入到域中，使用 Internet Explorer 浏览器访问新建的 SSL 站点。

1. 无证书访问

当前计算机没有从域中申请任何类型的证书（用户证书、计算机证书），地址栏中键入站点地址 https://tdc.book.com，显示如图 18-102 所示的服务器错误信息，不能访问目标站点。

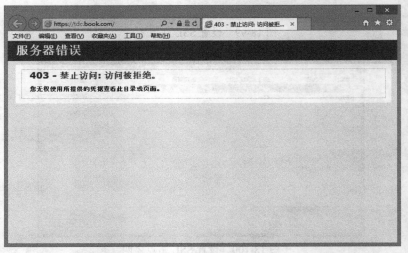

图 18-102　浏览器无证书访问

2. 用户证书访问

首先客户端计算机申请证书，然后访问目标站点。

登录用户通过 "MMC" 打开 "证书" 管理单元，选择 "个人" 选项，当前环境中没有申请任何证书。单击菜单栏的 "操作" 菜单，下拉菜单列表中选择 "所有任务" 命令，在弹出的级联菜单中选择 "申请新证书" 选项，如图 18-103 所示。

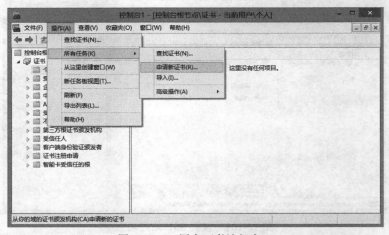

图 18-103　用户证书访问之一

　　命令执行后，启动"证书注册"向导，打开"在你开始前"对话框，显示证书相关信息，如图 18-104 所示。

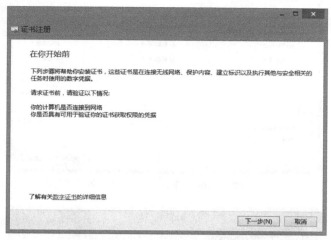

图 18-104　用户证书访问之二

　　单击"下一步"按钮，显示如图 18-105 所示的"选择证书注册策略"对话框。选择"Active Directory 注册策略"选项。

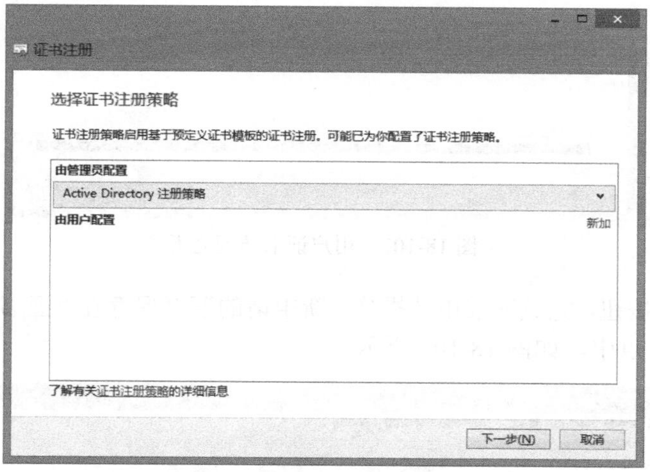

图 18-105　用户证书访问之三

　　单击"下一步"按钮，显示如图 18-106 所示的"请求证书"对话框。从证书颁发机构中检索可用的证书模板，"Active Directory 注册策略"列表中，显示可用的证书模板。选择"NewUser"模板。

　　单击"注册"按钮，客户端计算机根据选择的模板发出申请，证书服务器接收到请求并核准后将证书回传至申请的客户端计算机，然后在该计算机中安装该证书，安装成功后证书状态为"成功"，如图 18-107 所示。

图 18-106　用户证书访问之四

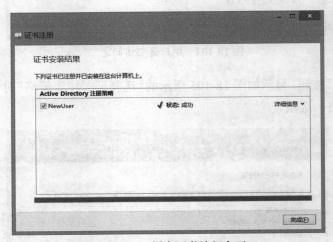

图 18-107　用户证书访问之五

单击"完成"按钮，完成证书申请操作，新申请的证书保存在"证书-当前用户"→"个人"→"证书"节点中，如图 18-108 所示。

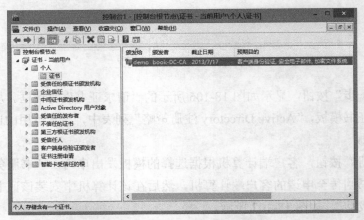

图 18-108　用户证书访问之六

当前计算机从域中成功申请用户证书后，打开 Internet Explorer 浏览器，地址栏中键入站点地址 https://tdc.book.com，显示如图 18-109 所示的"Windows 安全"对话框，需要当前用户确认证书。

图 18-109　用户证书访问之七

单击"确定"按钮，成功访问目标站点，如图 18-110 所示。

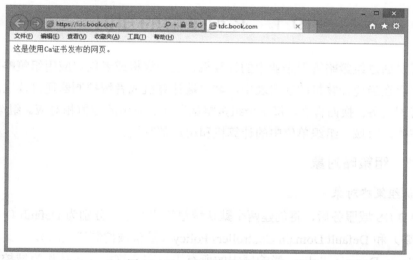

图 18-110　用户证书访问之八

第 19 章　认识组策略

企业中通过组策略实施管理策略，组策略通过组策略管理控制台（Group Policy Managment Console，简称 GPMC）进行管理，可以把 GPMC 看作是企业管理中枢，而每一个策略可以看作是一项已经落实的管理制度，通过管理制度约束、强制企业中的计算机和用户统一执行企业规则，完成管理任务。本章将介绍组策略方面的基础知识，后续章节将结合组策略通过几个案例介绍组策略在企业中的应用。

19.1　必须了解的知识

域管理员通过组策略管理企业中的计算机，当计算机或者用户应用组策略后，大部分更改结果保存在当前计算机的注册表中，客户端计算机或者域控制器通过读取注册表中的设置完成管理任务。换而言之，每一个组策略都和注册表中的键值相对应。组策略基于域、组织单位策略，对域、组织单位中的计算机和用户都有效。

19.1.1　组策略对象

1. 默认组策略对象

部署 AD DS 域服务后，将创建两个默认域组策略对象，分别为 Default Domain Policy（默认域策略）和 Default Domain Controllers Policy（默认域控制器策略）。

- Default Domain Policy 影响域中的所有用户和计算机（包括作为域控制器的计算机）。该策略的 GUID 为"{31B2F340-016D-11D2-945F-00C04FB984F9}"，默认该策略已经启用，通过 GPMC 查看该策略如图 19-1 所示。
- Default Domain Controllers Policy，管理目标"Domain Controllers"容器，影响"Domain Controllers"容器中的域控制器，域控制器账户单独保存在该容器中。该策略的 GUID 为"{6AC1786C-016F-11D2-945F-00C04FB984F9}"，默认该策略已经启用，通过 GPMC 查看该策略如图 19-2 所示。

> **建议**
> 任何情况下，不建议在 Default Domain Policy 和 Default Domain Controllers Policy 策略中做更改设置。推荐做法为首先创建组策略对象，然后关联到目标组织单位，最后更改新建的组策略对象。

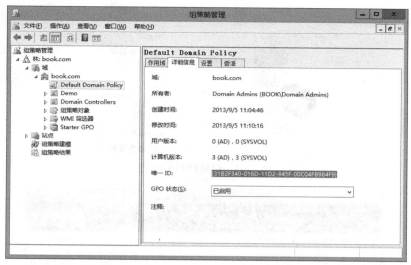

图 19-1 Default Domain Policy 策略信息

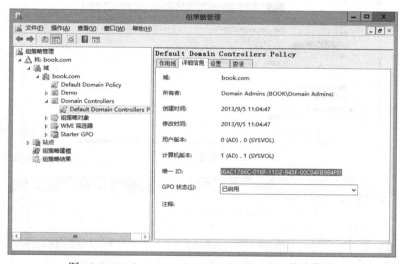

图 19-2 Default Domain Controllers Policy 策略信息

2. 组策略对象包含的内容

组策略对象的内容分为两部分：组策略容器（Group Policy Container，简称 GPC）和组策略模板（Group Policy Template，简称 GPT），如图 19-3 所示。

GPC 内容存储在 Active Directory 数据库中，记录组策略对象的属性和版本等信息。通过"Active Directory 管理中心"查看策略的 GPC。图 19-4 中的名称显示组策略对象 Global Unique Identifier（简称 GUID）信息。

GPT 存储组策略对象的设置值和相关文件，是一个文件夹，默认位置 "%systemroot%\sysvol\sysvol\域名\Policies"，系统使用组策略对象的 GUID 作为文件夹名称。本例中 Default Domain Policy（默认域策略）和 Default Domain Controllers Policy（默认域控制器策略）的 GPT 文件夹如图 19-5 所示。

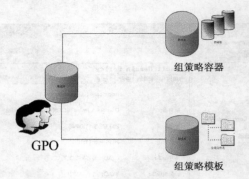

图 19-3　组策略对象组成

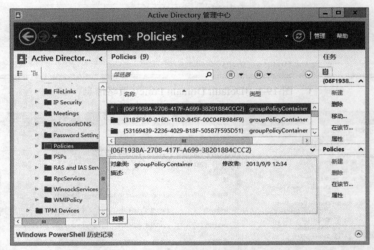

图 19-4　查看组策略对象信息

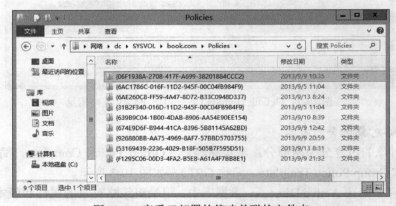

图 19-5　查看已部署的策略关联的文件夹

19.1.2　本地组策略和域组策略

组策略分为 2 种类型，即本地组策略和域组策略。

- 域组策略。基于森林、站点、域、组织单位的组策略都属于非本地组策略。存储在域控制器中，非本地组策略对象只能在 Active Directory 环境下使用。适用于组策略对象所关联的站点、域或组织单位中的用户和计算机。

- 本地组策略。本地组策略是只能在本机上使用的策略，对其他域用户（用户账户和计算机账户）无效。在工作组或者在单机环境下，本地组策略仅能管理当前环境下正在使用的计算机。如果当前的计算机已经加入域，但是没有登录到域中，本地组策略有效。

19.1.3　域组策略分类

域的策略分为 2 类：计算机配置策略和用户配置策略。

- 计算机配置策略：位于"组策略管理编辑器"中的"计算机配置"下，客户端计算机启动后在操作系统初始化以及系统检测周期内，没有登录到域之前生效。无论哪个用户登录到计算机，客户端计算机都将首先应用计算机配置策略。
- 用户配置策略：位于"组策略管理编辑器"中的"用户配置"下，用户登录到域中时生效。无论用户登录哪一台计算机，都将应用同样的用户配置策略。

19.1.4　组策略的应用时间

域对象更改后，新的配置不会立即对计算机和用户生效，必须等待域对象设置值应用到计算机和用户后才生效，计算机配置和用户配置的生效时间不同。Windows Server 2012 的组策略管理支持强制推送组策略到客户端计算机。

1. 计算机配置

目标是计算机的应用时间。

- 计算机开机时自动应用。
- 计算机如果已经启动，每隔一段时间后会自动应用。
  - ➢ 域控制器：默认每隔 5 分钟应用一次。
  - ➢ 非域控制器：默认每隔 90～120 分钟应用一次。
  - ➢ 不论策略是否更改，安全性配置策略默认每隔 16 小时应用一次。
- 手动强制刷新：使用"gpupdate /force"命令强制应用组策略，注意某些策略必须重新启动计算机后生效。

2. 用户配置

目标是用户的应用时间。

- 用户登录时自动应用。
- 用户如果已经登录：
  - ➢ 默认每隔 90～120 分钟应用一次。
  - ➢ 不论策略是否更改，安全性配置策略默认每隔 16 小时应用一次。
- 手动强制刷新：使用"gpupdate /force"命令强制应用组策略，注意某些策略用户重新登录后生效。

19.1.5　组策略处理规则

1. 默认处理规则

组策略不是对组（安全组、通信组）设置，而是对站点、域、组织单位的设置。组策略处理规则如下。

- 组策略具备继承规则。组织单位继承域的组策略，域继承站点的组策略。为父域部署的组策略，不能继承到子域上，域和域之间不能继承组策略。
- 组策略具备累加性。如果同是给站点、域、组织单位部署组策略，在组策略不冲突的前提下组织单位的用户同时继承所有的组策略。如果组策略之间冲突，站点和域的组策略冲突，域组策略优先级高。域和组织单位的组策略冲突，组织单位的组策略优先级高。
- 操作系统首先处理计算机配置策略，然后处理用户配置策略，计算机配置策略优先级高。如果二者之间有冲突，优先处理计算机配置策略。
- 组策略按序执行。如果同一个组织单位中，部署多条策略，按照策略顺序自上而下顺序执行策略，如图 19-6 所示。

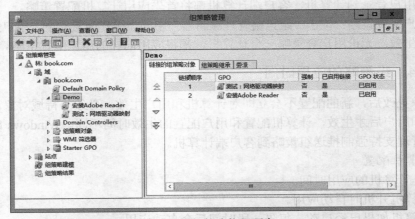

图 19-6　组策略执行顺序

- 策略优先级。Active Directory 架构中，下层结构的组策略优先级高于上层组策略的优先级，如图 19-7 所示显示组策略的层次结构。

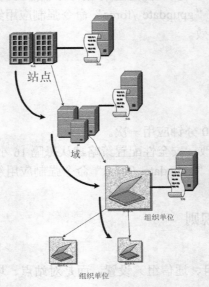

图 19-7　组策略架构

2. 阻止继承

组策略默认设置为自动继承父容器的策略，域管理员可以拒绝子容器继承来自父容器的策略，如图 19-8 所示。

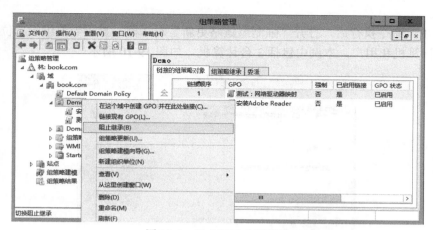

图 19-8　阻止继承功能菜单

19.1.6　强制继承

组策略默认设置为自动继承父容器的策略，但在某些应用如果策略之间出现冲突，需要强制应用父容器的策略，需要域管理员使用强制手段部署策略，即使已经部署"阻止继承"功能，子容器也会继承父容器的策略，如图 19-9 所示。

图 19-9　强制继承功能菜单

19.1.7　组策略更新

Windows Server 2012 提供"组策略更新"功能。当域管理员更新组策略后，以前版本中需要通过手动或者时间方式应用的组策略，通过"组策略更新"功能，域管理员可以立即将新策略推送到目标计算机中，并且在 10 分钟内强制更新目标计算机或者用户中的策略。

例如，组织单位"demo"中部署新策略，执行以下操作将强制更新目标计算机或者用户。

第 1 步，选择组织单位"demo"，右击"demo"，在弹出的快捷菜单中选择"组策略更新"命令。

第 2 步，命令执行后，打开"强制组策略更新"对话框，显示当前组织单位中即将强制应用的计算机和用户，本例中包括 3 台计算机，如图 19-10 所示。

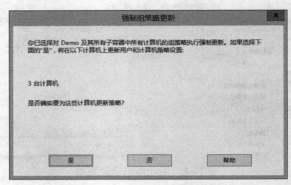

图 19-10　组策略更新之一

第 3 步，单击"是"按钮，输出组策略应用结果。本例中一台计算机应用成功，其余 2 台计算机应用失败（关机），如图 19-11 所示。

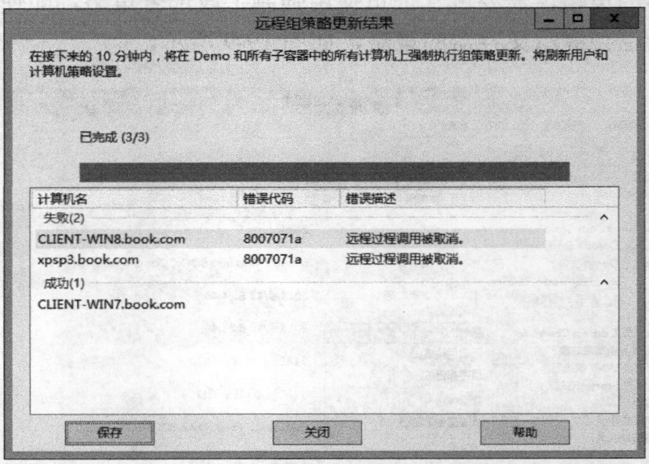

图 19-11　组策略更新之二

第 4 步，客户端计算机根据策略部署，当计算机重新启动或者用户注销后，执行策略完成管理任务。对于域管理员来说，不需要通过执行"Gpupdate /force"命令完成策略刷新操作，简化操作难度。

第 5 步，客户端计算机得到策略应用通知后，显示如图 19-12 所示的对话框。本例中设置用户处理，而不是计算机策略。键入"Y"注销当前登录的用户，重新登录后应用新的策略。

图 19-12　策略应用

19.1.8　更改管理用的域控制器

组策略默认首先保存在具有"PDC 主机角色"的域控制器中，然后通过复制同步其他域控制器。如果部署站点或者多域控制器环境，域管理员可以手动设置域控制器作为组策略的首选域控制器。

单击菜单栏的"操作"菜单，在显示的下拉菜单列表中选择"更改域控制器"命令，命令执行后，打开"更改域控制器"对话框，如图 19-13 所示。

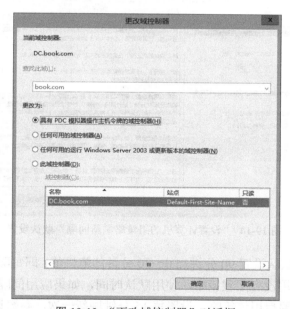

图 19-13　"更改域控制器"对话框

其中：

- 具有 PDC 模拟器操作主机令牌的域控制器。即 PDC 操作主机所在的域控制器，建议使用该值。
- 任何可用的域控制器。自动选择域中可用的域控制器。
- 任何可用的运行 Windows Server 2003 或更新版本的域控制器。通过组策略控制台使用手动模式选择一台域控制器。

- 此域控制器。域管理员使用组策略控制台正在连接的域控制器就是要选择的域控制器。

19.1.9　更改组策略的应用时间

1. 更改计算机配置的应用时间

选择"计算机配置"→"策略"→"管理模板"→"系统"→"组策略"选项，选择"设置计算机组策略刷新间隔"，默认设置如图 19-14 所示。默认该策略没有配置，但是仍然存在默认设置并生效。

默认情况下，计算机组策略会在后台每隔 90 分钟更新一次，并将时间作 0 到 30 分钟的随机调整。

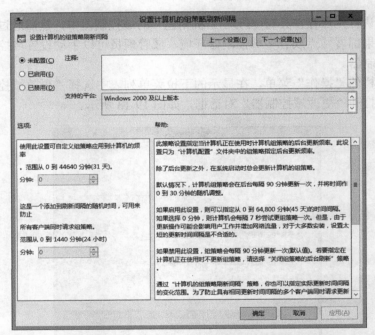

图 19-14　"设置计算机的组策略刷新间隔"默认设置

打开该策略后，默认设置 90 分钟加 0~30 分钟的随机值，即每隔 90~120 分钟应用一次。如果禁用或者使用没有配置策略，使用默认时间，如果应用间隔设置为 0，则每隔 7 秒钟应用一次。如果要启用该策略，设置每 15 分钟刷新一次，参数设置为：

- "使用此设置可自定义组策略应用到计算机的频率"选项设置为 15 分钟。
- "这是一个添加到刷新间隔的随机时间，可用来防止"选项设置为 0，不设置随机时间。

设置完成的参数如图 19-15 所示。单击"确定"按钮，完成策略设置。

2. 更改用户的应用时间

选择"用户配置"→"策略"→"管理模板"→"系统"→"组策略"选项，选择"用户的组策略刷新间隔"，默认设置如图 19-16 所示。

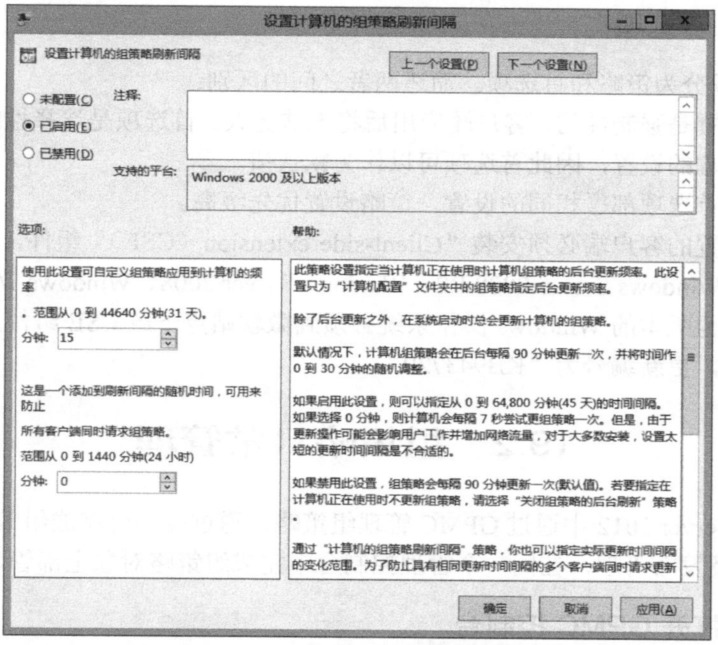

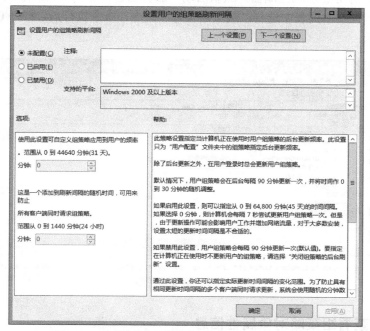

图 19-15　"设置计算机组策略刷新间隔"设置新属性

图 19-16　"设置用户的组策略刷新间隔"默认设置

　　打开该策略后，默认设置 90 分钟加 0～30 分钟的随机值，即每隔 90～120 分钟应用一次。如果禁用或者使用没有配置策略，使用默认时间，如果应用间隔设置为 0，则每隔 7 秒钟应用一次。策略设置方法和计算机策略相同，不再赘述。

19.1.10 首选项

组策略设置分为策略和首选项。简述两者之间的区别：

- 策略设置是强制性的，客户端应用后将无法更改。首选项是选择性的，用户可以更改客户端的设置，因此首选项可以作为默认值。
- 策略和首选项部署相同的设置，策略设置优先级高。
- 首先设置的客户端必须安装"Client-side extension（CSE）"组件，Windows Server 2012、Windows Server 2008 R2、Windows Server 2008、Windows 7/8 默认包含该组件。其他版本的 Windows 操作系统必须到微软站点下载 CSE 组件并安装到目标计算机中，更新编号为"KB943729"。

19.2 组策略日常管理

Windows Server 2012 中通过 GPMC 管理组策略，通过控制台完成组策略对象的创建、连接、设置以及发布管理，在同一个管理控制台中完成组策略对象全部管理。

19.2.1 打开 GPMC 控制台

以域管理员身份登录域控制器，默认启动"服务器管理器"，单击菜单栏的"工具"菜单，在显示的下拉菜单列表中选择"组策略管理"命令，命令执行后，打开 GPMC 控制台，如图 19-17 所示。

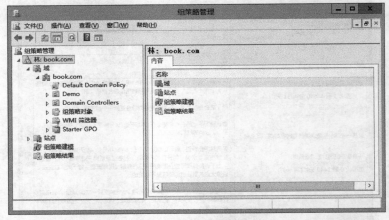

图 19-17　组策略控制台

19.2.2 查看组策略对象属性信息

域管理员可以通过 GPMC 查看组策略对象的属性信息，查看组策略对象的设置信息，明确了解组策略对象和默认策略相比做了哪些改动。

1. 作用域

打开 GPMC 控制台，选择目标组策略对象后，窗口右侧切换到"作用域"选项卡，其中：

- "链接"区域，显示选择的组策略对象已经链接的目标组织单位、域。
- "安全筛选"区域，显示"Authenticated Users"组，只要经过身份验证的用户都可以应用组策略。
- "WMI 筛选"区域，设置组策略对象的过滤条件，如图 19-18 所示。

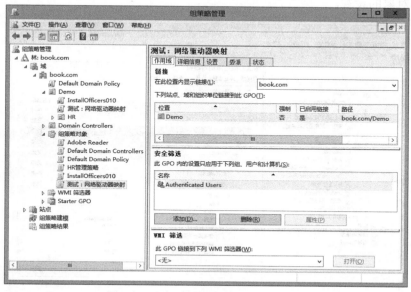

图 19-18　查看组策略对象"作用域"

2. 详细信息

选择目标组策略对象后，窗口右侧切换到"详细信息"选项卡，显示组策略对象的属性信息，如图 19-19 所示。建议组策略对象的 GUID，以及 GPO 的状态。

图 19-19　查看组策略对象"详细信息"

3．设置

选择目标组策略对象后，窗口右侧切换到"设置"选项卡，显示组策略对象的配置信息，如图 19-20 所示。本例中，策略目标创建名称为"Z"的网络映射驱动器，映射目标"\\dc\software"，在"用户配置"区域完成的映射。"设置"信息，可以帮助域管理员排错，显示组策略对象的设置。

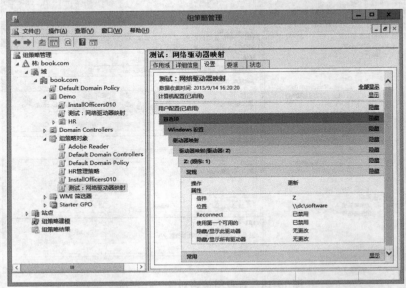

图 19-20　查看组策略对象"设置"

4．状态

选择目标组策略对象后，窗口右侧切换到"状态"选项卡，显示域控制器相关信息，如图 19-21 所示。显示域控制器之间的复制状态，以及当前域中的 PDC 角色所在的域控制器。

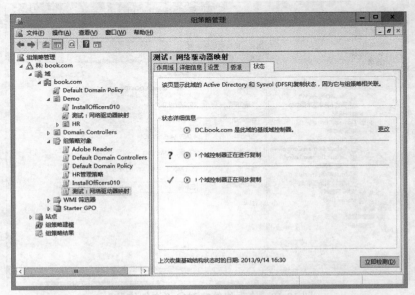

图 19-21　查看组策略对象"状态"

5. 委派

选择目标组策略对象后，窗口右侧切换到"委派"选项卡，显示安全方面的设置相关信息，如图 19-22 所示。"允许的权限"列表中显示对目标域组或者域用户设置的权限。

图 19-22 查看组策略对象"委派"

需要删除已经授权的目标域组或者域用户。选择目标后，单击"删除"按钮，删除目标域用户或域组。

需要添加新的目标域组或者域用户。单击"添加"按钮，打开"选择用户、计算机或组"对话框，设置目标域组、计算机或域用户，如图 19-23 所示。

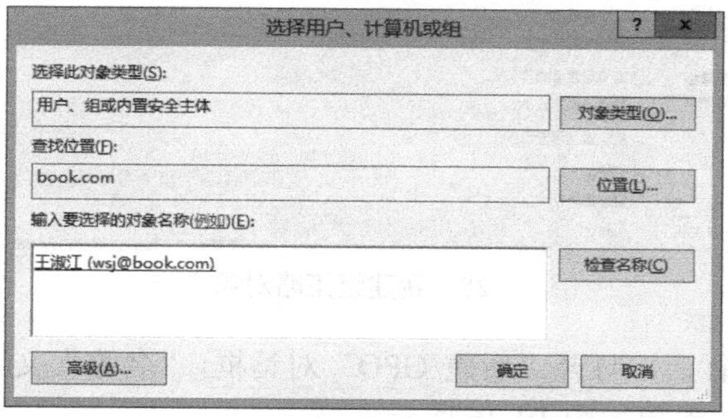

图 19-23 设置新的权限之一

单击"确定"按钮，打开权限设置对话框，设置目标用户具备的权限，允许域管理员设置以下权限。

- 读取。
- 编辑设置。
- 编辑设置、删除、修改安全性。

设置完成的参数如图 19-24 所示，单击"确定"按钮，完成目标域对象权限设置。

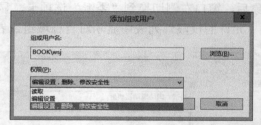

图 19-24　设置新的权限之二

19.2.3　创建组策略对象

组策略对象只能部署在域、组织单位而不是组中，域中默认创建两条策略：Default Domain Policy 和 Default Domain Controllers Policy，建议不要修改两条默认策略，应该创建新的组策略对象，然后配置新的组策略对象。

1. 新建组策略对象

本例中，在组织单位中创建名称为"组策略测试"组策略对象。

第 1 步，右击组织单位"demo"，在弹出的快捷菜单中选择"在这个域中创建 GPO 并在此处链接"命令，如图 19-25 所示。

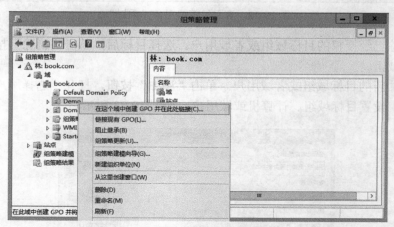

图 19-25　新建组策略对象之一

第 2 步，命令执行后，打开"新建 GPO"对话框，"名称"文本框中设置新组策略对象的名称，设置完成的参数如图 19-26 所示。

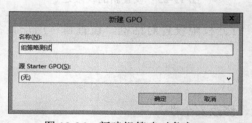

图 19-26　新建组策略对象之二

第 3 步，单击"确定"按钮，创建新的组策略对象。注意，如果该组织单位中已有组策略对象，按照创建对象的先后顺序排列，最后创建的组策略对象链接顺序值最大，优先级最低。组策略按照链接顺序执行策略，最后创建的最后执行。新建的组策略对象自动连接到当前组织单位，并继承到所有子容器中。设置完成的参数如图 19-27 所示。

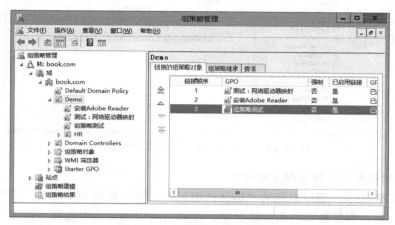

图 19-27　新建组策略对象之三

2. 链接已有的组策略对象

域管理员可以将已创建的组策略对象链接到不同组织单位中，组织单位可以共用同一个组策略对象，相互之间不会产生冲突。

第 1 步，右击组织单位"demo"，在弹出的快捷菜单中选择"链接现有 GPO"命令。

第 2 步，命令执行后，打开"选择 GPO"对话框，从"组策略对象"列表中选择需要链接的组策略对象，如图 19-28 所示。

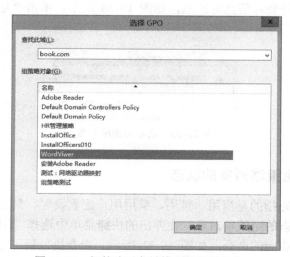

图 19-28　组策略对象链接到组织单位之一

第 3 步，单击"确定"按钮，选择的组策略对象链接到组织单位"demo"中，如图 19-29 所示。

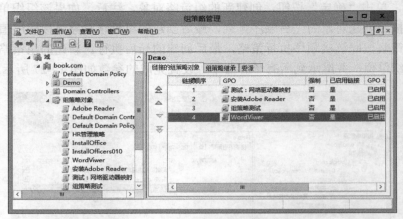

图 19-29　组策略对象链接到组织单位之二

3. 删除组织单位中链接组策略对象

如图 19-29 所示。窗口右侧的"链接的组策略对象"选项卡中显示组织单位中部署的组策略对象。右击需要删除的组策略对象，在弹出的快捷菜单中选择"删除"命令，命令执行后，根据提示删除组策略对象即可。注意，该操作并没有真正地删除组策略对象，只是删除组织单位中的链接。

19.2.4　删除组策略对象

删除组策略对象，执行该操作后删除目标组策略对象。如果该组策略对象链接到多个组织单位，也会同时删除在组织单位中的链接。

"组策略对象"节点中，右击需要删除的组策略对象，在弹出的快捷菜单中选择"删除"命令，命令执行后打开删除信息对话框，如图 19-30 所示。单击"是"按钮，删除目标组策略对象。

图 19-30　删除组策略对象

19.2.5　更改组策略对象的状态

组策略对象的状态指的是启用、禁用、禁用用户配置设置、禁用计算机配置设置等。右击选择需要更改状态的组策略对象，在弹出的快捷菜单中选择"GPO 状态"选项，在弹出的级联菜单中选择相应的命令，如图 19-31 所示。命令执行后，完成相应的管理功能。其中：

- 已启用。启用组策略对象，包括计算机配置和用户配置的所有功能。
- 已禁用用户配置设置。禁止使用用户配置相关的设置，只能使用计算机配置相关的设置。

- 已禁用计算机配置设置。禁止使用计算式配置相关的设置，只能使用用户配置相关的设置。
- 已禁用所有设置。禁止使用该组策略对象，该对象处于无效状态。

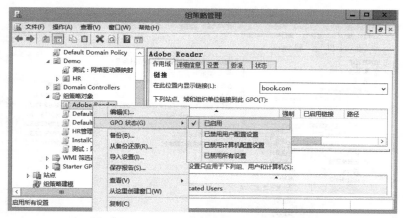

图 19-31 更改组策略对象的管理目标

19.2.6 编辑组策略对象

编辑组策略对象，设置组策略对象的设置。Windows Server 2012 中可用的配置多达数千条，管理员根据需要设置即可。注意，建议为每个组策略对象设置详细的"描述"信息，最好能描述清楚更改的配置。

右击需要设置的组策略对象，在弹出的快捷菜单中选择"编辑"命令，打开"组策略管理编辑器"，通过控制台设置需要的功能，如图 19-32 所示。

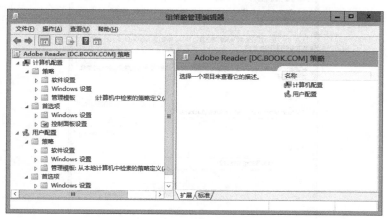

图 19-32 配置组策略对象设置

19.2.7 组策略对象备份

组策略对象备份，备份已经部署的所有组策略对象，可以将备份部署其他域环境或者当域出现故障后，通过备份恢复组策略对象。

第 1 步，打开 GPMC 控制台，右击"组策略对象"，在弹出的快捷菜单中选择"全部备份"命令，如图 19-33 所示。

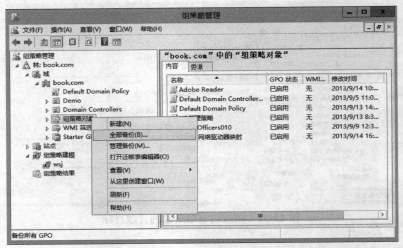

图 19-33　备份组策略对象之一

第 2 步，命令执行后，打开"备份组策略对象"对话框，其中：

- "位置"文本框中设置存储组策略对象的目标文件夹。
- "描述"文本框设置备份相关信息。

设置完成的参数如图 19-34 所示。

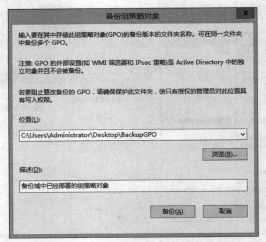

图 19-34　备份组策略对象之二

第 3 步，单击"备份"按钮，开始备份组策略对象，备份进程如图 19-35 所示。单击"确定"按钮，关闭备份对话框，完成组策略对象备份。

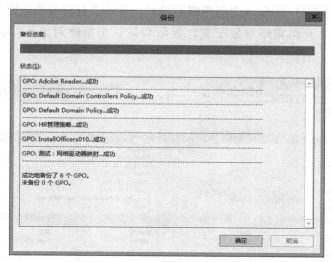

图 19-35 备份组策略对象之三

19.2.8 管理备份

通过"管理备份"功能查看已经补发的组策略对象，以及相关设置。

第 1 步，打开 GPMC 控制台，右击"组策略对象"，在弹出的快捷菜单中选择"管理备份"命令。

第 2 步，命令执行后，打开"管理备份"对话框，"已备份的 GPO"列表中显示已经备份的组策略对象，如图 19-36 所示。

图 19-36 管理备份之一

第 3 步，选择列表中的任一个组策略对象后，单击"查看设置"按钮，使用"Internet Explorer"浏览器打开组策略对象配置，显示和默认组策略对象不同设置，如图 19-37 所示。

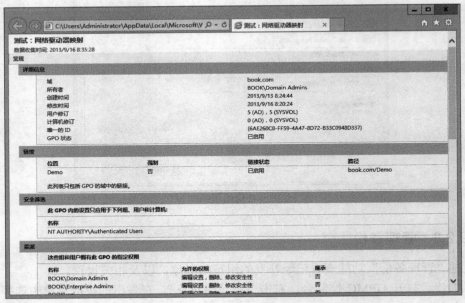

图 19-37　管理备份之二

第 4 步，选择需要还原的组策略对象，单击"还原"按钮，显示如图 19-38 所示的对话框。确定是否需要还原组策略对象。

第 5 步，单击"确定"按钮，开始还原组策略对象直至成功，如图 19-39 所示。

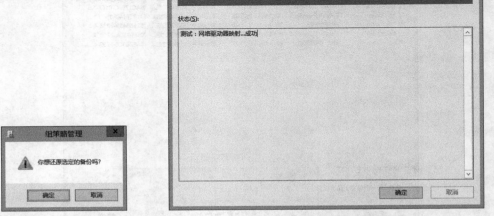

图 19-38　管理备份之三　　　　　　图 19-39　管理备份之四

19.2.9　复制 GPO

使用复制操作，将已有 GPO 设置直接传送到新 GPO 中，并为复制操作期间创建的新 GPO 指定一个新 GUID，并且将其解除链接。

第 1 步，右击需要复制的组策略对象，在弹出的快捷菜单中选择"复制"命令，如图 19-40 所示。

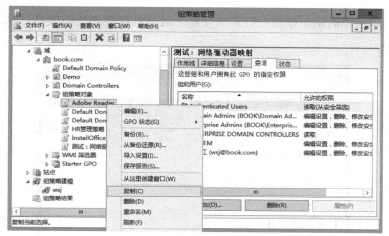

图 19-40　复制组策略对象之一

第 2 步，命令执行后，右击"组策略对象"节点，在弹出的快捷菜单中选择"粘贴"命令，如图 19-41 所示。

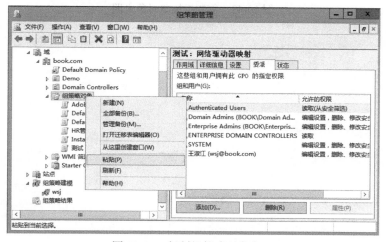

图 19-41　复制组策略对象之二

第 3 步，命令执行后，打开"复制 GPO"对话框。其中：

- "新 GPO 使用默认权限"选项，为新创建的 GPO 分配和"Default Domain Policy"策略相同权限。
- "保留现有权限"，对现有权限不做任何修改，如图 19-42 所示。

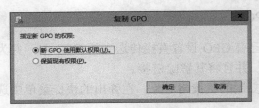

图 19-42　复制组策略对象之三

第 4 步，单击"确定"按钮，打开"复制"对话框创建新的组策略对象，创建过程如图 19-43 所示。

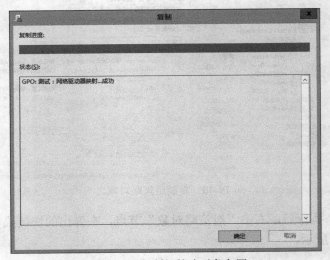

图 19-43　复制组策略对象之四

第 20 章　组策略应用——首选项设置

Windows Server 2008 R2 之后的组策略环境中，都包含一项新配置"首选项"。"首选项"和策略的最大不同之处是，"首选项"设置值用户可以更改，但是策略属于强制性，用户不能更改。因此"首选项"适合做默认设置。本章将以几个实例为例说明"首选项"的用法。

20.1　首选项分类

"首选项"通过 GPMC 控制台设置，同样分为"计算机配置"和"用户配置"。

20.1.1　计算机配置

计算机配置中的"首选项"设置针对计算机账户，分为"Windows 设置"和"控制面板设置"两部分，如图 20-1 所示。

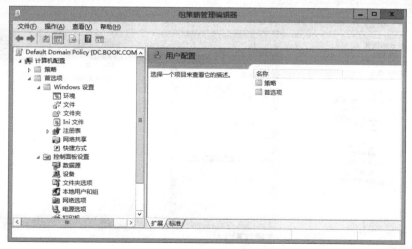

图 20-1 计算机配置"首选项"

"首选项"和策略还有一个不同点："首选项"将客户端计算机使用的操作系统区分得很明确，有的设置针对 Windows XP 操作系统，有的针对 Windows 7 操作系统等。例如"电源选项"相关的"首选项"，新建一个设置时，管理员需要根据目标操作系统的类型设置不同的方案，如图 20-2 所示。

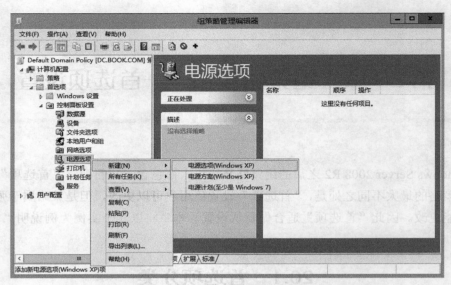

图 20-2　不同操作系统的"首选项"设置

20.1.2　用户配置

用户配置中的"首选项"设置针对用户账户，分为"Windows 设置"和"控制面板设置"两部分，如图 20-3 所示。

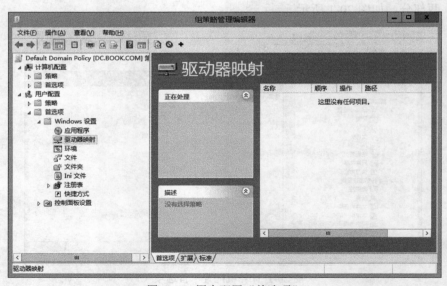

图 20-3　用户配置"首选项"

用户配置"首选项"同样根据操作系统版本不同，设置不同的参数，如图 20-4 所示。

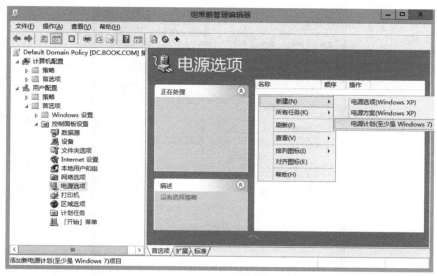

图 20-4　不同操作系统版本的首选项设置

20.2　批量部署映射磁盘

网络中部署文件服务器后，可能为不同部门映射不同的网络驱动器。域环境中，管理员可以通过主文件夹、登录脚本（bat、vbs）等方式完成磁盘映射。Windows Server 2008 R2之后的 AD DS 域服务中，为管理员提供更便捷的"驱动器映射"面板，在图形模式下完成网络驱动器映射功能。

20.2.1　映射驱动器的方法

部署 AD DS 域服务后，映射网络驱动器可以通过多种方法实现。

- Net 命令。部署用户启动脚本，通过 Net 命令映射驱动器，如图 20-5 所示。

图 20-5　命令行映射网络驱动器

- 主文件夹。设置域用户属性，通过设置主文件夹实现，如图 20-6 所示。
- "首选项"设置。本例中使用"首选项"完成网络驱动器映射。

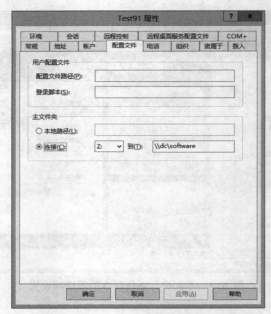

图 20-6　用户属性设置网络驱动器

20.2.2　部署"首选项"——映射驱动器

实际应用中，可能所有的用户需要映射名称为"Z"的网络驱动器，该磁盘连接应用程序安装文件夹，但是部分用户需要映射名称为"Y"盘的网络驱动器，"Y"盘仅提供部分用户或者组访问。

1．映射"Z"盘网络驱动器

映射名称为"Z"的网络驱动器，映射目标"\\dc\software"。本例以默认"Default Domain Policy"为例说明。

第 1 步，打开"组策略管理器"控制台，选择目标组策略对象，编辑该策略，选择"用户配置"→"首选项"→"Windows 设置"，选择"驱动器映射"选项。

右侧空白处，单击鼠标右键，在弹出的快捷菜单中选择"新建"选项，在弹出的级联菜单中选择"映射驱动器"命令，如图 20-7 所示。

第 2 步，命令执行后，打开"新建驱动器属性"对话框。其中：

- "操作"列表框中，选择操作模式为"更新"。
  - ➢ 设置为"创建"，在客户端计算机创建网络映射驱动器。
  - ➢ 设置为"替换"，如果客户端计算机已经存在网络驱动器，首先删除已有的网络驱动器，然后使用该设置替换，否则添加新的网络驱动器。
  - ➢ 设置为"更新"，修改客户端计算机的网络驱动器设置，不存在网络驱动器则添加新的网络驱动器。
  - ➢ 设置为"删除"，删除网络驱动器。

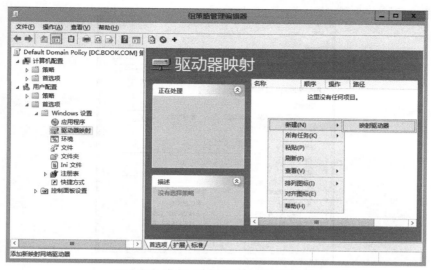

图 20-7　映射 "Z" 盘网络驱动器之一

- "位置" 文本框中键入共享文件夹的 UNC 路径。
- "使用" 列表框中键入网络驱动器映射盘符。

其他参数根据需要设置，设置完成的参数如图 20-8 所示。单击 "确定" 按钮，完成策略设置。注意该策略对所有操作系统通用。

图 20-8　映射 "Z" 盘网络驱动器之二

2. 映射 "Y 盘" 网络驱动器

同样的方法映射 "Y" 盘网络驱动器。

第 1 步，设置 "Y" 盘网络驱动器映射目标，如图 20-9 所示。

图 20-9　映射"Y"盘网络驱动器之一

第 2 步，切换到"常用"选项卡，选择"在登录用户的安全上下文中运行"和"项目级别目标"选项，如图 20-10 所示。其中：

- "如果发生错误，则停止处理该扩展中的项目"选项。当处理发生错误，则停止运行，不会继续处理下一个策略。
- "在登录用户的安全上下文中运行"选项。选择该选项后使用当前登录用户的安全属性处理"首选项"，而不是使用本地系统用户处理。
- "当不再应用项目时删除此项目"选项。当组策略对象删除后，客户端计算机中和策略对象设置都会被删除，但是"首选项"设置值将会被保留。选择该选项后，"首选项"值也会被删除。

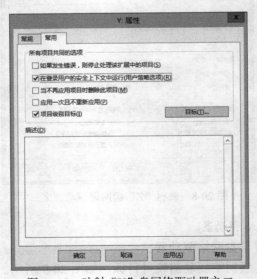

图 20-10　映射"Y"盘网络驱动器之二

- "应用一次且不重新应用"选项。客户端计算机会定期应用组策略对象的"首选项"值，如果用户更改"首选项"值，选择该设置后下一次应用后又恢复为原来"首选项"设置值。
- "项目级别目标"选项。默认"首选项"值作用域是所有用户或者计算机，选择该选项后，可以精确控制目标用户或者计算机。

第 3 步，单击"目标"按钮，打开"目标编辑器"对话框，如图 20-11 所示。

第 4 步，单击"新建项目"按钮，在弹出的所有选项（如图 20-12 所示）中选择需要的设置，本例中选择"安全组"选项。

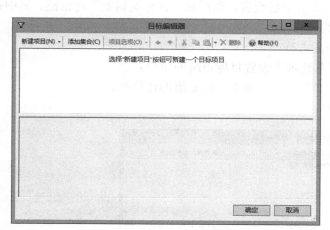

图 20-11　映射"Y"盘网络驱动器之三　　　　图 20-12　映射"Y"盘网络驱动器之四

第 5 步，选择"安全组"选项后，对话框上方的文本框中添加"用户是安全组的成员"参数，如图 20-13 所示。

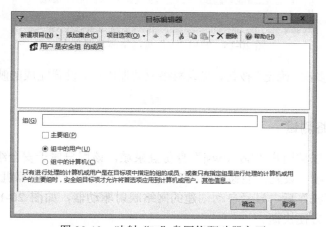

图 20-13　映射"Y"盘网络驱动器之五

第 6 步，单击"组"右侧的"…"按钮，打开"选择组"对话框，设置安全组名称，设置完成的参数如图 20-14 所示。

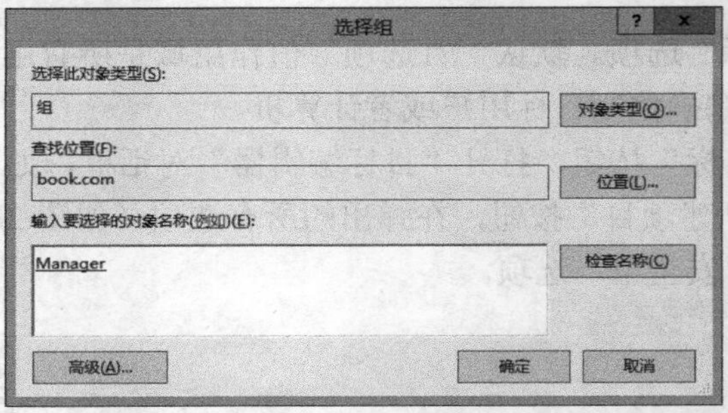

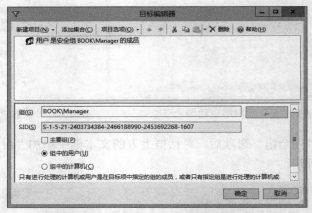

图 20-14　映射"Y"盘网络驱动器之六

第 7 步，单击"确定"按钮，完成安全组设置，返回到"目标编辑器"对话框。其中：

- "组"文本框中显示目标组的名称。
- "SID"文本框显示组的安全标志符。
- 如果选择"组中的用户"，"首选项"设置目标是组的用户。
- 如果选择"组中的计算机"，"首选项"设置目标是组的计算机。

设置完成的参数如图 20-15 所示。

图 20-15　映射"Y"盘网络驱动器之七

第 8 步，单击多次"确定"按钮，完成网络驱动器映射，设置完成的映射列表如图 20-16 所示。

20.2.3　策略测试

策略生效后，以域用户"book\wsj"身份登录域，该用户属于安全组"Manager"中的用户，根据"首选项"设置，能够访问"Z"和"Y"盘。客户端计算机运行 Windows 7 操作系统打开"计算机"后，显示自动创建的网络映射驱动器，如图 20-17 所示。从管理角度看，这种方式更方便快捷。

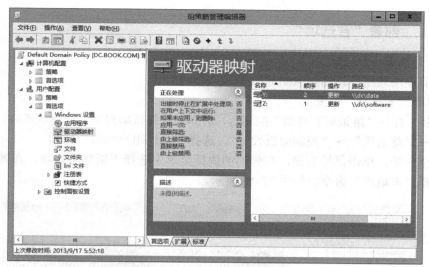

图 20-16　映射"Y"盘网络驱动器之八

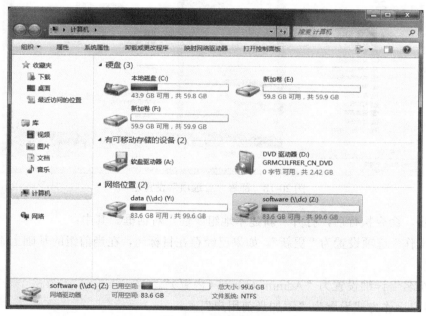

图 20-17　策略验证

20.3　登录用户添加到本地管理员组

　　某些企业应用中，用户需要"本地管理员"组的权限，需要将每一个在计算机中登录的用户都添加到 Administrators 组中，但是不能赋予"Everyone"用户"本地管理员"的权限。在登录用户可以确认的场合，将目标用户或者组添加到 Administrators 组即可；在登录不确认的场合，需要不停地添加用户到 Administrators 组中。Windows Server 2012 AD DS 域服务中，提供的"首选项"功能可以方便地将登录用户添加到 Administrators 组中。

20.3.1 部署"首选项"

1. 部署任务

将当前登录域用户添加到 Administrators 组。

2. 部署"首选项"设置

第 1 步，打开"组策略管理器"控制台，选择目标组策略对象，编辑该策略，选择"用户配置"→"首选项"→"控制面板设置"，选择"本地用户和组"选项。

右侧空白处，单击鼠标右键，在弹出的快捷菜单中选择"新建"选项，在弹出的级联菜单中选择"本地组"命令，如图 20-18 所示。

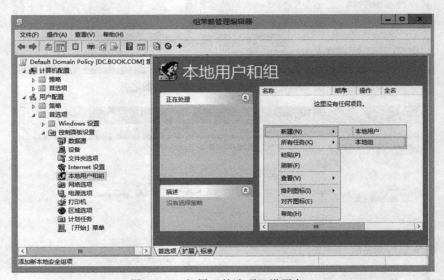

图 20-18 部署"首选项"设置之一

第 2 步，命令执行后，打开"新建本地组属性"对话框。其中：

- "操作"选项设置为"更新"。如果已经存在目标组，在当前组的基础上添加新的设置。
- "组名"详细设置为"Administrators（内置）"。
- 用户操作方式设置为"添加当前用户"。
  - ➢ 选择"删除当前用户"，将当前登录用户从目标组中删除。
  - ➢ 选择"不要为当前用户配置"，则不对当前登录做任何操作，保持原目标组的成员。
  - ➢ 选择"删除所有成员用户"，将目标组的所有用户删除。
  - ➢ 选择"删除所有成员组"，删除选择的组。
- 如果要为当前组添加新"成员"，单击"成员"区域的"添加"按钮，选择目标用户或者组即可。

设置完成的参数如图 20-19 所示。

图 20-19　部署"首选项"设置之二

第 3 步，单击"确定"按钮，创建或者更新新组。设置完成的"首选项"如图 20-20 所示。

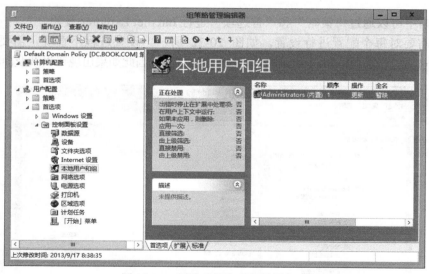

图 20-20　部署"首选项"设置之三

20.3.2　策略测试

策略生效后，以域用户"book\wsj"身份登录域，该用户默认属于"Users"组。客户端计算机运行 Windows 7 操作系统，打开"Administrators"组后，当前登录用户添加到"Administrators"组。以用户"demo"身份登录，同样加入到"Administrators"组，如图 20-21 所示。

图 20-21　策略验证

20.4　Internet Explorer 浏览器设置

当网络中的计算机数量较多，且使用 Internet Explorer 浏览器时，调整 Internet Explorer 设置相对比较繁琐。"首选项"为管理员提供一个较好的选择。

20.4.1　Internet Explorer 设置

组策略中可以通过"策略"和"首选项"进行 Internet Explorer 设置。

策略需要对每个配置进行设置，如图 20-22 所示。设置过程不直观，需要管理员对 Internet Explorer 十分了解，由于组策略作用域影响比较大，因此如果出现错误波及面将会很大。

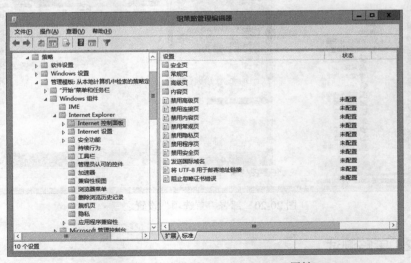

图 20-22　策略设置 Internet Explorer 属性

"首选项"策略，提供直观的"Internet Explorer 设置"设置界面，通过和 Internet Explorer 浏览器中近乎完全相同的模式设置 Internet Explorer 参数，简化操作复杂度，降低出错的几率，如图 20-23 所示。缺点是"首选项"的设置可以被客户端计算机登录更改。

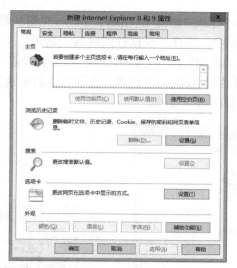

图 20-23 "首选项"设置 Internet Explorer 属性

20.4.2 部署"首选项"

1. 部署任务

设置 Internet Explorer 浏览的"受信任的区域"区域和"本地 Intranet"区域。

2. 部署"首选项"设置

第 1 步，打开"组策略管理器"控制台，选择目标组策略对象，编辑该策略，选择"用户配置"→"首选项"→"控制面板设置"，选择"Internet 设置"选项。

右击"Internet 设置"，在弹出的快捷菜单中选择"新建"选项，在弹出的级联菜单中选择"Internet Explorer 8 和 9"命令，如图 20-24 所示。注意 Internet Explorer 版本不同，设置区域也有所不同，根据需要选择需要设置的 Internet Explorer 版本。

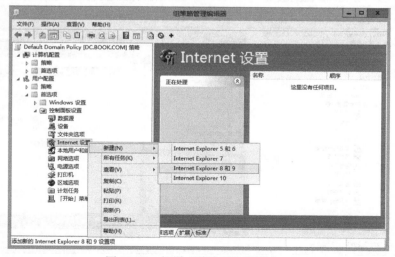

图 20-24 部署"首选项"设置之一

第 2 步，命令执行后，打开"新建 Internet Explorer 8 和 9 属性"对话框。切换到"安全"选项卡，如图 20-25 所示。选择"受信任的区域"选项。

第 3 步，单击"自定义级别"按钮，打开"受信任的区域"对话框，设置"ActiveX"的相关操作，本例中全部启用"ActiveX"选项。设置完成的参数如图 20-26 所示。单击"确定"按钮，完成"受信任的区域"设置。

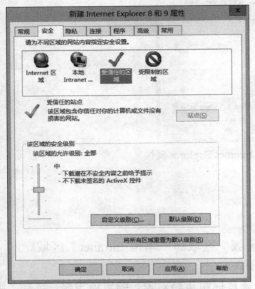

图 20-25　部署"首选项"设置之二

图 20-26　部署"首选项"设置之三

第 4 步，同样的方法进行"本地 Intranet"区域设置，参数设置完成后，单击"确定"按钮，完成"首选项"设置，返回 GPMC 控制台，如图 20-27 所示。

图 20-27　部署"首选项"设置之四

20.4.3　策略测试

策略生效后，以域用户"book\wsj"身份登录域，该用户默认属于"Users"组。客户端计算机运行 Windows 7 操作系统，浏览器版本为"Internet Explorer 9"，打开"Internet 选项"→"受信任的站点区域"，可以看到 ActiveX 的相关设置已经启用，如图 20-28 所示。

图 20-28　策略验证

第 21 章 组策略应用——保护 IE 浏览器

某企业部署 AD DS 域服务，客户端计算机运行 Windows 操作系统，大部分用户使用 Internet Explorer 浏览器访问互联网（开放式访问），经常被网页病毒和木马搞得心力憔悴，尤其是浏览器方面的问题更是让 ITPro 叫苦不迭。如何搬掉这座"拦路虎"，成为 ITPro 的棘手难题。本章将从组策略方面探讨解决该问题的可行性方法。

21.1 基本安全性保护措施

本例中将对网络环境做概要介绍。

21.1.1 网络环境

网络环境如下。
- 服务器端使用 Windows Server 2012 操作系统。
- 部署 AD DS 域服务。
- 客户端使用 Windows XP 操作系统并升级到 SP3。
- 客户端计算机以域用户身份登录。
- 域用户添加到"Power Users"中。
- 允许域用户在本地计算机中安装软件。
- 浏览器版本为 Internet Explorer 8.0。

21.1.2 域中采取的措施

针对以上需求，采取以下安全措施。
- 部署补丁更新系统（例如 WSUS 或者其他方式），并及时更新补丁。
- 网络中的客户端计算机统一安装"安全卫士"之类的安全软件，但是部分计算机配置较低。
- 网络中统一部署防病毒软件，并及时更新病毒库。
- 客户端计算机打开 Windows 防火墙，Windows XP 操作系统更新到 SP3 之后默认已经打开防火墙。如果防火墙没有开启，可以通过组策略统一部署强制打开防火墙。

21.2 保护浏览器

本例中域用户添加到"Power Users"组，该组中用户具备较高权限，因此通过 Internet

Explorer 浏览器访问 Internet 时，由于权限继承关系 Internet Explorer 浏览器具备较高权限。

21.2.1　安全级别

Windows XP 以上版本操作系统中提供 5 个系统安全级别：不允许的、不信任的、受限的、基本用户以及不受限的。各个安全级别简单说明如下。

- 不允许的。无论用户的访问权限如何，软件都不会运行，无条件地阻止程序执行和文件打开操作。
- 不信任的。允许程序访问已授权的资源，不允许访问管理员、"Power User"特权以及个人授予的特殊权限资源。表现形式是程序无法运行。
- 受限的。无论用户的访问权限如何，软件都无法访问某些资源，例如加密密钥和凭据。比"基本用户"限制更多，仅享有"跳过遍历检查"的特权。
- 基本用户。允许程序访问一般用户可以访问的资源，但没有管理员、"Power User"的访问权限，具备"跳过遍历检查"的特权。
- 不受限的。软件访问权由用户的访问权来决定。最高权限，并不是完全不受限制，而是由父进程权限决定受限制的程度。

安全级别的访问权限由高到低依次为不受限的→基本用户→受限的→不信任的→不允许的。

21.2.2　权限分析

1. 管理员身份打开 IE 浏览器安全性

当用户以管理员身份登录并打开 Internet Explorer 浏览器时，默认开启以下 5 项特权。

- SeChangeNotifyPrivilege（跳过遍历检查）。
- SeCreateGlobalPrivilege（创建全局对象）。
- SeImpersonatePrivilege（身份验证后模拟客户端）。
- SeLoadDriverPrivilege（装载或卸载设备驱动程序）。
- SeUndockPrivilege（从插接工作站中取出计算机）。

通过"Process Explorer"工具可以查看 Internet Explorer 浏览器默认启用的特权，如图 21-1 所示。因此，以管理员方式打开的 Internet Explorer 浏览器，通过地址栏打开 Windows 系统文件夹和 Program Files 文件夹、注册表后，对上述位置具备"完全控制"的权限。

2. "基本用户"身份打开 IE 浏览器安全性

基本用户默认隶属于"Users"→"Authenticated Users"→"Everyone"以及"INTERACTIVE"组，对系统变量和用户变量具备"完全控制"的权限，对"Windows"系统文件夹和"Program Files"文件夹具备"只读"权限，"Document and Setting"文件夹中对当前用户目录具备"完全控制"的权限，其他目录具备"拒绝"访问的权限。对系统注册表除"HKCU"之外仅具备"读取"权限。

当以"基本用户"身份打开 Internet Explorer 浏览器时，默认开启"SeChangeNotifyPrivilege（跳过遍历检查）"一项特权。通过"Process Explorer"工具可以查看 Internet Explorer 浏览器默认启用的特权（如图 21-2 所示）。该特权仅在浏览文件夹时起作用。

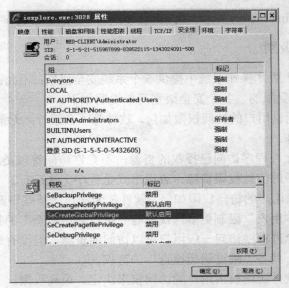

图 21-1　管理员浏览器特权

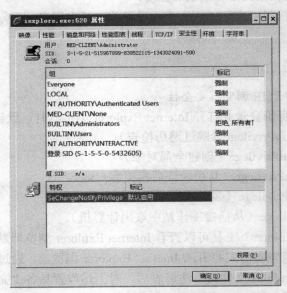

图 21-2　基本用户浏览器特权

21.2.3　权限继承

1. 权限继承

Windows 系统中默认开启"权限继承"功能，如果以管理员身份打开"iexplore.exe（Internet Explorer 浏览器运行主程序）"，通过"iexplore.exe"在地址栏中打开其他应用程序（例如"cmd.exe"），打开的程序将以管理员身份运行。打开命令行窗口后运行"net.exe"命令，能够完成创建用户、删除用户以及更改密码等操作。"iexplore.exe"成为"cmd.exe"的父进程，"cmd.exe"是"net.exe"的父进程，"net.exe"继承"cmd.exe"的权限，"cmd.exe"继承"iexplore.exe"的权限，由于在应用程序没有部署限制策略的情况下，Internet Explorer

浏览器以管理员身份运行，因此"cmd.exe"、"net.exe"都以管理员身份运行。

权限继承模式：iexplore.exe（管理员）→cmd.exe（管理员）→net.exe（管理员）。

2. 最小权限原则

本例中如果将"cmd.exe"的安全级别设置为"基本用户"，"iexplore.exe"以管理员身份运行并打开"cmd.exe"应用程序，运行"net.exe"程序执行删除用户操作，将提示"发生系统错误 5，拒绝访问"信息，如图 21-3 所示。

权限继承模式：iexplore.exe（管理员）→cmd.exe（基本用户）→net.exe（基本用户），最后执行程序最终权限取决于父进程权限和当前进程权限中的最低权限，即最小权限原则。

图 21-3　权限继承测试

3. 保护模式

如果 Internet Explorer 浏览器以"基本用户"方式运行，通过 Internet Explorer 浏览器执行应用程序的最高权限将不高于"基本用户"所属的安全级别，即使病毒或者木马下载到本地计算机中，由于权限限制，也无法对 Windows 系统文件夹、Program File 文件夹以及注册表位置进行更改，从而达到保护客户端计算机的目的。

21.2.4　设置安全级别

1. 查看安全级别

Windows XP 操作系统安装完成后，当前用户默认安全级别是"不允许的"和"不受限的"。通过"runas /showtrustlevels"命令，可以查看计算机的安全级别，如图 21-4 所示。

图 21-4　默认安全级别

2. 手动启用所有安全级别

启用其他安全级别，可以通过修改注册表方式完成。打开注册表编辑器"regedit"，在"HKEY_LOCAL_MACHINE\SOFTWARE\Policies\Microsoft\Windows\Safer\CodeIdentifiers"下新建类型为"DWORD"的"Levels"键，键值为 0x31000，即可打开所有安全级别，如图 21-5 所示。

图 21-5　新建"Levels"键值

安全级别在注册表中的键值如表 21-1 所示。默认安全级别"DefaultLevel"键值为"0x40000"，对应的安全级别为"不允许的"和"不受限的"。安全级别"Levels"键值为"0x31000"，计算模式为 0x01000 + 0x10000 + 0x2000，即启用"不信任的"、"受限的"以及"基本用户"安全级别。当前操作系统所有安全级别为 Levels+DefaultLevel 两者之和，即 0x31000+0x40000=0x71000。

表 21-1　　　　　　　　　　　　　　安全级别列表

键值名称（英文）	键值名称（）中文	键　　值
SAFER_LEVELID_DISALLOWED	不允许的	0x00000
SAFER_LEVELID_UNTRUSTED	不信任的	0x01000
SAFER_LEVELID_CONSTRAINED	受限的	0x10000
SAFER_LEVELID_NORMALUSER	基本用户	0x20000
SAFER_LEVELID_FULLYTRUSTED	不受限的	0x40000

关闭注册表编辑器后，通过"Runas /Showtrustlevels"查看用户已经启用的安全级别，如图 21-6 所示。

3. 脚本启用安全级别

将下列内容保存为"sec.reg"注册表文件。双击该注册表文件，根据提示信息确认即可导入到注册表中。脚本内容：

```
Windows Registry Editor Version 5.00
[HKEY_LOCAL_MACHINE\SOFTWARE\Policies\Microsoft\Windows\safer\codeidentifiers]
"Levels"=dword:00031000
```

将上述注册表文件保存到网络中文件服务器共享文件夹中，新建批处理文件（sec.bat），内容如下。执行该批处理文件同样可以完成注册表设置功能。

```
Regedit –s \\192.168.0.1\software\sec.reg
```

图 21-6　查看所有安全级别

21.2.5　部署用户限制策略

以域管理员身份登录域控制器，使用 GPMC 打开组策略管理控制台，新建名称为"浏览器安全策略"组策略对象，部署计算机启动脚本策略和浏览器限制策略。

1. 计算机启动策略

编辑"浏览器安全策略"对象，打开"组策略管理编辑器"，选择"计算机配置"→"策略"→"Windows 设置"→"脚本"选项，如图 21-7 所示。

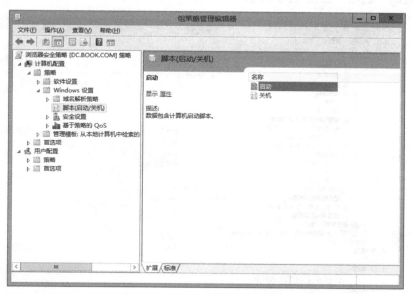

图 21-7　"组策略管理编辑器"窗口

右侧窗格中选择"启动"选项，打开"启动 属性"对话框，单击"添加"按钮，选择脚本"sec.bat"，注意脚本位于"Sysvol"共享文件夹（\\book.com\SysVol\book.com\Policies\ {3553201C-7B18-413B-AAB5-5BCB637E9ABC}\Machine\Scripts\Startup）中，设置完成的参数如图 21-8 所示。单击"确定"按钮，完成策略部署。策略生效后，组织单位中所有计算机中将自动创建"Level"注册表项，目标计算机中打开所有安全级别。

图 21-8 "启动 属性"对话框

2. 浏览器限制策略

打开"组策略管理编辑器"，选择"计算机配置"→"策略"→"Windows 设置"→"软件限制策略"→"其他规则"选项，右侧窗格中单击鼠标右键，在弹出的快捷菜单中选择"新建路径规则"选项，如图 21-9 所示。

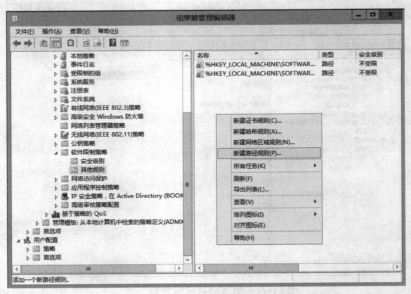

图 21-9 创建路径规则

命令执行后，打开"新建路径规则"对话框。在路径文本框中键入 Internet Explorer 浏览器完整名称"IEXPLORE.EXE"，"安全级别"设置为"基本用户"。单击"确定"按钮，完成 Internet Explorer 浏览器的降权设置（如图 21-10 所示）。

图 21-10　设置 Internet Explorer 浏览器限制策略

同样的方法降低网络中其他浏览器的安全级别，例如遨游浏览器（Maxthon.exe）、火狐浏览器（firefox.exe）等。

> **注意**
> 软件限制策略编写方式。应用程序"iexplore.exe"匹配操作系统所有名称为"iexplore.exe"的应用程序，应用程序改名后策略将不再生效。应用程序路径为"C:\Program Files\Internet Explorer\iexplore.exe"，仅对 "C:\Program Files\Internet Explorer" 路径下的 "iexplore.exe" 程序生效，其他目录中的 "iexplore.exe" 不受策略影响。含有绝对路径的策略优先级高于以 "iexplore.exe" 方式部署的策略。

21.3　保护 IE 存储区域

21.3.1　网页存储访问保护机制

1．网页存储

浏览网页时页面中的所有内容，首先保存到 Internet Explorer 临时文件夹中，然后从临时文件夹中加载需要打开的网页。网页内容（无论安全与否）默认存储在系统指定位置，网页病毒或者木马通过此方式下载到本地计算机后，如果具备较高的权限（administrators 组、Power Users 组），病毒或者木马将在客户端计算机安装运行。

2．网页保护模式

通过软件限制策略，对浏览器临时存储目录设置"不允许的"权限，目标文件夹的病毒或者木马因为权限不足不能执行，从而达到保护浏览器的目的。

Windows XP 系统中浏览器临时文件默认存储位置包括两部分。

- %USERPROFILE%\Local Settings\Temporary Internet Files
- %USERPROFILE%\Local Settings\Temporary Internet Files\Content.IE5\

后者是通过浏览器下载的应用程序执行目录，对上述文件夹部署软件限制策略，限制两个文件夹中应用程序的运行。

21.3.2 限制存储区域中应用程序运行

打开"组策略控制台"，创建"新路径规则"策略，在"路径"文本框中键入需要禁止的目标文件夹，在"安全级别"列表中选择"不允许的"，如图 21-11 和图 21-12 所示，即不允许该文件夹中的应用程序执行。单击"确定"按钮，创建新策略。

图 21-11　部署限制策略之一　　　　　图 21-12　部署限制策略之二

根据需要创建其他策略，创建成功的策略如图 21-13 所示。

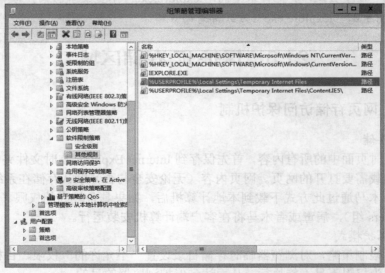

图 21-13　部署的所有限制策略

策略生效后，客户端计算机使用 Internet Explorer 浏览器下载并执行应用程序后，将显示如图 21-14 所示的错误信息。

图 21-14　限制错误提示

21.4　最佳实践

　　当前案例中的客户端计算机以域用户身份登录网络，域用户添加到"Power Users"组中，建议域用户不要添加到该组中，添加到本地"Users"组中即可。"Users"组中的用户对 Windows 系统文件夹、Program Files 文件夹以及注册表非 HKCU 项具备"读取"的权限，"Documents and Settings"文件夹中非当前用户目录不能访问。因此当访问 Internet 时，即使有网页病毒或者木马通过 Internet Explorer 浏览器下载到客户端计算机中，因为权限的原因也不能将病毒或者木马主体文件写入到系统文件夹中，不能修改关键注册表值，在辅助"安全卫士"等其他安全性产品，将有效地防止网页病毒和木马。

　　以"Users"组身份的域用户登录计算机，打开使用 Internet Explorer 浏览器时，仍然具备"SeChangeNotifyPrivilege（跳过遍历检查）"、"SeCreateGlobalPrivilege（创建全局对象）"以及"SeUndockPrivilege（从插接工作站中取出计算机）"特权，通过"Process Explorer"工具查看 Internet Explorer 浏览器安全性如图 21-15 所示。因此建议通过"保护 Internet Explorer 浏览器"方式对 Internet Explorer 浏览器使用降权以及及时清除 Internet Explorer 浏览器临时文件。

图 21-15　域用户安全性

　　案例中的域用户具备安装软件的能力，客户端计算机需要安装软件时，建议通过组策略控制台通过"软件安装"策略统一部署软件，尽量降低域用户独立安装软件的权限。

　　通过以上设置，即使将域用户添加到"Power Users"组中，域用户也可以畅游互联网，无须担心网页病毒和木马，同时良好的使用习惯也是保证计算机安全的重要举措。

第 22 章　组策略应用——安装软件

安装软件是域管理员的日常工作。网络中部署域服务后，利用"软件安装"策略，管理员可方便地批量部署 MSI 格式的应用程序。如果部署的目标程序非 MSI 格式，可以使用"Advanced Installer"等工具重新封装成 MSI 格式后部署。本章将通过 2 个案例阐述如何通过组策略部署软件安装。

22.1　组策略安装软件

组策略安装应用程序，为管理员批量部署应用程序提供了一个简单、快捷的方法。例如网络中有 300 台计算机，需要安装应用程序"Adobe Reader 10"，如果单台安装可能需要 N 人 N 个工作日才能完成。通过组策略中的"计算机配置"策略部署后，域用户重新启动计算机后出现登录窗口前，将会自动完成应用程序的安装，安装过程完全在后台完成，无须用户参与。虽然该方法简单易行，但是不合适部署较大的应用程序，需要根据实际情况考虑网络带宽使用情况。本例中将通过组策略部署应用程序"Adobe Reader"，完成应用程序的安装、升级。

22.1.1　环境准备

1. 下载 Adobe Reader 10

Adobe Reader 10 常见安装格式为"exe"格式，通过域环境部署"Adobe Reader 10"，需要"MSI"格式的安装程序包。如果不想通过第三方工具转换格式，可以到"ftp://ftp.adobe.com/pub/adobe/reader/win/"下载"MSI"格式的安装包。本例中下载"10"和"11"两个版本的安装程序。首先部署策略安装版本 10，然后升级到版本 11。

2. 创建共享文件夹

服务器创建一个共享文件夹 Software，将 Adobe Reader 10 和 11 MSI 安装程序复制到该目录下，并且设置访问权限（最少赋予"读取"的权限）。

3. 迁移用户和计算机

如果要为域用户部署安装策略，将目标用户移动到目标组织单位中。如果要对计算机部署安装策略，将计算机移动到目标组织单位中。本例中用户和计算机都移动到"demo"组织单位中。

4. 创建组策略对象

以域管理员身份登录域控制器，打开"组策略管理"控制台，在组织单位"demo"下创建名称为"InstallAdobe"的域对象，如图 22-1 所示。

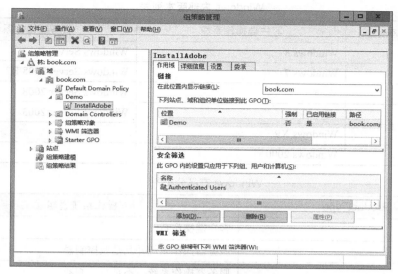

图 22-1　新建组策略对象

22.1.2　WMI 筛选器

创建新的组策略对象后，组策略将被应用到目标组织单位中的所有计算机和用户。如果要对组织单位中的角色和用户进行分类的话，可以使用 WMI 筛选器完成分类操作。例如，为客户端计算机计算机部署应用程序，Windows 7 操作系统安装一个版本，Windows XP 操作系统安装一个版本。

1. 常用筛选一：筛选操作系统版本

Windows 系列产品分为客户端操作系统和服务器操作系统，每个操作系统都有各自的内部版本号。操作系统启动后，登录用户可以通过"ver"命令查看当前的版本，例如 Windows Server 2012 的内部版本号如图 22-2 所示。表 22-1 列出 Windows 系列产品内置版本号，当域管理员要为不同的操作系统安装不同的应用程序时，可以通过操作系统内部版本决定为目标操作系统安装哪种类型的应用程序。

操作系统分为服务器和客户端两类，服务器又分为域控制器和成员服务器，因此区别操作系统之后还要区分服务器类型。使用"WMI"筛选器时，可以通过"ProductType"字段区分计算机的性质，如表 22-2 所示。

图 22-2　"Ver"命令确认操作系统版本号

表 22-1　　　　　　　　　　　　　　　Windows 内部版本列表

内部版本	客户端操作系统	服务器操作系统
6.2	Windows 8	Windows Server 2012
6.1	Windows 7	Windows Server 2008 R2
6.0	Vista	Windows Server 2008
5.2		Windows Server 2003
5.1	Windows XP	
5.0	Windows 2000	

表 22-2　　　　　　　　　　　　　　　Windows 产品分类说明

ProductType	操作系统说明
1	客户端操作系统
2	服务器操作系统并且是域控制器
3	服务器操作系统，不是域控制器

2. 常用筛选二：筛选不同类型的操作系统

Windows 操作系统分为 x86 和 x64 两个系列，每个版本的 Windows 操作系统都包括两个版本，因此安装软件时可能根据不同类型的操作系统安装不同的软件。

创建筛选器时，首先连接"root\CIMv2"命名空间，然后键入以下命令。

```
select * from Win32_OperatingSystem where OSArchitecture = "64-bit"
select * from Win32_OperatingSystem where OSArchitecture = "32-bit"
```

最后将筛选器应用到组策略对象中即可。

3. 创建 WMI 筛选器

第 1 步，以域管理员身份登录域控制器，打开 GPMC 控制台，选择"WMI 筛选器"。右击"WMI 筛选器"，在弹出的快捷菜单中选择"新建"命令，如图 22-3 所示。

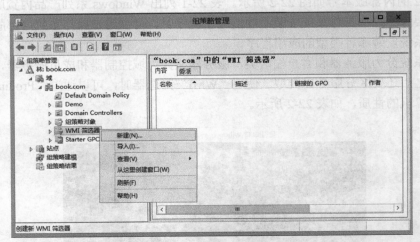

图 22-3　创建 WMI 筛选器之一

第 2 步，命令执行后，打开"新建 WMI 筛选器"对话框，设置筛选器的名称，设置完成的参数如图 22-4 所示。

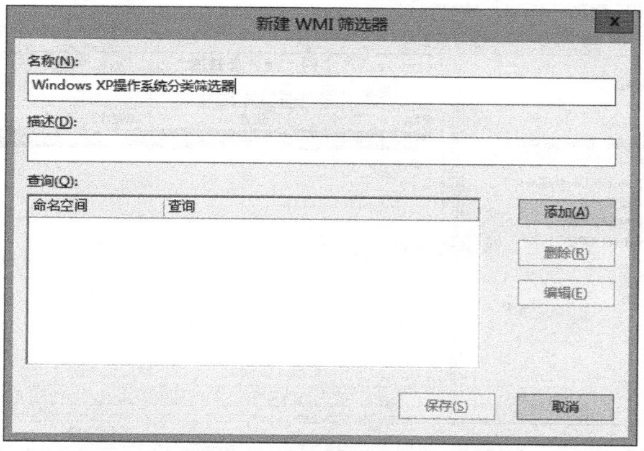

图 22-4 创建 WMI 筛选器二

第 3 步，单击"添加"按钮，打开"WMI 查询"对话框。其中：

- "命名空间"设置为"root\CIMv2"。
- "查询"文本框中键入查询语句 Select * from Win32_OperatingSystem where Version like "5.1%" and ProductType="1"。

设置完成的参数如图 22-5 所示。

第 4 步，单击"确定"按钮，创建新的查询语句，如图 22-6 所示。

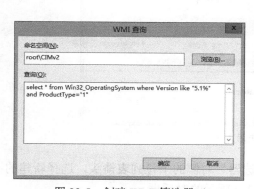

图 22-5 创建 WMI 筛选器三

图 22-6 创建 WMI 筛选器四

第 5 步，单击"保存"按钮，保存新建的 WMI 筛选器，如图 22-7 所示。

4. 为组策略对象分配筛选器

筛选器创建成功后，默认没有挂接到任何组策略对象，当需要为目标组策略对象根据不同的操作系统分类时，将筛选器挂接到目标组策略对象即可。例如新建名称为"安装 Adobe Reader"组策略对象，"作用域"选项卡的"WMI 筛选"区域默认设置为"无"，即没有挂载任何筛选器，如图 22-8 所示。

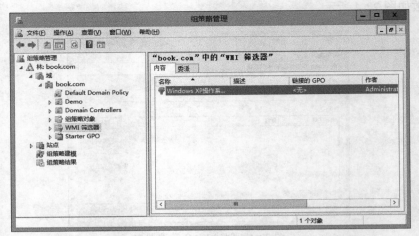

图 22-7　创建 WMI 筛选器五

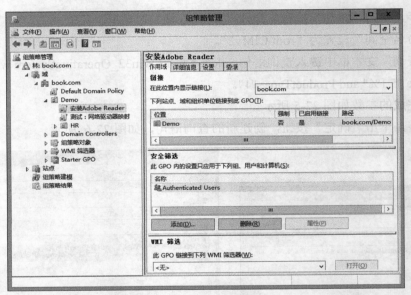

图 22-8　分配筛选器之一

第 1 步，单击"此 GPO 链接到下列 WMI 筛选器"右侧的下拉列表箭头，选择新建的 "Windows XP 操作系统分类筛选器"，打开如图 22-9 所示的对话框。

图 22-9　分配筛选器之二

第 2 步，单击"是"按钮，将筛选器连接到目标组策略对象，如图 22-10 所示。

图 22-10　分配筛选器之三

第 3 步，单击"打开"按钮，显示筛选器的详细设置信息，以及关联到的目标组策略对象，如图 22-11 所示。

图 22-11　分配筛选器之四

第 4 步，策略执行后，只有 Windows XP 操作系统版本的计算机才会执行发布的策略，其他版本计算机（例如 Windows 8）都不会安装目标应用程序。

22.1.3　应用程序"已发布"给用户

应用程序"已发布"的目标是域用户，因此首先需要将安装应用程序的域用户移动到目标组织单位中，对组织单位部署组策略。用户登录后根据设置执行相应的安装操作。

1. 部署应用程序

第 1 步，右击"InstallAdobe"组策略对象，在弹出的快捷菜单中选择"编辑"命令，打开"组策略管理编辑器"。选择"用户配置"→"策略"→"软件设置"→"软件安装"选项。右侧窗口中，单击鼠标右键，在弹出的快捷菜单中选择"新建"选项，在弹出的级联菜单中选择"数据包"命令，如图 22-12 所示。

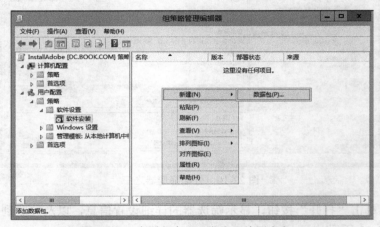

图 22-12　应用程序"已发布"给用户之一

第 2 步，命令执行后，显示"打开"对话框。定位存储 Adobe 应用程序的共享文件夹。文件夹路径必须是网络路径。本例中共享文件夹设置为"\\dc\software"。选择"Adobe Reader 10"应用程序，注意数据包格式为"MSI"。设置完成的参数如图 22-13 所示。

图 22-13　应用程序"已发布"给用户之二

第 3 步，单击"打开"按钮，打开"部署软件"对话框，如图 22-14 所示。

"已发布"方式只能在"用户配置"模式下部署，不能部署到"计算机配置"中，即只有组策略中的"用户配置"可以使用这种部署方法。部署该策略后：

- 当域用户登录计算机时，发布的应用程序不会自动安装，需在控制面板中的"添加

/删除"中安装。

- 对于发布的软件,域用户可以在控制面板中的"添加/删除"中安装或者删除,即域用户对应用程序具备管理权限,即安装、卸载。
- "已发布"方式部署的优点为不确定用户是否需要的应用程序,可以选择"已发布"的方法部署,是否安装由用户决定。

本例中选择"已发布"选项。

第4步,单击"确定"按钮,完成应用程序"Adobe Reader 10"的设置,设置完成的参数如图 22-15 所示。

图 22-14 应用程序"已发布"给用户之三　　图 22-15 应用程序"已发布"给用户之四

2. 用户安装测试

客户端计算机运行 Windows 8 操作系统,以域用户("Domain Users"组)身份登录,打开"控制面板",如图 22-16 所示。

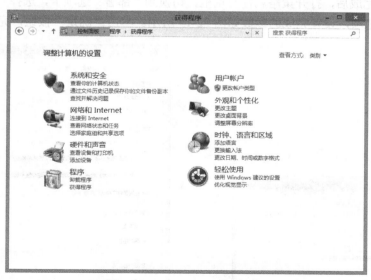

图 22-16 Windows 7 控制面板

选择"程序"→"获得程序"选项,打开"获得程序"对话框,"从网络安装程序"列表中显示域部署的应用程序"Adobe Reader 10",单击"安装"按钮,开始安装"Adobe Reader 10"直至完成,如图 22-17 所示。

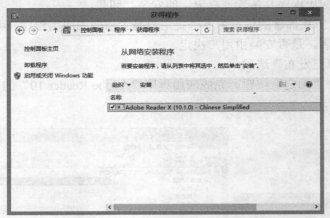

图 22-17 获得程序列表

22.1.4 应用程序"已分配"给用户

应用程序"已分配"的目标是域用户,因此首先需要将安装应用程序的域用户移动到目标组织单位中,对组织单位部署组策略。应用程序"已分配"给用户的操作过程基本相同。

1. 部署应用程序

"已分配"方式部署应用程序和"已发布"方式部署应用程序过程基本相同,不同之处在于,新建数据包后打开"部署软件"对话框,选择"已分配"选项,如图 22-18 所示。其他过程和"已发布"相同,在此不再赘述。

策略部署完成后,打开策略属性对话框,切换到"部署"选项卡,选择"在登录时安装此应用程序"选项,设置完成的参数如图 22-19 所示。单击"确定"按钮,完成策略设置。

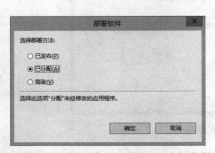

图 22-18 应用程序"已分配"给用户之一

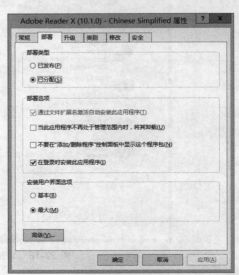

图 22-19 应用程序"已分配"给用户之二

2. 用户安装测试

客户端计算机运行 Windows 7 操作系统，由于设置过程中，选择"在登录时安装此应用程序"选项，以域用户（"Domain Users"组）身份登录，自动安装"Adobe Reader 10"应用程序，分别在"桌面"和"开始"程序组中创建该应用程序快捷方式，如图 22-20 所示，应用程序已经完整安装到当前用户登录环境中。

图 22-20　安装结果

如果设置过程中，没有选择"在登录时安装此应用程序"选项，以域用户（"Domain Users"组）身份登录后，打开"控制面板"，选择"程序"→"获得程序"选项，打开"获得程序"对话框，"从网络安装程序"列表中显示域部署的应用程序，该过程和"已发布"处理方式相同，在此不再赘述。

22.1.5　应用程序"已分配"给计算机

应用程序"已分配"给计算机目标是计算机账户，因此首先把需要安装应用程序的计算机账户移动到目标组织单位中。

当应用程序分配给计算机后，计算机在下一次启动时将自动下载并安装应用程序。在出现登录对话框前，应用程序已经安装完成。应用程序是真正安装到域用户正在使用的计算机中。当应用程序安装到计算机后，除非具备管理员权限的用户，其他域用户都不能删除该软件，域用户仍然可以使用"添加/删除程序"对话框来修复或者重新安装受损的应用程序。

1. 部署应用程序

第 1 步，右击"InstallAdobe"组策略对象，在弹出的快捷菜单中选择"编辑"命令，打开"组策略管理编辑器"。选择"计算机配置"→"策略"→"软件设置"→"软件安装"选项。右侧窗口中，单击鼠标右键，在弹出的快捷菜单中选择"新建"选项，在弹出的级联菜单中选择"数据包"命令，如图 22-21 所示。

第 2 步，命令执行后，显示"打开"对话框。定位存储 Adobe 应用程序的共享文件夹。文件夹路径必须是网络路径。本例中共享文件夹设置为"\\dc\software"。选择 Adobe Reader

10 应用程序，注意数据包格式为"MSI"。

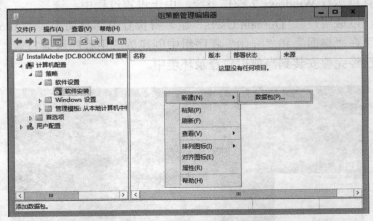

图 22-21　应用程序"已分配"给计算机之一

　　第 3 步，单击"打开"按钮，打开"部署软件"对话框。注意，只能选择"已分配"选项，如图 22-22 所示。

　　第 4 步，单击"确定"按钮，完成应用程序"Adobe Reader 10"的设置，设置完成的参数如图 22-23 所示。

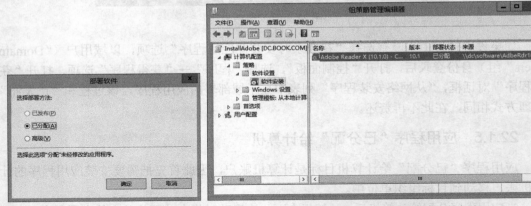

图 22-22　应用程序"已分配"给计算机之二　　　图 22-23　应用程序"已分配"给计算机之三

　2. 用户安装测试

　　客户端计算机运行 Windows 8 操作系统，域用户（"Domain Users"组）身份登录前将自动安装"Adobe Reader 10"，登录后"桌面"显示新安装的应用程序"Adobe Reader X"。

22.1.6　应用程序修复功能测试

　　新安装的应用程序"Adobe Reader 10"完整文件夹如图 22-24 所示。

　　当删除其中的几个文件夹后，如图 22-25 所示。

　　重新启动客户端计算机，当运行目标应用程序时，自动修复应用程序，图 22-26 中显示应用程序正在执行修复过程。

图 22-24　应用程序修复功能测试之一

图 22-25　应用程序修复功能测试之二

图 22-26　应用程序修复功能测试之三

22.1.7 删除部署的程序包

要删除已发布或已分配的应用程序，右击需要删除的程序包，在弹出的快捷菜单中选择"所有任务"选项，在弹出的级联菜单中选择"删除"命令，如图 22-27 所示。

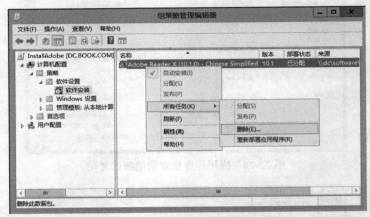

图 22-27 删除部署的程序包之一

命令执行后，打开如图 22-28 所示的"删除软件"对话框。其中：

- 选择"立即从用户和计算机卸载软件"选项，当用户下次登录或者计算机重新启动，应用程序将被自动删除。
- "允许用户继续使用软件，但禁止新的安装"选项，用户已经安装的应用程序不会被删除，可以继续使用。当新用户登录时，不会提示用户安装新的软件（设置不同信息提示方式也不同）。

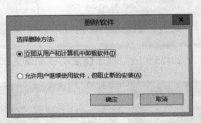

图 22-28 删除部署的程序包之二

22.1.8 升级应用程序

本例中通过"应用程序'已分配'给计算机"策略，升级"Adobe Reader 10"应用程序。

1. 部署应用程序 "Adobe Reader 10"

域中已经通过"应用程序'已分配'给计算机"策略部署"Adobe Reader 10"策略，如图 22-29 所示。客户端计算机运行 Windows 7 操作系统，已经安装"Adobe Reader 10"应用程序。

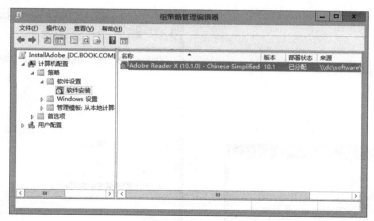

图 22-29 已部署的策略

2. 部署升级策略

第 1 步，打开组策略控制台，选择"计算机配置"→"策略"→"软件设置"→"软件安装"选项。新建数据包后显示"打开"对话框。定位存储 Adobe 应用程序的共享文件夹。文件夹路径必须是网络路径。本例中共享文件夹设置为"\\dc\software"。选择"Adobe Reader 11"应用程序，注意数据包格式为"MSI"，如图 22-30 所示。

图 22-30 部署升级策略之一

第 2 步，单击"打开"按钮，打开"部署软件"对话框，选择"高级"选项，如图 22-31 所示。

第 3 步，单击"确定"按钮，命令执行后，打开属性对话框。切换到"升级"选项卡，"此数据库将升级的数据包"列表中选择需要升级的数据包（应用程序），本例中选择"Adobe Reader 10"，设置完成的参数如图 22-32 所示。

如果需要删除已有的数据包，列表中选择数据包后，单击"删除"按钮，删除目标数据包。

如果需要添加新的数据包，单击"添加"按钮，打开"添加升级数据包"对话框。其中：
- "选择程序包的来源"区域中设置，升级包的作用域。本例中选择"当前组策略对象"选项。

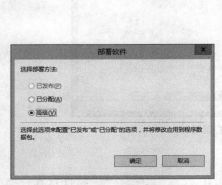

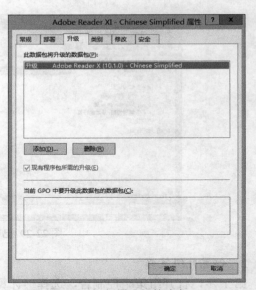

图 22-31 部署升级策略之二　　　　　　　图 22-32 部署升级策略之三

- "要升级的数据包"区域中设置，需要升级的数据包。本例中选择"Adobe Reader 10"。
- 数据包的升级方式，提供"卸载现有升序数据包，然后安装升级数据包"和"数据包可以升级现有数据包"两个选项。本例中选择前者。

设置完成的参数如图 22-33 所示，单击"确定"按钮，完成数据包升级属性设置。

图 22-33 部署升级策略之四

第 4 步，单击"确定"按钮，创建新的升级数据包，如图 22-34 所示。注意，升级数据包右侧显示"⬆"绿色向上箭头图标，表示该数据包是定义的升级数据包。

3. 用户安装测试

组策略刷新后，客户端计算机重新启动，将首先卸载应用程序"Adobe Reader 10"，然后升级"Adobe Reader 11"，最后出现"登录"对话框。"Adobe Reader 10"应用程序图标如图 22-35 所示。"Adobe Reader 11"应用程序图标如图 22-36 所示。登录后"Adobe Reader"

图标显示为升级后的图标，应用程序自动升级成功。

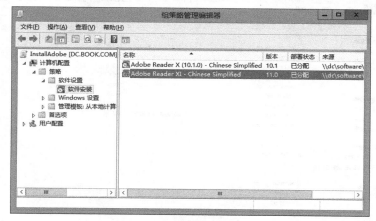

图 22-34　部署升级策略之五

图 22-35　安装前的应用程序图标

图 22-36　安装后的应用程序图标

22.2　部署 Microsoft Office 2013

Microsoft Office 2010 和 2013 由于体系架构的更改，不支持通过组策略中的"软件安装"下的"数据包"方式为客户端计算机批量安装，只能通过其他方式部署。本节将简述如何结合域策略部署 Microsoft Office 2013（简称 Office 2013）。在实际应用中，不建议通过域策略方式部署大型应用程序，统一安装时将为网络造成极大压力。

22.2.1　准备 Office 2013 安装程序

批量部署 Office 2013 时，首先需要创建一个共享文件夹。本例创建一个名为"software"文件夹并创建同名共享，然后在该文件夹中创建一个 Office2013 文件夹（不要有空格），将 Office 2013 安装光盘中的所有文件及文件夹复制到该文件夹。注意，Office 2013 分 x86 位与 x64 版本，本书以 x86 版本为例，如图 22-37 所示。

22.2.2　下载 Office Customization Tool（OCT）模板

为方便部署，管理员可以下载"Office Customization Tool"重新定义 Office 2013 的安装参数，简化安装过程。

图 22-37　Office 2013 安装目录

1．下载 OCT

从"http://www.microsoft.com/en-us/download/details.aspx?id=35554"站点下载"Office 2013 Administrative Template files (ADMX/ADML) and Office Customization Tool（OCT）"，分为 x86 和 x64。

- x86 版本名为"AdminTemplates_32bit.exe"。
- x64 版本名为"AdminTemplates_64bit.exe"。

两个版本的大小都是 11MB 左右。根据需要分发的 Office 2013 选择对应的版本。本例中选择 x86 的 Office 2013 自定义工具。

2．安装 OCT

第 1 步，运行该程序，显示如图 22-38 所示的对话框。

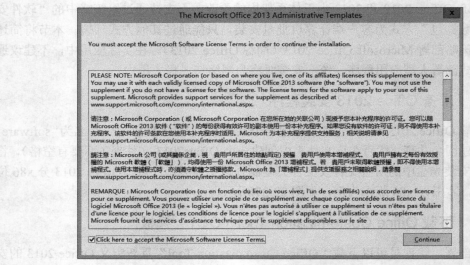

图 22-38　安装 OCT 之一

　　第 2 步，接受许可协议，然后选择一个文件夹，Office 2013 管理模板文件与自定义工具将会解压缩到该文件夹，如图 22-39 所示。

　　第 3 步，单击"确定"按钮，安装程序将压缩包中的文件加压到目标文件夹中，解压成功后的文件夹如图 22-40 所示。

图 22-39　安装 OCT 之二

图 22-40　安装 OCT 之三

　　第 4 步，解压缩之后，将文件夹中的"Admin"文件夹复制到 Office 2013 安装目录中，注意对应的版本，本例中复制到 Office 安装文件夹的 x86 文件夹中，如图 22-41 所示。

图 22-41　安装 OCT 之四

22.2.3　自定义 Office 2013 安装环境

　　准备好 Office 2013 安装程序及 admin 文件夹后，运行 Office 2013 的自定义程序，为安装 Office 2013 进行自定义。

　　第 1 步，在命令行提示符下，进入 Office 安装目录，键入如下命令。

```
setup /admin
```

　　第 2 步，命令执行后，启动"Microsoft Office 自定义工具"，显示如图 22-42 所示的"选择产品"对话框。如果第一次使用，必须选择"新建用于下列产品的安装程序自定义文件"，此时自定义工具从当前的 Office 2013 安装程序中提取配置。

　　由于 Office 2013 有多个产品与多个版本，例如 VL 版（不需要输入序列号、使用 KMS

服务器激活）。普通的需要输入序列号激活的产品，还有 x86 位与 x64 位版本。所以，在使用自定义工具时，一定要将要分发的 Office 2013 复制到共享文件夹中，并将 OCT 文件复制到 Office 2013 的安装目录配套使用。

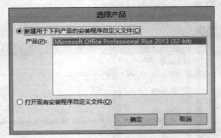

图 22-42　自定义 Office 2013 安装环境之一

第 3 步，单击"确定"按钮，加载产品列表。Office 2013 自定义工具中的配置比较多，只介绍常用部分。"安装位置和单位名称"页面中，键入"单位名称"，如图 22-43 所示。

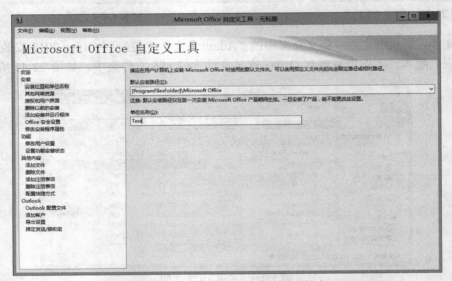

图 22-43　自定义 Office 2013 安装环境之二

第 4 步，打开"授权和用户界面"页面，设置 Office 2013 产品密钥，或者选择使用 KMS 客户端密钥（使用 KMS 服务器对 Office 2013 激活），如图 22-44 所示。

其中：

（1）产品密钥设置。

- 如果 Office 2013 是 VL 版本，选择"使用 KMS 客户端密钥"。
- 如果产品使用序列号激活，选择"输入其他产品密钥"并输入用于当前 Office 产品的序列号。
- 如果企业版部署且需要输入序列号，输入可用于多次激活的 MAK 序列号。

（2）选择"我授受《许可协议》中的条款"选项。

（3）"显示级别"列表中，有三项选择，分别是"无、基本、完全-默认"。

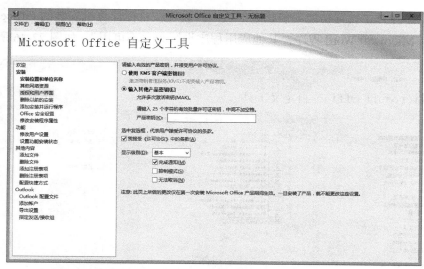

图 22-44　自定义 Office 2013 安装环境之三

- 如果选择"无"选项，安装过程中没有任何提示。
- 如果选择"基本"选项，安装过程中，将显示安装界面，但用户不能参与互动。
- 如果选择"完全-默认"选项，安装过程中，除显示安装界面外，还会让用户选择安装选项。

（4）由于 Office 2013 安装过程较长，所以推荐在"显示级别"选择"基本"。如果想让 Office 2013 安装程序安装完成后，显示"安装完成"提示信息，选择"完成通知"选项，否则不选择该选项。

第 5 步，打开"删除以前的安装"页面，定义客户端计算机中如果已经安装早期版本 Office 系列软件对应执行的操作。默认选择"默认安装行为：将删除已安装的早期版本程序"选项，如图 22-45 所示。

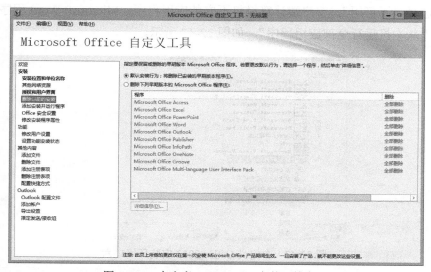

图 22-45　自定义 Office 2013 安装环境之四

第 6 步，打开"设置功能安装状态"页面，设置在目标计算机安装的 Office 组件。本例中仅安装 Microsoft Word 程序，其他应用程序设置为"不可用"，如图 22-46 所示。

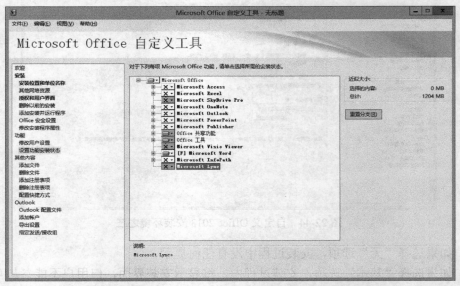

图 22-46　自定义 Office 2013 安装环境之五

选择"Microsoft Office"节点下的任何一个应用程序，单击应用程序左侧的下拉箭头，在弹出的菜单中选择配置项。

- 从本机运行。
- 从本机运行全部程序。
- 在首次使用时安装。
- 不可用。

如果选择"不可用"，客户端计算机将不安装应用程序。Microsoft Word 程序的安装方式设置为"从本机运行全部应用程序"，如图 22-47 所示。

图 22-47　自定义 Office 2013 安装环境之六

第 7 步，打开"修改用户设置"页面，自定义 Office 2013 中每个产品设置，通常使用默认值即可，如图 22-48 所示。

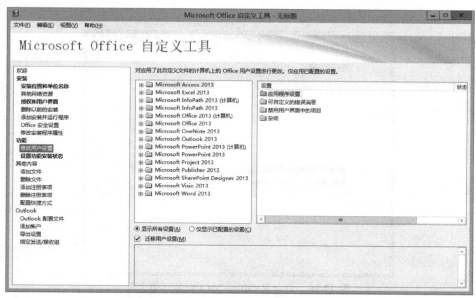

图 22-48　自定义 Office 2013 安装环境之七

第 8 步，其他设置保持默认值即可，或者根据需要做出设置。

单击"文件"菜单，选择"保存"选项，在弹出的"另存为"对话框中，将 Office 2013 定义保存到 Office 2013 安装程序所在的"Updates"文件夹中，存盘文件名可以随意定义，例如设置为 office2013pro，系统会自动保存为扩展名为"msp"的文件，如图 22-49 所示。

图 22-49　自定义 Office 2013 安装环境之八

第 9 步，如果要对自定义文件进行测试，打开命令提示窗口，键入以下命令进行测试。

```
cd c:\software\office2013\x86
setup /adminfile updates\office2013pro.msp
```

如果配置文件无误，则会弹出 Office 2013"安装进度"对话框，并启动安装进程。如果自定义文件有问题，或者使用不正确的自定义文件，则会弹出"安装错误"对话框。如果确认出现问题，重新执行"setup /admin"命令，重新创建或修改自定义文件，如图 22-50 所示。

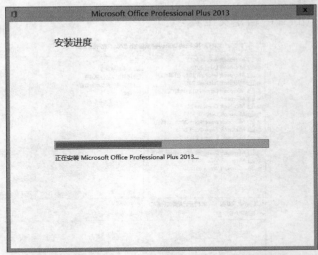

图 22-50 自定义 Office 2013 安装环境之九

22.2.4 安装 Office 2013

自定义模板设置完成后，可以通过共享文件夹或者组策略的"启动"、"关机"脚本完成应用程序安装。

1. 安装方法一

Office 2013 通过 OCT 定义成功后，域管理员可以共享 Office 2013 文件夹，可以通过通知、邮件、IM 等方式通知需要安装 Office 2013 的用户，通过网络共享文件夹方式安装 Office 2013。

本例中 Office 2013 部署在"\\dc\software\Office2013"共享文件夹中，因此将命令存储为批处理命令，用户访问到该共享文件夹后执行批处理即可自动安装 Office 2013，不需要用户参与。批处理命令：

```
\\dc\software\Office2013\setup.exe /adminfile updates\office2013pro.msp
```

2. 安装方法二

通过域组策略安装 Office 2013。以域管理员身份登录域控制器，然后将需要安装 Office 2013 的计算机添加到相应的组织单位（demo）中。

使用 GPMC 打开组策略管理控制台，新建名称为"InstallOffice"组策略对象，部署计算机启动脚本策略。编辑"InstallOffice"对象，打开"组策略编辑器"，选择"计算机配置" → "策略" → "Windows 设置" → "脚本" → "启动"选项，打开"启动 属性"对话框。单击"添加"按钮，将安装 Office 2013 的批处理文件添加进来，设置完成的参数如图 22-51 所示。单击多次"确定"按钮，完成策略设置。策略刷新后，符合条件的客户端计算机重新启动后，将自动安装 Office 2013。

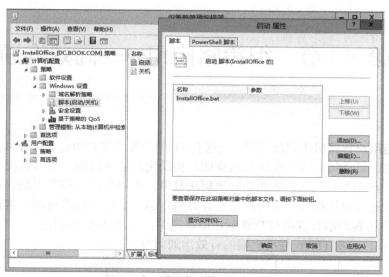

图 22-51　组策略部署应用程序安装

第 23 章　组策略应用——高效沟通

企业中当用户计算机出现故障后，会拨打 IT 部门技术支持电话，网管员需要现场或者通过远程管理工具连接到客户端计算机桌面，协助用户解决问题。有些情况下，网管员需要了解一些基本计算机信息，才能更好地解决故障，但用户对一些基本概念不了解，如果只是按部就班通过电话模式引导用户查看计算机信息，会浪费很多时间。本例中通过部署"Bginfo"软件将客户端计算机信息显示在屏幕桌面，当出现故障时用户"读"屏幕信息与ITPro 之间互动，解决 ITPro 与用户端的有效沟通问题。

23.1　Bginfo 设置

网络中部署 Windows Server 2012 AD DS 域服务，客户端计算机包括 Windows XP SP3、Windows 7/8 操作系统，通过 DHCP 服务器分配网络参数，客户端计算机以域用户身份登录，域用户添加到"Users"组中。

23.1.1　下载

Bginfo 是一款绿色软件，下载地址为 http://technet.microsoft.com/zh-cn/sysinternals/bb897557。Bginfo 默认提供 24 个最常用参数，包括计算机的 IP 地址、子网掩码、DNS 服务器、DHCP 服务器、登录用户名、磁盘空间等，由于桌面空间限制，显示的内容不要太多。

23.1.2　本例中 Bginfo 完成的功能

规划在客户端计算机桌面显示如图 23-1 所示的信息，并实现以下功能。

- 屏幕显示常用的网络参数，包括计算机名、隶属域、IP 地址、子网掩码、DNS 服务器、DHCP 服务器、默认网关、操作系统、当前登录用户、用户所属部门、磁盘可用空间等。其中隶属域和部门需要通过 WMI 模式查询。
- "思想掌控未来，科技引领进步"是一幅图片。
- 了解磁盘可用空间并显示在屏幕中，作为 ITPro 的故障判断依据。
- 桌面统一设置为蓝色背景，信息输出位置为屏幕右上角。
- 重定向 Bginfo 生成的桌面背景图片位置。屏幕背景默认保存在 Windows 系统文件夹中，本例中部署 Active Directory 服务，客户端计算机以"Users"组的域用户身份登录。"Users"组中的用户对 Windows 系统文件夹、Program Files 文件夹以及注册表非 HKCU 项具备"读取"的权限，"Documents and Settings"文件夹中非当前用户目录不能访问。因此，合成后的图片由于没有"写入"权限不能保存到 Windows系统文件夹。建议将图片保存到用户临时文件目录（%Temp%）中。

- 用户不能更改用户桌面背景。

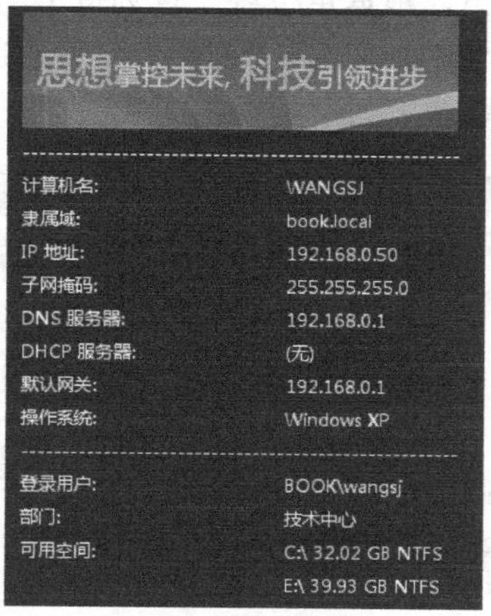

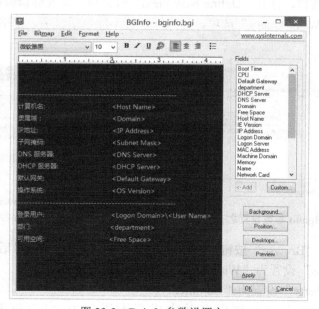

图 23-1 部署效果图

23.1.3 参数设置

第 1 步，运行 Bginfo 后，左侧编辑器是输出信息编辑区域，右侧"可用参数列表"中显示内置参数。部署规则前，建议首先通过"工具栏"设置编辑器使用的字体、字号以及修饰格式，本例中字体设置为"微软雅黑"，字号为"10"，取消字体加粗，其他使用默认值即可。

左侧编辑器中删除全部参数，从"可用参数"列表中选择需要添加的参数。单击"Add"按钮，参数添加到左侧编辑器中，参数变量保存在"< >"中。注意，隶属域参数和部门参数是手动添加的描述信息，参数变量为空，如图 23-2 所示。

图 23-2 Bginfo 参数设置之一

第 2 步，如图 23-2 所示，"隶属域"和"部门"变量为空，需要管理员自定义。"部门"变量取自域用户的"描述"信息，根据单位统一规划每个用户的"描述"字段设置为用户所在的部门，如图 23-3 所示。"隶属域"和"部门"变量通过 WMI（Windows Management Instrumentation）查询方式获得。

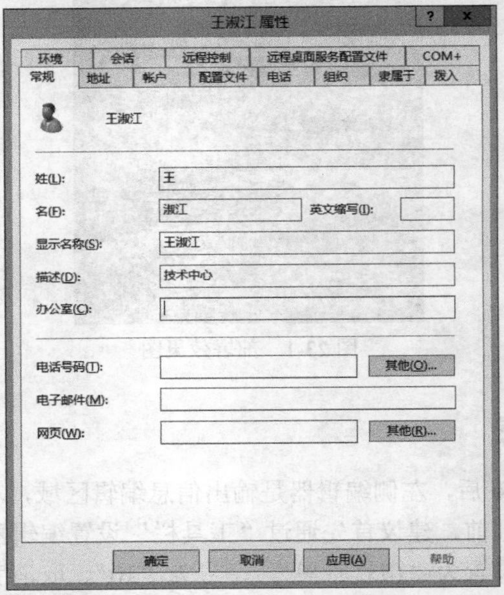

图 23-3　Bginfo 参数设置之二

第 3 步，"可用参数"列表下方单击"Custom"按钮，打开"User Defined Fields"对话框，如图 23-4 所示。

单击"New"按钮，打开"Define New Field"对话框，设置标识符命名为"department（部门）"并选择"WMI Query"选项。注意标识符不能包括汉字、空格等特殊符号，如图 23-5 所示。

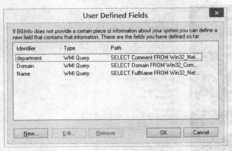

图 23-4　Bginfo 参数设置之三

图 23-5　Bginfo 参数设置之四

第 4 步，单击"Browse"按钮，打开"WMI Query Selection"对话框。其中：

- "WMI Class"设置为"Win32_NetworkLoginProfile"。
- "Class Property"设置为"Comment"。
- "WMI Query"文本框中自动生成查询语句为"SELECT Comment FROM

Win32_NetworkLoginProfile"。"Query Result"文本框中显示语句执行结果。查询结果如果存在"null"值，可以在 WMI Query 语句中使用 Where 子句，过滤查询结果中的"null"值，例如"SELECT Comment FROM Win32_NetworkLoginProfile where Comment is not NULL"，查询结果将删除"null"值，如图 23-6 所示。

单击多次"OK"按钮，成功创建新的变量。

第 5 步，同样的方法创建"domain（隶属域）"变量，"WMI Query"查询语句为"SELECT Domain FROM Win32_ComputerSystem"，查询结果如图 23-7 所示，输出值显示完整的域名。单击"OK"按钮，自定义变量添加到"可用参数"列表中，新定义的变量使用方法同默认参数。单击"Preview"按钮，设置信息输出在屏幕上，默认输出位置在屏幕右下角。

图 23-6　Bginfo 参数设置之五

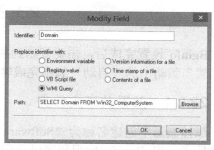

图 23-7　Bginfo 参数设置之六

第 6 步，参数设置完成后，默认屏幕输出位置为屏幕右下角。Bginfo 窗口中，单击"Position"按钮，显示如图 23-8 所示的"Set Position"对话框。根据需要调整参数输出位置。例如本例中输出到屏幕右上角。单击"OK"按钮，完成位置设置。

第 7 步，Bginfo 编辑器支持图片嵌入功能，根据规划将图片嵌入到输出信息中，图片与输出信息合成为一张图片（文件格式为 bmp）作为屏幕背景，如图 23-9 所示。

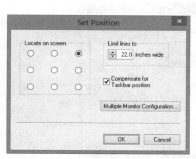

图 23-8　Bginfo 参数设置之七

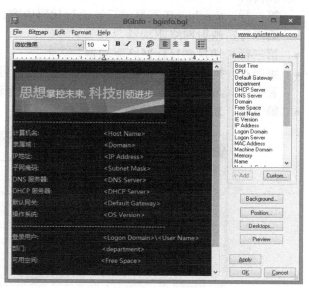

图 23-9　Bginfo 参数设置之八

第 9 步，背景图片默认存储在 Windows 系统文件夹中，由于域用户权限限制需要保存到域用户具备"写入"权限的文件夹中。Bginfo 工具提供背景图片重定向功能，可以轻松完成图片重定向设置。单击 Bginfo 窗口菜单栏的"Bitmap"菜单，在下拉菜单列表中选择"位置"选项，命令执行后，显示如图 23-10 所示"Output bitmap"对话框。选择"User's temporary files directory"选项，登录用户对该文件夹具备"完全控制"的权限，合成后的图片输出到该文件夹中。默认名称为"BGinfo.bmp"。

图 23-10　Bginfo 参数设置之九

第 10 步，Bginfo 设置完成后，所有参数保存成配置文件（后缀名为 bgi），例如 Bginfo.bgi。

23.2　部署策略

Bginfo 设置完成后，需要复制到共享文件夹，网络中的用户都可以访问。通过组"用户配置"策略中的"启动"脚本完成客户端计算机信息收集功能。

23.2.1　部署共享文件夹

域控制器中创建名称为"Software"共享文件夹（如图 23-11 所示），然后创建 Bginfo 子文件夹，将 Bginfo 应用程序以及配置文件（bgi）复制到子文件夹中。创建批处理文件（Bginfo.bat），内容如下。

```
@echo off
net use m: \\dc\software\bginfo
m:
bginfo.exe bginfo.bgi /timer:00 /nolicprompt
net use m: /del /y
```

代码解释：

- 第一行，@echo off 不显示后续执行代码内容。
- 第二行，映射网络驱动器。
- 第三行，切换到目标网络驱动器。
- 第四行，执行命令。/nolicprompt 参数跳过许可协议 EULA。bginfo.bgi 是 Bginfo 配置文件。/timer:00 主界面显示延迟时间，0 为没有延迟立即显示。
- 第五行，删除网络驱动器。

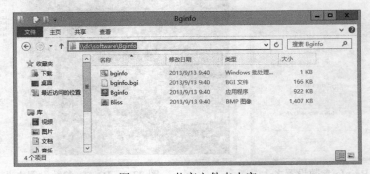

图 23-11　共享文件夹内容

23.2.2　部署组策略

以域管理员身份登录域控制器，创建新的域对象或者在默认域策略中更改。

第 1 步，打开"组策略管理编辑器"，选择"用户配置"→"策略"→"Windows 设置"→"脚本"→"登录/注销"选项，右侧窗格中选择"登录"选项，如图 23-12 所示。

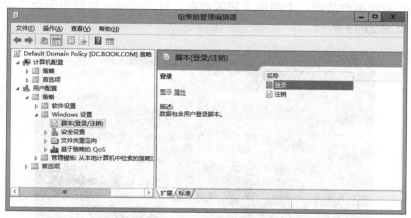

图 23-12　部署策略之一

第 2 步，打开"登录属性"对话框，单击"添加"按钮，选择脚本"Bginfo.bat"，如图 23-13 所示。

注意脚本位置为 \\book.com\sysvol\book.com\Policies\{31B2F340-016D-11D2-945F-00C04FB984F9}\User\Scripts\Logon 组策略共享文件夹中，设置完成的参数如图 23-14 所示。

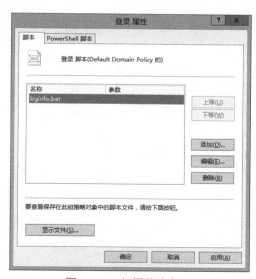

图 23-13　部署策略之二　　　　　　　图 23-14　部署策略之三

第 3 步，单击"确定"按钮，完成策略设置，然后强制更新组策略，将策略推送到客户端。

23.2.3 策略运行效果

策略生效后，域用户重新登录域，屏幕右上角输出客户端计算机信息（例如 Windows 8 操作系统）。当客户端计算机出现故障后，用户寻求 ITPro 技术支持，用户读屏幕显示的信息，ITPro 就可以判断是网络出现问题还是磁盘空间问题，或者根据得到的 IP 地址信息，通过远程桌面解决用户故障，无须做了解客户端计算机使用环境等无用功，将精力用在解决问题上，如图 23-15 所示。

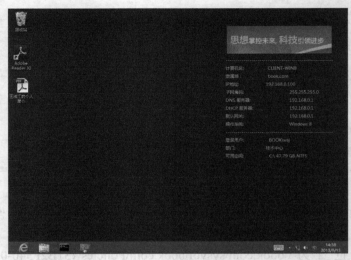

图 23-15　策略应用效果

第 24 章　组策略应用——文件夹重定向

网络中的客户端计算机配置 500GB 以上的硬盘驱动器，划分为 C、D、E 等多个逻辑驱动器，默认情况下用户的"桌面"、"我的文档"以及"收藏夹"等都保存在系统磁盘。当重新安装操作系统时，将会丢失上述数据。因此，为了保证用户数据安全，部署 AD DS 域服务后统一将"桌面"、"我的文档"以及"收藏夹"重定向到其他逻辑磁盘中。

24.1　文件夹重定向支持的文件夹

24.1.1　重定向文件夹部署建议

企业应用环境中，如果为所有客户端计算机启用"文件夹重定向"功能，需要配置专用的存储设备，满足大磁盘 IO 的需求。建议，将用户文件夹重定向到本地计算机的其他逻辑磁盘中，即使重新安装操作系统，也不会丢失个人数据。最佳做法还是建议将文件夹重定向到服务器中，即使客户端计算机硬盘损坏也不会造成数据丢失。

24.1.2　支持的重定向文件夹

Windows Server 2012 提供的文件夹重定向策略，支持 13 个文件夹的重定向。重定向以后，重定向的文件夹存储在目标文件夹（服务器）上，客户端计算机不会因为硬盘格式化操作、硬件设备损坏，没有数据备份而丢失个人文件。支持重定向文件夹如图 24-1 所示。

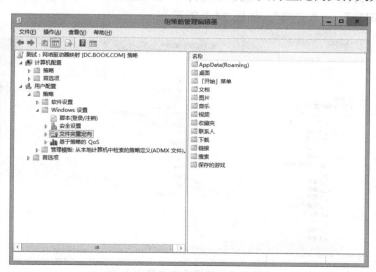

图 24-1　策略支持的重定向内容

24.1.3 策略部署前"文档"位置

客户端计算机运行 Windows 7 操作系统,以域用户"wsj"身份登录到运行 Windows XP 客户端计算机,"文档"默认位置如图 24-2 所示。

图 24-2 策略部署前"文档"位置

24.2 部署"文件夹重定向"策略

本例中以"文档"为例,将文档重定向到用户计算机的"E"盘。

24.2.1 部署重定向策略

第 1 步,打开"组策略管理器"控制台,选择目标组策略对象,本例以默认"Default Domain Policy"为例说明。编辑该策略,选择"用户配置"→"策略"→"Windows 设置"→"文件夹重定向"→"文档",如图 24-3 所示。

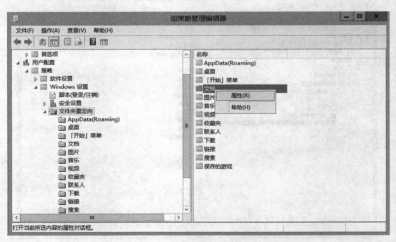

图 24-3 部署重定向策略之一

第 2 步，命令执行后，打开"文档属性"对话框，默认为"目标"选项卡，其中：

- "设置"选项，设置为"基本-将每个人的文件夹重定向到同一个位置"。
- "目标文件夹位置"设置为"在根目录路径下为每一用户创建一个文件夹"。
- "根路径"文本框中设置为"E"。

设置完成的参数如图 24-4 所示。

第 3 步，切换到"设置"选项卡，设置目标用户对文档的存取权限。其中：

- "授予用户对文档的独占权限"选项，只有该用户可以访问目标文件夹，如果管理访问也会显示警告信息。
- "将文档的内容移到新位置"选项，默认选择该选项。
- "也将重定向策略应用到 Windows 2000、Windows 2000 Server、Windows XP 和 Windows Server 2003 操作系统"选项，低版本的 Windows 操作系统也支持文档重定向策略。
- "策略被删除时，将文件夹留在新位置"选项，文件夹重定向策略禁用后，已经重定向的"文档"文件夹继续保留在新位置。
- "删除策略时将文件夹移回本地用户配置文件位置"选项，文件夹重定向策略禁用后，使用默认位置存储"文档"文件夹。

设置完成的参数如图 24-5 所示。

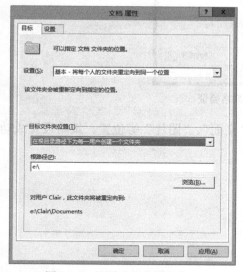

图 24-4　部署重定向策略之二

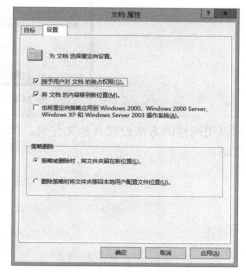

图 24-5　部署重定向策略之三

第 4 步，单击"确定"按钮，显示如图 24-6 所示的"警告"对话框。提示文件夹重定向适应的操作系统。

第 5 步，单击"是"按钮，显示如图 24-7 所示的对话框，提示可能出现错误。单击"是"按钮，完成策略设置。

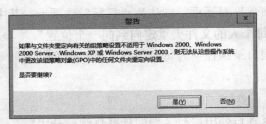 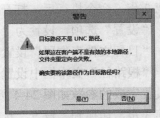

图 24-6　部署重定向策略之四　　　　图 24-7　部署重定向策略之五

24.2.2　验证策略

策略生效后，域用户"book\wsj"的"文档"被重定向新的目标位置，如图 24-8 所示。

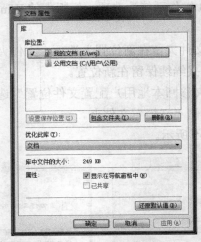

图 24-8　策略验证

可以用同样的方法设置其他文件夹，如"桌面"、"图片"等位置。策略设置成功后，更新策略。

第 25 章　组策略应用——限制计算机接入

企业员工经常将属于个人的笔记本电脑带到公司的网络环境（网络部署 DHCP 服务器）中，拔下原来电脑网线，接上个人笔记本电脑后通过自动获得网络参数，然后访问公司的网络资源或者直接上网玩游戏。因此，管理者做出以下决定。

- 管理规定：个人计算机不能接入到公司网络环境。
- 技术要求：即使个人计算机带到公司也不能正常使用。

本章将以此为目标，探讨在网络环境中不在三层交换机层面，而在域环境管理方面解决该问题的方法。最常见的做法是将计算机的 MAC 地址和交换机端口绑定。

25.1　应用环境以及解决方法

案例环境：服务器端全部使用 Windows Server 2012 操作系统，部署两台域控制器，在一台域控制器中部署 AD DS 域服务、集成区域 DNS 以及 DHCP 服务，客户端使用 Windows XP 操作系统并升级到 SP3，客户端计算机以域用户身份登录，域用户添加到"Power Users"中。

25.1.1　应用网络环境

网络环境如图 25-1 所示。每个 VLAN 通过 DHCP 服务器分配不同的网络参数。核心交换机启用 DHCP 中继，并打开对应的端口。每个 VLAN 的默认网关指向对应的端口。如果客户端计算机得不到正确的网关，将不能访问网络中的资源以及访问互联网。

25.1.2　解决思路

解决此问题的方法如下。

- 最佳方法：客户端计算机 MAC 地址和交换机端口绑定，但是公司员工经常进行调整，客户端计算机需要网络工程师根据需要随时调整交换机策略，十分繁琐。
- 其次：通过 DHCP 服务器部署网络参数调整策略。公司网络中部署 DHCP 服务器进行网络参数管理，DHCP 服务器将"默认用户类别"作为管理基准，该类别默认没有设置（没有设置不是空值）。默认状态下，每台运行 Windows 操作系统的计算机启用"DHCP"工作模式后，用户类别标识项也没有设置。当 DHCP 服务器和客户端计算机握手成功后，DHCP 默认用户类别分配的值和客户端计算机分配的"DHCP Class ID（用户类别标识项）"相同，为客户端计算机分配指定的网络参数。因此决定采用该方法完成计算机接入方面的管控。

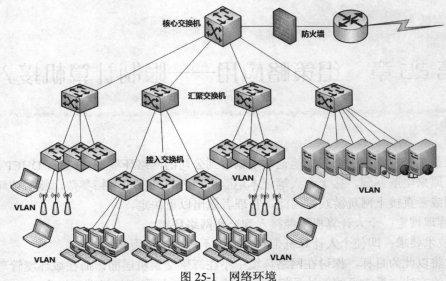

图 25-1　网络环境

根据以上机制，DHCP 服务器部署 2 套网络参数分配方式。

- 默认用户类别网络参数分配方式。为该类指定错误网关、错误 DNS 信息以及错误 WINS 信息，客户端计算机得到此类网络参数后，虽然得到网络参数，但不能正常连接网关，造成的错觉是计算机中了"ARP"病毒。
- 设置特殊用户类。创建特殊用户类别，设置正常使用的网关、DNS 信息、WINS 信息，客户端计算机得到此类网络参数后，可以正常接入网络。

25.2　管理策略

如果网络中已经部署 DHCP 服务器，并且加入到域中，部署新 DHCP 策略前，通过组策略模式统一更改客户端计算机的用户类别标识项，然后更改 DHCP 策略。策略分为两部分：禁止修改网络参数和执行计算机开机启动脚本。

25.2.1　默认用户类

DHCP 服务器部署两套配置策略。

- 默认用户分配策略。
- 指定的用户类别分配策略。

两个策略属于同一作用域，前者分配效果目标是客户端计算机不能正常接入网络，后者目标是客户端计算机可以正常接入并能加域。

该作用域为用户分配的网络参数：

- 路由器（192.168.100.100）。
- DNS 域名（book.com.local）。
- DNS 服务器（192.168.100.100）。

设置完成的参数如图 25-2 所示。

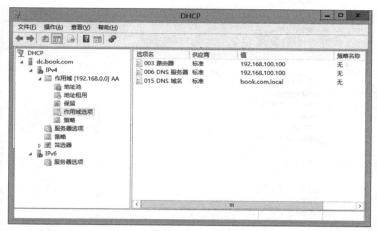

图 25-2　默认分配策略

25.2.2　重新配置 DHCP 服务器

如果 DHCP 服务器是首次创建，则不需要执行"清理已经分配的地址"操作，否则首先执行该操作，然后设置 DHCP 专属用户类。

1. 清理已经分配的地址

以管理员身份登录 DHCP 服务器，选择已经分配 DHCP 作用域下的"地址租用"选项，右侧列表中显示为客户端计算机已经分配的 IP 地址，选择所有目标计算机，单击工具栏的"❌"按钮，删除选择的目标地址，如图 25-3 所示。

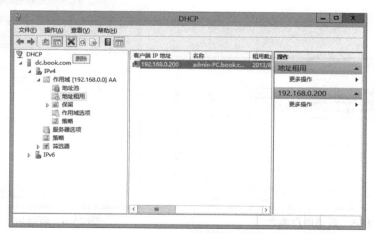

图 25-3　清理用户信息

2. 新建用户类

新建用户名称为"YtdailyLTD"的用户类，该类作为策略检测标识，为符合该策略的用户分配正确的网络参数。

第 1 步，右击"IPv4"，在弹出的快捷菜单中选择"定义用户类"命令，如图 25-4 所示。

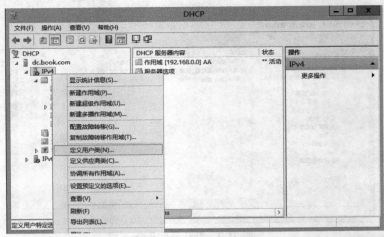

图 25-4　新建用户类之一

第 2 步，命令执行后，打开"DHCP 用户类"对话框，如图 25-5 所示。显示已经创建的用户类。

第 3 步，单击"添加"按钮，打开"新建类"对话框。在"显示名称"文本框和"ID"文本框中，键入用户类别标识项名称，注意客户端计算机和 DHCP 服务器中定义的名称必须完全相同。"描述"字段键入新建用户类别的描述信息。设置完成的参数如图 25-6 所示。单击"确定"按钮，完成 DHCP 类别定义。

图 25-5　新建用户类之二

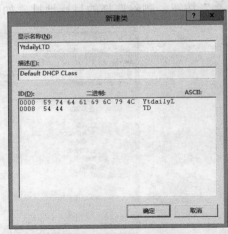

图 25-6　新建用户类之三

3. 部署 DHCP 策略

DHCP 服务器为符合条件的计算机分配网络参数：路由器（192.168.0.1）、DNS 域名（book.com）以及 DNS 服务器（192.168.0.1）。

第 1 步，右击"策略"，在弹出的快捷菜单中选择"新建策略"命令，如图 25-7 所示。

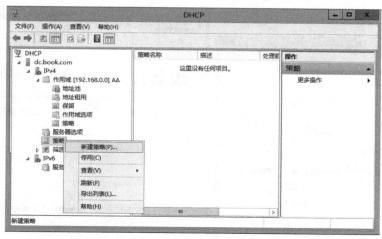

图 25-7　部署 DHCP 策略之一

第 2 步，命令执行后，启动"DHCP 策略配置向导"，显示如图 25-8 所示的"基于策略的 IP 地址和选项分配"对话框。

第 3 步，单击"下一步"按钮，显示如图 25-9 所示的"为策略配置条件"对话框。部署符合策略条件的计算机集合。

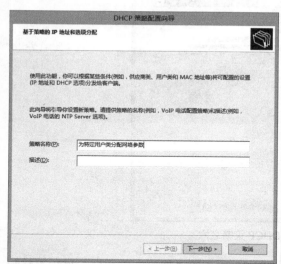

图 25-8　部署 DHCP 策略之二

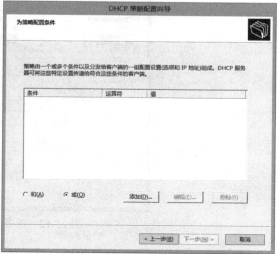

图 25-9　部署 DHCP 策略之三

第 4 步，单击"添加"按钮，打开"添加/编辑条件"对话框。"条件"列表中设置为"用户类"，"运算符"列表中设置为"等于"，"值"列表设置为"YtdailyLTD"的用户类别（新建的用户类）。设置完成的参数如图 25-10 所示。

单击"确定"按钮，返回到"为策略配置条件"对话框，如图 25-11 所示。

第 5 步，单击"下一步"按钮，显示如图 25-12 所示的"为策略配置设置"对话框。设置满足用户类别为"YtdailyLTD"的计算机。

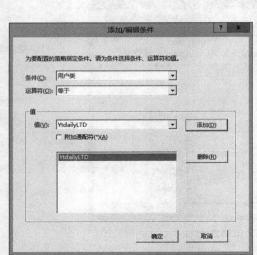

图 25-10　部署 DHCP 策略之四

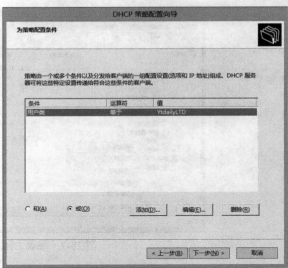

图 25-11　部署 DHCP 策略之五

图 25-12　部署 DHCP 策略之六

第 6 步，单击"下一步"按钮，显示如图 25-13 所示的"摘要"对话框。显示策略配置信息。单击"完成"按钮，创建新的策略。

25.2.3　客户端计算机验证

1. 新计算机接入

用户自带笔记本电脑接入网络后，DHCP 服务器为其分配网络参数，执行"ipconfig /renew"命令，查看新计算机得到的网络参数，如图 25-14 所示。得到的参数是 DHCP 服务器为默认用户类别指定的参数。

图 25-13　部署 DHCP 策略之七

图 25-14　新计算机接入之一

新接入网络的计算机使用默认用户类别执行加域操作，显示如图 25-15 所示的对话框，不能正常加域。

图 25-15　新计算机接入之二

2. 手动设置 DHCP 用户类别

客户端计算机重新安装操作系统，以本地管理员身份登录，在命令行窗口中执行以下命令后，为新设备设置用户类别标识项并重新分配网络参数，然后将客户端计算机加入到 Active Directory 中。命令内容：

```
ipconfig /setclassid * "YtdailyLTD"
ipconfig /renew
ipconfig /all
```

命令执行后，计算机得到指定用户类别的网络参数，如图 25-16 所示。

图 25-16   更改用户类后接入

成功更改用户类别后重新加域，新计算机可以加入到域中。

25.2.4   建议

通过以上策略部署，可以实现预定目标。不足之处在于，重新安装操作系统或者安装新计算机时，首先需要为客户端计算机设置用户类别，并启动 DHCP 服务（Windows XP 以上操作系统默认已经启动该服务）。为了防止客户端计算机更改本机的 IP 地址，建议域用户以"Users"身份登录客户端计算机，这也是部署 AD DS 域服务后建议的登录方法。

第 26 章 组策略应用——Windows 时间服务

Windows 域环境中通过"Windows Time（w32time）"时间服务，为域中所有客户端计算机提供时间基准服务。保持域内时间同步是"Kerberos"认证协议的一个基本要求。如果域成员客户机与 DC 的时间相差太大，域用户登录将不能成功，甚至客户端计算机不能加入到域中。域内时间是否一致，是一个很重要而又往往容易被人忽略的问题，如果时间不同步或出现异常，可能会出现无法获取准确的日期，导致反馈给客户端的日期时间不准确、系统日志上时间不正确，无法通过时间点查找错误信息等问题。

26.1 域内时间

Windows 域中时间服务使用 SNTP（Simple netword time protocol）协议。森林中根域 PDC 是整个森林基准时间服务器，根域中其他域控制器和子域的 PDC 与基准时间服务器进行同步，域成员与当前域中的 PDC 同步。客户端计算机登录网络时进行一次同步，然后每 45 分钟进行周期性同步，使用 UDP123 端口通信。

26.1.1 域内时间源

PDC 是域中默认的时间源，因此必须确保包含 PDC 角色的域控制器始终在线。

1. PDC 时间源

PDC 作为域内最权威的时间源，其角色部署成功后：

- 如果是林根域的第一台 PDC，将自动查找网络时间进行同步（如果能够连接到互联网）。
- 如果网络中部署其他硬件时间设备，也可以和时间设备进行同步。
- 如果上述 2 个条件都不满足，则宣告自己是时间源，并将自己的时间作为整个林时间。
- 如果包含子域，子域 PDC 会自动同父域 PDC 进行同步。

2. 同步设置

客户端计算机和域成员服务器跟 DC 时间同步设置。

- 客户端计算机每 1 小时和 DC 进行一次时间同步。
- 域成员服务器每 100 秒和 DC 进行一次时间同步。

3. 确认时间源

域用户登录后，使用"w32tm /monitor"命令确认当前计算机使用哪台 DC 作为时间源。在命令行提示符下，键入如下命令。

```
w32tm /monitor
```

命令执行后，屏幕显示域中的全部域控制器以及与哪个域控制器同步（如图26-1所示）。

其中：

- 第一行信息显示 PDC 角色所在的域控制器，显示 PDC 计算机 DNS 名称以及计算机的 IP 地址，也是为当前计算机提供时间服务的时间源。
- "refID" 表示比较目标。
- "offset from xxx" 表示和谁比较有偏移，同时也指明哪台域控制器是参照对象。

图 26-1　查询域中的 PDC 主机角色

26.1.2　同步机制

域内成员服务器和客户端计算机默认通过域内 DC 进行时间同步，域内所有域控制器都通过 PDC 主机进行时间同步。PDC 主机时间同步方式取决于具体的 W32time 服务配置：指定 PDC 主机或者一个可靠的外部时间源同步，也可以只以本地的硬件时钟为准（无法访问外网的情况下）。

加入域的客户端计算机，默认同步时间方法是使用域层次结构，客户端计算机域中的域控制器（PDC）同步时间，域控制器从整个林中的权威时间源同步时间。如果在森林的根域中没有指定某个域控制器为权威时间源，拥有 PDC 角色的域控制器会作为权威时间服务器，这台 PDC 使用自己内部的时钟为整个林的域控制器提供时间，如果这台域控制器的时间出现问题，整个网络中的所有计算机时间都会出现问题。

26.1.3　时间同步方式

服务器运行 Windows Server 2012/2008/2008R2，客户端计算机运行 Windows 7/8 操作系统，可以通过 "w32tm /query /configuration" 查看时间同步设置，通过输出的 "Type" 字段判断计算机的同步方式。Type 输出参数如表 26-1 所示。

表 26-1　　　　　　　　　　　　　　　　TYPE 输出参数

输出参数	描　　述
Nosync	客户端计算机不会同步时间，使用硬件时钟
NTP	客户端计算机从外部时间服务器同步，时间服务器显示在 NtpServer 字段
NT5DS	客户端计算机通过域架构模式同步时间
AllSync	客户端计算机选择所有的同步机制，包括外部时间服务器和域架构模式

26.1.4　w32tm 命令日常用法

本例中客户端计算机运行 Windows 7 操作系统，域用户登录网络后，通过以下命令确认客户端计算机的时间配置。

1. 验证 PDC 角色所在的域控制器

在命令行提示符下，键入如下命令。

Netdom query FSMO

命令执行后，显示 5 种操作主机角色所在的域控制器，本例中 PDC 角色位于名称为 "dc.book.com" 域控制器中，如图 26-2 所示。

图 26-2　查询域中的操作主机角色

2. 验证时间配置信息

在命令行提示符下，键入如下命令。

w32tm /query /configuration

命令执行后，输出当前计算机的时间配置信息。其中，Type 类型显示为 "NT5DS"，说明客户端计算机通过域架构模式同步时间，如图 26-3 所示。

图 26-3　查询域中时间同步方式

3. 验证客户端计算机使用的时间源

在命令行提示符下，键入如下命令。

w32tm /query /source

命令执行后，查询当前客户端计算机使用的时间服务器，如图 26-4 所示。时间源服务器为"dc.book.com",该服务器是域控制器,也是 PDC 所在的服务器。

图 26-4 验证客户端计算机使用的时间源

4. 验证时区

在命令行提示符下,键入如下命令。

w32tm /tz

命令执行后,显示客户端计算机的时区设置,如图 26-5 所示。

图 26-5 验证时区

5. 验证域中 PDC

在命令行提示符下,键入如下命令。

W32tm /monitor /domain:book.com

命令执行后,显示域"book.com"中 PDC 角色所在的域控制器以及该域控制器的 IP
地址,如图 26-6 所示。

图 26-6 查询域中的 PDC 主机以及 IP 地址

26.2　时间自动同步

本节提供两种时间同步的方法：net time 和手动设置时间源。前者通过组策略方式发布，缺陷是只有域用户登录域时该策略才生效。后者同样通过组策略发布，同步时间根据需要设置，例如 15 分钟同步一次。在实际应用过程中，不建议将时间同步频率设置得较频繁，以免增加网络负担。

26.2.1　确认时间源服务器

Windows 网络要求所有计算机（域控制器、成员服务器、客户端计算机以及网络设备）都必须要有正确且同步的时间，否则会影响到验证用户的工作。"PDC" 操作主机角色所在的域控制器负责整个域内所有计算机时间同步工作。因此，必须确保运行 "PDC" 角色域控制器时间是正确的，而且 PDC 主机必须始终在线。

网络中如果只有一台域控制器，仅有的一台域控制器就是时间服务器。如果部署多台域控制器，则运行 PDC 主机角色的域控制器是时间服务器。网络中时间服务器默认与微软 "时间服务器（time.windows.com）" 同步（默认设置如图 26-7 所示，通过注册表 "HKEY_LOCAL_MACHINE\SYSTEM\CurrentControlSet\Services\W32Time\Parameters" 键值查看）。

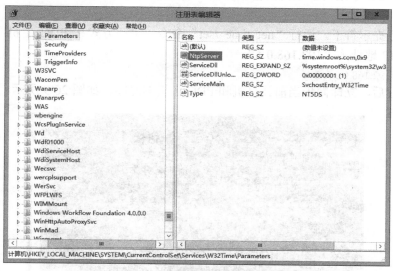

图 26-7　查看时间源默认设置

26.2.2　同步域内时间方法一：net time

Net time 是 Net 命令组中的常用命令，Windows XP/7/8 以及 Windows 服务器操作系统都支持该命令，确认域中的 PDC 主机角色后，可以使用该命令结合组策略，当用户登录域时自动和 PDC 主机时间同步。

第 1 步，确定域内的 PDC 主机所在的域控制器。

在命令行提示符下，运行"Netdom Server FSMO"命令，显示 PDC 主机角色所在的域控制器，如图 26-8 所示。PDC 主机角色位于名称为"DC.book.com"域控制器中。

图 26-8　确认域中的 PDC 主机

第 2 步，修改 PDC 使用的时间源。同步前，PDC 主机如果能够接入互联网，通过手动或者自动方式同步时间。如果没有接入到互联网，网络中的计算机将 PDC 主机服务器的当前时间作为网络基准时间。

第 3 步，立即手动同步域内其他服务器（域控制器和成员服务器）的时间，使其与 PDC 保持一致。

在命令行提示符下，运行"net time /set"命令，手动方式和 PDC 主机同步。本例中 PDC 主机的 IP 地址为"192.168.0.1"。

Net time \\192.168.0.1 /set /y

命令执行后，立即同步当前计算机和 PDC 主机的时间，如图 26-9 所示。

图 26-9　同步时间

26.2.3　同步域内时间方法二：PDC 主机作为时间源

域环境部署成功后，默认第一台域控制器（PDC 主机角色所在）为时间源，为客户端提供时间服务。理论上客户端会自动与第一台域控制器进行时间同步，但实际上客户端计算机时间会经常发生变化，不能自动与域控制器进行时间同步。默认情况下，客户端计算机和域控制器之间通过"NT5DS（客户端计算机通过域架构模式同步时间）"模式同步时间。本例中将 PDC 主机角色的域控制器设置为域中的时间源，客户端计算机自动和域控制器同步，不需要用户手动参与。

1. 设置域控制器为时间源

为了实现域内客户端计算机和 PDC 域控制器时间同步，需要将 PDC 域控制器配置为不使用外部时间源，使用 PDC 域控制器的时钟作为域内时间服务的基准时间源。登录 PDC 域控制器。

第 1 步，运行"regedit.exe"命令打开注册表编辑器，定位到"HKEY_LOCAL_MACHINE\SYSTEM\CurrentControlSet\Services\W32Time\Parameters"键值，查看时间配置参数（如图 26-10 所示）。

- Ntpserver：time.windows.com,0x9，默认连接的时间服务器为微软提供的时间地址。
- Type：NT5DS，域内时间同步方式。

图 26-10 设置域控制器为时间源之一

第 2 步，将"Ntpserver"、"Type"键值分别设置为"dc.book.com"、"NTP"，前者是域中 PDC 主机角色所在的域控制器，后者设置域内时间同步方式为"NTP"模式。设置完成的参数如图 26-11 所示。参数设置目标为使用域内的 PDC 域控制器作为时间源。

第 3 步，继续设置注册表。定位"HKEY_LOCAL_MACHINE\SYSTEM\CurrentControlSet\Services\W32Time\Config"，"AnnounceFlags"键值设置为十进制的"10"。设置完成的参数如图 26-12 所示。

第 4 步，继续设置注册表。定位"HKEY_LOCAL_MACHINE\SYSTEM\CurrentControlSet\Services\W32Time\TimeProviders\NtpServer"，"Enabled"键值设置为"1"。设置完成的参数如图 26-13 所示。

图 26-11 设置域控制器为时间源之二

图 26-12 设置域控制器为时间源之三

图 26-13 设置域控制器为时间源之四

第 5 步，验证 PDC 主机角色所在的域控制器时间设置。在命令行提示符下，键入如下命令。

```
W32tm /query /source
```

命令执行后，显示当前域控制器的时间服务配置模式，如图 26-14 所示。显示结果为"Local CMOS Clock"。

图 26-14　设置域控制器为时间源之五

2. 修改"Windows time"服务策略

域中客户端计算机能主动找 PDC 域控制器进行时间同步，需要部署新的组策略。本例中将在默认域策略配置"Windows time"服务。

第 1 步，打开组策略管理控制台，编辑默认域策略，选择"计算机配置"→"策略"→"管理模板"→"系统"→"Windows 时间服务"→"时间提供程序"，如图 26-15 所示。默认状态下 NTP 相关设置全部没有设置。

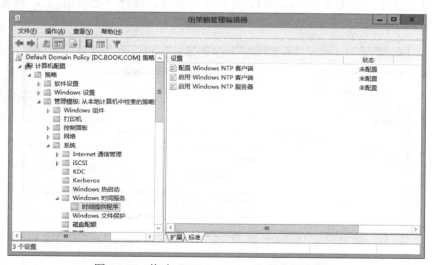

图 26-15　修改"Windows time"服务策略之一

第 2 步，打开"配置 Windows NTP 客户端"设置，参数设置如下。

- 选择"已启用"。
- 修改"NtpServer"的值为"dc.book.com,0x1"。
- 修改"Type"的值为"NTP"。

- 修改"SpecialPollInterval"的值为"1800（30分钟）"，30分钟更新一次时间。

设置完成的参数如图 26-16 所示。

图 26-16　修改"Windows time"服务策略之二

第 3 步，打开"启用 Windows NTP 客户端"设置，选择"已启用"，设置完成的参数如图 26-17 所示。

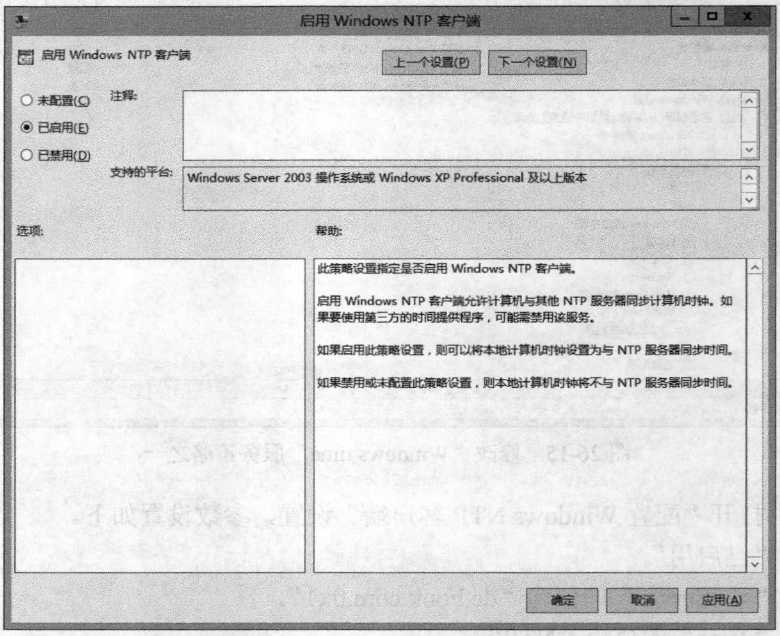

图 26-17　修改"Windows time"服务策略之三

第 4 步，打开"启用 Windows NTP 服务器"设置，选择"已启用"，设置完成的参数如图 26-18 所示。

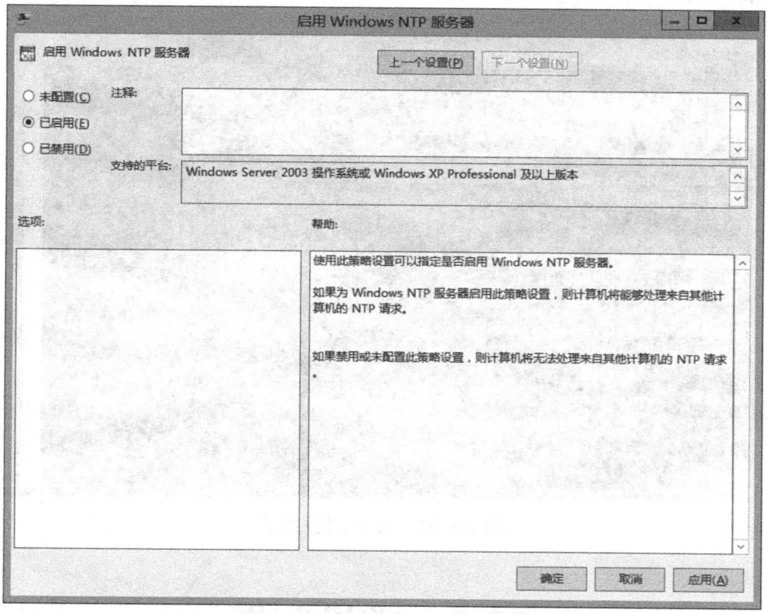

图 26-18　修改"Windows time"服务策略之四

第 5 步，策略设置完成后，域控制器刷新策略（gpupdate /force），PDC 域控制器成为域中时间源。

3. 客户端计算机验证

登录客户端计算机，如果没有应用组策略，建议首先通过"gpupdate /force"强制刷新策略，然后通过"net time"命令查询 PD 主机的时间，通过"time"、"date"命令查询当前客户端计算机的时间，输出结果如图 26-19 所示。

图 26-19　确认客户端计算机和服务器时间不一致

在命令行提示符下，键入如下命令。

```
net stop w32time
net start w32time
```

命令执行后，客户端计算机将自动同步 PDC 域控制器的时间，如图 26-20 所示。

图 26-20　时间同步结果

26.3　常见问题

时间管理过程，需要注意以下问题。

26.3.1　客户端计算机 Windows 时间服务有问题

通过下面的方法重置时间服务（恢复到默认状态）。
在命令行提示符下，键入如下命令。

```
net stop w32time
```
命令执行后，停止时间服务。
```
w32tm /unregister
```
命令执行后，删除已有 w32tm 时间服务配置。
```
w32tm /register
```
命令执行后，导入默认的时间服务配置。
```
net start w32time
```
命令执行后，启动时间服务。

26.3.2　默认时间差值

Windows 默认设置允许域控制器和客户端计算机之间的时间差为 5 分钟，对于有严格时间要求的业务系统，需要更精准的时间控制。

策略在域控制器中的位置："组策略管理器"→"计算机配置"→"策略"→"安全设置"→"账户策略"→"kerberos 策略"，如图 26-21 所示。选择"计算机时钟同步的最大容差"策略，该策略默认设置是 5 分钟。建议根据需要设置时间容差，例如设置为 10 分钟。

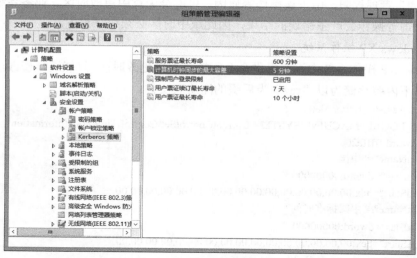

图 26-21　默认时间差值设置

26.3.3　启动"Windows Time 服务"并设置为"自动"启动

Windows XP 以上版本操作系统安装完成后，默认"Windows Time 服务"已经启动并设置为"自动"运行模式，如果系统经过优化或者其他原因服务停止运行，需要重新开启该服务。

策略位置："组策略管理器"→"计算机配置"→"策略"→"安全设置"→"系统服务"，在右侧列表中选择"Windows Time"服务并设置启动方式为"自动"，如图 26-22 所示。

图 26-22　设置服务启动方式

26.3.4　统一时区

操作系统安装过程中，时区是必选项。但在实际应用中，客户端计算机如果具备更改

"日期和时间"管理权限，由于误操作等原因，可能会无意中更改时区。业务系统中进行时间运算、查询等操作会产生错误的结果，因此域中时区必须统一设置。

1. Windows XP 操作系统

Windows XP 操作系统中没有提供命令行模式直接更改时区，只能通过修改注册表方式更改。将以下内容存储为以 "reg" 为后缀的注册表文件。

```
Windows Registry Editor Version 5.00
 [HKEY_LOCAL_MACHINE\SYSTEM\CurrentControlSet\Control\TimeZoneInformation]
"Bias"=dword:fffffe20
"StandardName"="中国标准时间"
"StandardBias"=dword:00000000
"StandardStart"=hex:00,00,00,00,00,00,00,00,00,00,00,00,00,00,00,00
"DaylightName"="中国标准时间"
"DaylightBias"=dword:00000000
"DaylightStart"=hex:00,00,00,00,00,00,00,00,00,00,00,00,00,00,00,00
"ActiveTimeBias"=dword:fffffe20
```

在单机环境中，双机注册表文件根据提示导入即可。

域环境中，将上述内容保存为注册表文件（例如，更改时区.reg），存储到客户端计算机具备访问权限的共享文件夹中。新建批处理文件（更改时区.bat，内容如下）。通过组策略中的"开机"策略部署到客户端计算机中，客户端计算机其启动后将更改目标时区。注意时区更改后需要重新启动计算机，在"日期和时间 属性"窗口中才能显示正确的时区。

```
Regedit –s \\192.168.0.1\software\更改时区.reg
```

2. Windows 7 操作系统

Windows 7 操作系统中内置 Windows 时区工具，该工具是一个名称为 "tzutil.exe" 的命令工具，通过 "tzutil /?" 查看详细的帮助信息。

在单机环境中，命令行中执行：

```
TZUTIL /s "China Standard Time"
```

命令执行后，将时区更改为 "China Standard Time"，即 "(UTC+08:00)北京，重庆，香港特别行政区，乌鲁木齐"。

域环境中，将上述命令行保存为批处理文件（例如，更改计算机时区.bat），通过组策略中的"开机"策略部署到客户端计算机中。

26.3.5 禁止用户修改"日期和时间"

用户从客户端计算机以域用户身份登录，如果属于"Users"组，将不具备更改客户端计算机时间的权限，只有"Administrators"组成员，才具备更改本地计算机时间的权限。建议以域用户身份登录，可以有效防止系统时间被病毒或他人恶意修改。

策略位置："组策略管理器"→"计算机配置"→"策略"→"安全设置"→"本地策略"→"用户权限分配"，选择并打开"更改系统时间"策略，启用该策略，添加具备在客户端计算机更改时间的用户或组，建议启用该策略删除所有组，即在客户端计算机环境中，域管理员也不具备更改客户端计算机时间的权限，如图 26-23 所示。

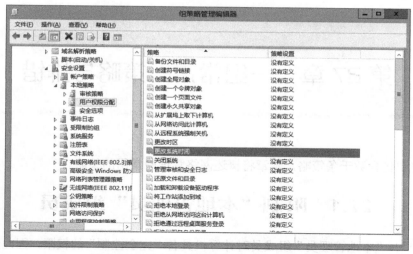

图 26-23 禁止用户修改"日期和时间"策略

策略生效后，客户端计算机尝试更改时间，将显示如图 26-24 所示的结果。

图 26-24 客户端计算机修改结果

第 27 章　一组常用组策略与排错

组策略中包含数千条策略，本章将概述网络管理中常用的策略。

27.1　限制 "本地管理员" 组成员

众所周知，"本地管理员" 组成员对计算机具备 "完全控制" 的权限，因此建议域用户以 "Domain Users" 身份登录客户端计算机。客户端计算机加入到域后，默认 "Domain Admins" 组中的用户添加到 "本地管理员" 组成员中，管理员可以通过组策略 "受限制的组" 控制该组的成员。部署策略后，除了本机的 "Administrator" 用户之外，以及显式添加的域用户，其他成员将被清理出 "本地管理员" 组。

27.1.1　"Administrators" 组已有成员

客户端计算机运行 Windows 7 操作系统，"Administrators" 组中的成员如图 27-1 所示。已经添加域的客户端计算机，默认将 "Domain Admins" 组添加到本地管理员组中。

图 27-1　组成员列表

27.1.2　部署 "受限制的组" 策略

以域管理员身份登录域控制器，打开 GPMC 控制台，本例以 "Default Domain Policy" 策略为例说明。

第 1 步，右击"Default Domain Policy"策略，在弹出的快捷菜单中选择"编辑"命令，打开"组策略管理编辑器"。选择"计算机配置"→"策略"→"Windows 设置"→"安全设置"→"受限制的组"选项。右侧窗口中，单击鼠标右键，在弹出的快捷菜单中选择"添加组"命令，如图 27-2 所示。

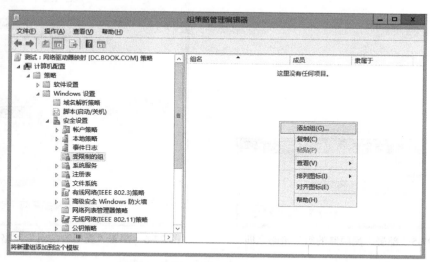

图 27-2　部署"受限制的组"策略之一

第 2 步，命令执行后，打开"添加组"对话框，如图 27-3 所示。

第 3 步，单击"浏览"按钮，打开"选择组"对话框，设置客户端计算机需要限制的组。本例中以"Administrators"组为例说明。键入组名称后，单击"检查名称"按钮，检测键入组是否为合法的组，如图 27-4 所示。

图 27-3　部署"受限制的组"策略之二

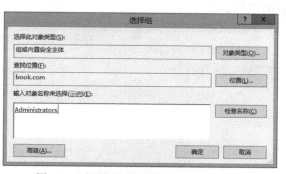

图 27-4　部署"受限制的组"策略之三

第 4 步，单击"确定"按钮，关闭"选择组"对话框，返回到"添加组"对话框，如图 27-5 所示。

第 5 步，单击"确定"按钮，打开"Administrators 属性"对话框，设置"Administrators"中需要限制的成员。其中，"这个组的成员"列表中的用户是强制添加到该组的用户或者组。如果"Administrators"组有其他成员，除本地计算机的"Administrator"管理员用户之外，其他所有用户将被清理出"Administrators"组，即"Administrators"组中只有"这个组的成员"列表中指定的用户和"Administrator"管理员用户。

设置完成的参数如图 27-6 所示。

图 27-5 部署"受限制的组"策略之四

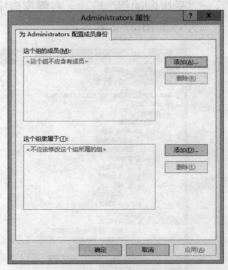

图 27-6 部署"受限制的组"策略之五

单击"这个组的成员"文本框右侧的"添加"按钮,打开"添加成员"对话框。设置需要强制添加到客户端计算机的用户或者组,本例中将用户"book\wsj"强制添加到客户端的本地管理员组中。设置完成的参数如图 27-7 所示。

单击"确定"按钮,选择的用户添加到"这个组的成员"列表中,如图 27-8 所示。如果需要删除用户,在"这个组的成员"列表中选择用户,单击"删除"按钮,即可删除选择的用户。

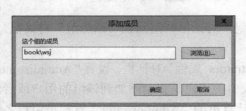

图 27-7 部署"受限制的组"策略之六

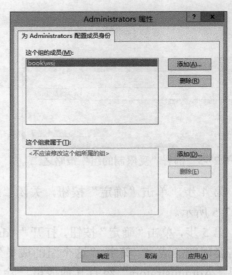

图 27-8 部署"受限制的组"策略之 4

　　第 6 步，单击"确定"按钮，完成策略设置，返回到"组策略管理编辑器"窗口，如图 27-9 所示。刷新策略或者使用"强制更新"功能将策略推送到客户端计算机。

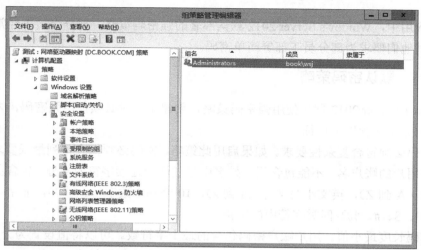

图 27-9　部署"受限制的组"策略之八

27.1.3　客户端计算机策略测试

　　重新启动客户端计算机，以域用户身份登录客户端计算机，查看"Administrators"组成员列表，如图 27-10 所示。

图 27-10　策略验证

27.1.4　删除策略

　　当域控制器中"受限制的组"策略删除后，客户端计算机重新启动并以域用户身份登录，"Domain Admins"组被添加到客户端计算机的"Administrators"组中。

27.2 部署密码策略

实际应用中，Windows Server 2012 默认部署的强密码策略，部分老员工经常忘记复杂密码，根据他们要求为部分员工部署简单密码。

27.2.1 默认密码策略

Windows Server 2012 默认使用强密码策略，创建用户时必须使用强密码，才能创建用户。强密码策略包含以下特征。

- 密码必须符合复杂性要求。如果启用此策略，密码必须符合下列最低要求：不能包含用户的账户名，不能包含用户姓名中超过两个连续字符的部分；包含英文大写字母（A 到 Z），英文小写字母（a 到 z），10 个基本数字（0 到 9），非字母字符（例如!、$、#、%）四类字符中的字符。

- 密码长度最小值。用户账户密码包含的最少字符数。可以将值设置为介于 1 和 14 个字符之间，或者将字符数设置为 0，密码长度为任意长度。

- 密码最短使用期限。用户更改某个密码之前必须使用该密码一段时间（以天为单位）。可以设置一个介于 1 和 998 天之间的值，或者将天数设置为 0，允许立即更改密码。密码最短使用期限必须小于密码最长使用期限，除非将密码最长使用期限设置为 0，指明密码永不过期。如果将密码最长使用期限设置为 0，则可以将密码最短使用期限设置为介于 0 和 998 之间的任何值。

- 密码最长使用期限。用户更改某个密码之前可以使用该密码的期间（以天为单位）。可以将密码设置为在某些天数（介于 1 到 999 之间）后到期，或者将天数设置为 0，指定密码永不过期。如果密码最长使用期限介于 1 和 999 天之间，密码最短使用期限必须小于密码最长使用期限。如果将密码最长使用期限设置为 0，则可以将密码最短使用期限设置为介于 0 和 998 天之间的任何值。

- 强制密码历史。再次使用某个旧密码和新密码设置间隔的次数。该值必须介于 0 和 24 个密码之间。如果设置为 10，用户新设置的密码不能与前 10 次设置的旧密码相同。0 表示不保存密码历史记录，密码可以重复使用，即用户可以设置和以前相同的密码，没有任何限制。

- 用可还原的加密来储存密码。如果允许使用没有加密模式存储密码，将带来安全隐患，默认禁用该功能。

27.2.2 查看默认域密码策略

以域管理员身份登录域控制器，打开 GPMC 控制台。选择"Default Domain Policy"→"计算机配置"→"策略"→"Windows 设置"→"安全设置"→"账户策略"→"密码策略"选项，如图 27-11 所示。默认的密码策略已经启用。

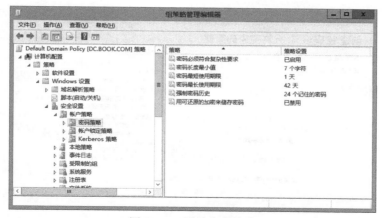

图 27-11　默认密码策略

27.2.3　部署简单密码策略

Windows Server 2012 在"Active Directory 管理中心"提供"Password Settings Container"容器，通过该容器可以创建新的密码策略。

第 1 步，打开"Active Directory 管理中心"，左侧导航窗格中选择"book（本地）"→"System"，中间窗格选择"Password Settings Container"选项，如图 27-12 所示。

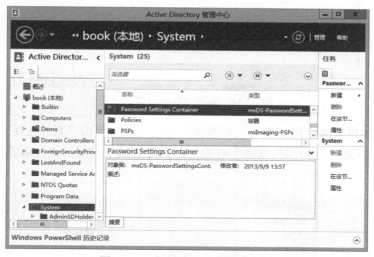

图 27-12　部署简单密码策略之一

第 2 步，"任务窗格"中单击"新建"按钮，在弹出的菜单中选择"密码设置"选项，命令执行后，打开"创建 密码设置"对话框。左侧导航窗格中选择"密码设置"选项，其中：

- "名称"是必选项。
- "优先"也是必选项，设置新密码策略的优先级。
- 本例中允许为用户配置空密码，因此除了"防止意外删除"选项外，其他选项都设置为空。

设置完成的参数如图 27-13 所示。

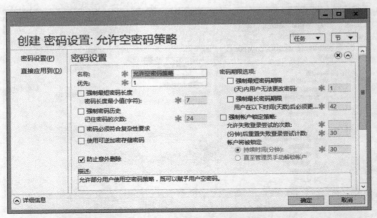

图 27-13　部署简单密码策略之二

第 3 步，左侧导航窗格中选择"直接应用到"选项，默认没有为任何用户或者组分配新的密码设置，如图 27-14 所示。

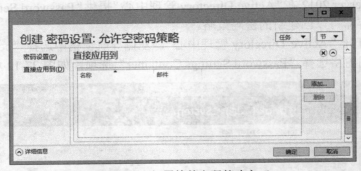

图 27-14　部署简单密码策略之三

第 4 步，如果要为新用户或者组部署新的密码策略，单击"直接应用到"区域右侧的"添加"按钮，打开"选择用户或组"对话框，设置要赋予权限的用户或者组，如图 27-15 所示。

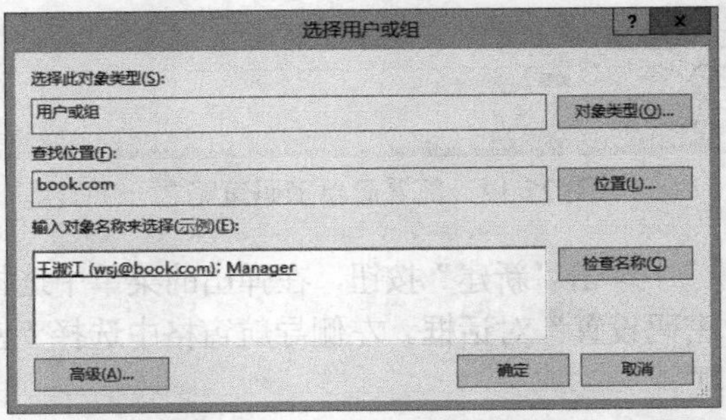

图 27-15　部署简单密码策略之四

第 5 步，单击"确定"按钮，返回到"直接应用到"设置窗口中，用户或者组添加到列表中，如图 27-16 所示。

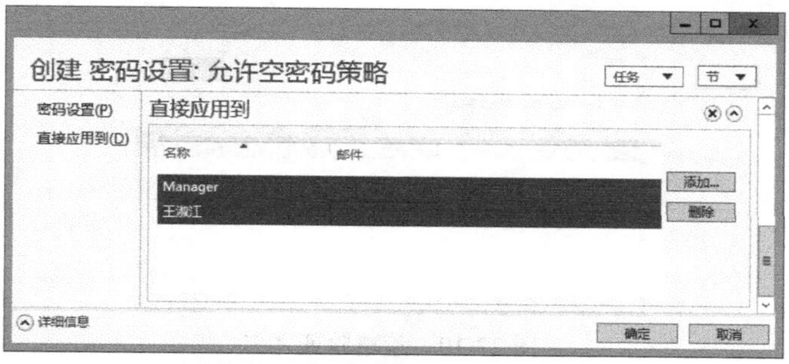

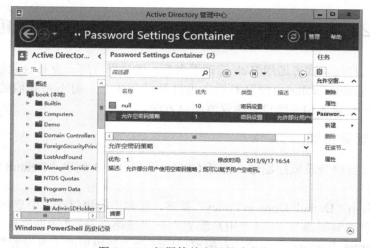

图 27-16　部署简单密码策略之五

第 6 步，单击"确定"按钮，创建新的密码策略，如图 27-17 所示。

图 27-17　部署简单密码策略之六

27.2.4　用户密码设置测试

域用户"demo"默认设置了强密码，该用户属于"Manager"组，该组已经分配"允许空密码策略"，如图 27-18 所示。

图 27-18　策略验证之一

设置域用户"linjian"的密码为空，执行密码重设操作后，显示如图 27-19 所示的错误。

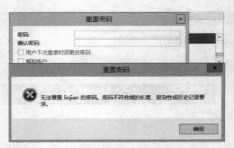

图 27-19　策略验证之二

设置域用户"demo"（该用户隶属于"Manager"组）的密码为空，执行密码重设操作后，正常设置密码为空，没有显示任何错误，新的密码策略生效。

27.3　部署 Internet Explorer 访问主页

企业部署门户站点或者通用 Web 管理平台后，通过平台统一发布企业信息，管理者希望员工打开 Internet Explorer 浏览器后自动打开目标站点，而不是其他的站点。其他和 Internet Explorer 浏览器相关的设置建议遵照该方法。

27.3.1　部署策略

以域管理员身份登录域控制器，打开 GPMC 控制台，本例以"Default Domain Policy"策略为例说明。

第 1 步，右击"Default Domain Policy"策略，在弹出的快捷菜单中选择"编辑"命令，打开"组策略管理编辑器"。选择"用户配置"→"策略"→"管理模板"→"Windows 组件"→"Internet Explorer"选项，右侧窗口中选择"禁用更改主页设置"策略，默认该策略被禁用，如图 27-20 所示。

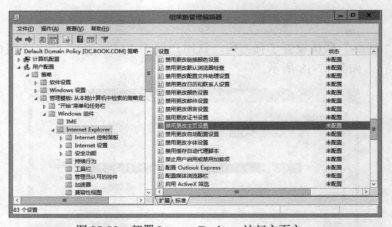

图 27-20　部署 Internet Explorer 访问主页之一

第 2 步，打开该策略属性对话框，选择"已启用"选项，"主页"设置为"http://dc.book.com"，即强制打开 Internet Explorer 后强制访问的目标站点。单击"确定"按钮，完成策略设置，如图 27-21 所示。

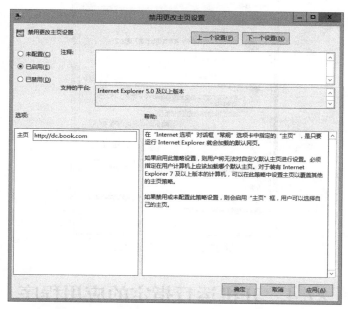

图 27-21 部署 Internet Explorer 访问主页之二

27.3.2 策略测试

客户端计算机运行 Windows 7 操作系统，登录域后，打开 Internet Explorer，自动启动需要访问的目标站点，如图 27-22 所示。

图 27-22 策略验证之一

打开"Internet 选项"属性对话框，"主页"区域设置被禁用，用户不能更改已经设置的主页，如图 27-23 所示。

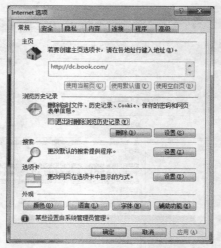

图 27-23　策略验证之二

27.4　开机运行指定的应用程序

网络中部署 Microsoft Exchange Server 2010，用户和客户之间往来大部分通过电子邮件方式完成，因此需要开机时自动运行指定的应用程序。本例中以运行应用程序写字板"Write.exe"为例说明如何部署策略。

27.4.1　部署开机策略

以域管理员身份登录域控制器，打开 GPMC 控制台，本例以"Default Domain Policy"策略为例说明。

第 1 步，右击"Default Domain Policy"策略，在弹出的快捷菜单中选择"编辑"命令，打开"组策略管理编辑器"。选择"用户配置"→"策略"→"管理模板"→"系统"→"登录"选项，右侧窗口中选择"在用户登录时运行这些程序"策略，默认该策略被禁用，如图 27-24 所示。

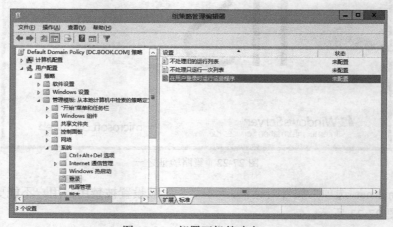

图 27-24　部署开机策略之一

第 2 步，打开该策略属性对话框，选择"已启用"选项，如图 27-25 所示。

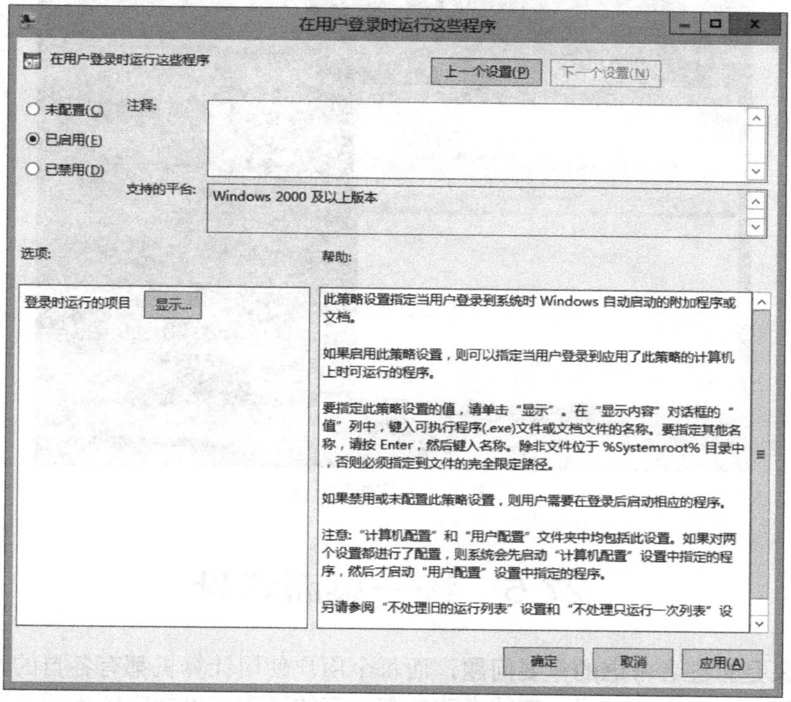

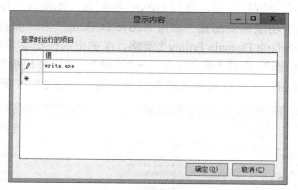

图 27-25　部署开机策略之二

第 3 步，单击"显示"按钮，打开"显示内容"对话框，"值"列表中设置需要运行的应用程序名称，如图 27-26 所示。单击多次"确定"按钮，完成策略设置。

图 27-26　部署开机策略之三

27.4.2　策略测试

客户端计算机运行 Windows 7 操作系统，登录域后，自动打开应用程序"写字板"，如图 27-27 所示。

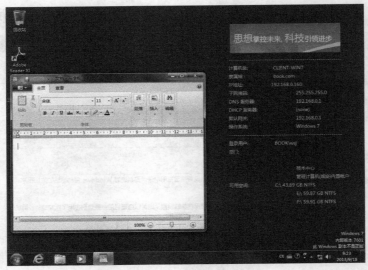

图 27-27　策略验证

27.5　统一桌面背景

企业形象是管理者考虑的重要问题，而每个用户使用计算机都有各自的习惯，以桌面来说，有的用户喜欢卡通模式，有的喜欢赛车，有的喜欢花里胡哨的界面，因此需要通过强制手段统一用户桌面，统一企业形象。

27.5.1　部署桌面背景策略

以域管理员身份登录域控制器，打开 GPMC 控制台，本例以"Default Domain Policy"策略为例说明。实现该功能需要配置"启用 Active Desktop"和"桌面墙纸"两个策略。

第 1 步，右击"Default Domain Policy"策略，在弹出的快捷菜单中选择"编辑"命令，打开"组策略管理编辑器"。选择"用户配置"→"策略"→"管理模板"→"桌面"→"Active Desktop"选项，右侧窗口中所有相关策略都没有启用，如图 27-28 所示。

图 27-28　部署桌面背景策略之一

第 2 步，打开"启用 Active Desktop"策略属性对话框，选择"已启用"选项，如图 27-29 所示。

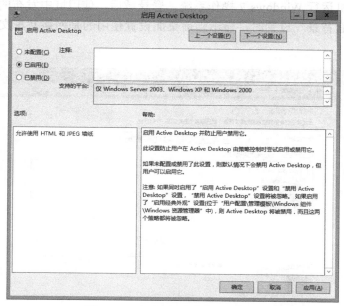

图 27-29 部署桌面背景策略之二

第 3 步，打开"桌面墙纸"策略属性对话框，如图 27-30 所示。选择"已启用"选项，"墙纸名称"设置存储图片文件（jpg）的 UNC 路径。注意，域用户必须对该路径具备至少"读取"的权限。设置"墙纸样式"为"平铺"。单击多次"确定"按钮，完成策略设置。

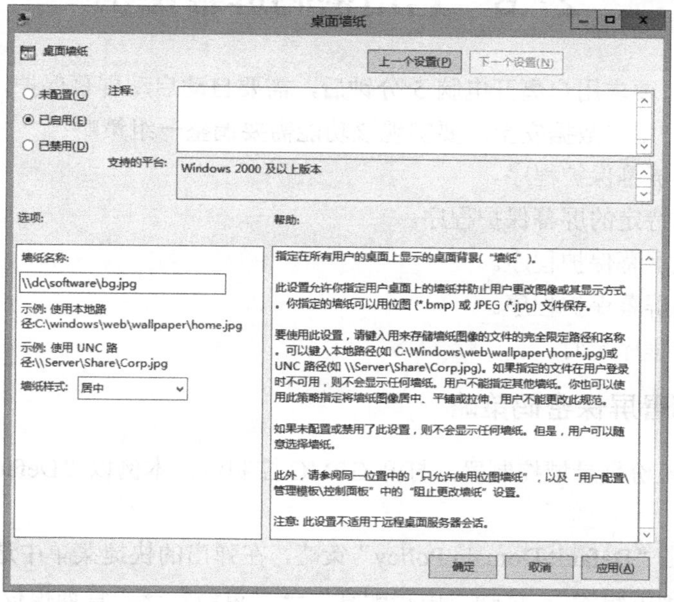

图 27-30 部署桌面背景策略之三

27.5.2 策略测试

客户端计算机运行 Windows 7 操作系统，登录域后，使用域中发布的图片代替已有的桌面。打开"桌面背景"设置时，显示当前桌面设置使用的是网络共享文件夹中的图片，如图 27-31 所示。

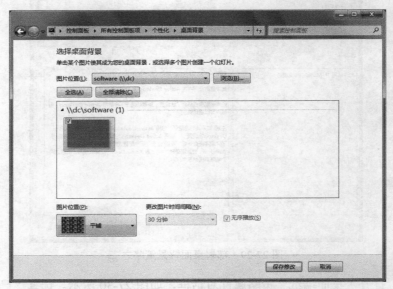

图 27-31 策略验证

27.6 启用密码屏幕保护

网络环境中，要求用户离开电脑 5 分钟后，需要自动启动屏幕保护，重新使用时需要键入密码，以保护用户数据安全。要实现该功能需要调整一组策略：

- 启用桌面屏幕保护程序。
- 强制使用特定的屏幕保护程序。
- 阻止更改屏幕保护程序。
- 带密码的屏幕保护程序。
- 屏幕保护程序超时。

27.6.1 部署屏保密码策略

以域管理员身份登录域控制器，打开 GPMC 控制台，本例以"Default Domain Policy"策略为例说明。

第 1 步，右击"Default Domain Policy"策略，在弹出的快捷菜单中选择"编辑"命令，打开"组策略管理编辑器"。选择"用户配置"→"策略"→"管理模板"→"控制面板"→"个性化"选项，右侧窗口中所有相关策略都没有启用，如图 27-32 所示。

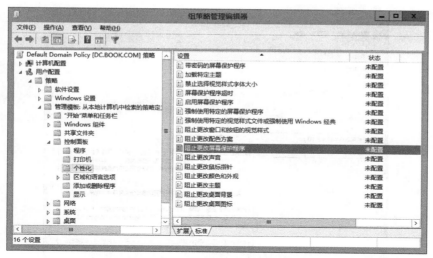

图 27-32　部署屏保密码策略之一

第 2 步，打开"启用屏幕保护程序"策略属性对话框，选择"已启用"选项，如图 27-33 所示。

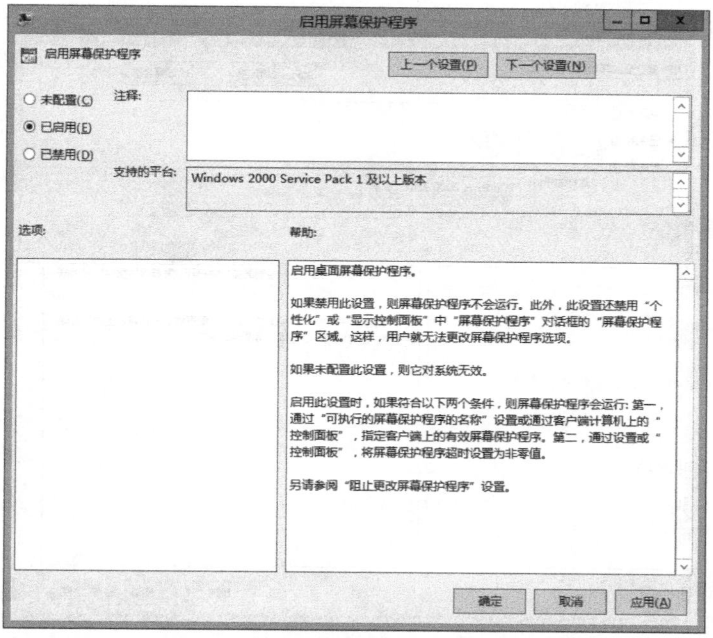

图 27-33　部署屏保密码策略之二

第 3 步，打开"强制使用特定的屏幕保护程序"策略属性对话框，选择"已启用"选项，"可执行的屏幕保护程序的名称"文本框中键入屏幕保护程序名称，本例中使用 Windows 系统内置的"气球"屏幕保护程序，如图 27-34 所示。

第 4 步，打开"阻止更改屏幕保护程序"策略属性对话框，选择"已启用"选项，如图 27-35 所示。

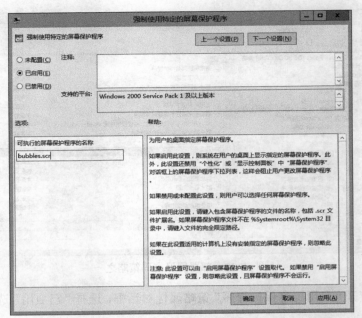

图 27-34　部署屏保密码策略之三

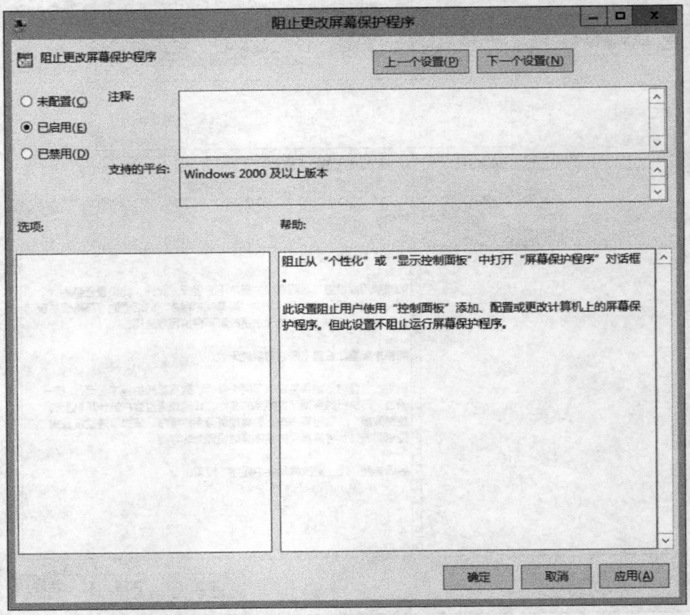

图 27-35　部署屏保密码策略之四

第 5 步，打开"带密码的屏幕保护程序"策略属性对话框，选择"已启用"选项，如图 27-36 所示。

第 6 步，打开"屏幕保护程序超时"策略属性对话框，选择"已启用"选项，"启用屏幕保护程序之前等待的秒数"设置为 15 秒钟（根据实际需要更改），如图 27-37 所示。

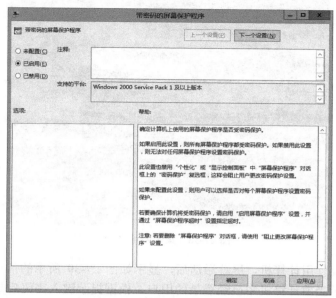

图 27-36　部署屏保密码策略之五

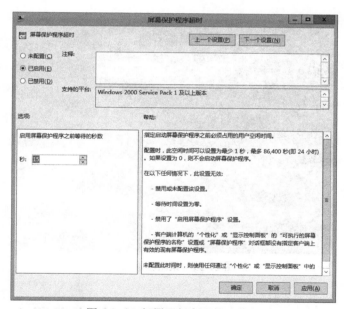

图 27-37　部署屏保密码策略之六

第 7 步，上述策略部署完成后，单击多次"完成"按钮，完成策略设置。

27.6.2　策略测试

客户端计算机运行 Windows 7 操作系统，登录域后，超时后程序启动屏幕保护程序，如图 27-38 所示。

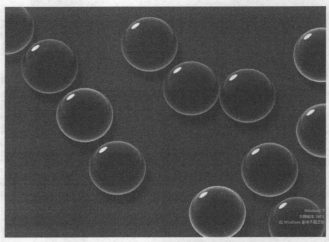

图 27-38 策略验证之一

如果用户需要使用计算机，屏幕激活后，显示如图 27-39 所示的信息，提示用户解除本机锁定，并提示当前计算机中已经登录的用户，根据提示键入密码后重新登录即可正常使用。

图 27-39 策略验证之二

27.7 禁止修改网络连接参数

网络中如果使用静态 IP 地址，而且用户添加到本地管理员组中，用户就可以自己更改 IP 地址。私自更改 IP 地址可能和网络中其他计算机 IP 地址冲突，冲突后将影响计算机的使用。因此，需要禁止用户更改 IP 地址等网络参数。

27.7.1 用户更改网络参数

没有管理员权限的用户，默认没有更改计算机网络连接参数的权限，具备修改权限的用户是计算机的管理员。"Network Connections"服务管理"网络和拨号连接"文件夹中对象，可以查看局域网和远程连接。如果停止该服务，用户将不能访问本地连接来更改网络参数。

完成上述管理任务，需要部署以下策略。

- 用户配置："开始"菜单和任务栏中的"删除网络图标"。
- 计算机配置：禁用"系统服务"中的"Network Connections"服务。

27.7.2 部署禁止修改网络参数策略

第 1 步，右击"Default Domain Policy"策略，在弹出的快捷菜单中选择"编辑"命令，打开"组策略管理编辑器"。选择"计算机配置"→"策略"→"Windows 设置"→"安全设置"→"系统服务"选项，右侧窗口中所有系统服务都没有定义，如图 27-40 所示。

图 27-40 部署禁止修改网络参数策略之一

第 2 步，打开"Network Connections"服务属性对话框，选择"定义此策略设置"左侧的复选框，选择"手动"设置，如图 27-41 所示。

图 27-41 部署禁止修改网络参数策略之二

第 3 步，单击"编辑安全设置"按钮，打开安全设置对话框，默认设置如图 27-42 所示。"组或用户名"列表中删除已有的所有用户或组，添加新的具备管理网络连接属性的目标用户或者组。本例中赋予域管理员 "完全控制"的权限，"Everyone"具备读取的权限，设置完成的参数如图 27-43 所示。单击多次"确定"按钮，完成服务设置。

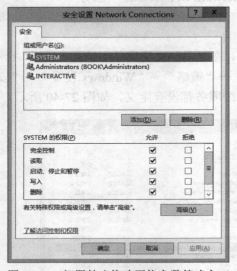

图 27-42　部署禁止修改网络参数策略之三

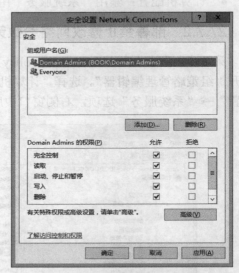

图 27-43　部署禁止修改网络参数策略之四

第 4 步，选择"用户配置"→"策略"→"管理模板"→"'开始'菜单和任务栏"选项，右侧窗口中所有设置默认都没有配置，如图 27-44 所示。

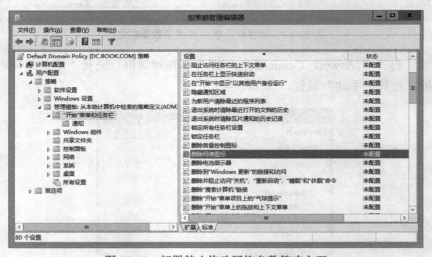

图 27-44　部署禁止修改网络参数策略之五

第 5 步，右侧窗口中选择"删除网络图标"策略，打开属性对话框，选择"已启用"选项，如图 27-45 所示。单击"确定"按钮，完成策略设置。

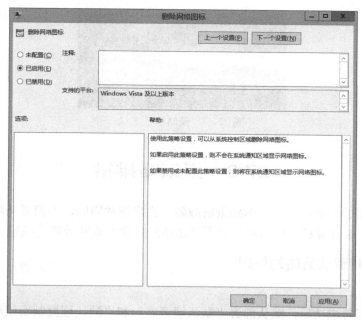

图 27-45　部署禁止修改网络参数策略之六

27.7.3　策略测试

客户端计算机运行 Windows 7 操作系统，以管理员身份登录域，打开"控制面板"→"网络和 Internet"→"网络连接"窗口，没有显示任何已有的网络连接。使用"ipconfig"命令，显示计算机已经分配到 IP 地址，如图 27-46 所示。

图 27-46　策略验证之一

"任务栏"中不显示网络图标，如图 27-47 所示。

图 27-47　策略验证之二

27.8　组策略排错

组策略实施过程中，经常会遇到策略故障。当出现故障时，不但要从域控制器验证策略，还要从客户端计算机验证策略。以下是总结的排除组策略故障的经验。

27.8.1　对默认策略的处理

1.　默认策略

域控制器部署成功后，默认部署"默认域策略"和"默认域控制器策略"两条策略，前者作用域是网络中的所有计算机和用户，后者针对所有的域控制器。这 2 条策略也是基准策略。

2.　部署策略

当部署新的组策略设置时，强烈建议不要在两条默认策略中更改。建议做法：首先创建组策略对象，然后将新建的组策略对象连接到目标域、组织单位中。

3.　删除默认策略

一定不要删除两条默认的策略（默认域策略和默认域控制器策略），很多莫名其妙的问题都是因为删除这两条默认策略引起的。建议通过备份/还原的方法保留默认策略，最后的办法使用"Dcgpofix"工具恢复默认策略。

27.8.2　组策略的目标是谁

1.　组策略给谁用

实际应用中，经常遇到部署的组策略在客户端计算机中不能生效。首先需要明确的一点是组策略不能够链接在用户组上。组策略不是为用户组设定的策略，而是一组策略的集合，只能链接到站点、组织单位和域。

2.　组策略目标是计算机还是用户

设置组策略对象时，分为计算机配置和用户配置。计算机配置的目标是计算机账户，而不是域用户。用户配置的目标是域用户而不是计算机账户。因此部署组策略前，需要将目标（计算机或者用户）首先移动到目标组织单位，然后对组织单位等部署策略。

3.　策略应用顺序

组策略正常应用顺序：本地策略→站点策略→域策略→父 OU 策略→子 OU 策略。其中：

- 发生冲突时，最新策略设置会覆盖其他设置。

- 计算机设置高于用户设置。
- 父容器组策略设置与子容器设置发生冲突，子容器中组策略的设置将覆盖父容器策略。
- 同一容器的多个策略按照优先权顺序生效。当在一个容器上面链接了多个 GPO 时，应该验证 GPO 的顺序，很有可能问题是顺序引起的。

27.8.3　客户端计算机是否应用策略

客户端计算机应用策略，首先要得到策略。首先域控制器中通过"强制更新策略"或者"Gpupdate /force"命令强制刷新策略，客户端计算机重新登录后如果策略没有得到应用，可以使用"GPResult"命令验证是否已经应用了策略。如果在所有计算机中都没有应用策略，表明策略没有发布成功。故障出在域控制器环节，可以通过"GPMC"控制台查看策略设置，验证策略。

27.8.4　确认客户端计算机基础环境是否正常

组策略应用失败通常说明基础架构中可能存在问题，这些问题与管理组策略信息的客户端或域控制器有关。建议按照下面的步骤进行检查。

- "TCP/IP NetBIOS Helper"服务是否运行在客户机之上。要成功执行组策略，这个服务是必需的。检查该服务，可以在命令行提示符下打入"net start"命令，以获得当前正在运行服务的列表，也可以访问"服务"管理单元以验证该服务已经启动。
- 客户机上的 DNS 是否采用正确的配置以确保系统能够正确地解析 DC 的名称。首选 DNS 服务器是否指向 DNS 服务器，客户端计算机是否已经加域等。
- 网络是否启用 ICMP 协议。组策略执行之前，客户端计算机和 DC 必须能够通过 ICMP 完成低速链接检测。如果没有启用 ICMP 协议，所有的组策略执行都会失败。
- 客户端计算机是否能够与域控制器通信。最简单的测试方法：ping 目标域控制器，确认是否能够访问，注意防火墙设置。
- 客户端计算机是否能够访问存储在域控制器的"Sysvol"中的组策略对象。如果不能，组策略执行将会失败。

27.8.5　确认文件复制服务是否启动

在多域控制器环境中，不但 Active Directory 数据库需要同步，"Sysvol"文件夹也需要同步。"Sysvol"文件夹同步通过文件复制服务完成：FRS（文件复制服务）和 DFSR（分布式文件复制服务）。检查该服务，可以在命令行提示符下打入"net start"命令，以获得当前正在运行服务的列表，也可以访问"服务"管理单元以验证该服务已经启动。

27.8.6　记录配置

IT 运维过程中，管理员应该养成良好的习惯，组策略对象更改任一个设置，操作步骤尽量记录下来，这对于后期的排错会很有帮助。

27.9 组策略排错使用的工具

组策略排错过程中，GPMC 是首选工具，可以查看、验证组策略的设置。除了 GPMC 之外，还可以通过以下内置工具帮助管理员快速排除组策略故障。

27.9.1 DcDiag

DcDiag 是域控制器诊断工具，通过各种诊断测试，来分析当前林或域中域控制器状态，生成相应的检测报告。DcDiag 可以说是域控制器诊断全能工具，当域控制器出现问题却无法判断具体故障原因时，首选使用 DcDiag 工具对域控制器进行一次全面诊断，查看检测报告，从而缩小问题范围以及定位问题。

DcDiag 工具由对系统的一系列测试和校验构成，可以根据用户的选择，针对不同的范围（林，域）对域控制器进行不同项目的诊断测试，主要测试项目有：

- 连通性。
- 复制。
- 拓扑完整性。
- 检查 NC Head 安全描述符。
- 检查登录权。
- 获取 DC 位置。
- 验证安全边界。
- 验证 FSMO 角色。
- 验证信任关系。
- DNS。

DcDiag 检测结果，输出信息如下。

```
    目录服务器诊断
正在执行初始化设置:
    正在尝试查找主服务器...
    主服务器 = DC
    * 已识别的 AD 林。
        已完成收集初始化信息。
正在进行所需的初始化测试
    正在测试服务器: Default-First-Site-Name\DC
        开始测试: Connectivity
        ......................... DC 已通过测试 Connectivity
正在执行主要测试
    正在测试服务器: Default-First-Site-Name\DC
        开始测试: Advertising
        ......................... DC 已通过测试 Advertising
        开始测试: FrsEvent
        ......................... DC 已通过测试 FrsEvent
        开始测试: DFSREvent
        ......................... DC 已通过测试 DFSREvent
```

```
开始测试: SysVolCheck
        ........................ DC 已通过测试  SysVolCheck
开始测试: KccEvent
        ........................ DC 已通过测试  KccEvent
开始测试: KnowsOfRoleHolders
        ........................ DC 已通过测试  KnowsOfRoleHolders
开始测试: MachineAccount
        ........................ DC 已通过测试  MachineAccount
开始测试: NCSecDesc
        ........................ DC 已通过测试  NCSecDesc
开始测试: NetLogons
        ........................ DC 已通过测试  NetLogons
开始测试: ObjectsReplicated
        ........................ DC 已通过测试  ObjectsReplicated
开始测试: Replications
        ........................ DC 已通过测试  Replications
开始测试: RidManager
        ........................ DC 已通过测试  RidManager
开始测试: Services
        ........................ DC 已通过测试  Services
开始测试: SystemLog
        发生了一个警告事件。EventID: 0x000003F6
           生成时间: 09/26/2013    20:31:04
           事件字符串: 在没有配置的 DNS 服务器响应之后，名称 ds.download.windowsupdate.com
的名称解析超时。
        ........................ DC 已通过测试  SystemLog
开始测试: VerifyReferences
        ........................ DC 已通过测试  VerifyReferences
正在 ForestDnsZones
  上运行分区测试
        开始测试: CheckSDRefDom
        ........................ ForestDnsZones 已通过测试  CheckSDRefDom
    开始测试: CrossRefValidation
        ........................ ForestDnsZones 已通过测试  CrossRefValidation
正在 DomainDnsZones
  上运行分区测试
        开始测试: CheckSDRefDom
        ........................ DomainDnsZones 已通过测试  CheckSDRefDom
    开始测试: CrossRefValidation
        ........................ DomainDnsZones 已通过测试  CrossRefValidation
正在 Schema
  上运行分区测试
        开始测试: CheckSDRefDom
        ........................ Schema 已通过测试  CheckSDRefDom
    开始测试: CrossRefValidation
        ........................ Schema 已通过测试  CrossRefValidation
```

```
正在 Configuration
上运行分区测试
       开始测试: CheckSDRefDom
       ....................... Configuration 已通过测试 CheckSDRefDom
   开始测试: CrossRefValidation
       ....................... Configuration 已通过测试 CrossRefValidation
正在 book
上运行分区测试
       开始测试: CheckSDRefDom
       ....................... book 已通过测试 CheckSDRefDom
   开始测试: CrossRefValidation
       ....................... book 已通过测试 CrossRefValidation
正在 book.com
上运行企业测试
       开始测试: LocatorCheck
       ....................... book.com 已通过测试 LocatorCheck
   开始测试: Intersite
       ....................... book.com 已通过测试 Intersite
```

27.9.2　GPResult

　　GPResult 检测输出当前计算机以及用户的配置及其设置，以及应用的组策略对象和安全组。通过该命令可以验证客户端计算机从哪个域控制器接收组策略，以及应用了哪些策略。对客户端计算机来说，GPResult 是最有效的客户端计算机排错工具。输出结果如图 27-48 所示。

图 27-48　GPResult 输出结果

27.9.3　Dcgpofix

Dcgpofix 工具还原组策略到初始安装状态。

恢复默认域控制器策略，运行以下命令。

Dcgpofix /target:dc

同时恢复默认域策略和默认域控制器策略，运行以下命令。

Dcgpofix /target:both

注意事项：

- 命令执行后，将默认域策略和默认域控制器策略还原到安装之后的原始状态，对两条组策略对象的任何更改都将丢失。
- 强烈建议使用部署在域控制器中的 Dcgpofix 工具，而不是从微软站点下载的 Dcgpofix 工具。

27.9.4　Repadmin

Repadmin 工具监控域控制器之间的复制。该工具详细使用参考第 12 章"管理站点复制"。

27.9.5　Gpupdate

Gpupdate 工具刷新策略设置。域控制器和客户端计算机（Windows XP 操作系统以上版本）都可以使用"Gpupdate /force"命令强制刷新策略。该工具的详细使用方法参考 http://technet.microsoft.com/zh-cn/library/cc739112。

第 28 章　活动目录集成区域 DNS 服务

DNS 是域名系统（Domain Name System）的简称。DNS 的作用将域名称解析为 IP 地址，从而便于用户记忆并访问相关的网络服务。事实上，正是由于有了 DNS 服务，计算机使用者才不必再死记硬背那些枯燥的 IP 地址。因此，无论在 Internet 还是在局域网络，都能看到 DNS 服务器的身影。

28.1　DNS 需要了解的知识

在网络中唯一能够用来标识计算机身份和定位计算机位置的方法是 IP 地址，记忆这些纯数字的 IP 地址很容易出错。通过域名服务器，将 IP 地址与域名一一对应，使用户在访问服务器或网站时不是使用 IP 地址，而是使用简单易记的域名，通过 DNS 服务器将域名自动解析成 IP 地址并定位服务器，这样就可以解决易记与寻址不能兼顾的问题。

28.1.1　域中的计算机定位

域内的计算机不再主要用网络基本输入/输出系统（NetBIOS）名称来定位位置，而是使用 DNS 完全合格的域名称（FQDN）来标识，例如"dc.book.com"。要登录并访问域中的资源，客户端计算机必须查找 DNS 服务器，后者帮助定位 Active Directory 域控制器。换句话说，DNS 提供域控制器的定位器服务。DNS 与活动目录的集成是 Windows 2000 Server 以上域操作系统的核心功能。

28.1.2　DNS 和 Active Directory 的结合

1. DNS 的作用

DNS 是一种名字解析服务，通过 DNS 服务器接受请求查询 DNS 数据库来把域或计算机解析为 IP 地址。DNS 客户发送 DNS 名字查询到它们设定的 DNS 服务器，DNS 服务器接受请求后或通过本地 DNS 数据库解析名字，或查询因特网上别的 DNS 数据库。DNS 不需要活动目录就可以起作用。

2. 活动目录的作用

活动目录是一种目录服务：活动目录通过域控制器接受查询请求，查询活动目录数据库把域对象名字解析为对象记录。活动目录用户通过 LDAP 协议（一种进入目录服务的协议）向活动目录服务器发送请求，为了定位提供查询服务的域控制器就需要借助于 DNS，也就是说，活动目录使用 DNS 服务器作为定位服务器，把域控制器解析为 IP 地址。活动目录要发挥作用，离不开 DNS。

3. 二者结合

DNS 可以独立于活动目录，但是活动目录必须有 DNS 的帮助才能工作。为了活动目录能够正常地工作，DNS 服务器必须支持服务定位（SRV）资源记录，资源记录把服务名字映射为提供服务的服务器名字。活动目录客户和域控制器使用 SRV 资源记录决定域控制器的 IP 地址。同时，DNS 所有数据存储在 Active Directory 数据库中，在域控制器之间随着数据库的复制而复制。

28.1.3　DNS 服务器区域类型

DNS 服务器中提供 2 种搜索区域："正向查找区域"（用来处理正向解析，即把主机名解析为 IP 地址）和"反向查找区域"（用来处理反向解析，即把 IP 地址解析为主机名），如图 28-1 所示。

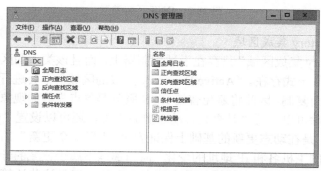

图 28-1　DNS 控制台

"正向查找区域"和"反向查找区域"都可以创建三种区域类型，分别为"标准主要区域"、"标准辅助区域"和"Active Directory 集成的区域"。

1. 标准主要区域

创建 DNS 区域时，首先创建一个"标准主要区域"，区域记录是自动生成且可读写的。该 DNS 服务器既可以接受新用户的注册，也可以给用户提供名称解析服务。"标准主要区域"以文件的形式存放在创建该区域的 DNS 服务器上，该 DNS 服务器称为该区域的"主DNS 服务器"。

"标准主要区域"的区域属性中可以设置"是否允许动态更新"。如果"允许动态更新"，当该区域的客户端计算机的 IP 地址或主机名发生变化时，这种改变可以动态地在 DNS 区域记录中进行更改，而无须管理员手工更改，如图 28-2 所示。

2. 标准辅助区域

如果 DNS 区域的客户端计算机非常多，为了优化对用户 DNS 名称解析的服务，可以在另外一台 DNS 服务器上为该区域创建一个"标准辅助区域"。"标准辅助区域"中的区域记录从"标准主要区域"中复制且是只读的，该 DNS 服务器不能接受新用户的注册请求，只能为已经注册的用户提供名称解析服务。

"主 DNS 服务器"又称为"辅助 DNS 服务器"的"主服务器"。"标准辅助区域"也是以文件的形式存放在创建该区域的 DNS 服务器上，该服务器称为该区域的"辅助 DNS 服务器"。

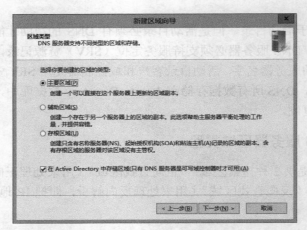

图 28-2　DNS 区域类型

3. Active Directory 集成区域

"Active Directory 集成区域"只存在于域控制器上，而且该类型的区域数据存在于活动目录中，不是以文件形式存在。"Active Directory 集成的区域"不会进行区域复制，只会随着活动目录的复制而复制，因此将避免普通 DNS 服务器单点失败的现象。"Active Directory 集成区域"属性中除可以设置"是否允许动态更新"外，还可以设置"仅安全更新"。

"仅安全更新"是在动态更新的基础上保证安全。"仅安全更新"的区域只接受已经加入域的计算机账号的主机名和 IP 地址的变化，而当那些不属于该域的计算机账号的主机名和 IP 地址发生变化时是不会在区域记录中动态改变的，但是这些计算机仍然可以利用该 DNS 服务器进行名称解析服务。

DNS 的区域类型是可以改变的，可以把一个"标准主要区域"类型更改为"标准辅助区域"，或者为了加强安全性把它更改为"Active Directory 集成的区域"。不过一般来说，对于活动目录的 DNS 区域类型最好采用"Active Directory 集成区域"，而且设置区域属性为"安全"，不要把它更改为"标准主要区域"类型。

28.1.4　DNS 常用资源记录

1. A 记录

A 记录也称为主机记录，是使用最广泛的 DNS 记录。A 记录的基本作用就是说明一个域名对应的 IP 地址是多少，是域名和 IP 地址的对应关系。A 记录的表现形式为 DC.book.com 192.168.0.1。

A 记录除了域名和 IP 对地址对应以外，还有一个高级用法，可以作为低成本的负载均衡解决方案。例如 DC.book.com 可以创建多个 A 记录，对应多台物理服务器的 IP 地址，提供 DNS 轮询功能实现基本的流量均衡。

- DC.book.com 192.168.0.1
- DC.book.com 192.168.0.2
- DC.book.com 192.168.0.3

2. NS 记录

NS 记录也叫名称服务器记录，用于说明这个区域有哪些 DNS 服务器负责解析。NS

记录，说明在指定区域里有多少个 DNS 服务器承担解析任务。

3. SOA 记录

NS 记录说明有多台服务器在进行解析，但哪一个才是主服务器呢，NS 并没有说明。SOA 名叫起始授权机构记录，SOA 记录说明了在众多 NS 记录里哪一台才是主要 DNS 服务器。注意：Active Directory 集成区域 DNS 服务中，不需要指明哪一台是主服务器。

4. SRV 记录

SRV 记录是服务器资源记录的缩写。SRV 记录的作用是说明一个服务器能够提供什么样的服务。SRV 记录在微软的 Active Directory 中有着重要地位，域内的计算机要依赖 DNS 的 SRV 记录来定位域控制器。

服务位置（SRV）记录是 Windows DNS 实现的重要部分，如果没有 SRV 记录，客户端计算机和服务器就不能定位域控制器。SRV 记录本身包含以下参数。

- 服务名：这是一个标准值，通过前面加前缀下划线 "_"，例如 "_gc." 或者 "_ldap."，服务名称等价于主机名，服务名将附加到 FQDN 上。
- 服务器 FQDN：提供该服务的服务器。
- 端口：服务可用的 TCP 或者 UDP 端口，协议使用注册名表示，例如 "_tcp"、"_udp"。
- 优先级：数值越低优先级越高，默认值 100。
- 权重：与优先级用途相同，如果不关心负载均衡，可以设置为 0。

例如，"_ldap" 服务的属性如图 28-3 所示。

图 28-3　服务属性对话框

5. PTR 记录

PTR 记录也被称为指针记录，PTR 记录是 A 记录的逆向记录，作用是把 IP 地址解析为域名。DNS 反向区域负责从 IP 地址到域名的解析，如果要创建 PTR 记录，必须在反向区域中创建。部署活动目录集成区域 DNS 服务后，默认没有创建反向查找区域，仅创建正向查找区域。

6. MX 记录

MX 记录全称是邮件交换记录，在使用邮件服务器时，MX 记录是必需的，例如 A 用户向 B 用户发送一封邮件，首先需要向 DNS 查询 B 用户的 MX 记录，DNS 成功定位 B 的

MX 记录后反馈给 A 用户，然后 A 用户把邮件投递到 B 用户的 MX 所记录邮件服务器。

28.1.5 nslookup 验证加入域所需的 SRV 记录

服务器运行 Windows Server 2012，客户端计算机加入域（book.com）之前，通过"Nslookup"工具验证加入域需要的 SRV 记录是否正常。

在命令行提示符下，键入如下命令。

```
Nslookup
```

命令执行后，键入如下命令。

```
>set q=srv
> _ldap._tcp.dc._msdcs.book.com
```

命令执行后，如果查询成功，返回已注册服务位置（SRV）资源记录，确定是否 Active Directory 域的所有域控制器都已包含在内并已使用有效的 IP 地址。否则，验证 DNS 服务器是否存在 SRV 记录。命令查询过程如图 28-4 所示。

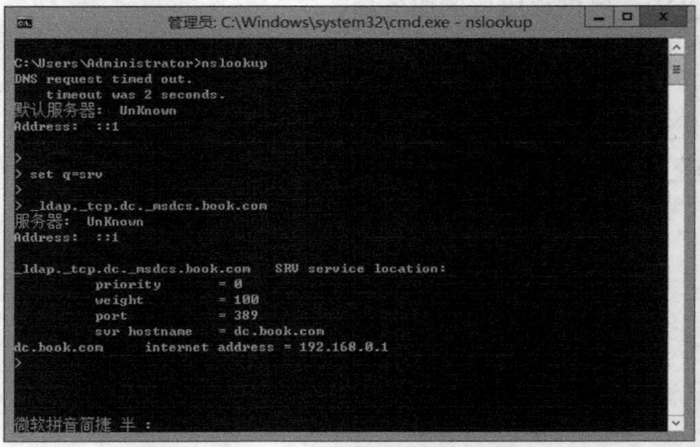

图 28-4 验证 ldap 记录

28.1.6 动态更新

DNS 客户端计算机通过动态更新功能，在发生更改时随时向 DNS 服务器注册和动态更新资源记录，减少手动更改区域资源记录的需要，降低出错的风险。这个功能对 DHCP 环境中的客户端计算机尤其有效。DNS 客户端计算机和服务器都支持动态更新功能。

1. 触发 DNS 动态更新

何时发生动态更新：

* 已安装的任一网络连接。当"TCP/IP"属性配置中添加、删除或修改"IP"地址时。
* IP 地址租约通过"DHCP"服务器更改或续订任一已安装的网络连接。例如，当计算机启动时，或者使用 ipconfig /renew 命令时。
* 使用"ipconfig /registerdns"命令手动强制在"DNS"中刷新客户端名称注册。
* 启动时，即打开计算机时。
* 成员服务器升级为域控制器。

当以上事件之一触发动态更新时，DHCP 客户端服务（而非 DNS 客户端服务）将发送更新。如果由于 DHCP 而导致 IP 地址信息发生更改，DNS 中会执行对应的更新，以同步计算机名称到地址映射。

2. 配置 DNS 服务器动态更新

Active Directory 集成区域 DNS 服务部署成功后，默认已经启用"安全"动态更新功能，建议使用默认值即可。如果已经更改过默认设置，按照以下方法重置。

第 1 步，打开 DNS 控制台，右击"book.com"，在弹出的快捷菜单中选择"属性"命令，命令执行后，打开如图 28-5 所示的对话框。

第 2 步，如果"类型"显示值不是"Active Directory 集成区域"，单击"更改"按钮，显示如图 28-6 所示的"更改区域类型"对话框。选择"在 Active Directory 中存储区域（只有 DNS 服务器是域控制器时才可用）"选项。单击"确定"按钮，完成区域类型设置。

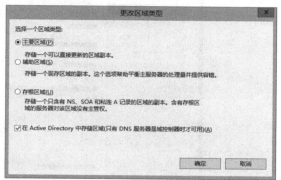

图 28-5　配置 DNS 服务器动态更新之一　　　图 28-6　配置 DNS 服务器动态更新之二

第 3 步，如果"动态更新"值不显示"安全"，单击"动态更新"右侧的下拉框，选择"安全"选项。单击"确定"按钮，完成"动态更新"值设置，如图 28-7 所示。

图 28-7　配置 DNS 服务器动态更新之三

28.2 部署活动目录集成 DNS 服务

域环境中，如果部署多台域控制器，建议至少在 2 台域控制器中部署活动目录集成区域 DNS 服务，确保 DNS 服务的高可用性。

28.2.1 自动配置 Active Directory 集成区域 DNS 服务

在部署第一台域控制器或者额外域控制器的过程中，管理员可以选择是否将当前服务器同时安装为活动目录集成区域 DNS 服务器，如图 28-8 和图 28-9 所示。注意：Active Directory 集成区域 DNS 服务必须部署在域控制器中。

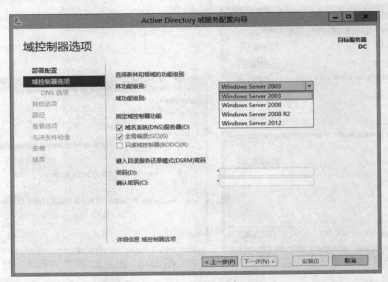

图 28-8 DNS 设置之一

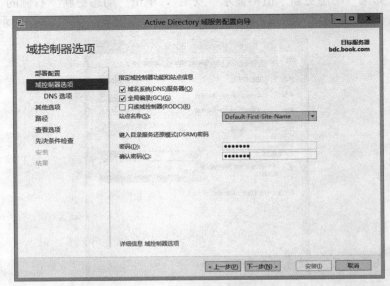

图 28-9 DNS 设置之二

28.2.2　安装结果

活动目录集成区域 DNS 服务部署成功后，名称为"book.com"域将创建以下域（如图 28-10 所示）。

- _msdcs.book.com
- book.com

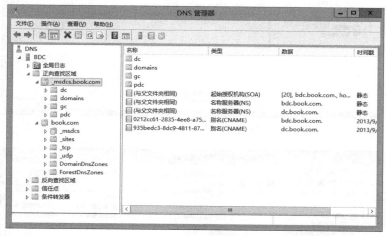

图 28-10　默认创建的域

28.2.3　_msdcs 子域

活动目录使用 DNS 定位域控制器，然后使用活动目录提供的服务：全局编录服务（GC）。Kerberos、轻量目录负载协议（LDAP）以及域控制器（DC）。所有 SRV 纪录全部存储在"_msdcs"子域中，Netlogon 进程会在每个域控制器动态注册需要纪录。注意：所有域控制器通过复制机制同步"_msdcs "子域内容。

部署第一台域控制器且安装 DNS 服务的情况下，自动在 DNS 服务器建立一个名称为"_msdcs."的区域。此区域配置通过活动目录数据库的"多主机复制"机制，同步到每个运行 DNS 域控制器。

"_msdcs"下包含了四个子域。

- DC（域控制器）。
- Domain（域）。
- GC（全局编录服务器）。
- PDC（PDC 主机角色所在的域控制器）。

这 4 个子域标注 Active Directory 服务中常用的 4 个服务所在的域控制器，以及定义域控制器的属性。如图 28-11 所示。

1. DC（域控制器）

DC 区域中包括所有域控制器，按照站点（默认站点为 Default-first-site-name）划分，可以让客户端计算机快速定位域中的所有域控制器。展开 DC 所有子节点后（本例中只有一台域控制器），如图 28-12 所示。

图 28-11 "_msdcs." 区域

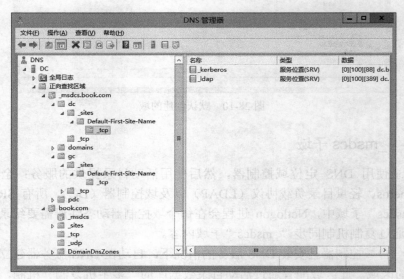

图 28-12 DC 区域

右侧窗口中选择 "_kerberos" 资源记录, 打开属性对话框 (如图 28-13 所示)。

- 域: Default-first-site-name._sites.dc.msdcs, 表示域控制器所在的站点。
- 服务: _kerberos 服务。
- 协议: _tcp 协议。
- 优先级: 0~65535 之间的数字, 数字越小, 级别越高。
- 权重: 0~65535 之间的数字。设置附加的优先级, 确定在应答 SRV 查询中使用的目标主机的准确顺序。
- 端口号: 88。
- 提供此服务的主机: dc.book.com。

"_kerberos" 资源记录完整解读: 默认站点中的域控制器 dc.book.com, 通过 "tcp" 协议的 "88" 端口, 响应用户向 kerberos 服务发起的查询请求。

图 28-13　"_kerberos"服务属性

2．Domains

Domains 区域显示部署的域（本例中 book.com），显示域的 GUID。展开"Domains"所有子节点后，如图 28-14 所示。其中"63256a53-b174-4b7c-8434-d6607890a3cd"是域的 GUID。

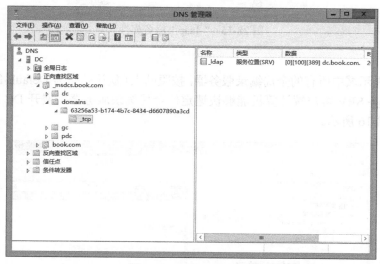

图 28-14　Domains 区域

右侧窗口中选择"_ldap"资源记录，打开属性对话框（如图 28-15 所示）。

- 域：63256a53-b174-4b7c-8434-d6607890a3cd.domains._msdcs.book.com，是 book.com 域的 GUID。
- 服务：_ldap 服务。
- 协议：_tcp 协议。
- 优先级：0～65535 之间的数字，数字越小，级别越高。

- 权重：0～65535 之间的数字。设置附加的优先级，确定在应答 SRV 查询中使用的目标主机的准确顺序。
- 端口号：389。
- 提供此服务的主机：dc.book.com。

"_ldap"资源记录完整解读：book.com 域的 GUID 为 "63256a53-b174-4b7c-8434-d6607890a3cd"，当用户通过 "tcp" 协议的 "389" 端口对访问 "ldap" 服务时，域控制器 "dc.book.com" 将响应请求，"_ldap" 服务位于名称为 "dc.book.com" 的域控制器。

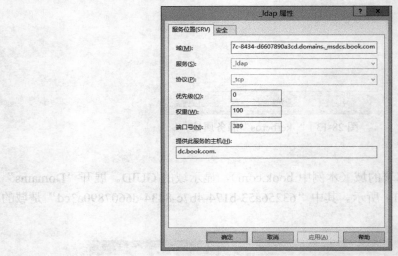

图 28-15 "-ldap" 服务属性

3. GC

GC 区域显示域中所有的全局编录服务器，按照站点（默认站点为 Default-first-site-name）划分，根据服务 SRV 客户端计算机能够快速定位全局编录服务器，展开 DC 区域所有子节点后，如图 28-16 所示。

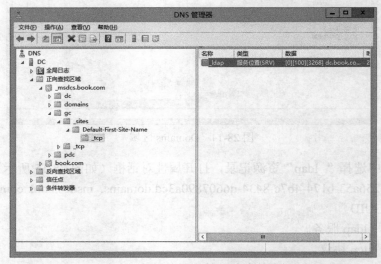

图 28-16 GC 区域

右侧窗口中选择"_ldap"资源记录，打开属性对话框（如图 28-17 所示）。

- 域：Default-First-Site-Name._sites.gc._msdcs.book.com，表示默认站点。
- 服务：_ldap 服务。
- 协议：_tcp 协议。
- 优先级：0～65535 之间的数字，数字越小，级别越高。
- 权重：0～65535 之间的数字。设置附加的优先级，确定在应答 SRV 查询中使用的目标主机的准确顺序。
- 端口号：3268。
- 提供此服务的主机：dc.book.com。

"-ldap"资源记录完整解读：当用户通过"tcp"协议的"3268"端口对"ldap"服务进行查询全局编录服务时，域控制器"dc.book.com"通过"Default-First-Site-Name._sites.gc._msdcs.book.com"服务响应请求，提供全局编录服务。"_ldap"服务位于名称为"dc.book.com"的域控制器。

图 28-17　"_ldap"服务

4. PDC

PDC 区域显示域中部署 PDC 角色的域控制器。当客户端计算机或者成员服务器运行时间等服务时，能够快速定位包含 PDC 角色的域控制器，展开"PDC"区域所有子节点后，如图 28-18 所示。

右侧窗口中选择"_ldap"资源记录，打开属性对话框（如图 28-19 所示）。

- 域：pdc._msdcs.book.com，表示包含 PDC 角色的域控制器。
- 服务：_ldap 服务。
- 协议：_tcp 协议。
- 优先级：0～65535 之间的数字，数字越小，级别越高。
- 权重：0～65535 之间的数字。设置附加的优先级，确定在应答 SRV 查询中使用的目标主机的准确顺序。

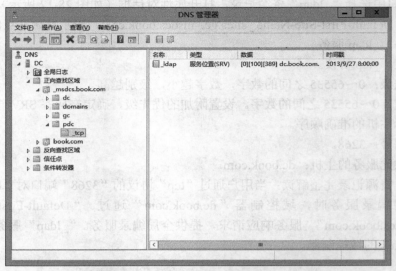

图 28-18 PDC 区域

- 端口号：389。
- 提供此服务的主机：dc.book.com。

"-ldap"资源记录完整解读：当用户通过"tcp"协议的"389"端口对"ldap"服务进行 PDC 服务请求时，PDC 角色所在的域控制器"dc.book.com"将响应请求。"_ldap"服务位于名称为"dc.book.com"的域控制器。

图 28-19 "-ldap"服务属性

28.2.4 域（本例中 book.com）

域（本例中 book.com）中的内容，如图 28-20 所示。

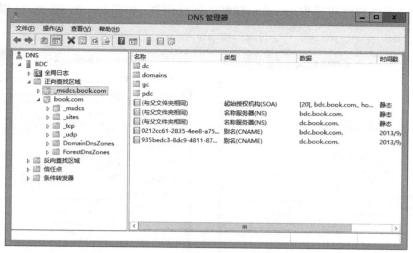

图 28-20　域节点

1. _Sites

站点表示高速连接网络，部署站点后客户端计算机根据站点设置查找就近的域控制器，而不需要跨越站点访问 Active Directory 服务。标准"ldap"查询端口是"389"，全局编录查询则使用"3268"。Site 站点提供三种服务：GC、Ldap 和 kerberos。该区域中显示部署的所有站点，如图 28-21 所示。

图 28-21　站点区域

- _gc：该服务允许客户端计算机定位站点内的全局目录服务器。
- _kerberos：该服务允许客户端计算机定位域中的 KDC 服务器。
- _ldap：该服务允许客户端计算机定位站点中的 ldap 服务器。

打开三个服务属性对话框后，显示详细的属性信息，如图 28-22、图 28-23 以及图 28-24 所示。

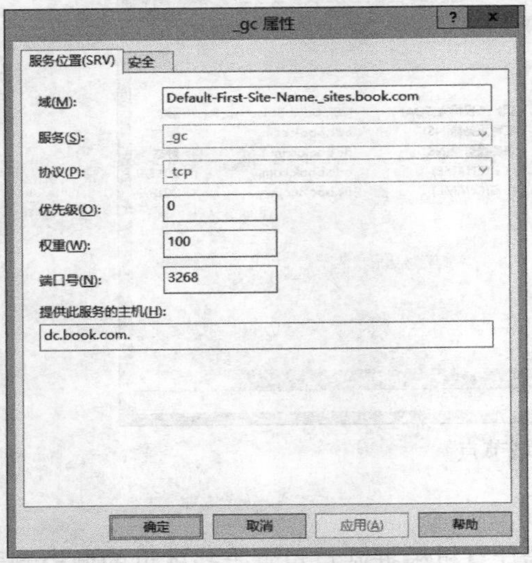

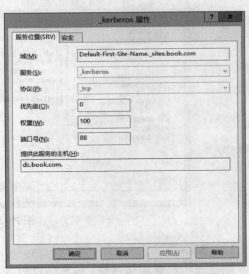

图 28-22　_gc 服务属性对话框　　　　　　　图 28-23　_kerberos 服务属性对话框

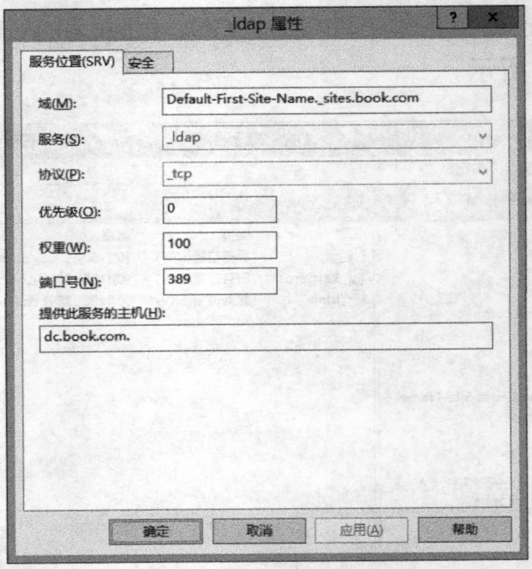

图 28-24　_ldap 服务属性对话框

2.　_tcp

该区域中包括 DNS 区域中所有使用 TCP 协议的服务以及提供服务的域控制器。如果客户端计算机找不到特定的站点，或者具有 SRV 记录的域控制器没有响应，需要在此寻找网络中其他域控制器。该区域中显示域中使用"_tcp"协议的所有服务：gc、kerberos、kpasswd 以及 ldap，如图 28-25 所示。

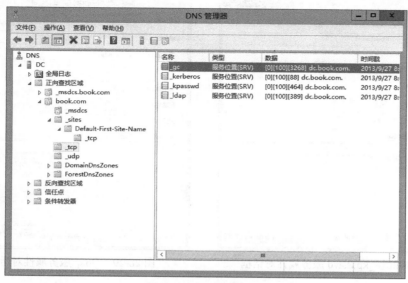

图 28-25　"_tcp"区域

- _ldap：该服务允许客户端计算机定位域中的 ldap 服务器。

- _gc：该服务允许客户端计算机定位域中的全局目录服务器。

- _kerberos：该服务允许客户端计算机定位域中的 KDC 服务器。

- _kpasswd：该服务允许客户机定位域中的 kerberos 密码更新服务器。

打开 4 个服务属性对话框后，显示详细的属性信息，如图 28-26、图 28-27、图 28-28
以及图 28-29 所示。

图 28-26　_gc 服务属性对话框

图 28-27　_kerberos 服务属性对话框

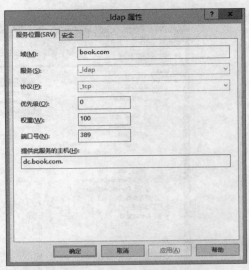

图 28-28　_kpasswd 服务属性对话框　　　　图 28-29　_ldap 服务属性对话框

3.　_udp

该区域中包括 DNS 区域中所有使用 UDP 协议的服务以及提供服务的域控制器。"Kerberos"服务允许客户端计算机使用获取票证并更改密码，通过与相同服务的 TCP 端口对应的 UDP 端口完成。票证交换使用 UDP 的 88 端口，而密码更新使用 464。展开"_UDP"所有节点后，如图 28-30 所示。

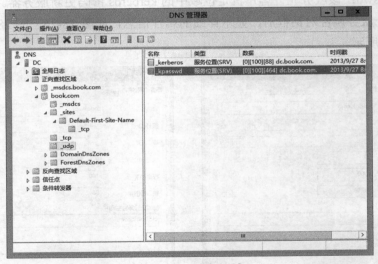

图 28-30　UDP 区域

- _kerberos：该服务允许客户端计算机使用"UDP"协议定位域内的 KDC 服务器。
- _kpasswd：该服务允许客户端计算机使用"UDP"协议定位域内的 kerberos 密码更新服务器。

打开 2 个服务属性对话框后，显示详细的属性信息，如图 28-31 和图 28-32 所示。

图 28-31 _kerberos 服务属性对话框　　　　　　图 28-32 _kpasswd 服务属性对话框

28.2.5 查看域属性

Active Directory 集成区域 DNS 服务部署成功后，默认设置部分域属性（不建议更改默认属性），也是微软推荐的最优化设置。右击"域名"，在弹出的快捷菜单中选择"属性"命令，打开"域名属性"对话框，该对话框中可以设置 DNS 的相关参数。

1. "常规"选项卡

选择"常规"选项卡后，显示 DNS 的状态、类型、复制以及动态更新设置，如图 28-33 所示。

图 28-33 "常规选项卡"

- 状态：显示 DNS 服务器运行状态。如果已经处于"运行"状态，单击"暂停"按钮，停止当前服务器的运行。如果已经处于"暂停"状态，单击"开始"按钮，

DNS 服务器重新运行。
- 类型：显示当前 DNS 区域类型。如果 DNS 服务器部署在域控制器中，则区域类型显示为"Active Directory 集成区域"。

单击"更改"按钮，显示如图 28-34 所示的"更改区域类型"对话框。如果取消"在 Active Directory 中存储区域（只有 DNS 服务器是域控制器时才可用）"选项，则 DNS 数据保存在文本文件中，而不是 Active Directory 数据库中。注意：Active Directory 集成区域 DNS 服务数据只能选择部署在域控制器中。

- 复制：显示 DNS 复制方式，默认设置在所有 DNS 服务器之间复制。

如果要设置 DNS 数据在 DNS 服务器之间的复制方式，单击"更改"按钮，显示如图 28-35 所示的"更改区域传送范围"对话框。设置 Active Directory 集成区域 DNS 数据在域控制器之间的复制方式。其中：

（1）默认设置"至此域中控制器上运行的所有 DNS 服务器：book.com"，只在目标域中的域控制器中进行 DNS 服务器复制。

（2）选择"至此林中域控制器上运行的所有 DNS 服务器：book.com"选项，在当前林中的所有域控制器之间复制，包括林中其他域中 Active Directory 集成区域 DNS 服务器。

（3）选择"至此域中的所有域控制器（为了与 Windows 2000 兼容）：book.com"选项，复制到域中的所有域控制器，没有附带条件，随 Active Directory 数据库的复制而复制。

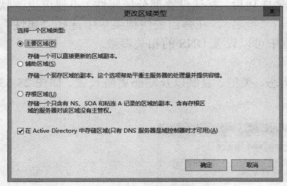

图 28-34 "更改区域类型"对话框

图 28-35 "更改区域传送范围"对话框

- 数据存储模式：Active Directory 集成区域应用环境中，DNS 数据存储在 Active Directory 数据库中。
- 动态更新：显示当前 DNS 注册方式为"安全"。

2. "起始授权机构（SOA）"选项卡

右击"book.com"，在弹出的快捷菜单中选择"属性"命令，打开"book.com 属性"对话框，切换到"起始授权机构（SOA）"选项卡，当前 DNS 服务器的默认设置如图 28-36 所示。注意：生存时间值（TTL）以秒计算，包含在 DNS 查询的返回值中。此值表示在允许数据过期并丢弃数据前，返回值的有效时间。默认值为 1 小时。

参数说明：

- 序列号。序列号代表此区域文件的修订号。当区域中任何资源记录被修改或者点击增量按钮时，此序列号会自动增加。配置区域复制时，辅助 DNS 服务器会间歇地查询主服务器上 DNS 区域的序列号，如果主服务器上 DNS 区域的序列号大于自己的序列号，则辅助 DNS 服务器向主服务器发起区域复制。

图 28-36 "起始授权机构（SOA）"选项卡

- 主服务器。主服务器包含此 DNS 区域主 DNS 服务器的 FQDN，此名字必须使用"."结尾。
- 负责人。此项指定管理此 DNS 区域的负责人的邮箱，可以修改为在 DNS 区域中定义的其他负责人资源记录，此名字必须使用"."结尾。
- 刷新间隔。此参数定义辅助 DNS 服务器查询主服务器以进行区域更新前等待的时间。当刷新时间到期时，辅助 DNS 服务器从主服务器上获取主 DNS 区域的 SOA 记录，然后和本地辅助 DNS 区域的 SOA 记录相比较，如果值不相同则进行区域传输。默认情况下，刷新间隔为 15 分钟。
- 重试间隔。此参数定义当区域复制失败时，辅助 DNS 服务器进行重试前需要等待的时间间隔，默认情况下为 10 分钟。
- 过期时间。此参数定义当辅助 DNS 服务器无法联系主服务器时，还可以使用此辅助 DNS 区域答复 DNS 客户端请求的时间，当到达此时间限制时，辅助 DNS 服务器会认为此辅助 DNS 区域不可信。默认情况下为 1 天。
- 最小（默认）TTL。此参数定义应用到此 DNS 区域中所有资源记录的生存时间（TTL），默认情况下为 1 小时。此 TTL 只是和资源记录在非权威的 DNS 服务器上进行缓存时的生存时间，当 TTL 过期时，缓存此资源记录的 DNS 服务器将丢弃此记录的缓存。注意：增大 TTL 可以减少网络中 DNS 解析请求的流量，但是可能会导致修改资源记录后 DNS 解析时延的问题。一般情况下无须对默认参数进行修改。
- 此记录的 TTL。此参数用于设置此 SOA 记录的 TTL 值，这个参数将覆盖最小（默认）TTL 中设置的值。

3. "名称服务器"选项卡

右击"book.com"，在弹出的快捷菜单中选择"属性"命令，打开"book.com 属性"对话框，切换到"名称服务器"选项卡，当前 DNS 服务器的默认设置如图 28-37 所示。

"名称服务器"列表中显示所有安装 DNS 服务的域控制器,"book.com"区域由列表中的 DNS 服务器负责解析。单击"添加"、"删除"和"编辑"按钮,添加、删除、编辑名称服务器。

4. "WINS"选项卡

"Active Directory 集成区域"部署后,使用 DNS 作为定位服务,不通过"WINS"解析域中的计算机,因此该选项中的功能不需要启用。切换到"WINS"选项卡,如图 28-38 所示。

图 28-37 "名称服务器"选项卡

图 28-38 "WINS"选项卡

5. "区域传送"选项卡

部署 Active Directory 集成区域 DNS 服务后,DNS 数据存储在 Active Directory 数据库中,使用文件复制服务(FRS)或者分布式文件服务(DFSR)完成数据库之间的复制,因此区域传送中的设置项没有启用。切换到"区域传送"选项卡,如图 28-39 所示。

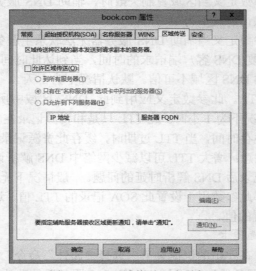

图 28-39 "区域传送"选项卡

28.2.6　DNS 验证

DNS 集成区域安装完成后，需要确认 Active Directory 安装运行是否正常。在安装过程中一项最重要的工作是在 DNS 数据库中添加服务记录（SRV 记录）。SRV 记录是一个域名系统（DNS）资源记录，用于标识承载特定服务的计算机。SRV 资源记录用于定位 Active Directory 的域控制器。

验证 DNS 是否正常，通过以下几个方面进行验证。

1. DNS 文件

用文本编辑器打开"%systemroot%\system32\config\"中的"Netlogon.dns"文件，察看 LDAP 服务记录，在本例中显示的 SRV 记录为：

```
book.com. 600 IN A 192.168.0.1
_ldap._tcp.book.com. 600 IN SRV 0 100 389 DC.book.com.
_ldap._tcp.Default-First-Site-Name._sites.book.com. 600 IN SRV 0 100 389 DC.book.com.
_ldap._tcp.pdc._msdcs.book.com. 600 IN SRV 0 100 389 DC.book.com.
_ldap._tcp.gc._msdcs.book.com. 600 IN SRV 0 100 3268 DC.book.com.
_ldap._tcp.Default-First-Site-Name._sites.gc._msdcs.book.com. 600 IN SRV 0 100 3268 DC.book.com.
_ldap._tcp.63256a53-b174-4b7c-8434-d6607890a3cd.domains._msdcs.book.com. 600 IN SRV 0 100 389 DC.book.com.
gc._msdcs.book.com. 600 IN A 192.168.0.1
935bedc3-8dc9-4811-876f-fafc7c771a51._msdcs.book.com. 600 IN CNAME DC.book.com.
_kerberos._tcp.dc._msdcs.book.com. 600 IN SRV 0 100 88 DC.book.com.
_kerberos._tcp.Default-First-Site-Name._sites.dc._msdcs.book.com. 600 IN SRV 0 100 88 DC.book.com.
_ldap._tcp.dc._msdcs.book.com. 600 IN SRV 0 100 389 DC.book.com.
_ldap._tcp.Default-First-Site-Name._sites.dc._msdcs.book.com. 600 IN SRV 0 100 389 DC.book.com.
_kerberos._tcp.book.com. 600 IN SRV 0 100 88 DC.book.com.
_kerberos._tcp.Default-First-Site-Name._sites.book.com. 600 IN SRV 0 100 88 DC.book.com.
_gc._tcp.book.com. 600 IN SRV 0 100 3268 DC.book.com.
_gc._tcp.Default-First-Site-Name._sites.book.com. 600 IN SRV 0 100 3268 DC.book.com.
_kerberos._udp.book.com. 600 IN SRV 0 100 88 DC.book.com.
_kpasswd._tcp.book.com. 600 IN SRV 0 100 464 DC.book.com.
_kpasswd._udp.book.com. 600 IN SRV 0 100 464 DC.book.com.
DomainDnsZones.book.com. 600 IN A 192.168.0.1
_ldap._tcp.DomainDnsZones.book.com. 600 IN SRV 0 100 389 DC.book.com.
_ldap._tcp.Default-First-Site-Name._sites.DomainDnsZones.book.com. 600 IN SRV 0 100 389 DC.book.com.
ForestDnsZones.book.com. 600 IN A 192.168.0.1
_ldap._tcp.ForestDnsZones.book.com. 600 IN SRV 0 100 389 DC.book.com.
_ldap._tcp.Default-First-Site-Name._sites.ForestDnsZones.book.com. 600 IN SRV 0 100 389 DC.book.com.
```

2. NSLOOKUP 命令工具

使用"Nslookup"验证 SRV 记录。

在命令行提示符下，键入如下命令。

```
NSLOOKUP
>set type=srv
>_ldap._tcp.dc._msdcs.book.com
```

命令执行后，输出结果显示"_ldap"服务是否正常，显示一个或多个 SRV 服务位置记录。输出结果如下。

```
C:\Users\Administrator>nslookup
> set q=srv
> _ldap._tcp.dc._msdcs.book.com
服务器:   UnKnown
Address:  ::1
_ldap._tcp.dc._msdcs.book.com     SRV service location:
          priority        = 0
          weight          = 100
          port            = 389
          svr hostname    = bdc.book.com
_ldap._tcp.dc._msdcs.book.com     SRV service location:
          priority        = 0
          weight          = 0
          port            = 389
          svr hostname    = dc.book.com
bdc.book.com      internet address = 192.168.0.2
dc.book.com       internet address = 192.168.0.1
>
```

28.3　DNS 客户端

加入域的 DNS 客户端计算机使用域名系统（DNS）查找域控制器，客户端计算机可以获得域控制器的 IP 地址，然后进行网络身份验证并执行加域操作。

28.3.1　加域前提条件

加入 Active Directory 域的计算机必须满足下列三个 DNS 要求。

- 计算机必须配置首选 DNS 服务器的 IP 地址。
- "_ldap._tcp.dc._msdcs.book.com" DNS 服务（SRV）资源记录必须存在于 DNS 服务器中。
- "_ldap._tcp.dc._msdcs.book.com" SRV 资源记录的数据字段中指定的域控制器的 DNS 名称所对应的地址（A）资源记录必须存在于 DNS 服务器中。

28.3.2　DNS 客户端缓存

DNS 客户端计算机会将 DNS 服务器发来的解析结果保存在高速缓存中，一定时间内如果客户端计算机需要再次解析相同的名称，直接调用高速缓存内容，而不需要向 DNS 服务器再次查询，提高 DNS 解析效率。解析结果在 DNS 缓存中的时间取决于 DNS 服务器中资源记录设置的 TTL 值，规定时间内如果对该资源记录进行了更新，客户端计算机将会出现短时间的解析错误，如果出现类似错误，可以使用清空缓存的方法解决遇到的故障。

1. 查看 DNS 客户端解析程序缓存

使用 "ipconfig /displaydns" 命令查看域名系统（DNS）客户端解析程序缓存的内容。该缓存包括从本地 "Hosts" 文件中加载定义的资源，以及任何最近获取的经系统解析的所有名称查询资源记录。DNS 客户端服务在查询已配置的 DNS 服务器之前，使用这些信息快速解析频繁查询的名称。

在命令行提示符下，键入如下命令。

```
ipconfig /displaydns
```

命令执行后，显示当前计算机高速缓存中的设置。

```
Windows IP 配置

    dc.book.com

    ----------------------------------------
    记录名称. . . . . . . : DC.book.com
    记录类型. . . . . . . : 1
    生存时间. . . . . . . : 3403
    数据长度. . . . . . . : 4
    部分. . . . . . . . . : 答案
    A (主机)记录　. . . . : 192.168.0.1
    _ldap._tcp.dc.book.com

    ----------------------------------------
    名称不存在。
    _ldap._tcp.default-first-site-name._sites.dc.book.com

    ----------------------------------------
    名称不存在。
    client-win7

    ----------------------------------------
    记录名称. . . . . . . : CLIENT-WIN7.book.com
    记录类型. . . . . . . : 1
    生存时间. . . . . . . : 1160
    数据长度. . . . . . . : 4
    部分. . . . . . . . . : 答案
    A (主机)记录　. . . . : 192.168.0.160
```

2. 刷新和重置 DNS 客户端解析程序缓存

使用 "ipconfig /flushdns" 命令刷新和重置域名系统（DNS）客户端解析程序缓存的内容。执行命令后，放弃缓存中已缓存项目以及任何其他动态添加的项目。重置缓存不会消除从本地 "Hosts" 文件中预加载的项目。若要从缓存中消除这些项目，需要从此文件中删除。

28.3.3　DNS 记录中存在旧的 A 记录，导致 DNS 解析不正确

DNS 管理中经常遇到同一台计算机出现多个重复 A 记录的情况，原因是 DNS 记录中存在旧的 A 记录，没有及时清理。处理方法：老化/清理功能未开启，建议开启此功能。老化/清理功能会自动帮助清理老化的 DNS 记录。

第 1 步，右击 "book.com"，在弹出的快捷菜单中选择 "属性" 命令，打开 "book.com 属性" 对话框，切换到 "常规" 选项卡，如图 28-40 所示。

第 2 步，单击 "老化" 按钮，打开 "区域老化/清理属性" 对话框。每一条 DNS 记录分别有各自不同的时间戳日期、无刷新日期、刷新日期，以及老化日期。其中：

* 当前时间戳日期=上一次时间戳日期+无刷新间隔。
* 无刷新日期=当前时间戳日期+无刷新间隔。

- 当前时间戳日期+无刷新间隔<刷新日期<当前时间戳日期+无刷新间隔+刷新间隔。
- 老化日期=当前时间戳日期+老化时间（无刷新间隔+刷新间隔）。

选择"清除过时资源记录"选项。设置完成的参数如图 28-41 所示。单击"确定"按钮，完成功能设置。

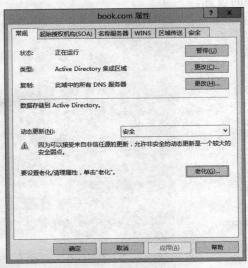

图 28-40　设置老化功能之一

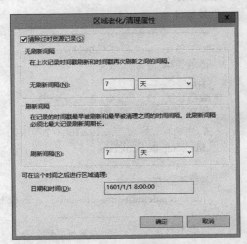

图 28-41　设置老化功能之二

28.3.4　误删_msdcs.子域

企业运行 2 台 windows 2012 域控制器，且部署 Active Directory 集成区域 DNS 服务，由于误操作"_msdcs"子域被删除，导致客户端登录验证失败。

1. 故障信息

域控制器站点之间复制报错。错误信息如图 28-42 所示。

经过验证"_msdcs"子域被删除，如图 28-43 所示。由于该子域中存储的是 Active Directory 必需的服务（GC、kerberos、PDC、LDAP），所以客户端计算机也验证不成功。

图 28-42　故障信息

图 28-43　"_msdcs"子域不存在

2. 解决方法

重建"_msdcs"子域。以域管理员身份登录域控制器，打开"DNS"控制台。

第 1 步，右击"正向查找区域"，在弹出的快捷菜单中选择"新建区域"命令，如图 28-44 所示。

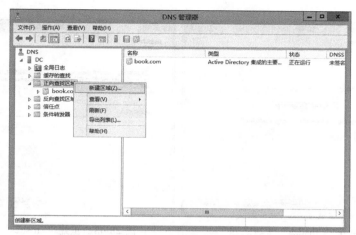

图 28-44　重建"_msdcs"子域之一

第 2 步，命令执行后，启动"新建区域向导"，显示如图 28-45 所示的"欢迎使用新建区域向导"对话框。

第 3 步，单击"下一步"按钮，打开"区域类型"对话框。其中：

- 选择"主要区域"。
- 选择"在 Active Directory 中存储区域（只有 DNS 服务器是可写域控制器时才可用）"选项。

设置完成的参数如图 28-46 所示。该区域支持安全更新，即域中的计算机 IP 地址变化后可以向该区域注册自己的 IP 地址。

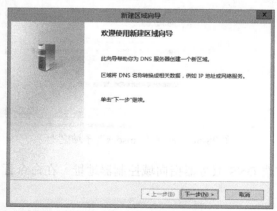

图 28-45　重建"_msdcs"子域之二

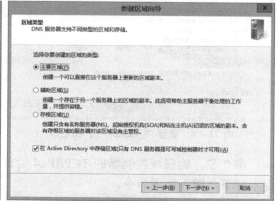

图 28-46　重建"_msdcs"子域之三

第 3 步，单击"下一步"按钮，打开"Active Directory 区域传送作用域"对话框。选择"至此域中域控制器上运行的所有 DNS 服务器"，只在部署 Active Directory 集成区域

DNS 服务的服务器上进行区域传送，如图 28-47 所示。

第 4 步，单击"下一步"按钮，显示如图 28-48 所示的"区域名称"对话框。注意_msdcs 这个固定格式，例如部署的林名称是 book.com，那需要创建一个_msdcs.book.com 正向查找区域。

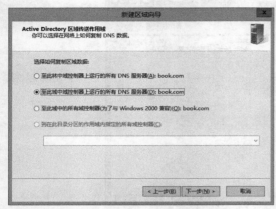 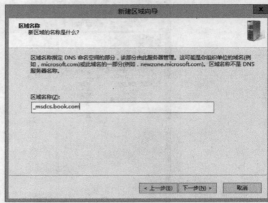

图 28-47　重建 "_msdcs" 子域之四　　　　　图 28-48　重建 "_msdcs" 子域之五

第 5 步，单击"下一步"按钮，显示如图 28-49 所示的"动态更新"对话框。选择"只允许安全的动态更新（适合 Active Directory 使用）"选项。

第 6 步，单击"下一步"按钮，显示如图 28-50 所示的"正在完成新建区域向导"对话框。单击"完成"按钮，创建新区域。

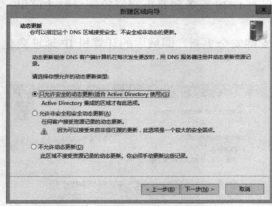 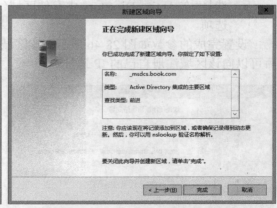

图 28-49　重建 "_msdcs" 子域之六　　　　　图 28-50　重建 "_msdcs" 子域之七

第 7 步，确保域控制器的 TCP/IPv4 的首选 DNS 服务器指向域控制器地址。在命令行提示符下，键入如下命令。

```
Net stop netlogon
Net start netlogon
```

命令执行后，重新注册并生成新的服务。确认 "_msdcs.book.com" 区域下是否包含了 dc、domains、gc、pdc 子文件。